〔特装版〕
皮革用語辞典

特定非営利活動法人
日本皮革技術協会編

樹芸書房

はじめに

　皮のなめしの起源は紀元前に遡る。裸体であった人類の体温を保つための衣服として狩猟で得た動物皮が利用され、その皮の防腐、柔軟化という技術がなめしの始まりであろう。我が国においては、牛皮や鹿皮のなめし方法が平安時代中期に編纂された『延喜式』の「造皮功」に書かれている。明治時代になって、我が国に植物タンニンなめしやクロムなめしの技術が導入された。昭和51年には生産量も最盛期を迎え、アジア地域では最大の革の生産国に成長した。当協会では、かねてより用語の統一や用語の意味を明確にする緊急性を認めていたことから、昭和62年に当協会の創立30周年記念事業の一環として『革および革製品用語辞典』を刊行した。

　その後、皮革産業の活動中心が欧米からアジアを主とする開発途上国へと大きく変化し、特に中国が世界最大の革および革製品の生産国となったことから、世界の皮革関連用語の統一的概念の確立が必要となった。そこで、平成12年に当協会と中国皮革工業協会との協力事業の一環として『日英中皮革用語辞典』を刊行した。

　現在、我が国の皮革産業を取り巻く環境は、輸入製品の増加、消費者意識の変化、生産工程や革製品に対する環境問題など様々な課題に直面しており、用語を見直し再編することが強く望まれるようになった。そこで、日本皮革産業連合会において、平成22年7月に「皮革大辞典編纂委員会」を設け、先に発行した『革および革製品用語辞典』を参考として用語の編纂作業を開始した。その成果は、デジタルコンテンツとしての『皮革用語辞典』としてWEB上にオープンしている。このたび、更に用語の見直し修正を行い、当協会の創立60周年記念事業の一環として『皮革用語辞典』として発刊することになった。本書が、広く皆様のお役に立てば幸いである。

　最後に、本書の発行にあたり、編纂に携わっていただいた編纂委員をはじめ執筆者の方々には心よりお礼申し上げるとともに、監修作業を快くお引受けいただいた方々には、その並々ならぬご尽力に重ねて厚くお礼申し上げたい。

平成28年6月

特定非営利活動法人 日本皮革技術協会
理事長　　杉　田　正　見

編集委員長
　杉田　正見　特定非営利活動法人日本皮革技術協会

副編集委員長
　佐藤　恭司　特定非営利活動法人日本皮革技術協会

主監修
　吉村　圭司　東京都立皮革技術センター

監修
　稲次　俊敬　地方独立行政法人大阪府立産業技術総合研究所
　佐藤　恭司　特定非営利活動法人日本皮革技術協会

編纂委員（執筆）
　青木　英彦　一般社団法人日本タンナーズ協会
　石鳥　昇　　特定非営利活動法人日本靴工業会
　井清　宏隆　全日本革靴工業協同組合連合会
　稲次　俊敬　地方独立行政法人大阪府立産業技術総合研究所
　岩﨑　久芳　日本革類卸売事業協同組合
　金澤　守利　一般社団法人日本鞄協会
　篠原　賢治　日本服装ベルト工業連合会
　須藤　文雄　一般社団法人日本ハンドバッグ協会
　髙梨　雄太　東京洋装雑貨工業協同組合
　竹内　克明　一般社団法人日本タンナーズ協会
　竹内　健　　大阪革商資材協会連合会
　田邊　忠次　全日本爬虫類皮革産業協同組合
　玉木　秀幸　全国皮革服装協同組合
　時見　弘　　日本ケミカルシューズ工業組合
　中川　和治　元兵庫県立工業技術センター皮革工業技術支援センター
　萩原　正人　元特定非営利活動法人日本靴工業会
　橋本　康男　日本手袋工業組合
　林　　英彦　一般社団法人日本畜産副産物協会
　森　　勝　　兵庫県立工業技術センター皮革工業技術支援センター
　矢代　裕夫　日本靴卸団体連合会
　山納　一博　大阪革商資材協会連合会
　吉村　圭司　東京都立皮革技術センター

執筆者
　臼井　寿光　皮革史研究家
　鍛治　雅信　川村通商株式会社
　米田　勝彦　関西大学
　小山　洋一　一般財団法人日本皮革研究所
　出口　公長　元一般社団法人日本タンナーズ協会
　難波　武則　特定非営利活動法人日本皮革技術協会
　野村　義宏　東京農工大学硬蛋白質利用研究施設
　宝山　大喜　元東京都立皮革技術センター

協力
　久保　知義　元東京農工大学

凡例

本辞典の構成は、原則として次による。

1. 見出し
　見出しは、「仮名見出し」と「本見出し」の2本立てとし、あとに英語を付記する。
　（例）アルデヒドなめし　アルデヒド鞣し　Aldehyde tannage
(1) 項目の種類
　a. 親項目：主要な説明のある項目。原則として製革工程の基礎用語、原料皮、製革工程、革特性、関連試験法、及び鞄、ハンドバッグ、革衣料、革手袋、靴等の革製品、更に商取引等に関する用語等を収録する。
　b. 別名項目：親項目の同義語。☞を使用し親項目を記載する。

(2) 項目名と別名
　a. 日本語は、ゴシック体の仮名及び漢字で表す。外来語は、ゴシック体の片仮名で表す。
　b. 英語は原則として単数形で表す。ただし、英語が不必要と思われるもの又は確認されないものは省く。二つ以上の英語が認められる場合には、コンマ（ , ）で続けて記載する。
　（例）なめし　鞣し　Tanning, Tannage
　　　　動物皮の線維構造を保持したまま、化学的、物理的操作によって、種々の鞣剤を用いてコラーゲン線維を不可逆的に安定化させること。その主な要件として、次の3つの要素がある。

(3) 項目の配列順序
　a. 仮名書きの五十音順
　b. よう音及び促音は固有音と同一に扱う。長音は無視する。濁音、半濁音は清音と同じに扱うが、清音、濁音、半濁音の順とする。

2. 本文
(1) 記載形式
　a. 原則として本文の初めに定義又は短い解説によって要点を記載する。
　b. 見出し語が同じでも、内容が異なるものが二つ以上ある場合は、1)、2)、・・・のように区別する。
　c. 漢字の読み仮名は、るび付きで示す。
　d. 漢字の使用は原則として常用漢字に従うが、常用漢字以外の漢字が必要な場合はるび付きで示す。ただし、本辞典においては「鞣」と「鞄」は使用する。
　e. 鞣していないかわは「皮」、鞣したかわは「革」を使用する。
　f. 鞣していない皮のせんいは「線維」、鞣した革のせんいは「繊維」を使用する。

  g. まぎらわしい用語は傍点で区別する。（例：と場、と畜、は虫類）
  h. 皮・革の呼称は歴史的な資料では、どちらも訓読み「かわ」であり、牛革はうしかわ、馬革はうまがわ、うまかわ等に統一する。

（2）引用記号
  a. ☞はこの記号の次に示す項目と同語、又は本文の内容に密接な関係があって、特に参照を薦めたい項目を示す。
  b. 本文中の用語で、項目が参照できるものは、本文中の最初の記載箇所に＊を付けて示す。

3．付録
 本文辞典部の次に、付録として図表、写真等を収める。主要なものは次に示す。
 皮革製造用脊椎動物の分類、原皮の取引規格、牛及び豚の利用形態、皮の断面模式図、皮・革の裁断と名称、製革工程の概要、各種動物革の銀面及び断面写真、各種起毛革の表面及び断面写真、仕上げが異なる成牛革の断面写真、部位が異なる成牛革の銀面及び断面写真、部位が異なる豚革の銀面及び断面写真、エキゾチックレザーの銀面写真、靴の構造、靴爪先（トウ）の形状、ヒールの形状、紳士靴の代表的なスタイルとデザイン、婦人靴の代表的なスタイルとデザイン、靴の製造工程図（グッドイヤーウエルト式）、鞄の種類、ハンドバッグの種類、鞄・ハンドバッグの工法、革衣料の基礎知識、革手袋の種類と縫製方法、ベルト、革小物、革製品に使用される革の標準使用量、革の試験方法（JIS）、世界と日本の革試験方法及び規格の対応表、日本エコレザー、革工芸に使用する工具及び金具類。

あ

アイエスオー ISO: International Organization for Standardization
☞国際標準化機構

アイキュウ IQ: Import quota
☞輸入割当制度

アイシーエイチエスエルティーエー
ICHSLTA: International Council of Hide and Skin and Leather Trader Associations
☞国際原皮革業者貿易協会

アイシーティー ICT: International Council of Tanners
　国際タンナーズ協会。1930年の設立。主な活動内容は、皮革産業に関する意見交換、情報交換、問題解決のための対応策の検討及び対策、解決策の伝達、関連組織との連携等である。一般社団法人日本タンナーズ協会は1980年から加盟している。

アイユーイー IUE: International Union of Environment
　IULTCS*の委員会の一つで主に環境問題を担当する。環境問題及びその解決法等を、定期的に更新しIUE資料、IULTCSウェブサイト、地域会議及び国際会議を通して広めている。現在、IUE委員会報告はIUE1～11があり、製革工程に関するクリーンテクノロジー、製革工場の固形廃棄物生成と副廃物の管理、全固形分問題、クロム含有廃棄物の管理、各国の環境規制と管理、及び労働安全対策等である。

アイユーエフ IUF
☞IU試験方法

アイユーエルティーシーエス IULTCS: International Union of Leather Technologists and Chemists Societies
　国際皮革技術者化学者協会連合。皮革関連の化学者、技術者、各国協会間の交流、製革技術の発展を目的として1987年に設立された。IULTCSでは2年に1回各国の持ち回りで総会を開催し、製革工程における化学、技術に関する技術的なフォーラムが行われる。革の試験方法（IU試験方法*）に関する委員会は、ISO規格の協力機関としてISOの試験方法を検討している。また、環境に関する委員会IUE、広報に関する委員会IUL (International Union of Liaison)、研究開発に関する委員会IUR (International Union of Research)、教育・訓練に関する委員会IUT (International Union of Training) がある。

アイユーシー IUC
☞IU試験方法

アイユーしけんほうほう IU**試験方法** IULTCS official methods of analysis for leather
　IULTCS*が制定するIU試験方法。化学試験のIUC*、染色堅ろう度試験のIUF*、物理試験のIUP*という3種類がある。それぞれがIULTCS各試験法検討委員会で制定される。IULTCSはISOから国際標準化団体として認められており、多くのIU試験方法がISOに取り入れられた。現在はIU委員会とCEN TC 289ワーキンググループが共同で試験方法の開発を行っている。

2005年からはIULTCSとISO*の共同で作成した規格についてはISOが出版することになっている。

アイユーピー　IUP
☞IU試験方法

アイロンがけ　アイロン掛け　Ironing
革表面に加熱した平滑な金属面を押し当てて、平滑性と艶を与え塗装膜を固定する作業。製革工程では塗装した革に、プレスアイロン、ロールアイロン、又は手アイロンを使用して行う。温度、圧力、時間によってその効果が異なる。

アイロンしあげ　アイロン仕上げ　Ironing finish
アイロン掛け*で行う革の仕上げ方法。プレート仕上げともいう。

アイロンしけん　アイロン試験　Color fastness of leather to ironing
正式には、アイロンに対する染色堅ろう度試験という。靴、衣料革の製造工程中で、革のしわを除くために熱アイロンをかける場合があり、このときの革の染色堅ろう度を試験する方法である。IUF 458に規定されている。仕上げ塗装膜の損傷及び革の変退色が生じない最大温度を示す。この試験では、熱可塑性バインダーや熱に弱い一部の助剤を使用した塗装膜は損傷を受けやすい。

アウトソール　Out sole
☞表底

あおかわ　青革　Wet blue
クロム鞣し*を行い、染色加脂を施していない湿潤状態の革。ウェットブルー*ともいう。また、和装用草履の底革に用いる革を青革といい、主としてクロム鞣しの後、板張り乾燥したものをいう。

あおかわけんさ　青革検査　Wet blue inspection
染色前に、青革を検査し、銀面の状態、損傷、厚さ等によって様々な用途及び等級に仕分けるための選別作業。原料皮、裸皮*の状態で選別することが難しいためにこの段階で行われる。

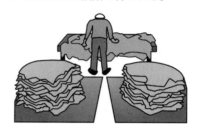

あおどこ　青床　Wet blue split
クロム鞣し*を行った革を分割*し、銀面側部分を除いた肉面側の部分。単にクロム床ということもある。
☞床革

あおり
鞄、ハンドバッグの前胴、後胴に合わせる胴の部分をいう。袋が複数あり、ファスナー又は口金を備えていないがオープンになっている部分をいう。あおりポケットとも呼ぶ。

革小物においては、手帳類に多用される。板状の部品の二方向を固定し、ほかの二方向を開放して薄い紙状のものの出し入れをしやすくする部分をい

う。

あおり

アカエイ　Sting ray
　エイ亜区に含まれる4つの目のトビエイ目アカエイ科に属する。世界の熱帯から亜熱帯の海に広く生息している。アカエイは、尾部の背中側に1〜数本の長いトゲをもっているところから、スティングレイ*（刺すトゲをもったエイの意）とも呼ばれている。アカエイの中には、表皮を取り除くと「石」と呼ばれるリン酸カルシウムからなる小さい粒状の楯鱗に覆われている種類があり、背部の中程には、真珠様の石を中心にしてやや小振りのものがその周囲にだ円状に並び、ユニークな特徴を見せている。ただし、すべてのアカエイに楯鱗や石があるのではない。生の乾皮*は、古くは南蛮貿易によってインド洋沿岸の国々から輸入され、鮫着師と呼ばれる職人によって、刀剣の柄、鞘等に加工されていた。鞣された革が時計ベルト等に製品化され流通するようになったのは近年である。

あかげわしゅ　褐毛和種　Japanese brown
　朝鮮牛由来の在来種に洋種を交配して得られた牛の品種。主として熊本県や高知県で飼われている。熊本産のものは全国に広まっているが、高知産のものは高知県だけで飼われている。性格が温順なので農耕用に多く飼育されていた。また、ほかの和牛品種に比べて増体能力、耐暑性がよいといわれている。

あかだし　垢出し　Scudding, Beaming
　石灰漬け*した皮の残留物を皮から圧出させ清浄にする作業。石灰漬けした皮には残毛、毛根、表面層の分解物、脂肪等（垢という）が残っているので、垢出し用のナイフ（石製のスリッカー、せん刀*）又は垢出し機等を用いる。

あかだしき　垢出し機　Scudding machine
　垢出しをする機械。脱毛後の皮の銀面層に回転する鈍刃ロールを押し付けて、残留する毛根や毛穴の中の残渣等をしごき出す機械。フレッシングマシンとほぼ同じ構造であるが、刃ロールの構造と刃砥ぎ装置がない点のみが異なるものと、ゴム版と鈍刃ロールの間に皮を挟んでしごくドラム式のものがある。また、脱毛と兼用するものもある。

あくしゅうぼうしほう　悪臭防止法　Offensive odor control law
　工場や事業場活動によって発生する悪臭を規制し、生活環境の保全、国民の健康保護を目的として1967年に制定された法律。都道府県知事等の長が規制地域を指定する。規制地域内のすべての工場、事業場が対象となり、特定悪臭物質の濃度、又は臭気指数のどちらかで規制基準を定める。敷地境界線、気体排出口、排出水について政令の範

囲内で規制基準を定めることになっている。特定悪臭物質とは次の22物質である。アンモニア、メチルメルカプタン、硫化水素、硫化メチル、二硫化メチル、トリメチルアミン、アセトアルデヒド、プロピオンアルデヒド、ノルマルブチルアルデヒド、イソブチルアルデヒド、ノルマルバレルアルデヒド、イソバレルアルデヒド、イソブタノール、酢酸エチル、メチルイソブチルケトン、トルエン、スチレン、キシレン、プロピオン酸、ノルマル酪酸、ノルマル吉草酸、イソ吉草酸。

☞公害

あくなめし　灰汁鞣し
　江戸前期の百科全書和漢三才図会に記された独特の鞣し法。ここに記された鞣し法が、実際に我が国で行われていたのか、中国書の引き写しであるかは検証されていない。記録に残る蹴鞠*の鹿皮*の鞣し法、古代の姫路白鞣し製法とも共通する部分があり、実施されていた可能性はある。
　その方法は稲藁を燃した灰汁に米糠をまぜて温めた液で、皮の表面をよく揉み洗い、竹串で張って晒し乾くのを待って竹べらで脂肪、肉等を除くというものである。灰汁はアルカリとして脱毛効果を持ち、それに糠を混ぜることで毛根発酵を促進させたと考えられる。また、米糠中の油分による加脂と揉みを反復することで、柔軟化が進行することは姫路白鞣し法と共通する。

アクリルじゅし　アクリル樹脂　Acrylic resin
　アクリル系ポリマーとメタアクリル酸メチル、又はメタクリル系モノマーを、ラジカル重合開始剤を使用して80〜130℃で反応させて得られる樹脂。透明性が高く硬質から軟質までのものがあり、加工が容易であることから様々な用途に幅広く用いられている。皮革業界では再鞣剤、仕上げ剤、接着剤として利用されている。

アクリルじゅしせっちゃくざい　アクリル樹脂接着剤　Acrylic (resin) adhesive
　アクリル酸エステルと様々なモノマーとの重合体を主成分とする接着剤。紫外線硬化型、感圧型及び油汚れした金属表面でも接着可能な第二世代アクリル接着剤も開発されている。

アクリルじゅしとりょう　アクリル樹脂塗料　Acrylic (resin) paint
　ポリアクリル酸エステル、ポリメタクリル酸エステル等を主成分とするアクリル樹脂*を基本樹脂とした塗料。一般に無色透明で、耐候性、耐水性、耐薬品性、耐油性等に優れた塗装膜が得られる。溶剤型、エマルション型、水溶液型等がある。アクリルラッカークリヤー、アクリルラッカーエナメル等がある。

あさいと　麻糸　Hemp yarn, Linen thread
　麻を原料とした糸の総称。麻糸は手縫い用として適しているが、多くの種類があり目的によって選ぶ必要がある。太さは番手と撚りの本数で決められている。16番、20番、30番と数値が大きいほど細くなる。表示として、16/5は16番の糸を5本撚っているという意味である。また、あらかじめ糸をろう*に漬け込みろう引き*された状態のも

のとろう引きされていないものがある。前者はそのまま使用できるが、後者は、別売のろう引き用ワックスが必要である。糸の色も多種あるが、無地の糸を染色することもできる。

あじ　味　Conditioning
☞味入れ

あじあこくさいひかくぎじゅつしゃかいぎ　アジア国際皮革技術者会議
AICLST: Asian International Conference on Leather Science and Technology
　アジア諸国の皮革関連の科学者、技術者及び企業が一堂に会して技術と情報の交換を行うことを目的として開催される会議。1992年に第1回の会議が中国で開催された。その当時、中国はIULTCS*へ加入はしていなかったが、世界の皮革産業の発展にとって中国の参加が必要不可欠というIULTCSの意向もあり、日本皮革技術協会が深く関わり設立された。2015年までに中国で4回、日本で3回、韓国で1回、インドで1回、台湾で1回開催された。2014年以降は、4年に1回開催することになった。

アジアゾウ　Asian elephant
　ゾウ目ゾウ科アジアゾウ属に分類され、インド、インドネシア（スマトラ島、ボルネオ島）、カンボジア、スリランカ、タイ、ネパール、バングラデシュ、マレーシア、ミャンマー、ラオス等に分布し、4亜種が知られている。現在、ワシントン条約附属書Ⅰ類に指定され、商業取引はできない。写真は付録参照。
☞アフリカゾウ、エレファント

あじいれ　味入れ　Conditioning
　味取りともいう。乾燥した革に水分を与えて水分状態を調節する作業。通常、革をもみほぐすステーキング*の前に、その効果を高めるために行う。革を水に短時間浸漬する、又は革にスプレーで水を噴霧した後、革をシートで覆い革中の水分を均一化する。また、約35％の水分を含むおが屑の中に乾燥革を積んで水分を調節する方法もある。味入れした革の水分は約25～27％が目安とされている。

あじいれき　味入れ機　Wetting machine
　乾燥した革に水分を与えるための機械。スプレーで水を噴霧する。革を移動させるコンベヤをセットにして、連続作業ができるようにしたもの、更に水温を調節できるものもある。

あしいれサイズ　足入れサイズ　Nude size
　JISで決められた靴のサイズ。靴型及び金型の寸法に関わりなく、履く人の足の寸法に一致したもの。1983年に靴のサイズJIS S 5037として規定された。規定前は、靴を作るために使う靴型又は金型の寸法を基準とした靴型サイズであった。

あじとり　味取り　Conditioning
☞味入れ

アセトン　Acetone
　化学式はCH_3COCH_3。沸点57℃。水、エーテル、アルコール等ほとんどすべ

ての溶媒に可溶な無色の液体。比較的毒性は低いが、揮発性は高い。接着剤、塗料等の溶剤として広く用いられている。

アーチサポート　Arch support

足のアーチをサポートすること。足には横アーチ、縦内側アーチ及び縦外側アーチの三つのアーチがある。アーチは人によって異なり、疲労、老化等によって、靭帯、筋肉等が弱くなると低下し、足に痛みや不具合を感じるようになる。それらを防ぐために、中敷の下にパット等を敷き込みアーチを保っている。

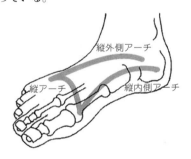

あつさ　厚さ　Thickness

革の使用面から裏面までの断面の距離をいう。生皮の厚さは動物の大きさに依存する。大動物の皮は厚く、同一の動物でも年齢とともに厚さは増大する。革の厚さは、製革工程中に製品革のタイプに応じて分割及びシェービング*で調節するので、生皮の厚さとは直接の関係はない。製革工程で革の厚さを変えると、鞣剤、染料、加脂剤等薬品の革への結合と革内の分布が変わるので、革の物性、外観にも顕著な影響を及ぼす。また、製品革の裏面をバフィング*して厚さの微調節を行うこと、更に革漉機を使用して厚さを調節することもある。厚さの正確な調節は製革作業を適切に管理するために重要な手掛かりとなる。革の厚さを漉いて減少させると、革の物理的な強度は加速度的に低下する。

革の厚さは測定方法によって異なるため、統一された器具を使用して、一定条件下で測定する必要がある。JISでは、JIS K 6550 及び JIS K 6557-1、ISO規格では ISO 2589 に測定条件が規定されており、厚さ計を使用して測定する。測定子の直径は 10 mm、加圧荷重は 3.85N (390gf) である。

アッパー　Upper

☞甲革

あつものかわ　あつものがわ　厚物革
Heavy leather

底革*、ベルト用革、馬具用革等厚くて重量のある革の総称。主として成牛皮を原料とし、植物タンニン*で鞣した革で、重量で取り引きされる。

☞薄物革

アドバンティックしあげ　アドバンティック仕上げ　advantique finish

ブラッシュオフ仕上げ*の一種。淡色に仕上げられた革の上にベールと呼ばれる濃色の仕上げ液を塗布し、後にそれを部分的にこすり取り、革に不規則に変化する濃淡をつける仕上げ方法。通常は銀面をバフィング*し、ガラス張り仕上げを施した革に、濃く硬い硝化綿カラー液をスプレーし、フェルトバフによってこすり取る。この時、ガラス張り革*の色より濃い色に着色されたベール液を用いることによって、

ツートンカラーが得られる。さらに、フェルトバフの掛け方の強弱で、下色とベールの色の割合を変えることができる。靴、鞄、ハンドバッグ等の製造時においても応用される。

アナコンダ　Anaconda
　有鱗目ボア科アナコンダ属に分類され、オオアナコンダ及びキイロアナコンダがあり、単にアナコンダといった場合はほとんど前者をいう。水生で、アンデス山脈の東から、アマゾン川、オリノコ川の流域一帯、ギアナに至り、北はトリニダードにまで広く分布している。最近南米では、森林開発が進み、その影響から生息数の減少が見られる。その大きさは、東南アジア産のアミメニシキヘビ*と並び最大級である。オリーブ色に近い緑色の地に、黒く大きな水玉様の斑紋が、頭部から尾部に連続している。個性を強調した鞄、ハンドバッグ等に使用されている。

あにおにっくせんしょく　アニオニック染色　Anionic dyeing
　☞陰イオン性染色

アニオンせい　アニオン性　Anionic
　☞陰イオン性

あにおんせいかいめんかっせいざい　アニオン性界面活性剤　Anionic surface active agent, Anionic surfactant
　☞陰イオン性界面活性剤

あにおんせいかしざい　アニオン性加脂剤　Anionic fatliquoring agent
　☞陰イオン性加脂剤

アニオンせんりょう　アニオン染料　Anionic dye
　☞陰イオン性染料

アニリンかく　アニリン革　Aniline finished leather
　アニリン仕上げ*を施した革。

アニリンしあげ　アニリン仕上げ　Aniline finish
　靴の甲革に多い仕上げ方法。顔料を含まず、合成染料と主にタンパク質系のバインダー*からなる塗料を用いて、染色した革を仕上げる。透明感のある塗装膜であるため、革本来の銀面の特長が生かされる。主に、銀面にきずがない革に適用される。この方法で仕上げした革をアニリン革*という。塗装膜は耐水性が低く、また耐久性が劣ることがあるので、取り扱いには注意が必要である。
　☞顔料仕上げ

アニリンせんしょく　アニリン染色　Aniline dyeing
　アニリン染料*によって染色することからこの名前が付いた。現在では天然染料に対し、合成染料による染色を総称してアニリン染色という。アニリン染色した革は革本来の繊細な銀面模様が生かされる。

あにりんせんしょくかわ　アニリン染色革　Aniline dyed leather
　アニリン染色*を施した革。

あにりんせんりょう　アニリン染料　Aniline dye
　アニリンを原料として合成された染

料を総称してアニリン染料という。現在では天然染料に対して合成染料を総称してアニリン染料と呼ぶ。石炭産業において廃棄物のコールタールからベンゼンを抽出することができるようになり、ニトロベンゼン、アニリン等の化合物が合成された。このアニリンを原料として1856年ウィリアム・パーキンによって紫色のモーブが発明された。この後、様々な酸性染料*、塩基性染料*が合成された。

アバディーンアンガス　Aberdeen angus
　スコットランド原産の代表的な肉用牛。ヨーロッパ、アメリカ、カナダ、ニュージーランド、オーストラリア等世界中に広く分布している。毛色は黒く、角がなく、体は丸みを帯びている。体に比べて頭が小さく、やや神経質といわれている。我が国には、1916年に初めて輸入され無角和種*の交配による種の確立に利用された。皮の大きさは中程度で、乳用牛に比べて厚みがある。

アフガンカラクール　Afghan karakul
　☞カラクールラム

アフタ　AFTA: ASEAN Free Trade Area, Association of South -East Asian Nations
　アセアン自由貿易圏。東南アジア諸国連合域内で関税率を0～5.0%程度に引き下げている国及び地域。加盟国はタイ、マレーシア、シンガポール、インドネシア、フィリピン、ブルネイ・ダルサラーム、ベトナム、カンボジア、ラオス、ミャンマーの10か国。

あぶらいれ　油入れ　Oiling
　☞加脂

あぶらじみ　油（脂）じみ　Grease stain, Fat stain
　革表面において、生体由来の脂肪（地脂*）及び加脂剤によって発生する暗色のしみ。腎臓脂肪班（kidney-grease stain）ともいわれるように、動物の生体時において脂肪の多い腎臓部、背線に当たる部分によく見られる。また、革の保存中に過剰な油脂が析出して発生することもある。

あぶらとり　油（脂）取り
　豚原皮には脂肪が多いため機械的に裏側の脂肪を除去する。除去した脂肪は油脂産業で利用されている。

あぶらなめし　油鞣し　Oil tannage
　不飽和脂肪酸含有量の多い魚油等の動物油で皮を鞣す方法。一般的にはセーム革*の鞣しのことをいう。皮を石灰漬け及び脱毛し、更に多くの場合は銀面層も除いて脱灰、ベーチングした後、過剰な水分を除き、魚油（主にタラ油）を浸透させ、温度と湿度を調節しながら油の酸化を促進させる。魚油中の不飽和脂肪酸が酸化して生ずるアルデヒド類、及び不飽和脂肪酸の酸化重合で生成した様々な酸化生成物が、皮のタンパク質に結合、又は吸着することによって鞣しが行われると考えられている。柔軟で耐洗濯性があるが、機械的強度が弱く、液中熱収縮温度*が低い。全く異なる古典的な油鞣し方法として植物油（主に菜種油）を用いる姫路白鞣し*がある。

あぶらびき　油引き　Oiling off
主に植物タンニン革に用いられていた加脂方法。手引き加脂*とも呼ばれ、水絞りされた革の銀面に油剤を塗布する。これによって、未結合のタンニン剤が銀面に移行し、色むらや銀割れ*を起こすのを防ぐ。現在では作業性及び品質管理の問題からほとんど行われていない。

あぶらやけ　油やけ　Oil burnt
原料皮を保存している間に生じる損傷。原料皮中の油が酸化し、生成した酸化生成物が皮と結合することによって変色、風合いの変化が発生する。特に乾皮に多い。

アフリカゾウ　African elephant
ゾウ目ゾウ科アフリカゾウ属に分類され、サハラ砂漠以南のアフリカ全域に生息する。他属のアジアゾウ*がワシントン条約*附属書Ⅰに指定され、商業目的では取引ができないため、エレファントとして市場に出ているゾウ革はアフリカゾウである。アフリカゾウの革素材、及び革製品の取引に関しては、ワシントン条約の規定に基づいて、詳細に定められているので注意が必要である。現在、ナミビア、ボツワナ、南アフリカ共和国のアフリカゾウはワシントン条約附属書Ⅱ類に指定されている。アフリカゾウは、体が大きいため、皮として利用するには、頭部から鼻、耳、胴体等の部位に切り分けられている。その特徴は丈夫なことであり、各部位に特有の大きなひだ、しわがあり、細かい粒状に隆起した銀面をもつことである。鞄、ハンドバッグ、ベルト等に使用されている。写真は付録を参照。

アフリカトカゲ　Nile monitor
☞ナイルオオトカゲ

アフリカニシキヘビ　African python
有鱗目ニシキヘビ科に分類され、砂漠のような乾燥地帯を除くアフリカ大陸に広く生息。アフリカパイソンともいう。平均体長3.5～4.5ｍの大型のヘビで、ビルマニシキヘビ*に似た斑紋模様がある。

あまにゆ　亜麻仁油　Linseed oil, Flax-seed oil
亜麻の種子から圧搾又は圧抽法によって得られる油。特有の臭いがあり、乾燥（酸化）しやすい不安定な油である。よう素価175以上、けん化価189～195、比重0.925～0.929、屈折率1.478～1.481、不けん化物1.5％以下、凝固点-18～-27℃である。脂肪酸組成は主成分のリノレン酸40～61％、リノール酸15～25％、オレイン酸14～26％のほか、飽和脂肪酸を10％程度含む。皮革産業では、エナメル革*、アメ豚*製造に使用されていた。食用、塗料、印刷インキ、番傘、油紙、油彩に用いられている。

あみあげぐつ　編上靴　Lace-up shoes, Lace-up boots
靴紐を鳩目、フックにかけて編み上げて履く靴。ブーツが主流で、レースアップシューズともいう。紐を結ぶことによって、足と靴がしっかり固定されるので、足によくなじみ、歩きやすい。安全靴、登山靴等ハードな用途からタウンシューズまで、様々な状況で使われる。

あみドラムがけ　網ドラムがけ　Caging
☞おがかけ

アミノさん　アミノ酸　Amino acid
同一分子中に少なくとも一対以上のアミノ基（-NH$_2$）とカルボキシル基（-COOH）を有する化合物。約20種類のα-アミノ酸がペプチド結合*してタンパク質を構成する。一般的に水溶性であり、両性イオン構造（RCH(NH$_2$)$^+$COO$^-$）を示す。

あみばり　網張り　Toggling
☞ネット張り

アミメニシキヘビ　Reticulate python
有鱗目ニシキヘビ科ニシキヘビ属に分類され、生息地は、インドネシア、ベトナム等の東南アジア諸国である。全身にダイヤ柄の連続的な斑模様があることから、ダイヤモンドパイソンともいう。体長が10mに達するものもある。革素材としては、ほかの革には見られない美しさとワイルド感がある。鞄、ハンドバッグ、靴、ベルト等に使用されている。写真は付録参照。

アミン　Amine
アンモニア（NH$_3$）の水素原子を炭化水素残基Rで置換した化合物。置換基数によって第1級アミン、第2級アミン、第3級アミンがある。アンモニアもアミンに属する。揮発性の化合物が多く、生臭い魚油臭の主な成分。悪臭の原因となっている。第2級アミンはほかのアミンよりアルカリ性が強く、ケラチンタンパク質を分解する効果があり、脱毛促進作用を有している。第1級アミン：R-NH$_2$、第2級アミン：(R)$_2$-NH、第3級アミン：(R)$_3$-N。

アメぶた　アメ豚　Glazed pigskin
アメ色（淡黄茶色）をした光沢のある豚革。古くは豚の白革に亜麻仁油*を塗布し、表面を石で摩擦して仕上げた。これがアメ色をしているためアメ豚と呼ばれた。現在は植物タンニン革を染色した後、グレージング*でアメ色に仕上げる。豚革特有の毛穴を浮き出させた透明感のある仕上げで、鞄、ハンドバッグ、革小物等に使用されている。

アメリカダチョウ　Common Rhea
☞レア

あらいかわ　洗い革
古くは、薄紅色に染めた武具用の鹿革のことをいった。もんで柔らかくした白い揉し革も洗い革と呼ばれた。近年では、革を水洗いして、収縮、しわ等を発生させて適度な使用済みの感覚を表現した革のことをいう。また、縫製加工した革製品を水洗いする等、様々な革製品にも応用されている。
☞ウオッシャブルレザー

あらかわ　荒皮　Raw hide (skin)
古い文献や史料にみられる原皮の総称。

アリゲーター　Alligator
ワニ目アリゲーター科に分類され、口を閉じると下顎歯が見えなくなるワニの種類である。アメリカに分布するアメリカアリゲーター（ミシシッピーワニ）、中国の長江（揚子江）流域にみ

られるヨウスコウアリゲーター（ヨウスコウワニ）、中南米に生息するカイマン等がアリゲーター科に属する。アリゲーター科は4属15種からなる。ヨウスコウアリゲーターはワシントン条約*附属書I類に指定されているため、商業取引でのアリゲーター*とはアメリカアリゲーターをいう。

　クロコダイル科に見られる腹面の各鱗板(りんばん)に穿孔(せんこう)と呼ばれる小さなくぼみは見られない。アリゲーターは全体に胴が長く、腹部の鱗の形状はクロコダイルに比べ、やや長めの長方形をしている。養殖も大規模に行われていて、世界で最も多く取引されている。鞄、ハンドバッグ、革小物、ベルト、カウボーイブーツ、時計バンド等に使用されている。写真は付録を参照。

ありゅうさんかゆ　亜硫酸化油
Sulfited oil

　魚油等の高度不飽和グリセライド油に亜硫酸水素ナトリウム*の存在下で加熱しながら通気して得られる自己乳化性油。主成分はグリセライド又は高級脂肪酸、その酸化物、及びスルホン化物等であり、複雑な組成である。水中では、酸、電解質に対して安定なエマルション*が得られるので陰イオン性加脂剤として多用される。クロム鞣し浴中にクロム分散剤としても用いられる。クロム革に対する親和性が硫酸化油*よりもやや弱く、革断面の中心部まで浸透しやすいので革に対する柔軟化効果が優れ、他の加脂剤と混合してソフト革用の加脂剤として用いられる。

ありゅうさんすいそナトリウム　亜硫酸水素ナトリウム　Sodium hydrogen sulfite

　化学式は $NaHSO_3$。重亜硫酸ナトリウム、酸性亜硫酸ナトリウムともいう。無色結晶性粉末。還元剤として、皮・革の漂白のほか、染料、医薬品の合成、防腐剤等に広く用いられる。弱い脱灰作用がある。

アルカリ　Alkali

　水酸基を有し、水に溶解して水酸化物イオンを生成する物質の総称。塩基ともいう。強く解離して強いアルカリ性を示すものを強アルカリ、その作用の弱いものを弱アルカリという。ナトリウム、カリウム等の金属、アミンのような窒素化合物の水酸化物が代表であるが、炭酸塩のように加水分解で水酸化物イオンを発生する塩や酸を中和するものも含まれる。製革工程では脱毛、石灰漬け工程はアルカリ性領域で行われる。
　☞ pH

アルカリかようかコラーゲン　アルカリ可溶化コラーゲン　Alkali soluble collagen

　アルカリ溶液で可溶化されるコラーゲン。テロペプチドは分解され、組織中の大部分のコラーゲンが抽出される。三重らせん構造を維持して抽出できるが、脱アミド反応が起きていてグルタミンはグルタミン酸に、アスパラギンはアスパラギン酸に変化しており、コラーゲン線維を形成しない。

アルカリしょりゼラチン　アルカリ処理ゼラチン　Alkali-treated gelatin

　皮、骨、鱗(うろこ)等のI型コラーゲン*を

主成分とする材料を、水酸化カルシウム*等のアルカリ溶液に長期間浸してから熱水で抽出して得たゼラチン*。ゼラチンには、塩酸、硫酸等の無機酸を使用する酸処理ゼラチン、及び水酸化カルシウム等を使用するアルカリ処理ゼラチンがある。アルカリ処理は、コラーゲンの化学的純度を高め、ゼラチンの収量を増大させ、物性の改良と均質化に役立つ。また、等電点*が低下する等化学的な性質にも変化を与える。食品、写真用ゼラチン等高い純度が要求されるものに使用される。

アルキドじゅしけいとりょう　アルキド樹脂系塗料　Alkyd resin paint

多塩基酸と多価アルコールの縮合物を主成分とし、これを油脂等で変性した樹脂系の塗料。耐久性が良く顔料の分散も良いため、取扱いが容易で、合成樹脂塗料の代表的なものとして広く用いられている。

アルキルベンゼンスルホンさん　アルキルベンゼンスルホン酸　Alkyl benzene sulfonic acid

陰イオン性界面活性剤*の一種。直鎖アルキルベンゼンスルホン酸塩が界面活性剤として使用され、LASと略記される。酸性、アルカリ性溶液中でも安定な代表的洗浄剤。アルカリ金属塩は中性洗剤、乳化剤、染色加工用の分散剤にも使われている。

アルコール　Alcohol

水酸基(-OH)を有する有機化合物で、一般式はR-OHで表される。一般的にアルコールとはエチルアルコールのことをいう。分子中に複数の水酸基をもつものを多価アルコールと呼び、エチレングリコールはその一例である。アルキル鎖炭素数が6以上のものを高級アルコールと呼ぶ。低分子量のものは、水溶性である。様々な物質に対する溶解性が高く、仕上げ工程でも使用される。

アルコールせんりょう　アルコール染料　Alcohol soluble dye

水に不溶性で、アルコールに溶解する染料。金属錯体、特にスルホン基をもたないモノアゾ染料のクロム錯体等がある。耐光性*が良く、耐水性*があり、油溶性の染料に比べて昇華性が低い。混色可能で、深みのある染料が多い。染色乾燥革の色調修正のためのスプレー染色*、有機溶剤を含む仕上げ工程で使用することが多い。レザークラフトにも使用される。

アルデヒドなめし　アルデヒド鞣し　Aldehyde tannage, Aldehyde tanning

アルデヒド化合物による鞣し。特にホルムアルデヒド*鞣しは古くから実用化されていた。その作用は、アルデヒド基が主としてコラーゲン(コラーゲン)のアミノ基に作用して、化学的に架橋反応することによってコラーゲンを固定し、安定化することに基づく。鞣剤(じゅうざい)として、ホルムアルデヒド*、グルタルアルデヒド*、グリオキサール、ジアルデヒドデンプン等がある。得られた革の特徴は、ソフトで、耐アルカリ性が良好であるが、耐熱性*はクロム革より低い。白革*用として、ホルムアルデヒドはアルミニウム鞣し*、ジルコニウム鞣し*、油鞣し*の前鞣し剤として用いられていた。ホルムアルデヒ

ドはタンパク質と可逆的な反応をするため、革から遊離して皮膚に対して炎症を発生させることがある。そのため、今日ではホルムアルデヒドに代わって、主にグルタルアルデヒドが使用されるようになっている。グルタルアルデヒドで鞣した革は黄褐色に着色するため、白革用として変性グルタルアルデヒド、グリオキサール等が使用されることがある。

アルミニウムなめし　アルミニウム鞣し
Aluminium tannage, Aluminium tanning

アルミニウム鞣剤を用いる鞣し。最も古い鞣し法の一つ。古くは鞣剤としてカリ明礬が用いられ、明礬鞣しとしてシープスキン*の白革鞣し、*毛皮*の鞣しに用いられてきた。現在は高塩基性塩化アルミニウム塩が、鞣剤として市販されている。鞣し方法はクロム鞣しに近いが、鞣し革の耐熱性*はクロム革より低く、pHが低くなるほど脱鞣しを受けやすい。鞣剤自体は無色であるため、鮮明な染色革を得るのに適している。現在ではアルミニウム塩単独で鞣されることは少なく、ほかの鞣剤と併用するコンビネーション鞣し*に利用されることが多い。白色で柔軟な革が得られる。

アンガス　Angus
☞アバディーンアンガス

アンクルストラップ　Ankle strap
履物の部品。踝の位置の上から足首の部分にかけて巻きつけるように取りつける革紐等。バックル、ボタンで留める型式のものがある。

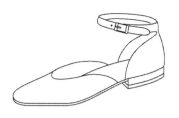

あんぜんぐつ　安全靴　Safety shoes, Protective footwear

足及び人体を各種の危険から保護する対策を施した作業用靴。原則として革製である。安全対策として機械的衝撃から足を保護するために、補強材料の使用と火災の誘発防止のための帯電防止が施されている。JISでは前者のために鋼又はプラスチック製の補強先芯を使用したものを安全靴、使用していないものを作業靴として区別し、後者のタイプを静電気帯電防止用革製安全靴又は作業靴として規定している。靴の種類は、重作業用、普通作業用及び軽作業用に分けられ、婦人安全靴は、軽作業用に準ずるものとされている。甲革は、クロム牛革又はクロムタンニン複合鞣し牛革が用いられる。また、足の甲部全体を覆うプロテクターを取り付けた安全靴もある。

アンティークかく　アンティーク革（アンティック革）　Antique leather
アンティーク染め及びアンティーク仕上げした革。鞄、ハンドバッグ、靴、家具用等多くの用途に使用される。

アンティークしあげ　アンティーク仕上げ（アンティック仕上げ）　Antique finish
革に年代を経た印象をもたせる仕上げ。不規則な色調で二色効果を出した

仕上げ方法もいう。型押し*、もみ等を施した革表面の凹凸を利用して、塗装によって色調の濃淡（ツートンカラーともいう）を出す仕上げや刷毛、テレンプ*等によって不規則な塗装仕上げを行う方法がある。また、艶消し仕上げ、低光沢のワックス仕上げ、ブラッシュオフ仕上げ等も含まれる。靴等の仕上げは、仕上げ剤を塗布後に、拭きとりとバフィング*を施す。仕上げ剤は、主としてワックス系の染料を含む茶系の濃色調のものが多い。

アンティークぞめ　アンティーク染め（アンティック染め）　Antique dyeing

　仕上げ工程において不均一な染色、着色を行うこと。ウェットブルーに不規則な凹凸をつけて一度乾燥させた革、薬剤処理を施した革をドラム染色することによって染色むらを発生させる。鞣し前に皮を化学的、又は物理的に不規則な状態にし、濃厚な鞣し液で処理して不均一な染色を施す方法もある。アンティーク仕上げ*のことをいう場合もある。

アンティロープ　Antelope

　哺乳綱偶蹄目ウシ科のうち、ウシ類、カモシカ類、ヤギ類、ヒツジ類を除いたものの総称。系統的には一つのグループではない。レイヨウ（羚羊）と呼ばれる。古くはカモシカと呼ばれることもあった。多くはアフリカの草原、砂漠やまれに森林に住む。

アンティロープかく　アンティロープ革　Antelope leather

　アンティロープ*の皮から作った、ビロード様光沢の毛羽をもつ柔らかいスエード*革。

アンモニア水　Ammonia water, Liquid ammonia

　アンモニアガスの水溶液。俗にアンモニアと呼んでいるのはアンモニア水のことで、製革工程に使用されるのは25〜27%濃度である。刺激臭のある無色透明の液体。革を処理する溶液のpH調節、クラスト革の水戻し、染料の均染性、浸透性の向上のために使用される。温度の上昇に伴いアンモニアは気化し、容器中にアンモニアガスがたまるので、貯蔵中の温度管理が必要である。アンモニアガス、アンモニア水は皮膚、粘膜を冒すので取扱いには注意を要する。

い

イーアイタンドレザー　E.I. タンドレザー　E.I. tanned leather, East India tanned leather

　インド産のやぎ皮、羊皮、牛皮等を植物タンニンで鞣し、ガラ干し*又は張り乾燥後のクラスト*をいう。特に、マドラス周辺で生産されたのでこの名称がある。未仕上げ革であるので、このままか、脱タンニンの後にクロム鞣剤等で再鞣を行い、家具用革、鞄、ハンドバッグ用革、甲革等に仕上げる。また、クラストの状態のまま裏革やクラフト*材料としても用いられる。E.I. キッド、E.I. キップ、E.I. タンドシープともいう。

イオンけつごう　イオン結合　Ionic

bond

陰イオンと陽イオン間の静電引力によって形成される結合。化学結合の一種であるが、共有結合、配位結合より一般に結合エネルギーは小さい。金属原子は陽イオン（＋）になりやすく、非金属原子及び原子団は陰イオン（－）となりやすいため、多くの化合物にイオン結合がみられる。イオン結合をもつ化合物は常温以下では主としてイオン結晶になっている。無機鞣剤、合成タンニン、染料、加脂剤等がコラーゲンと結合するときに重要な役割を果たしている。

イグアナ　Iguana lizard

有鱗目イグアナ科に分類されている原始的なトカゲ。約600種が含まれ、狭義にはそのうちの30種をいう。尾が長く、全長1～2m。背に刃状の突起をもつ。生息地は、主に中米及び南米である。ガラパゴス諸島に分布し海藻等を食べるウミイグアナ、熱帯アメリカに分布し樹上にいることが多く、木の葉、果実を食べるグリーンイグアナ等がある。鱗のダイナミックさを生かしてハンドバッグ、鞄、ベルト等に使用される。

いけだなめし　池田鞣　Ikeda white leather

馬皮を白鞣し革*とほぼ同様の方法で鞣した革。池田地区、現在の兵庫県川西市で作られていたのでこの名がある。

いこう　移行　Migration

色素、油分、可塑剤*等が革や塗装膜中を移動する現象。接触面を通してほかの革に移ることもある。色素の移行は、移行しやすい有機染料、有機顔料が原因となる。油脂分の移行は、結合力の弱い鉱物油を原料とする加脂剤や生油*を使用したときに発生しやすい。多量の加脂剤を使用した場合にも発生する。革と合成材料を組み合わせて使用したとき、可塑剤による色の移行が発生することがある。

いしがけ　石掛け　Stone scudding, Fluffing

石製のスリッカー*で、脱毛した裸皮*の銀面の垢*、油等を平らな板上でこすり取ること。

いすばり　椅子張り　Holstering

椅子の座、背、肘等人体が直接に触れる接触部分を革、布地等で覆うこと。特に革で覆うことを革張り*という。椅子張りに用いられる材料は、上張り材料、充てん材料、下張り材料に区別する。上張り材料は革、布、合成皮革等が一般に用いられ、表上張りと裏上張りに分けられる。中級品の応接セット等は表上張りが革で裏上張りに合成皮革を用いることが多い。これらの製品を半皮とも呼ぶ。充てん材料は、獣毛（牛毛、馬毛、羊毛）、フォームラバー等が用いられる。下張り材料はスプリング、バネ、力布、金布等からなる。

いすばりかわ　椅子張り革　Upholstery leather

☞家具用革

イソシアネート　Isocyanate

ポリウレタンの原料となるイソシアネート基（R-N=C=O）をもつ化合物。

非常に反応性が高いので、湿気を避けて低温保存する。加水分解でアミンを生成し、アルコールと反応するとウレタン結合*を生成する。また、アミンと反応して尿素誘導体を生成する。ジイソシアネート（イソシアネート基を2個有する化合物）とジオール（ヒドロキシ基を2個有する化合物）でポリウレタン*を生成する。革の仕上げ剤の原料となる。

イソプロピルアルコール　Isopropyl alcohol

化学式は$(CH_3)_2CHOH$。2-プロパノール（2-propanol）及びプロパン-2-オール（propan-2-ol）ともいう。沸点82℃。アルコール臭を有する無色透明な液体。天然樹脂や合成樹脂の溶剤、ニトロセルロース等の助溶剤、抽出剤、ラッカー等に用いられる。また、消毒用アルコールとしても使用される。

イタチザメ　Tiger shark

サメ目メジロザメ科に分類され、メキシコ湾、カリブ海等をはじめとして世界中の熱帯から温帯の海域に広く分布し、日本近海でも伊豆諸島以南に生息する大型のサメである。若いイタチザメの体には、銀白色の地に黒色帯があり、それがトラの斑紋に似ているため、タイガーシャーク*とも呼ばれている。この帯状の模様は成長すると消滅する。皮の表面はサメ特有の網目状の凹凸がある。革はサイズが大きいことから大型の鞄、ハンドバッグ等に使用される。

いたばり　板張り　Tacking nailing

釘（くぎ）又は紐（ひも）を用いて、革を引っ張りながら、板又は枠に固定し、天日等で乾燥させること。革の面積を大きく、表面を平滑にするために行う。

いためがわ　板目皮

牛馬皮、主に牛皮を原料として、毛を除去し裏側の肉片、脂肪、筋、血管等の腐りやすい部分を削り取り、完全乾燥した皮をいう。その性状は、生皮（きがわ）に似たロウハイド*やピッカー*に相当する。板目皮は強度が高いため、戦闘防御用の鎧（よろい）*、胸当て*、盾、刀鍔（つば）、太鼓皮*等の用途に用いられた。一般に板目皮と呼ぶ場合、鎧の主要部分となる小札（短冊形に切った）皮をいう。戦国期に鉄砲が伝来するまで、弓矢、槍（やり）、及び刀が主力であったので、板目皮はそれらに絶大な防御力を発揮した。

いちかわ　市革　Back stay

☞バックステー

いちまいこう　一枚甲　Whole cut

靴の甲部が一枚の革でできた靴、又は靴の甲部をいう。何枚かの部品を縫い合わせてまとめた甲部に対する語である。

いちもんじかざり　一文字飾り　Straight tip

靴の爪革と飾革*との縫目が一文字のように一直線になっているデザイン

のこと。ストレートチップともいう。紳士のフォーマルシューズ等ドレッシーな靴に使われることが多い。この部分を色、素材を変えたものもある。

いちよくほう　一浴法　Single bath process

二浴法*に対する用語。1893年、二浴法に代わるものとして、Martin Dennisによって開発された。現在は、更に一浴法が研究改良されて、安全な3価のクロム鞣剤を使用した鞣しが広く普及している。

　☞クロム鞣し

イーピーエイ　EPA: Economic Partnership Agreement

経済連携協定。自由貿易協定（FTA）を柱として、関税、サービス、貿易の自由化に加え、投資、政府調達、知的財産権、人の移動、ビジネス環境整備等幅広い分野にわたっている。また、協力の要素を含めることで、相手国と連携して貿易や投資の拡大を目指す協定。FTAを一歩進めたものである。包括的なEPAは、現在WTOが規定する以上の内容を含んでいる。

イブニングシューズ　Evening shoes

夜会用の靴。男性はフォーマルな服装で黒色エナメルのオックスフォード*、又はリボン飾り付のパンプス*を用いる。女性ではドレスと共布のパンプス、光沢のあるキッド*のパンプス、又はサンダルを用いることもある。

イーマス　EMAS: Eco-Management and Audit Scheme

EUの環境管理制度。1995年から実施されており、環境管理システムの構築、環境改善の実績報告、環境に関する内部監査、従業員の積極的な参加、及び環境監査結果の公表等が規定されている。

イミテーションレザー　Imitation leather

天然皮革に似せて作られた合成材料。基布、樹脂の種類によってビニルレザー*、合成皮革*、人工皮革*等に分類される。革屑や繊維屑を樹脂で固めたレザーボード*等もイミテーションレザーに分類されることもある。天然皮革よりも安価な代替物として発売されたが、現在では機能性に優れた人工皮革も販売されている。ビニルレザー、合成皮革、人工皮革等に使用されているレザーや皮革という用語は、紛らわしいため、消費者保護の観点から、天然皮革以外には使用しないことが世界の流れである。

イーユーエコラベル　EUエコラベル
EU eco-label

EUにおける環境ラベル。1993年に運営が開始され、シンボルマークが花の形であるため、EUフラワーラベルとも呼ばれる。企業への環境保護への貢献を促進させる一方で、消費者に対して環境に優しい製品であることを伝え、製品の需要、供給の両面から環境に適した製品の促進を図るために導入された。製造時の環境への影響が低く、有害化学物質を含まず、耐久性のある製品を推進している。消費者が市販製品の環境性能に関し十分な説明を受けた上で選択できるようにしたものである。革製品ではfootwear（履物）が取り上げられている。

☞ EU靴統合ラベル、ヨーロッパエコラベル

イーユーくつとうごうラベル　EU靴統合ラベル　EU footwear label
　EUが制定した履物（footwear）に関する環境ラベル。2002年に制定され（2002/231/EC）、2009年に一部修正された（2009/563/EC）。製品に対してホルムアルデヒド*、有機塩素化合物、禁止芳香族アミン、重金属（ヒ素、カドミウム、鉛、6価クロム）、染色摩擦堅ろう度（乾燥、湿潤）*等が規定されている。また、製革工場の排水基準、製靴工場における揮発性有機化合物量、エネルギー消費量の低減も規定されている。さらに、製品の梱包材に厚紙を使用する場合は100%再生紙を使用し、ポリ袋を使用する場合は、75%がリサイクル材料、又は生分解性材料を使用することが規定されている。耐久性に関する指標として、甲革の耐屈曲性及び引裂強さ、表底の耐屈曲性、耐摩耗性、接着性及び引裂強さ、更に甲革、裏革、中底の染色摩擦堅ろう度に関する基準値が規定されている。

イリエワニ　Saltwater crocodile
　ワニ目クロコダイル科クロコダイル属に分類される。オーストラリア、パプアニューギニア、インドネシアを中心とした東南アジアの淡水と海水が混じる地域に生息していることからイリエワニと呼ばれている。通称スモールクロコ*ともいう。全長5～6mで、口吻はやや長く基部の幅の1.7～2.1倍で、隆起や畝が発達している。下顎の第1歯が上顎の先端を貫通する。後頭鱗板は全くない場合もあるが、多くの場合、片側に僅かに見られる程度である。頸鱗板は大型の4枚が四角に並びその左右に小型の鱗板が1枚ずつ並んでいる。背鱗板は、頸鱗板の固まりから大幅に離れており、他のクロコダイル類と異なる。体色は緑褐色。水かきは前肢では指の基部のみに、後肢では趾全体に発達している。皮は竹斑と呼ばれる腹の部分にある長方形の斑が細かく規則的であり、玉斑と呼ばれる円形の斑との調和がきれいなことから、ワニ革の中で最上級品とされている。革の価値が高いことから多くの東南アジアを中心とした国々で養殖され、高級ハンドバッグ、小物、時計バンド、ベルト等に広く使用されている。写真は付録参照。

いりまち　入りまち（襠）
　鞄、ハンドバッグ等を正面から見た時、胴板より内側に隠れているまち*の総称。反対に、胴板より出ているものを出まちという。

いりょうようかわ　いりょうようかく
衣料用革　Clothing leather, Garment leather
　衣料用に仕上げた革。柔らかくしなやかで、ドレープ*性がよく、適度な伸びがある等、衣料用素材として必要な物性を有する。クロム鞣しが主体であるが、グルタルアルデヒド*とのコンビネーション鞣し*等様々な鞣しが行われる。風合い、感触等とともに染色堅ろう度*の優れた革が要求される。

イレギュラー　Irregular pattern
　標準的な型（パターン）にトリミング*されていない原皮*の損傷の一つ。ナイフカット*、穴、又は寄生虫による

損傷部等をトリミングした結果、標準的な原皮の型にならなかったもの。重量区分に合わせるため、時にイレギュラーにトリミングされることがある。

いろあわせ　色合わせ　Color matching

革の染色又は塗装による着色で、目標とする色調に染料又は塗料を調合する作業。原則として色材の色調は革に施されて本来の色をなすので、通常は小革片を用いて試験的に染色又は塗装等の色合わせを行ってから、実際の染色又は塗装を実施する。熟練を要する作業である。
　☞カラーマッチング

いろおちしけんき　色落ち試験機
Crock meter, Rub fastness tester
　☞クロックメータ、染色摩擦堅ろう度試験

いろどめ　色止め　Fixing of dye

染色した材料の染料を定着させるために施す薬品による処理。ドラム染色では、染料が革に吸尽された後、色止めの目的で、同浴に少量の有機酸、クロム塩、アルミニウム塩、陽イオン性界面活性剤等を添加することが多い。スプレー染色*や刷毛(はけ)染め*の後でも行う。

いろなき　色泣き　Bleeding of color

着色された革から染料や顔料が水溶液中に溶出又は移行する現象。溶出の結果、密着するほかの材料への汚染をいう場合もある。その原因の特定には染色工程から保管、使用状況までを調査する必要がある。また、濃色と淡色を組み合わせた場合にも起こりやすい。

いろやけ　色焼け　Fade, Discolor, Sun-tanned

日光、蛍光灯の光（主として紫外線）によって、塗装膜、染色革が黄変*、褐変*、退色を引き起こして変色すること。

いんイオンせい　陰イオン性　Anionic

水に溶解したとき負電荷を帯びる物質。アニオン性ともいう。製革工程で使用する染料や加脂剤の多くが陰イオン性を示す。また、界面活性剤の多くが陰イオン性である。陰イオンと陽イオンは静電引力によってイオン結合*を形成する。
　☞アニオニック染色、カチオン性

いんイオンせいかいめんかっせいざい　陰イオン性界面活性剤　Anionic surface active agent, Anionic surfactant

水中で解離したとき陰イオンとなる界面活性剤*。水溶液中で物質表面に吸着し、その表面張力を大幅に低下させる物質で、表面活性剤ともいう。親水基と疎水基から成り立っている化合物で、その分子量は数100から1000程度の大きさである。このような構造上の特徴の結果として、界面活性剤は、通常は相反する性質である水と油との両者に親和性をもっている（両親媒性という）。親水基としてカルボン酸、スルホン酸、又はリン酸等をもつものが多い。カルボン酸系としては石けんの主成分である脂肪酸塩やコール酸塩が、スルホン酸系としては合成洗剤に多く使われる直鎖アルキルベンゼンスルホン酸ナトリウム、ラウリル硫酸ナトリウム等がある。加脂剤成分もカルボン酸、スルホン酸、亜硫酸、リン酸等の陰イオン性界面活性剤が多用されてい

る。

いんイオンせいかしざい　陰イオン性加脂剤　Anionic fatliquoring agent

陰イオン性の界面活性剤と疎水性の中性油*からなる乳化加脂液。アニオン加脂剤ともいう。陰イオン性油として、動植物油や合成油等の硫酸化油*、スルホン化油*、亜硫酸化油*、リン酸化油*等を使用した中性油*を内包するエマルション*であり、クロム革にとって最も一般的な加脂剤である。

回転するドラム中で加脂剤を鞣し革とともに攪拌(かくはん)することによって、エマルションは革繊維内部に浸透する。加脂工程の後半において、酸の添加等によって革の組織内でエマルションが破壊されると、アニオン性の界面活性剤成分が革繊維表面のカチオン性部分と結合する。そのために繊維表面は界面活性剤成分のアルキル鎖で覆われてある程度疎水化されるので、疎水性の被乳化油成分(中性油)が繊維表面に沈着する場所を提供する。その結果、中性油の潤滑効果による繊維同士の滑りの向上、及び疎水化で繊維同士の密着が防止されて加脂効果が発揮される。通常、加脂液中の油剤成分はすべて革に吸収される。

いんイオンせいせんしょく　陰イオン性染色　Anionic dyeing

酸性染料*、直接染料*、酸性媒染染料、含金染料*(金属錯塩染料)等の陰イオン性染料を用いる染色の総称。アニオニック染色ともいう。塩基性染料*等を用いる陽イオン性染色と区別するために用いる。革では最も一般的な染色方法である。この染色方法の特色は、第一に染色基質(革)が陽イオン性をもつことが要件となり、クロム革*がこれに当たる。植物タンニン革は陰イオン性が強いので良好な染色ができないが、クロム塩、アルミニウム塩で前処理(媒染*)を行うとこの染色が可能となる。革の染色では、比較的堅ろうな染色が得やすい。

いんイオンせいせんりょう　陰イオン性染料　Anionic dye

水中で陰イオンとなる染料。アニオン染料、アニオニック染料ともいう。大部分はスルホン酸基を有する。酸性染料*、直接染料*、含金染料*、反応性染料*等、その種類は多く、革の染色に使用される染料の主流である。

☞陰イオン性染色

インクジェットプリンタ　Ink jet printer

微滴化したインクをノズルの先端から被印字媒体に対して直接に吹き付ける方式の印刷機。コンピュータグラフィクスの出力装置としてのインクジェットプリンタが発達し、革にも印刷が可能となった。人の手では描くことのできないデザインを作成することができる。パソコンに接続して使用するため、データの再現や加工が容易である。革に前処理を行った後、インクジェットプリンタで印刷することが行われている。

インジェクションしきせいほう　インジェクション式製法　Injection mo(u)lding process

☞射出成形式製法

インステップ Instep
　三の甲ともいう。足の甲の楔状骨部分（足の甲の最も高い部分）、又は靴型及び靴のその部分に相当する箇所をいう。

インソール Insole
　☞中底

いんでん　印伝 Inden
　印伝革＊を用いて作られた製品を印伝、又は甲州印伝という。その名称はインデヤの変化したもの、又はインド（印度）伝来の言葉に由来するともいわれている。口伝ではその起源は戦国時代にまで遡るが、当時南方から従来の国産革とは異なった高級革が輸入されており、その影響を受けて江戸時代に技術開発が進んで印伝と称する鹿革製品が創出されたものと見られる。印伝という製品は日本各地で作られており、更に他素材の品物もあったが、その頂点として甲州印伝が残ってきたと考えられる。現在では奈良県でも作られているが、甲州印伝は昭和62年（1987年）に伝統的工芸品指定を受けている。
　☞印伝革

いんでんがわ　印伝革 Inden leather
　鹿皮を原料として、脳漿鞣し＊を施し、模様の型紙を使って漆で柄付けした革。1970年頃まで脳漿鞣しが和歌山、奈良等で行われていたが、現在では脳漿は用いられず、アルデヒド及び油によるコンビネーション鞣し＊を行い、漆型紙と燻べ＊が併用されるのが主流となっている。財布、革小物、ハンドバッグ等に使われる。
　☞印伝

いんぺいりょく　隠蔽力 Covering power, Hiding power
　顔料、黒色染料等を革表面に塗布したときに、きず、変色等の表面状態を視覚的に隠す能力。隠蔽力が高い顔料、染料は下地の影響をほとんど受けず、隠蔽力の低い顔料、染料は下地の反射によって下地の色の影響を受ける。例えば、顔料の粒子が大きいほど隠蔽力が高くなるが、これを多量に配合すると仕上がりは透明感に欠ける。

インボイス Invoice
　送り状。出荷人が発送した商品の重要事項を記載した送貨明細書のこと。日付、商品名と個数、売主、輸出業者名、船舶名、船積日付、船積港、仕向港、貨物の荷印、番号、単価、総額、諸費用等を明示したもので、売買計算書であり、また、代金請求書でもある。買主にとっては仕入書にも相当する。船積書類の重要なものの一つである。
　☞船積書類、ビーエル

う

ウィズ、ワイズ Width
　日本語の足幅に相当する。足の踏み付け部第1趾と第5趾の各々の付根に接する垂線間の水平距離をいう。
　☞靴サイズ

ウィップスネーク　Whip snake
☞ナンダ

ウィローカーフ　Willow calf
　アニリン革*の一種。様々な色調に染色した革に、グレージング仕上げ*、及びもみ仕上げを施した革。しぼ*の形状が柳（willow）に似ていることからウィローカーフと呼ばれる。黒色以外の仕上げを行ったもので、高級品とされている。1方向のもみ（縦しぼ）又は2方向のもみ（角しぼ）のもみ跡が特徴である。靴、鞄、ハンドバッグ等に使われる。

ウィングチップ　Wing tip
　おかめ飾りともいう。靴の飾革デザインの一種。靴の爪先部分をW型に切り替えたデザイン。鳥の翼のように見えることからウィングチップといわれる。英国調の基本的なデザインである。

ウェザーメータ　Weather meter
　耐候性試験機。材料及び製品の太陽光、温度、湿度、降雨等自然の気候による劣化に対する抵抗性を評価するための機械。人工的に一定の条件で光（主として紫外線）、雨等を与える。紫外線光源には、カーボンアーク、キセノンアーク、紫外線、及びメタルハライドのランプがある。

ウェッジ　Wedge
　横から見た形状が楔（くさび）形をしたヒール、又は靴底。前者をウェッジヒール、後者をウェッジソールという。カリフォルニア式製法*では、プラットフォーム*に続く楔状部品。

ウエッジヒール

ウェットクリーニング　Wet cleaning
　有機溶剤によるドライクリーニング*に対する水系のクリーニング方式で、デリケートな衣料を傷めずに水洗いするためのクリーニングを意味する。ランドリーと同義に使用されることもある。ドライクリーニングでは落ちない水溶性の汚れを洗浄することに適している。ランドリー用ワッシャーを使用する場合は、低温で短時間の処理を行う。形崩れや艶の消失が生じた場合には、回復するための仕上げ技術を必要とする。近年、靴等一部の革製品でもウェットクリーニングが行われている。
　☞クリーニング、ランドリー

ウェットブルー　Wet blue
　クロム鞣しを施した湿潤状態の革。最近では原皮供給国が、付加価値を高めるためにウェットブルーを輸出することが多くなった。貿易上は、鞣した皮として原料皮の一形態として取り扱われている。

☞青革

ウェットホワイト Wet white
　脱毛後、非クロム系の鞣しを施した革。クロム革のウェットブルー*に対する言葉。貿易上は、鞣した皮として原料皮の一形態として取り扱われている。鞣剤としてはアルミニウム塩、ポリアルデヒド、チタン塩、合成タンニン*等が使用される。ピックル皮*とウェットブルーの中間的性質をもち、次のような特徴がある。1) スプリッティングマシン*、シェービングマシン*による作業に耐える耐熱性や機械的強度がある。2) 複数の鞣剤による鞣しが可能である。3) クロムを含まず、脱鞣しも容易であるため、副産物（シェービング屑*、床等）の利用価値が高い。

ウェディングシューズ Wedding shoes
　ウェディングドレス用の靴。ドレスの共布（ともぬの）、又は白革、銀付革のハイヒールパンプス、又はサンダルを用いることもある。

ウエルト Welt
　細革ともいう。細長い帯状の革でグッドイヤーウエルト式製法*又はシルウエルト式製法*では靴のアッパー（甲部）を釣り込んだ後、アッパー下部の縁まわりに沿って中底裏面のリブに縫い付ける。通常、タンニン革で、厚さ約3 mm、幅約13 mmである。また、セメント式等の製法でもグッドイヤーウエルト式製法による靴の外観に似せるため、革又はゴムのウエルトを取り付けることもある。

ウォーキングシューズ Walking shoes
　歩行に適し、機能性に重点を置いたローヒールの靴。

ウォータースポット Water spot
　革製品が雨、水滴等によって濡れた際に、水滴部分の塗装膜が浮き上がって水ぶくれのような状態になること。アニリン革*では、革らしさを強調するために、透明なタンパク質系仕上げ剤が用いられる。架橋剤*による固定が良好ではない場合は、水滴によって膨潤し、乾燥後に塗装膜を浮き上がらせてウォータースポットが生じる。

ウォッシャブルレザー Washable leather
　水による洗濯が可能な革。代表的なものにセーム革*があるが、最近は、耐ウェットクリーニング性をもつ革をいうことが多い。染色堅ろう性*が高く、洗濯によって風合い、形状、強度、液中熱収縮温度等が変化しにくいことが特徴である。

うきだしほう　浮き出し法 Modeling
　革工芸*の一技法。モデリング法ともいう。革の表面に、モデラ*（へら）を使って押し付けて、革に凹凸をつけ模様を浮き上がらせる技法。モデラの使い方でいろいろな表現ができる。主

にフィギュアカービング*に用いられる技法。

うきぼりほう　浮彫り法　Relief

革工芸*の一技法。レリーフ法ともいう。革の表面に、装飾モチーフを立体的に浮き上がらせる技法。木型、金型を使って、革の打ち出し、押し出しを行い、浮彫りがより効果を出すように、内側に詰めもの等を施す。

うけいれけんさ　受入れ検査　Acceptance inspection

原材料、製品、又は部品等を受け入れてよいか否かを判定するための検査。輸入された原料皮*は、港の保税倉庫で、外観、鮮度、塩蔵状態及び肉面のきず等を検査する。また、靴製造業のような二次製品業者が、革を受け入れるときの検査をいう場合もある。

ウサギ　Rabbit

ウサギ目ウサギ科。世界全域で産し、毛皮用、肉用、又は兼用のものがある。毛はやや短く、柔らかい。毛皮用として、美しいグレーのチンチラウサギを始め、セーブル種、刺毛*が退化したレッキス種、毛の長いアンゴラ種がある。黒、茶、白、混色のものがある。染色加工した刈り毛のシェアードラビットも多い。

ウシ　牛　Cattle

偶蹄目反芻亜目ウシ科ウシ亜科に分類される。ウシ亜科には、ウシ属、スイギュウ属、バイソン属等がある。ウシ属には、家畜牛、ヤク等が含まれ、200種類以上の品種がある。ウシの家畜としての歴史は古く、紀元前六千年ごろに、西アジアで家畜化されたと考えられている。家畜牛はヨーロッパ牛及びインド牛に分類される。乳用種、肉用種、役用種、乳肉兼用種として分類される場合もある。乳用種ではホルスタイン、ジャージー等、肉用種はアバディーンアンガス、ヘレフォード、シャルリー、ブラーマン等がある。我が国では、乳用種はホルスタインがほとんどであり、肉用種は、黒毛和種、赤毛和種、日本短角種、無角和種が飼育されている。世界の飼育頭数は2014年には約14億8千万頭で、ブラジル、インド、中国、アメリカ、エチオピア、アルゼンチンの順に多い。と畜頭数は、約3億頭で、中国、ブラジル、アメリカ、インド、アルゼンチンの順である。革としての利用は最も幅広い。

☞牛皮、牛革、カーフスキン、キップスキン、ステア、ステアハイド

うしかいめんじょうのうしょう　牛海綿状脳症　BSE: Bovine Spongiform Encephalopathy

家畜伝染予防法によって指定されている監視伝染病の一つ。TSE（伝達性海綿状脳症：Transmissible spongiform encephalopathy）の一種。牛が感染するのがBSEで、俗に狂牛病とも呼ばれている。いまだ十分に解明されていな

い伝達因子と関係する病気の一つ。ウシの脳の組織にスポンジ状の変化を起こし、起立不能、食欲減退、麻痺等の症状を示す遅発性かつ悪性の中枢神経系の疾病。潜伏期間は3〜7年程度で、発症すると体力を消耗して死に至る。1986年、英国で発見され、ウシに大流行したために、多数の家畜が処分された。プリオンという通常の細胞タンパク質が異常化したものが原因と考えられている。異常化したプリオンは、通常の加熱調理等では不活化されない。BSEは伝達因子に汚染された肉骨粉を含む飼料を通じて広がったと考えられている。食用肉等が汚染されることのないよう衛生的な処理を義務づけており、ウシを原料としたゼラチンはWHOが安全であると認定している。

うすものがわ　薄物革　Light leather

甲革、衣料用革、手袋用革等の厚さが薄くて軽量の革の総称。単に薄物という場合もある。小動物皮、及び大動物皮でも分割*した皮から作られ、面積で取引きされる。クロム鞣しの革が多い。これに対して厚物革*又は厚物がある。

ウズラがわ　ウズラ（鶉）革

染め革の一つ。ウズラの羽根の文様に似ていることから名づけられた燻革*の代表的なものである。いぶし胴に鹿革をはり、直線と立涌形をした曲線の二つの糸を巻き防染し、燻煙して文様を出したもの。燻革は奈良時代からあるが、室町末期から桃山時代になると、ウズラ巻きのような高度なテクニックが盛んになった。現在は製造されていない。

うちばねしき　内羽根式　Balmoral

紐で結ぶタイプの靴。外羽根式*に対して内羽根式という。履き口がV字型に開き、この部分の鳩目穴に通された靴紐を締めて履く型式のもの。イギリスではオックスフォード*といわれる。バルモラルとは英国スコットランドの城の名で、19世紀中頃アルバート公がこのデザインを用いたと言われている。

うつぼ　靫、空穂

弓の矢を束ねて入れる筒状の入れもの。竹籠のもの、板目革に漆をかけたものもある。厳密には靫の当て字とされる。最も多く普及したものは、筒状に編んだ竹籠の表を、毛皮を外にして張り付けるように回し、合わせ目の皮縁を縫いつけたものである。右腰に付け、矢羽の損傷、籠の狂いを防ぐことが目的である。束ねた矢を入れるために、空穂自体は軽いことが求められた。

ウナギ革　Eel skin
☞ヌタウナギ

ウマ　Horse
☞馬掛け

ウマ　馬　Horse

ウマは、発祥地別によって西洋ウマと東洋ウマに分かれる。馬皮のコラー

ゲン線維＊構造は牛皮に比べて交絡が少なく、毛包の配列は牛皮と同じ単一毛包である。しかし、牛皮に比べ銀面が平滑である。大きな馬皮のバット部＊から非常に密に詰まった板、又はシェルと呼ばれる部分がある。この部分から作られた革は水、空気をほとんど通さず、コードバン＊と呼ぶ。

ウマがけ　馬掛け　Horse up

　製革工程にある皮又は革を、次の工程までの間、水切り、熟成、移動等の目的で車輪のついた移動式又は固定式の台（馬）にまたがるように掛けて一時的に積み上げること。しわ等の変形を防ぎ、積み荷の上げ下ろしを容易に行うことができる。

皮, 革
ウマ

ウマがわ　ウマかわ　馬革　Horse leather

　ウマの皮を原料とした革。一般に薄く大判で、靴の裏革、ハンドバッグ用革、衣料用革に使用される。植物タンニン鞣しを施したコードバン＊は高級な鞄、ランドセル、ベルト、時計バンド等に利用されている。写真は付録参照。

うらうち　裏打ち　Fleshing
　☞フレッシング

うらうちき　裏打ち機　Fleshing machine
　☞フレッシングマシン

うらかわ　裏革　Lining leather
　靴の甲部を裏側から補強し、足触り、フィッティング性を良くするために用いられる革。ヒツジ、ヤギ、ウマ、ブタ、ウシ等の銀付き革＊や床革＊が用いられる。未塗装のもの及び塗装仕上げを行ったものがある。また、鞄、ハンドバッグ等の革製品の裏張りにも用いられる。

うらけずり　裏削り　Shaving
　☞シェービング

うらすき　裏漉き　Splitting
　分割＊のこと。水戻し皮の肉面の一部を漉刃で取り除くこともいう。
　☞分割

うらすきき　裏漉き機　Splitting machine
　☞スプリッティングマシン

うらようざいりょう　裏用材料　Lining material
　靴、鞄、ハンドバッグ等の内側に用いる材料。靴では、先裏、腰裏等靴の

内側に用いる。裏材料、裏材ともいう。先裏では布が多く、腰裏では一般に革が用いられる。靴の裏材料としての規格はJIS K 6551とJIS S 5050にあり、足と接触するので摩擦に強く、吸湿性に優れ、かつ染色堅ろう性の良好な材料が好ましい。また、甲革と裏の間に入れるダブラー*も裏用材料に含まれる。

ウールグリース Wool grease
　羊毛を洗浄又は布地を縮絨（しゅくじゅう）した石けん水から抽出した粘着性の脂肪。また、有機溶剤によって脂付羊毛から抽出するものもある。常温で固体であることからワックス*の一種と見なされているが、軟らかすぎることからワックスとはいわずウールグリースと呼ばれる。ラノリン*は、ウールグリースの精製によって得られる。加脂剤や革手入れ剤として利用されている。

ウールシープ Wool sheep
　毛用種のヒツジである。ヒツジは毛質によってウールシープとヘアシープ*に分けられる。ウールシープは、現在のメリノ種に代表される。ヨーロッパ、特にイギリスにおいて羊毛工業の発達とともに品種改良が進み、巻縮毛をもつ。ムートン*の原料として有用であるが、革としては繊維構造がルーズで機械的強度が低く、乳頭層と網状層が二層に分かれやすいために、取扱いに注意が必要である。
　☞シープスキン

ウールスキン Wool skin
　毛がついた状態のヒツジの皮。一般的に、ムートン*として利用されていることが多い。

ウレタンしあげ　ウレタン仕上げ
Polyurethane finish
　ウレタン樹脂塗料*を用いた革の仕上げ方法。強靭（きょうじん）で弾性のある塗装膜を形成し、耐摩耗性、耐薬品性に優れた物理特性の高い仕上げができる。代表的なものとして、エナメル革*等の高光沢仕上げ、自動車用革等の強い物理特性が要求される革の仕上げに用いられる。
　☞ポリウレタン仕上げ

うれたんじゅしせっちゃくざい　ウレタン樹脂接着剤 Polyurethane (resin) adhesive
　☞ポリウレタン系接着剤

ウレタンじゅしとりょう　ウレタン樹脂塗料 Polyurethane (resin) paint
　ポリウレタン樹脂を主成分とした塗料。イソシアネートの種類、ポリオールの種類、重合割合を組み合わせることで、様々な特性をもたせることができる。また、架橋剤*を加えない一液型、架橋剤を使用直前に加える二液型、シンナーで希釈する溶剤系、水で自己乳化する水系等多種多様なものがある。革の仕上げにおけるベースコート*からトップコート*まで幅広く使用されている。また、合成皮革や人工皮革の加工や仕上げにも広く使用されている。
　☞ポリウレタン

ウレタンソール Polyurethane sole
　発泡したポリウレタン*樹脂で作られた靴の表底。軽く、合成ゴム底に比べ耐摩耗性、耐油性に優れる。弾性が大きく復元性もある。経時変化によって加水分解が生じ、劣化することが知

られている。

うわぬり　上塗り　Top coating

仕上げの最終段階で施す塗装。革の艶、触感、物性等に大きな影響を与える。トップコート*ともいう。塗りむらの修正、及び艶出し、耐水性、耐摩耗性、染色堅ろう性の付与等の目的で行う。通常はスプレー塗装*で行う。

うんどうようかわ　運動用革　Sports leather, Sports goods leather

☞スポーツ用革

え

エイ　Stingray

板鰓亜綱に属する魚類のうち、鰓裂（エラ穴）が体の下面に開くものの総称。鰓裂が側面にあるサメとは区別される。世界中の海洋の温暖な海域から極域まで広く分布しており一部は淡水にも適応しているものもある。現在、エイは、すべてエイ亜区に含まれ4目に分類されているが、近類のサメの9目と並列される傾向にある。革小物や刀剣等の武具に見られる小さな粒状の楯鱗に覆われた革は、一般にサメ革と言われるが、トビエイ目アカエイ科のものである。写真は付録参照。

えいこくきかく　英国規格　BS: British Standard

英国規格協会（BSI, British Standards Institution）によって制定された英国の工業規格。BSIは1901年に英国土木学会の提唱によって設立された工業標準委員会が母体となり発展した。英国規格の運営、試験、品質保証システムの審査や登録、技術コンサルティング等を実施している。英国規格には標準規格だけでなく安全規格も含まれる。DIN規格（ドイツ）やASTM規格（アメリカ）と並んで、我が国でも広く活用されている。国際標準のISO* 9000、ISO 14001等も英国規格が土台である。靴及び靴素材に関する規格が充実しており、ISOに採用されている。革については、IU試験方法*と同内容である。

エイジング　Aging

鞣剤、革製品を一定期間放置することによって化学的、物理的変化が生じること。
1) 植物タンニン革の場合は、鞣し直後のエイジングによって、繊維間においてタンニン分子の安定化が図られる。また、加脂剤が徐々に酸化され、酸化生成物及びそれらとタンニン分子、革との化学反応によって濃色となる。
2) クロム革の場合は、エイジングによって耐熱性*が向上する。その要因として、クロム鞣剤同士で新たな架橋が生じて更に強く結合するようになるためと考えられている。
3) 加脂剤の場合は、時間の経過に伴って革繊維表面上で局在する中性油*が均一に広がることによって、風合いに影響を及ぼし、革製品の風合いが均一になると考えられている。

えいせいかこう　衛生加工　Sanitary finishing

防かび、抗菌、防臭等の加工。衛生加工は、肌着、靴下、タオル、靴の中敷き、カーペット、カーテン等様々なものに

利用されている。肌着、靴下等皮膚と直接接触する材料に対して行われているものは、安全性について注意が必要である。食品添加物、シャンプー、洗顔クリーム等に用いられる。殺菌剤が主に使用されている。有害物質を含有する家庭用品の規制に関する法律では、毒性の強い有機水銀化合物、トリブチルスズ化合物、トリフェニルスズ化合物の使用が禁止されている。抗菌防臭加工は統一された試験方法で評価されて認証され、SEKマーク（製品認証マーク）が得られる。しかし、このマーク付き繊維製品の海外販売は、商標を取得している中国、香港、台湾、シンガポール、マレーシア、タイ、ベトナム、トルコ及びインドネシアへの販売に限られる。革製品においても、繊維製品と同様に抗菌防臭加工が行われている。抗菌剤として使用されていたフマル酸ジメチル（DMF）*は世界的に使用禁止になっている。

エイチエスコード　HSコード　HS Code: Harmonized Commodity Description and Coding System

　商品の名称及び分類についての統一システム。国際貿易商品の名称及び分類を世界的に統一する目的のために作られた6桁のコード番号。HSコードを適用している国・地域は約200（世界貿易量のほぼ全量）に達している。日本では、6桁のHSコードに独自の細分をするための3桁を付加した全9桁で作成されている。正式には輸出入統計品目番号という。革に関連する分類項目は以下のとおりである。第32類は、鞣しエキス、染色エキス、タンニン及びその誘導体、染料、顔料のその他の着色料等、第41類は、原皮（毛皮を除く）及び革、第42類は、革製品及び動物用装着具及び旅行用具、ハンドバッグ等、第43類は、毛皮及び人造毛皮並びにこれらの製品である。

エイチエルビーち　HLB値　HLB value: Hydrophile Lipophile Balance value

　界面活性剤*の基本的な性質である親水性、疎水性のバランスの尺度。本来は非イオン性界面活性剤*の性質を表すために導入された概念であるが、イオン性界面活性剤にも適用されることが多い。HLB値の高い界面活性剤は、親水性が高いので、水中油型エマルション（O/W）の加脂剤に適している。製革工程における水戻し助剤、洗浄剤としても使用される。HLB値の低い界面活性剤は、疎水性が高いので油中水型エマルション（W/O）の加脂剤に適している。

エーエスティーエムきかく　ASTM規格　ASTM: American Society for Testing and Materials Standards

　米国の標準化団体である米国試験材料協会（ASTM International）が策定、発行する規格。1902年に設立され、材料、製品、システム、サービスに関する規格を会員の自発的な発案と総意によって作成し出版している。ASTM規格は任意規格でありながら、多くの国で法規制の基準とされ、国際的に広く通用している。なお、米国の国家規格としては米国規格協会のANSI（American National Standards Institute）規格、米国連邦規格（Federal Specifications and Standards）、米国連邦政府仕様書（FED）等がある。革に関する規格はALCA

(American Leather Chemists Association)と共同で開発されたものである。革及び革製品については、多くの試験方法が規定されている。ISO*の規格にない試験も多く、その試験方法もISOとは異なるものが多い。

えがわ　絵革

板目皮*又は鞣し革に模様、彩色画を描いた皮革。一般には鹿皮の白革*に手描き、又は型を用いて絵画的文様を施し、着彩した革をいう。現在では、様々な革素材を用いて文様、芸術的な絵を描いた作品がある。

エキゾチックレザー（スキン）　Exotic leather (skin)

家畜以外の動物全般の革をいう。は虫類（ワニ、トカゲ、ヘビ等）、鳥類（オーストリッチ、レアー等）、魚類（サメ、エイ等）等がある。以前は、これらの家畜以外の動物から得られる革の総称をは虫類革と称していた。現在では、家畜以外の動物全般をいうエキゾチックアニマル(exotic animal)を語源として、この呼び名が使われるようになった。

えきたいクリーム　液体クリーム　Liquid polish

革に塗布後、乾燥させ、摩擦作用を加えずに光沢のある被膜を形成させるタイプのクリーム。用途や成分によってその種類が多い。ワックス*、水、加脂剤、着色剤を加えて乳化した中性の液体クリームが普及している。アクリル酸樹脂等、合成樹脂エマルション*を主成分にしたものは塗装膜が厚い層になるおそれがある。液体クリームにはエナメル革*用、白革*用、メッシュレザー*用、スエード*用等の専用クリームがある。

えきちゅうねつしゅうしゅくおんど　液中熱収縮温度　Shrinkage temperature

革を水中で加熱したときに収縮が始まる温度。革の耐熱性*及び鞣し*の度合いの尺度となる。JISではJIS K 6550及びJIS K 6557-7で液中熱収縮温度と規定され、Tsの符号で表すことが多い。試験には通常精製水を用いるが、95℃以上の測定にはグリセリンと水の3：1の割合の混合液を用いる。ISO規格では、ISO 3380で規定されており、JISと同一の試験方法で100℃までの測定となっている。

エコテックススタンダード　Oeko-Tex standard

繊維製品において人体の有害物質による影響や被害をなくすことを目的とした試験・認証システム。エコテックス国際共同体が、試験・認証を行っている。製品分類を、皮膚への接触性の大きさから、乳幼・幼児期に触れる繊維製品、肌との接触が大きい繊維製品、肌に直接触れにくい繊維製品、装飾用の家具・服飾品の四つに分類している。エコテックススタンダード100では、pHが4.0～7.5、溶出クロムが幼児用で1.0 mg/kg、幼児用以外で2.0 mg/kgが規制値であるため、一般的なクロム革では適合するのが困難である。

エコトックスラベル　ECO-TOX label

国際タンナーズ協会が1996年に環境保護、野生生物保護及び消費者の安全性を目的として発表したガイドライン。現在はほとんど使用されていない。

エコラベル
☞環境ラベル

エスアイたんい　SI 単位　SI units
国際度量衡委員会が原則一量一単位として決定した単位系。国際単位系は 7 個の基本単位及びそれらから組み立てられる組立単位、並びにそれらの 10 の整数乗倍からなる。基本単位は時間 (s)、長さ (m)、質量 (kg)、電流 (A)、熱力学温度 (K)、物質量 (mol)、光度 (cd) である。組立単位は力 (N)、圧力 (Pa)、エネルギー (J)、周波数 (Hz)、電気抵抗 (Ω) 等である。日本では 1993 年に新計量法として SI 単位系が正式に採用され、非 SI である単位は猶予期間の後に、証明行為、商取引の場での使用ができなくなった。

エスエス　SS: Suspended Solid
☞懸濁物質

エスジーラベル　SG ラベル　SG label
ドイツの特定検査機関における化学物質検査済みラベル。1) 革、毛皮素材、2) 繊維素材、3) レザーファイバーボード、4) ボール紙、紙、木材、セルロース、コルク素材、5) 接着剤、6) プラスチック、ゴム、合成皮革、ポリマーコーティング素材等 6 分野について規定している。革素材では臭気、防炎仕上げ、染色堅ろう度（摩擦及び汗）、pH、ホルムアルデヒド、ペンタクロロフェノールを含む塩素系フェノール、殺虫剤、木材防腐剤、有機スズ化合物、禁止アゾ染料、発がん性染料、多環式炭化水素 (PAH)、防腐剤（4 種）、エイジング後の 6 価クロム、溶出金属鞣剤、溶出重金属（9 種）、塩素化パラフィン、ノニルフェノール＊及びノニルフェノールエトキシレート、フマル酸ジメチル (DMF)＊、トリクロサン、1-メチル -2- ピロリジン、パーフルオロオクタンスルホン酸塩 (PFOS) が規定されている。

エステル　Ester
有機酸又は無機酸とアルコール又はフェノールから水を失って生成（脱水縮合）した化合物の総称。酢酸エチル等の低分子量カルボン酸エステルは、溶剤、塗料、接着剤等に使用されている。加脂剤として使用されている魚油、牛脚油等の不飽和脂肪酸グリセライドもエステルの一種である。

エステルけつごう　エステル結合
Ester bond
☞エステル

エタノールアミン　Ethanol amine
化学式は $H_2NC_2H_4OH$。沸点 171℃。アンモニア臭のするやや粘ちょうな無色の液体。弱いアルカリ性を呈する。製革工程において脱毛促進効果を示す。硫化水素、二酸化炭素等の気体捕捉剤、乳化剤、清浄剤、界面活性剤等に用いられる。

エチルアルコール　Ethyl alcohol
化学式は CH_3CH_2OH。別名エタノール。特有のにおいと味があり、水に易溶性の無色の液体。沸点 78℃。比較的毒性の低い有機溶剤。合成飲料、燃料、不凍液、医薬品、消毒殺菌剤等にも用いられる。製革工程及び革製品製造工程では、仕上げ剤や接着剤等に含まれていることがある。

エチルエーテル Ethyl ether
　☞ジエチルエーテル

エチルセロソルブ Ethyl cellosolve
　☞2-エトキシエタノール

2-エトキシエタノール 2-Ethoxyethanol
　化学式は $CH_2OC_2H_5・CH_2OH$。別名、エチレングリコールモノエチルエーテル、ヒドロキシエーテル、エチルセロソルブ、セロソルブ。沸点136℃。やわらかなにおいがあり、揮発性のある無色の液体。製革工程の仕上げ剤として使用されるニトロセルロースラッカーの溶剤として広く用いられる。水と混合したときに白濁しやすく、ほかの溶剤と混合して使用することが多い。

エチレングリコール Ethylene glycol
　化学式は HOH_2CCH_2OH。別名、1,2-エタンジオール、グリコール。沸点198℃。甘みをもち、揮発性が低く、無色無臭のシロップ状液体。吸湿性が強い。主な用途は不凍液、コンデンサー電解液、ポリエステル繊維原料等である。膠の乾燥防止剤としても使用される。経口急性中毒症がある。エチレングリコールエステル化合物はセロソルブと呼ばれ仕上げ剤の溶剤として使用される。

エチレングリコールモノエチルエーテル Ethylene glycol monoethyl ether
　☞2-エトキシエタノール

エーテル Ether
　構造式がR-O-R'のように酸素原子に2個の炭化水素基R、R'（脂肪族又は芳香族）が結合した有機化合物の総称。アルコールの脱水反応で生成する。多くは、有機溶剤として使用されている。

エナメルかく　エナメル革 Enamelled leather, Patent leather
　表面が高い光沢をもち、耐水性のある塗装膜で覆われた革。元来は、加熱した亜麻仁油＊を用いて作られていたが、現在ではポリウレタン等の樹脂で塗装することによって作られている。和装用草履、甲革、鞄、ハンドバッグ等に使用されている。

エナメルしあげ　エナメル仕上げ Enamelling, Enamel finishing
　☞エナメル革

エヌティービー NTB: Non-Tariff Barrier
　非関税障壁。貿易において、関税以外の方法によって実質的に輸入を制限すること。その目的は自国産業を保護することにある。輸入数量制限、輸入課徴金制度、輸入手続の煩雑さ、検査基準、安全基準、認証制度、国内生産物に対する助成金、その国独自の商慣行等がある。

エフアイエス FIS: Federal Inspected Slaughter
　アメリカの牛肉生産方式で、連邦公認の品質管理制度に基づく工場でのと畜。FISのと畜数の報告は正確迅速といわれる。このFISのほかに、非公認と場、農場等でのと畜があるが、FIS数値は全と畜数の約95％を占めるとみられ、原皮生産の動向を考える上で重要な指標となっている。
　☞コマーシャルスローター

エフエーオー　FAO: Food and Agriculture Organization of the United Nations

国連食糧農業機関。世界の食糧生産、配分の改善及び栄養生活水準の向上を目的とする国際連合の専門機関。ローマに本部がある。国際的な調査に基づき、世界各国の農林水産業への勧告等を行う。食糧や農業に関する各種統計の作成、調査研究等を行っており、畜産と原皮生産の動向を知るための重要な情報を提供している。

エフオービー　FOB: Free On Board

本船甲板渡し。貿易取引における取引条件の一つで、輸出港の本船積込み価格で約定品を引き渡す条件のこと。買手が用意した船舶（本船）に、約定品を積み込むまでの費用とリスクを売手が負担する。所有権は、本船積込みと同時に売手から買手に移転する。CIF*とともに貿易取引で最も多く用いられる。

☞ C&F

エフティエイ　FTA: Free Trade Agreement

自由貿易協定。特定の国、又は地域の間で、物品の関税やサービス貿易障壁等を撤廃又は削減することを定めた協定。締結国、地域間で自由な貿易を実現し、貿易や投資の拡大を目指すもの。FTA相手国と取引のある企業にとっては、無税で輸出入ができるようになる。消費者にとっても相手国の物品等が安く手に入るようになる等のメリットが得られる。これに対して、今まで守られていた自国の産業が衰退する可能性もある。

エプロンがわ　エプロン革　Apron leather

一般的には紡績用機械用に調製した工業用革をいう。原糸から糸を紡ぐロール（枕）に使用する。良質な原料皮（キップ*）のベンズ*部をクロム鞣し又は植物タンニン鞣しを併用して作られた柔軟で強靭な革である。銀付き又は軽くバフィングして僅かな凸凹を除去する。日本国内においては昭和12年（1937年）ごろをピークとし、第二次世界大戦中に生産中止になった。また、機械工作等を行う作業員の前掛け（エプロン）に使用する大判の羊革や床革*をいうこともある。

エフワン　F1　First filial generation
☞交雑種

エポキシじゅしせっちゃくざい　エポキシ樹脂接着剤　Epoxy resin adhesive

分子中にエポキシ基を含有するエポキシ樹脂と硬化剤とを組み合わせた熱硬化性接着剤。加熱硬化型の1液型及び2液を混合する2液型のものがある。2液型のものは可使時間*が短いので使用直前に両者を混合する。揮発性物質の量が少ないので、硬化時の体積収縮は少ない。硬化剤（アミノ基、カルボキシル基、酸無水物等の官能基）によって室温、中温（60℃〜80℃）、高温（140℃以上）の硬化温度を有する。エマルション*タイプもある。

エポキシじゅしとりょう　エポキシ樹脂塗料　Epoxy (resin) paint

分子中にエポキシ基を含有するエポキシ樹脂を用いた塗料。エポキシ基による架橋で硬化させることが可能な熱硬化性樹脂である。この塗装膜は、付

着性、耐薬品性、耐水性に優れている。機械的強度と耐摩耗性の優れた塗装膜を与える。耐油性、耐薬品性に優れたタールエポキシ樹脂塗料もエポキシ樹脂塗料の一つである。

エマルション　エマルジョン　Emulsion

微粒子が液体中に安定して分散している状態。乳濁液ともいう。水中に油滴が分散している水中油型（O/W型）及び油中に水滴が分散している油中水型（W/O型）がある。分散相の周囲を層状になった界面活性剤分子がとりまいている。この界面活性剤の性質がエマルション全体の性質を決定する。製革工程ではO/W型の陰イオン性エマルションを加脂剤として利用している。

エマルションがたクリーム　エマルション型クリーム　Emulsion type cream

一般的に、エマルション型クリームはペースト状のものより柔らかい。水を含んでいるのでいろいろな染料を添加できる。そのため多種類の色をそろえることができる。革の表面に擦りきずができたとき、染料がきずの細部まで浸入するために、元の色に修復しやすい利点がある。また、水系の防かび剤、抗菌剤も添加できるので、機能性の高い手入れ剤である。

エラグタンニン　Ellagic tannin

加水分解型タンニン*の一種で、ガロタンニン（没食子）*に属する。加水分解によってエラグ酸を生じる。pH値が低い。日光に対する染色堅ろう性が良い。鞣し力は強くないので、ほかのタンニン剤と併用して用いられることが多い。また、革表面上に不溶性析出物のブルーム*を生じることがある。ミロバラン*、バロニア*、ディビディビ*等に含まれる。

☞加水分解型タンニン

エラスチン　Elastin

皮膚毛包周囲、皮下組織、血管壁、靱帯（じんたい）に多く分布する弾性繊維*の構成タンパク質。加熱しても不溶性であるが、タンパク質分解酵素エラスターゼで分解を受ける。エラスチン繊維は弾性に関与するため、皮、革の物理的性質に大きく寄与する。皮においては、エラスチン繊維は毛包の中心あたり、すなわち銀面層に存在し、銀面と平行に走っている。エラスチンを分解することによって銀面は緩和して革が伸びやすくなり、面積が得やすくなる。エラスチンを分解することで、ウールシープの生きじわを減らすこともできる。

エラブウミヘビ　Sea snake

商業名はエラブ。有鱗目（ゆうりん）コブラ科エラブウミヘビ属に分類され、熱帯、亜熱帯の海に生息する1〜2mの小型の毒ヘビ。尾は左右にへん平となっている。革は靴、ハンドバッグ、小物等のワンポイントに使われている。

エルアイエー　LIA: Leather Industries of America

アメリカ皮革産業会。アメリカの製革企業者及びサプライヤーの全国組織で1917年に結成された。会員は、タンナー、原皮供給業者、薬品供給業者、機械供給業者、革製品製造業者等から成り、その組織活動は充実している。1984年にTanners' Council of America (TCA)から名称をLIAに変更した。

エルクかく　エルク革　Elk leather

本来は、北米、北ユーラシア大陸に生息する大鹿の革。最近は本物がほとんどない。現在エルクと呼ばれている革は、比較的厚い牛皮のクロム革を手作業又はボーディングマシンで銀面をもみ、粗めのしぼ*を付けたものをいう。

エルシー　L/C: Letter of Credit

信用状。貿易取引における代金決済を円滑にするために使われる。輸入地の銀行が買主にかわって一定期間、一定金額について支払いを保証する文書。買主の依頼によって銀行が発行する。輸出業者は、この信用状を入手すれば、条件どおりの貨物を船積みしても銀行が代金支払いを保証するので、安心して輸出できる。輸入業者は、代金を前払いする必要がなくなる。こうした方式を LC 決済と呼んでいる。

☞ビーエル〈B/L〉

エレガンスまち

エレガンスバッグの底まちにファスナーを取り付け、収納物の量に合わせてファスナーを開閉して調節することが可能なまちをいう。

エレファント　African elephant

☞アフリカゾウ

えんかアンモニウム　塩化アンモニウム　Ammonium chloride

化学式は NH_4Cl。塩安ともいう。水酸化アンモニウムと塩酸との反応で生成する塩。無色、無臭の結晶。337.8℃で昇華する。水溶液は、加水分解によって弱酸性を示す。製革工程では、脱灰に用いることが多い。

えんかカルシウム　塩化カルシウム　Calcium chloride

化学式は $CaCl_2$。吸湿性、潮解性が非常に強い。除湿剤、融雪剤、凍結防止剤、食品添加物等に使用されている。家庭用乾燥剤としても市販されている。吸湿して生成した塩化カルシウム水溶液が革に接触すると収縮*、変形(塩縮*)の発生原因となる。

えんかナトリウム　塩化ナトリウム　Sodium chloride

化学式は $NaCl$。最も一般的な中性塩。食塩又は塩ともいう。塩味をもち無色又は白、無臭の結晶。海水中(約2.8%)、又は岩塩として存在する。製革工程においては、原皮の仕立て(塩蔵)、水漬け時の助剤、ピックリング*時の酸膨潤抑制剤として多用される。

えんかビニルじゅしとりょう　塩化ビニル樹脂塗料　Vinyl chloride resin coating

塩化ビニル樹脂を主成分とする塗料。耐候性、耐水性、耐薬品性に優れているが、製革工程では現在ほとんど使用されていない。

えんかようせいタンパクしつ　塩可溶性タンパク質　Salt soluble protein

希薄中性塩溶液に可溶性の球状タンパク質。皮中に含まれる血液由来のタンパク質、アルブミン、グロブリン、糖タンパク質等である。製革工程では、準備工程で皮から除去される。

えんかんぴ　塩乾皮　Dry salted hide (skin)

剥皮した皮の肉面に塩化ナトリウムを散布するか、又はそのまま飽和食塩

水に漬け、皮内に塩化ナトリウムを浸透させた後に乾燥させた原皮。
☞キュアリング

えんきせいクロムえん　塩基性クロム塩　Basic chromium salt

クロム鞣剤の主成分。1モルのクロムに対して3モル以内の水酸基が結合した3価クロムの錯体。結合した水酸基の量によって錯体の分子サイズ、皮タンパク質に対する結合能（鞣し能力）が異なる。通常、1〜2モルの水酸基が結合した塩基性硫酸クロム（塩基度*33〜50％）と考えられている。

えんきせいせんりょう　塩基性染料　Basic dye

水溶液中で陽イオン性を示す染料。陽イオン性染料*とほとんど同義に用いられる合成染料。植物タンニン革に対しては染まりやすいが、クロム革に対しては直接には染まりにくい。色調が濃厚で、鮮明かつ光沢があるが、日光及び摩擦に対する染色堅ろう性は低い。深みのある黒色スエード*革の染色には、酸性又は直接染料*との併用（サンドイッチ染色*）がよく行われる。

えんきど　塩基度　Basicity

クロム等の錯体で組成の塩基性を示す尺度。核形成金属の原子価に対する結合水酸基の割合を当量パーセントで表す。塩基度をコントロールすることは、クロム鞣しにおける最も重要な管理要因の一つである。塩基度が増すと、金属イオンが水酸基（OH）の酸素（O）を仲立ちとして集合し、大分子になり（オール化*）、コラーゲンとの反応性が高まるために、鞣し効果が増加する。しかし、ある限度を超えると不溶性となって水酸化物の沈澱を生ずる。

塩基度と鞣し効果との関係については、塩基度が0の場合のクロム錯体は鞣し効果がない、pH、塩基度が上昇すると鞣し効果が高くなるが、ある点（塩基度58.3％）でクロム錯体が凝集して不溶性になるためコラーゲンと反応しなくなる。このため、塩基度30〜50％が鞣剤として適している。

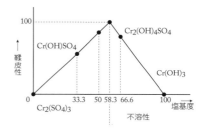

クロム錯体の塩基度と鞣皮性

えんさん　塩酸　Hydrochloric acid

化学式はHCl。塩化水素の水溶液。刺激臭があり、無色の液体。製革工程におけるピックリングでは、通常硫酸を用いるが、塩酸を用いることもある。

えんしゅく　塩縮　Salt shrinking

中性塩類（硝酸カルシウム、塩化カルシウム*等）の高濃度溶液で処理して部分的に収縮させる加工方法。絹織物に施される後加工処理技術である。この加工方法によって絹織物には縮れた縞模様等が形成される。革製品では、塩化カルシウム溶液が付着し浸透すると、その部分が大きく収縮、硬化し回復することができない。収縮機構は絹においては、繊維間に塩溶液が浸透することによって水素結合の開裂、結晶

領域の減少及びアミド結合の開裂等が引き起こされて発生することが明らかになっている。

えんしん　延伸　Setting out
☞セッティング

えんせいひ　塩生皮　Wet salted hide (skin)
　湿潤状態の塩蔵皮*を塩生皮や塩生（しおなま）という。塩蔵皮と同義である。我が国において、国内はもとより輸出もこの形態で流通することがほとんどである。と体から剥皮した生皮は、酵素、細菌等による分解が急速に進行し、品質の低下を招くため、できるだけ早く塩生皮にする必要がある。

えんせき　塩析　Salting out
　主として無機塩類を水溶液に加えて溶解物を析出させること。タンパク質は、一般に少量の塩の存在で溶解性が増す（塩溶、salting in）が、過剰量の添加で溶解性が逆に低下して沈殿するので、タンパク質の分別、精製によく用いられる。原皮中の球状タンパク質の多くは塩蔵中に塩析された状態で存在していることが考えられる。

えんぞう　塩蔵　Curing
☞キュアリング

えんぞうひ　塩蔵皮　Salt cured hide (skin)
　塩化ナトリウムによってキュアリング*した原皮。施塩による方法と飽和塩化ナトリウム溶液に漬け込む方法がある。前者は、皮の肉面に塩化ナトリウムを散布して皮を積み上げて、皮中に塩化ナトリウムを徐々に浸透させると同時に、皮中の水分をしみ出させる。後者は、皮を飽和塩化ナトリウム液に漬け、皮中の水分を塩化ナトリウムで飽和させた後、絞って塩蔵皮を作る。長期の保存に耐えるような塩蔵皮は、水分48％以下、灰分（主に塩化ナトリウム）14％以上、皮中の水分の食塩飽和度は85％以上である。様々な原料皮が塩蔵処理される。脱水された塩蔵皮の食塩含有率は約30～40％である。
☞生皮

えんたち　縁裁ち　Trimming
☞トリミング

えんはん　塩斑　Salt stain
　革にしたときに認められる銀面の損傷の一つ。塩じみともいわれる。不溶性の塩によって皮の線維構造が破壊され、白色、黄色又は褐色の斑点となる。これらの塩斑は、リン酸カルシウム、炭酸カルシウム等が混ざったものである。カルシウムは塩蔵に用いた塩化ナトリウム中の不純物、リン酸は皮成分に由来する。この発生を防止するためには、不純物が少ない塩化ナトリウムで塩蔵を行うこと、及び施塩の初期に皮が脱水状態にならないような注意が

必要である。

えんぴ　塩皮　Salt cured hide (skin)
☞塩蔵皮

エンボッシング　Embossing
☞型押し

お

オーイーシーディー　OECD: Organization for Economic Cooperation and Development

　経済協力開発機構。経済や社会福祉の向上に向けた政策を推進するための活動を行っている国際機関。経済成長、開発途上国援助、貿易拡大を目的としている。最近では持続可能な開発、ガバナンスといった新たな分野についても加盟国間の分析、検討を行っている。第二次世界大戦後、アメリカによるヨーロッパ復興計画のヨーロッパ側の受入れ調整機構（OEEC）を改組して発足した。本部はフランスのパリに置かれている。現在の加盟国は、OEECの18か国のほか、アメリカ、カナダ、日本、フィンランド、オーストラリア、ニュージーランド等を加えた34か国である。日本は、1964年に加盟した。

オイルしあげ　オイル仕上げ　Oil finish
☞プルアップ仕上げ

オイルレザー　Oil leather
　油を多量に含んだ革の総称。オイルアップレザーともいう。特徴として、革表面が油っぽく、腰がなく、折り曲げると表面の色が薄くなる（プルアップ仕上げ*）。クロム革を通常の加脂工程終了後に、ドラムを用いて少ない浴量で生油、ウールグリース、合成油等で再加脂を行う。また、乾燥後の革を前述の油に漬け込む方法、噴霧又は塗布する方法もある。色に濃淡ができるため、ウェスタン調の感覚が表現できる。

おうしゅうかがくぶっしつちょう　欧州化学物質庁（ECHA）　European Chemical Agency
　EUの化学物質に関する規制（REACH: Registration, Evaluation, Authorization and Restrictions of Chemicals）を担当する官庁。フィンランドのヘルシンキに本部がある。化学物質の登録、評価、認可、制限の手続の運用、調整等を行う。
☞REACH

おうしゅうきかく　欧州規格　ヨーロッパ規格　EN: European Norm
　欧州規格とはEU地域内で統一規格として制定される規格の総称。革を含む非電気系のEN規格の策定に関してはCEN*が行う。その目的はEU加盟国間の貿易を円滑にするためであり、産業水準の統一化を図るためにも利用されている。皮革分野ではCEN TC 289 WG1, WG2, WG3が担当しており、現在はEN規格がそのままISO規格となっている。

おうしゅうひょうじゅんかいいんかい　欧州標準化委員会　CEN: European Committee for Standardization European

Committee for Standardization

1961年に欧州18か国の標準化機関が参加し創設した標準化機関。現在は33か国が加盟している。その任務は世界貿易における欧州経済を発展させ、欧州市民の福祉と環境を高めることである。CENは欧州における主要な欧州規格＊（EN: European Norm）及び技術文書を発行している。ISOとCENの間で1991年に規格開発における相互の技術協力に関する協定が結ばれた（ウィーン協定）。ウィーン協定では、共同で規格を検討することが定められ、CENによる国際規格原案の作成が認められている。皮革分野についてはCEN/TC 289/ WG1、WG2、WG3、WG4があり、基本的に年2回の会議が開催されている。このワーキンググループはIULTCSのIUC、IUP、IUFと共同で会議が開催されている。日本も2011年からCEN TC 289のオブザーバーとして認められ、NPO法人日本皮革技術協会が参加している。

おうへん　黄変　Yellowing, Turning yellow

革が黄色に変色する現象。革の黄変は、主に次のようなことである。

1）熱、紫外線等によってウレタン樹脂等の仕上げ剤、樹脂中の安定剤成分、鞣剤、加脂剤等が変質した結果、発色原因となる化合物が塗装膜や革中に生成する。植物タンニン革は、植物タンニンの酸化及び加脂剤に含有する不飽和脂肪酸の酸化に伴って濃色化する。

2）NOx等の大気汚染ガスのような化合物と接触することによって、化学物質や高分子材料が化学的に変質し黄変を引き起こす。フェノール系酸化防止剤であるBHT（ジブチルヒドロキシトルエン）、段ボールや畳等から発散するリグニン誘導体であるバニリン等もこの黄変に関与している。

3）革製品に付着した汗、人体の皮脂が分解することによって生じる酸、又は細菌、酵素等の作用を受けて黄変する。この場合、紫外線、熱、水分（湿度）、酸素等が相互に関連することが多い。

オーエムエー　OMA: Orderly Marketing Agreement

市場秩序維持協定。政府間で市場の秩序維持を目的として結ばれる。国内市場が悪化すると、相手国の経済事情を無視して輸出に拍車がかかり、海外市場を混乱に陥れる結果になりやすい。こうしたことを避けるためのものである。この考えの下では、輸出の自主規制、輸出税等の管理貿易の方向も出てくる。

おおかわ　大皮

1）雄牛の原皮のことをいった。原皮の輸送は下処理（裏皮にある脂肪、筋肉の除去）を行い干し上げた素乾皮を、米俵相当（60kg）を目安にして毛付面を内側にして丸めた単位を1丸とした。その場合、性区分と季節（夏冬）が重要な指標となった。

2）能楽や長唄において囃子に使用する大形の鼓（大鼓）をいう。

☞重皮

おがかけ　Saw dust drumming

毛皮の製造（ドレッシング）において、鞣し、加脂後、又は染色後の毛皮に付着した薬品、汚れを除去し、毛さばきや艶を良くするための作業。ドラムがけともいう。おが屑、とうもろこしの芯、

くるみの殻の粉末等とともに、毛皮をドラム中で回転する。目的に応じておが屑に溶剤、界面活性剤、毛の光沢剤、帯電防止剤等を添加する。毛皮製品のクリーニング＊でも行われる。

おがくずづけ　おが屑漬け　Saw dusting
　革の水分を調節する方法の一つ。染色、加脂、乾燥した革を、約35％の水分を含むおが屑中に埋め、水分が革全体に均一にゆきわたるように放置する。通常、このあとステーキング＊を施す。
　　☞味入れ

おかぞめ　おか染め
　未染色又は淡色に染色した革の銀面をスプレー、刷毛等によって染色する方法。革の表面層のみが染色されている。
　　☞刷毛染め

おがみあわせぬい　おがみ合わせ縫い　Sewing a miter joint
　　☞手縫い

オークバーク　Oak bark
　Quercus属（ブナ科コナラ属）の樹木の皮。縮合型タンニン＊及び加水分解型タンニン＊の混合物である。かつては、ヨーロッパでの代表的な植物タンニンであった。オーク材の樹皮を粗く粉砕し、水とともに槽に入れて皮を鞣す。オークは樹皮だけではなく、木部、実、葉にもタンニンを多く含み、オークのタンニンエキスとして抽出されたものが広く使用されていた。現在では、樹木の減少とともに使用量も減少している。充てん性に富み、耐水性が高いので底革＊に使用される。

おくりじょう　送り状　Invoice
　　☞インボイス

オーストリッチ　Ostrich
　　☞ダチョウ

オセイン　Ossein
　骨のコラーゲン＊で、皮のコラーゲンと同じⅠ型に分類される。オセインは主に牛の骨を塩酸に浸漬してカルシウムを除去する（脱灰）ことによって得られる。得られたコラーゲンを変性すると純度の高いゼラチン＊が得られるので、写真用ゼラチンの原料として使用されている。

おせんようグレースケール　汚染用グレースケール　Grey scale for assessing staining
　　☞グレースケール

オーソペディックシューズ　Orthopedic shoes
　整形外科靴。足の治療又は足の運動機能を補助する目的で専門技術者によって作られた靴。多くは医師の処方によって、注文靴として、又は既成靴を加工して作られる。

おだくふかりょう　汚濁負荷量　Pollution load
　水環境に排出される汚濁物質の量。化学的酸素要求量、窒素含有量及びりん含有量の総量をいう汚濁負荷量＝排水量×汚濁物質の濃度で計算する。工場又は事業場の排水は、一般的に濃度による規制が多いが、環境全体への影響を推定する場合には汚濁負荷量を用いる。

オックスフォード Oxford
　甲の部分を紐で結ぶ紐付き短靴の総称。アメリカ英語。イギリス英語では内羽根式＊の総称。17世紀イギリスのオックスフォード大学の学生が短靴を履き出したことからオックスフォードと名づけられ、19世紀から現在のような短靴となった。紳士、婦人、子供靴に用いられ、甲の高さを紐で調節できる機能的なものである。タウン、ビジネス、カジュアルとあらゆる用途に用いられ、サドルオックスフォード、職能靴のナースオックスフォード等がある。

おでい　汚泥 Sludge
　☞スラッジ

オーナメント Ornament
　装飾するための加工、飾り、装飾品、装身具。革製品では、型押し、飾りミシン、リボン等の飾りが含まれる。

オーバーシューズ Over shoes
　雨天時に靴の上から履く防水用のゴム又はビニル製の靴。紳士用、婦人のハイヒール用等がある。また、登山、自転車、宇宙開発等におけるオーバーシューズもある。

オーバーヒート Over heating damage
　原皮＊の貯蔵、輸送中に生ずる熱が原因で起こる損傷。原皮が船のエンジンルームの近くに積まれた場合等、40℃以上の温度になることがあり、皮が熱変性によって損傷を起こす。

オパンカ Opanka
　オパンケともいう。元々はバルカン半島における伝統的な民族靴をいう。靴底を甲の側面に縁をまき上げ、下からくるむように縫い付ける型式のもの。耐久性があり、フィット感、返りが良好である。

おびがわ　帯革 Belt leather, Belting leather
　☞ベルト革

オファー Offer
　貿易契約時に相手に対して商品の品質価格、納期支払条件等を定めて行う売買申込み。売り申込み（selling offer）と買い申込み（buying offer）に分かれるが、単にオファーといえば売り申込みのことをいう。
　☞ビット

オファル Offal
　1）原皮から革を製造する際に生ずる副産物。毛、角、皮から削りとった肉片、原皮のトリミング＊屑が該当する。
　2）標準的な底革には使用しない部位。バット＊部から切り取った頭、肩、腹部をいう。
　☞畜産副生物

オープニングアップ Opening-up
　真皮のコラーゲン線維束がより細い線維にほぐれ、分離する現象。石灰漬け工程において、アルカリによる線維の膨潤、線維間物質の溶脱によって促進される。それによって、鞣剤等の薬品との反応性が増加し、皮組織の柔軟化が促進する。
　☞石灰漬け

おふりつき　尾ふりつき
馬原皮のたてがみと尾のついているものをいう。

オープンシューズ　Open shoes
靴の甲の一部が切り取られ、外から部分的に足が見える靴。甲革の爪先部が開いたものをオープントウシューズ、ふまず部が見えるものをオープンシャンクシューズ、後部が切り取られ足の踵が見えるものをオープンバックシューズ（バックバンド）という。

オープントウ　Open toe
爪先部が開いた靴、又はサンダル*
この開き具合には大小あり、用途、目的によってデザインが多様である。

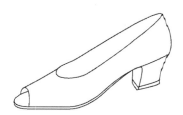

オープンハンドル　Open-handling
☞平はぎ

オブリックトウ　Oblique toe
☞靴型

オペラパンプス　Opera pumps
観劇、舞踏会・晩餐会等で着用するフォーマルな靴。甲材は、黒の革又は布である。一般的には、婦人用はハイヒール、紳士用は紐やゴムを用いずに着脱できるスリッポン*型式である。

オベロ　Overo, Broad-snouted caiman
ワニ目アリゲーター科カイマン属に分類される。生息地はアルゼンチン、ブラジル、パラグアイ、ウルグアイ、ボリビアである。現在では主にアルゼンチンで養殖されている。

おもかわ　重皮
雌牛の原皮のこと。雌牛は雄牛の三分の二程度の体格であり、原皮の重さも雄皮よりも軽いのが普通である。しかし、これを重皮と呼ぶのは面積（坪*）単位では雌皮が重いためである。江戸時代中期までは、油鞣し*が中心であったために、大型動物の鞣しは困難であり、柔軟化の達成には高度の技術と熟達した職人が必要であった。当時の水準では雄皮に比べて、雌皮が柔軟化に適していたため、雌皮が高値で取引された。鞣し技術の全体的な向上もあって、江戸時代後期には坪単価で同等になった。

おもてぞこ　表底　Outsole
靴の地面に接する底部。本底ともいう。材料としては、革、硬質ゴム、軟質ゴム、気泡性ゴム、発泡性ポリウレタン、合成樹脂等が使われる。表底用材料としての規格は、JIS S 5050 に規定されている。高級靴には植物タンニン鞣しされた牛革が使用されることが多い。革底は、履き心地はよいが、吸水性が高く、耐摩耗性が劣るため、それらの特性に優れたゴム、ポリウレタン等が広く用いられている。発泡し軽くしたものも多い。

おもてぞこはくりつよさ　表底剝離強

さ　Sole bond peeling strength
　表底*を接着して製造した靴の試験。JIS S 5050では、剥離試験機による方法が規定されている。接着後又は圧着後48時間経過した後、剥離試験機を用いて測定する。靴の爪先を試験機の剥離爪に押しつけ、踵部を下に押して、剥がれたときの目盛りを読む。また、社内規格として、表底全体を引張試験機で剥がす方法もある。

オールか　オール化　Olation
　クロム等の錯体を形成する金属イオンが、水酸基（オール基OH）を通じて架橋し多核体（重合体）を形成する現象。オール化は、一般に錯体溶液のpH、塩基度*、温度の上昇によって促進され、共存する陰イオン物質、特にマスキング剤*の濃度の上昇によって抑制される。水酸基を1個もつクロム錯体*は水酸基を介して2量体を形成する。アルカリを加え水酸基が増えることによって、大きなクロム錯体が形成する。クロム錯体は、オール化が進むと、コラーゲンへの反応性が増し皮組織の表面に吸着する傾向が強くなるが、皮中心部への浸透性は低くなる。溶液がpH 4、塩基度50％以上になると、水酸化物の沈殿が生じやすくなる。

か

かいしゅうタンパクしつ　回収タンパク質　Recovered protein
　産業排水及び廃棄物から回収されたタンパク質。製革工程の場合、排水処理汚泥中には、脱毛由来のケラチンが、革廃棄物中には、コラーゲンが大量に含まれている。それらのタンパク質を有効利用することが望まれている。

かいせんせんい　解繊繊維
　革屑を様々な方法でほぐして得られたコラーゲンを主体とする繊維。不織布として、吸着材や濾材、電着用パイル、合成樹脂との複合材料（レザーファイバーボード*、コンポジションレザー*）等の用途が開発されている。

かいてんナイフ　回転ナイフ
　☞スーベルカッター

がいはんぼし　外反母趾　Hallux valgus
　足の親指（母趾）が第2趾の方に異常に曲がってしまう症状。足の横アーチを形成している中足関節のじん帯が緩み発症する。女性に多く見られる。ハイヒール、足に合わない靴、歩き方、姿勢等が要因といわれている。また、遺伝的要因が大きいともいわれている。

かいぶん　灰分　Ash content
　革を一定温度（600℃）で燃焼させた後に残る灰の量。試料中の不揮発性無機成分をいう。その組成は灰化温度、試料の性質によって異なる。灰分の主成分は、塩蔵皮では塩化ナトリウム、クロム革では3価クロム等の金属酸化物である。JIS K 6550及びJIS K 6558-3では全灰分として規定されている。ISO規格では、ISO 4047に硫酸化全灰分として規定されている。
　☞全灰分、硫酸化全灰分

カイマン　Caiman
　アリゲーター科カイマン属に分類さ

れ、メガネカイマン*、パナマカイマン*、パラグアイカイマン*がこれに属している。バビラス*、石ワニとも呼ばれている。中米及び南米の沼や川に広く生息している。この種の皮は、全体に骨質部が多く、特に腹の部分にカルシウムが多くたまることから、革として利用されるのは主に骨質のない顎及び脇腹の部分であった。一般にサイド、テンガサイドと呼ばれ、主に時計バンドに使われていた。しかし、近年鞣し技術が向上し骨質部も比較的柔らかく仕上げることが可能となり、一枚革として利用されるようになった。

なお、カイマン属メガネカイマン種の学名に Crocodilus が付けられていることから、イリエワニ等のクロコダイル属の学名 Crocodylus と混用してカイマンクロコ革やクロコダイル革と表示することは適正ではない。写真は付録参照。

カイマントカゲ　Jacuruxy lizard
有鱗目テユウトカゲ科に分類され、ブラジル、ガイアナが主な生息地である。特徴ある楕円形の背鱗板が、頭部から背部にかけてワニの背部のように並んでいることから、カイマントカゲ（ワニトカゲ）、ジャクルシー*と呼ばれている。写真は付録参照。

かいめんかっせいざい　界面活性剤
Surface active agent, Surfactant
分子中に適当なバランスで親水基と疎水基（親油基）をもち、二相間の界面張力を、著しく低下させる物質。水に溶解したときに電離しないものを非イオン性界面活性剤、電離するものをそのイオンの性質に応じて陰イオン性界面活性剤、陽イオン性界面活性剤、両性界面活性剤と呼ぶ。湿潤、浸透、乳化、分散、可溶化、起泡、消泡、洗浄等の作用をもつ。製革工程では水漬け、脱脂、脱毛石灰漬け、鞣し、再鞣、染色、加脂の各工程で使用される。
☞HLB

カウハイド　Cow hide
雌成牛の皮。または、それから作られた革もいうが、床皮から作られた革には適用しない。銀面のきめは細かいが、皮の線維組織は腹部が粗い。

カウリブタノールち　カウリブタノール（KB）値　Kauri- butanol value
油脂の溶解力を表す値。カウリブタノール値はカウリ樹脂ブタノール溶液一定量を三角フラスコに入れ、標準活字用紙の上に置き、試料を加え、濁りが生じて活字が読めなくなった時の試料の mL 数で表示する。この値は、数値が大きいほど強い油脂溶解力を有しており、ドライクリーニング溶剤における油性汚れに対する洗浄力の目安とされている。

かえしあわせ　返し合わせ　Faced edge
鞄、ハンドバッグ等の仕立ての一種。縁を裏側に折り返した二枚の材料を面合わせで接合する。一般的にはミシンで縫われるが、接着剤*を使って貼り合わせる場合もある。
☞ハンドバッグ

かがくけつごう　化学結合　Chemical bond
分子や結晶中で原子の間を結び付けている力。化学結合は、コラーゲンの構造維持及び鞣し、染色、加脂、仕上

げ等革の製造に大きく関与している。結合強さの順番は、およそ次のとおりである。共有結合＊（配位結合＊）＞イオン結合＊＞金属結合＞＞水素結合＊＞ファンデルワールス結合。

かがくてきさんそようきゅうりょう　化学的酸素要求量　COD, Chemical Oxygen Demand

　化学的に酸化される水中の物質（主として有機物）の濃度を表し、水質汚濁の尺度として使用される。水中の被酸化性物質を酸化剤で化学的に酸化分解するときに消費される酸素量をいい、mg/Lの単位で表す。生物化学的酸素要求量（BOD）よりも広い範囲の汚濁物質を包含している。この測定法はJIS K 0101及びJIS K 0102に規定されている。

かかとつりこみくぎ　踵釣り込み釘　Heel seat tacks

　靴型に甲部をかぶせて釣り込む際、踵部の甲革を中底に固定する短い釘。タックスともいう。
　☞釣り込み、付録

かがり　Stitch
　☞革ひもかがり

かがり（鞄、ハンドバッグ）
　1) 前胴、後胴に持ち手や根革をミシン掛けした後に、縫い始め部分を補強するための手縫いのこと。
　2) 胴とまちを合わせ縫いした後に、端の力のかかる部分を手縫いで重ねて補強すること。

かきょうざい　架橋剤　Cross-linking agent, Crosslinking agent, Bridging agent

2個以上の鎖状高分子の官能基に反応して共有結合＊、配位結合＊等を生成し、両者を連結（架橋）できる多官能性物質。架橋によって、物理的、化学的性質が変化する。天然ゴム、合成ゴムの加硫、鎖状高分子のゲル化、硬化等の目的で使用される。皮の鞣しに使用する鞣剤も架橋剤の一つと考えられている。

かく　革　Leather
　☞かわ

かくさん　核酸　Nucleic acid

　生物体の細胞中に存在し、遺伝現象、タンパク質の生合成に関連する生体高分子。DNA（デオキシリボ核酸）、RNA（リボ核酸）の2種が知られている。Dnase（デオキシヌクレアーゼ）、Rnase（リボヌクレアーゼ）による特異的分解程度は、原皮の鮮度低下の一指標となりうる。また、動物の種類の鑑定に用いられる。

かぐようかく　家具用革　Furniture leather

　ソファ、肘掛け椅子等の座、背、肘等人体が直接触れる部分に張り包む革。椅子張り革ともいう。大判の牛革、馬革が用いられる。一般的には、風合いがよく、変形が少なく、ミシン目の開かない、暖かみのある、汚れにくい革が良いとされている。規格として、ISO 16131、BS（英国規格）、FIRA（英国家具技術協会）規格がある。使用する場所、目的によって性能の要求も異なる。一般には次のような項目の試験が行われる。耐候性（光退色、光劣化、熱劣化）、染色摩擦堅ろう性、移染性、耐汗性、

耐屈曲性、引張強さ、引裂強さ、伸縮性、吸湿性、はっ水性、防汚性、難燃性等があげられる。特に、自動車用革では耐光性が、航空機座席用革では難燃性が要求される。

☞椅子張り革

かこうさいゆにゅうげんぜいせいど
加工再輸入減税制度

我が国から輸出された特定の原材料を使用して、外国で加工又は組み立てられた製品を輸入する際に関税を軽減する制度（関税暫定措置法第8条）。その原材料の輸出許可の日から原則として一年以内に輸入される場合、その製品に係る関税のうち原材料価格相当分の関税を軽減する。減税対象となる輸入製品は、革製品、繊維製品、革製履物の甲、革製の自動車用腰掛けの部分品のみが対象である。我が国から輸出された貨物のみを原材料とする製品に限らず、現地調達した貨物を原材料として一部使用されている製品も含む。

かざりかわ　飾革　Tip, Toe cap

靴甲部の爪先革の先端部分。形状は直線に縫い付ける一文字飾り*（ストレートチップ）やおかめ飾り（ウィングチップ*）が一般的である。

かさんかすいそ　過酸化水素　Hydrogen peroxide

化学式はH_2O_2。無色透明な液体。約30％の水溶液で市販されており、過酸化水素水として取り扱われる。漂白剤、分析試薬、消毒剤、殺菌剤、触媒、燃料に用いられる。製革工程では漂白剤として使用されることがある。

かし　加脂　Fatliquoring, Oiling

革に油剤（加脂剤）を施す作業。加脂の主な目的は、使用目的に応じた柔軟性、風合い、光沢、耐水性等の性質を革に付与することである。加脂方法は、水性エマルション加脂剤を、ドラム*中で革とともに回転しながら施す方法（乳化加脂*、fat-liquoring）と非乳化性油脂を直接革に施す方法（油引き*、手引加脂、oiling）とがある。前者が一般的である。

加脂工程においてコラーゲン繊維間に浸透したミセル*は、革繊維との結合、機械的作用、酸の添加等によって繊維表面で破壊される。ミセル構成成分である陰イオン性界面活性剤が、革繊維表面の陽イオン性部分と結合することによって、疎水性のアルキル鎖が繊維表面を覆い、革繊維は疎水化され中性油が沈着する場を提供するようになる。中性油が疎水化された繊維表面上に沈着すると、中性油による繊維間の潤滑作用によって柔軟性が付与される。また、疎水化された繊維表面では繊維同士の反発性が増すために、繊維交絡が弛緩（しかん）すると考えられている。

通常使用される加脂剤成分である硫酸基、スルホン酸基、亜硫酸基等のアニオン性基と革タンパク質との結合力は小さく、疎水性は比較的に低い。一方、結合力が大きい場合、疎水性は高くなる。その結果、優れた耐水性、柔軟性が得られる。沈着した中性油の粘度、融点等物理化学的性質が柔軟性等の加脂効果に大きな影響を及ぼす。

かしざい　加脂剤　Fatliquoring agent

加脂の目的に使用する油剤類の総称。大きく分けると、ある程度の炭素鎖長

をもったアルキル鎖に陰イオンの極性基（硫酸基、スルホン酸基、亜硫酸基、カルボキシル基、リン酸基等）、非イオン性化合物（高級アルコール、モノ及びジグリセライド）、エチレンオキサイド基、ソルビット基等が結合した界面活性剤成分と中性油（室温で液体のトリグリセライド、天然油や石油系合成油）の乳化混合物でミセル*を形成している。極性基の種類やアルキル鎖長の分布によってミセル*の大きさや安定性が変化し、革に対する反応性や加脂効果が異なる。原料油として、ひまし油*、パーム油*、菜種油*等の植物油、牛脚油*、羊毛脂*、牛脂、豚脂*、ミンク油*、魚油等の動物油及び流動パラフィン、スピンドル油、マシン油等の石油製品等が使用されている。市販の加脂剤は、単独組成のものは少なく、目的の効果が得られるように様々な加脂剤を配合している。

かしじかん　可使時間　Pot-life

接着剤、塗料が、主剤に硬化剤、又は触媒と混合した後、使用可能な状態を保持している時間。ポットライフともいう。

カジュアルシューズ　Casual shoes

普段着、遊び着に合わせて気楽に履く靴。フォーマルシューズ*、ビジネスシューズに対して用いられる用語。

かしょくケーシング　可食ケーシング　Edible casing

ハム、ソーセージ等を直接充填する資材のうち可食性のもの。豚、羊等の天然腸、及び人工ケーシング*のうち、コラーゲンケーシング*をいう。

かすいぶんかい　加水分解　Hydrolysis

化合物と水とが反応し起こる分解反応をいう。略して水解ともいう。塩の加水分解では、弱酸と強塩基からは水酸化物イオン（OH⁻）を生成して塩基性を示し、強酸と弱塩基の塩からは水素イオン（H⁺）を生成して酸性を示す。タンパク質の加水分解では、ペプチド、アミノ酸を生成する。エステルからは酸とアルコールを生成する。ポリウレタンは加水分解による劣化が起こりやすい特性をもつ。

☞ポリウレタン

かすいぶんかいがたタンニン　加水分解型タンニン　Hydrolysable tannin

酸又は酵素で加水分解されるタンニン。分子中にエステル基のほかに、水酸基やカルボキシル基を含む。有機酸及び塩を多く含み、溶液のpHは低い。耐光性はあるが、収斂性は強くない。乾留するとピロガロールを生じるため、古くはピロガロールタンニン*と呼ばれた。代表的なものに五倍子、チェストナット*、ミロバラン*等がある。

☞縮合型タンニン

かせいじょう　化製場　Rendering plant

獣畜（牛、馬、豚、めん羊及びやぎ）の肉、皮、骨、臓器等を原料として皮革、油脂、膠、肥料、飼料、その他のものを製造するために設けられた施設。化製場等に関する法律に定められている。その設置には都道府県知事等の許可を必要とする。上記の行為を化製場以外の施設ですることは法律で禁止されており、違反した場合は罰則がある。

カゼイン　Casein

乳汁の主要タンパク質。構成アミノ酸のセリン残基にリン酸基が結合したリンタンパク質で、分子全体が陰イオン性を帯びている。pH 4.5 〜 4.6 で等電点沈殿する。接着剤、乳化剤、アクリルとのグラフト重合による繊維材料に使用されている。象牙に似たカゼインプラスチックとして印章、ボタン等にも用いられる。製革工程では、カゼイン仕上げ*として、アニリン革*のような革の仕上げ塗装に古くから使用されている。

カゼインしあげ　カゼイン仕上げ　Casein finish

革の仕上げ方法の一つ。カゼインを主体として染料、ワックス等を混合した塗料を革の銀面に塗布した後、固定剤をスプレーし、グレージング*で光沢を出す。ボックスカーフ*、キッド*、エキゾチックレザーのような本来の銀面の美しさを生かすのに適している。

かそざい　可塑剤　Plasticizer

硬質の樹脂に柔軟性を付与し、成形加工特性を改善するために混合する物質。フタル酸系、アジピン酸系、リン酸系の可塑剤が使用されている。塗料等被膜を形成する材料の物性を調節する上で特に重要である。特に塩化ビニル樹脂等のプラスチックは、可塑剤を添加することによって様々な特性をもつ製品になる。しかし、被膜形成後に可塑剤が膜内や膜間を移動することによって、膜の物性が劣化、又は変化することがある。また、ほかの成分に悪影響を及ぼし色移行の原因となる場合もある。

かそせい　可塑性　Plasticity

物体に力を加えたときに生じた変形が、力を取り除いても戻らない性質。この性質は革の加工時における成形性と関係が深い。革は比較的可塑性が高い。クロム革よりも植物タンニン革が可塑性は高く、クロム鞣し後に植物タンニンで再鞣した革は、クロム革よりも可塑性は高くなる。また、革に熱や水分を与えることによって、可塑性は高くなるので、製靴、革工芸等に応用される。JIS では JIS K 6546 革の半球状可塑性試験*に規定されている。

ガソリン　Gasoline

沸点 30 〜 210℃の石油留分の一般的呼称。用途によって燃料用と各種溶剤用（工業ガソリン）に区別される。JIS K 2201 では工業ガソリンを、1 号（ベンジン）は精密機械洗浄用、2 号（ゴム揮発油）はゴム、塗料の溶剤、3 号（大豆揮発油）は抽出用溶剤、4 号（ミネラルスピリット）は塗料用溶剤、5 号（クリーニングソルベント）はドライクリーニング用、塗料用溶剤と 5 種類に分類している。

かたいれ　型入れ　Blocking

1 枚の一定面積の革から、最大の経済的効果を上げるような裁断歩留まりを見積もるために型紙を配置する作業。革の伸び方向、伸び率、繊維の粗さ、風合い*、色、損傷等を念頭に置き、加工後における製品の各部分の物性、機能性を考慮して行う。革は、通常型入れと同時に裁断作業を行う。最近ではコンピュータを利用した型入れ・裁断システム（CAD・CAM）の導入が進んでいる。

かたおし　型押し　Embossing
　革の表面に凹凸を刻印した金属面を押し当て、熱と圧力によって革に凹凸模様を形成させる作業。通常この作業はプレスアイロン＊又はロールアイロン＊等を使用する。様々な動物種の銀面模様又はデザイン模様を付けることができる。型押しによって銀面にある欠点を隠し商品価値を高めることもできる。

かたおしがわ　型押し革　Embossing leather
　加圧し、革の表面に様々な凹凸模様をつけた革の総称。植物タンニン革、クロム革でも植物タンニンで再鞣＊した革は、可塑性があるため型が付きやすい。財布、家具、カーシート、ハンドバッグ等広範囲に使用されている。また、床革＊に仕上げを施し銀面様の模様を付けたもの等もある。
　☞型押し

かたおしだし　型押し出し　Pressing
　☞型つけ法

かたおしぷれす　型押しプレス　Embossing press
　☞プレスアイロン

かたがみ　型紙　Pattern
　革製品のデザインを製図で書き写した紙製の型。革の裁断は、一般に裁包丁＊を使用するため、厚手のボール紙、クラフト紙を用いる。大量生産用にはプラスチック板、金属板が用いられる。

かたがみたち　型紙裁ち　Pattern cutting
　完成図案から、デザイナーが意図するイメージに従って、各部分の型紙を作る作業。

かたくずれ　型（形）崩れ　Deformation
　着用、洗濯、保管状態等によって革製品の形状が変化すること。型崩れの原因は主に繊維自体の収縮、変形である。製品化してからの型崩れを防ぐために、縫製前に生地をよく伸ばし、過剰の負荷を除去しておくことが望ましい。また、洗濯の際には、素材、デザイン、仕様等に合わせた方法で洗浄・乾燥を行い、繊維に過剰の負荷がかからないように注意する。革は、生体時の丸い構造を平らにするため張力をかけて成形していること、部位によって繊維構造の差異が大きいこともあり、型崩れの要因は複雑である。

かたぞめ　型染め　Stencil dyeing
　模様を彫った型（木、紙、革等）を用いて染める方法。平板に凹凸模様をつけた版型と、模様を透かし彫りした透し型とがある。また、染色技法には、型に染料や顔料をつけ、直接に革表面に模様を印捺する直接的染色法、いわゆるプリントと、型を用いてワックス＊や糊等の防染剤を置き、模様を染め抜く防染染めとがある。

かたつけほう　型つけ法　Pressing
　木、ゴム等からできた型に水で湿らせた植物タンニン革を押し込むことで成型する技法で、乾くとしっかりとした立体形が出来上がる。型出し、革を湿らせて成型することから、型押し出し法、又はウェットフォームとも呼ばれる。

カチオニックせんりょう　（カチオンせんりょう）　カチオニック染料　Cationic dye
　☞陽イオン性染料

カチオンせい　カチオン性　Cationic
　☞陽イオン性

カチオンせいかいめんかっせいざい　カチオン性界面活性剤　Cationic surface active agent, Cationic surfactant
　☞陽イオン性界面活性剤

かっせいおでいほう　活性汚泥法　Activated sludge process
　工場排水、下水等の浄化に活性汚泥を用いる処理方法。好気的微生物（ある種の細菌や原生動物）を主体とする活性汚泥の作用によって、汚水中の可溶性有機物が分解される。汚水を活性汚泥とともに槽内で曝気する間に汚濁物質は分解されるか、又は活性汚泥のフロック内に取り込まれてその濃度が減少する。曝気後の汚水は沈殿槽に送り、汚泥フロックを沈降分離し、その一部は曝気槽に返送するが、大部分が余剰汚泥として排出される。曝気中の微生物の成育管理が重要である。

かっせいさんそ　活性酸素　Active oxygen
　一般の酸素に比べて非常に反応性の大きい酸素。その原因は酸素が原子状態であるか、又は酸素分子が準安定状態に励起された状態であるためといわれている。紫外線によって、酸素分子は大部分が酸素原子に変わる。しかし、単独では安定に存在することができず、物質の表面で容易に再結合する。そのとき大量の熱を放出する。狭義の活性酸素には、スーパーオキシドアニオンラジカル、ヒドロキシラジカル*、過酸化水素、一重項酸素がある。革では地脂、加脂剤の自動酸化で活性酸素が発生し、様々な劣化、退色の原因となることが推測される。

カッターシューズ　Cutter shoes
　ローヒールのパンプス*型の靴。婦人靴でカッターともいうが、この名称は日本国内だけで有名になった名称で、正しくは、フラットパンプス又はスリッポン*という。

かっちゅう　甲冑
　甲冑は身体を守るために身に着ける武装である。胴体に着けるのを「よろい」といい、甲、鎧の字を用い、頭部に被るものを「かぶと」といい、冑、兜の字を当てる。甲冑はこれに由来し、時代によってその形態や名称が異なっている。製革技術の発展につれて、牛革、鹿革の利用が進み、甲冑の軽量化と動きの自在性がもたらされた。さらに、美的外観をも備えるようになった。

ガット　GATT: General Agreement on

Tariffs and Trade

　関税及び貿易に関する一般協定。自由、無差別、多角の原則のもとで、関税、輸入制限等貿易上の障害を軽減、撤廃して、世界貿易及び雇用の拡大をはかることを目的とした国際協定。1947年、ジュネーブの会議で調印された。日本は1955年に加入した。1995年にGATTにかわる機関としてWTO（世界貿易機関）が発足した。GATTはWTO協定の一部として改正され、その役割はWTOに移行した。

カットグット　Cat gut

　天然腸をアルカリ処理等によって精製してから乾燥して細紐状にしたもの。腸線、キャットガットともいう。通常は、ヒツジ、ヤギが利用されているが、ウシ、ブタ、ウマが使われることもある。名前とは関係せず、ネコを使うことはない。強度が大きいため、楽器の弦、ラケットのガット、手術用縫合糸に使用されてきたが、現在ではほとんど合成材料に置き換わっている。

かっぺん　褐変　Browning

　製造工程中、又は保存中に革の色が褐色に変わること。褐変は主に、次のような要因によって起こる。
　1）グルタルアルデヒド鞣し革の場合、グルタルアルデヒドがコラーゲンのアミノ基と結合して黄褐色の色素を生成する。
　2）加脂剤、動物の地脂*の酸化生成物、植物タンニンの酸化、コラーゲンや糖との化学反応生成物（メイラード反応*）による褐変等がある。

**かていようひんひんしつひょうじほう
家庭用品品質表示法　Household goods quality labelling law**

　家庭用品の品質に関する表示の適正化を図り、消費者の利益を保護することを目的として、昭和37年に制定された。革製品については雑貨工業品品質規定で定められており、かばん、手袋、いす、腰掛け、座椅子、衣料、靴（甲が合成皮革のものについてのみ）がある。製品によって、表示規定が定められており、革の種類、手入れ方法*及び保存方法、表示者名、住所又は電話番号等である。
　☞品質表示

カテコール（系）タンニン　Catechol tannin
　☞縮合型タンニン

カーテンとそうき　カーテン塗装機　Curtain coating machine

　革の塗装を連続的に行うための機械。フローコーターとも呼ばれる。塗装液をスリットから、又はオーバーフローによって一定量をカーテン状に流下させ、その下を一定速度で革を通過させて行う塗装機。塗装液の粘度、スリットの間隔、オーバーフローの量、革の通過速度によって塗装量の調節ができる。

かとうせい　可とう（撓）性　Flexibility
物体が柔軟であり、折り曲げることができる性質。

カバ　Hippopotamus
偶蹄目カバ科に分類されている動物。この科にはほかにコビトカバが含まれ、2属2種である。アフリカ中央部、南、西、東部に分布し、生息地は河川、湖沼で、日中はほとんど水中で生活する。カバの皮は、表層を取り除いて鞣すため、革の表面はヌバック*、スエード*状で、網目の深いしわが見られる。紳士用の鞄、小物等に使用されている。

カバーリングしあげ　カバーリング仕上げ　Covering finish
☞顔料仕上げ

かばん　鞄　Bag
携行品を収納し、持ち運ぶ箱型又は袋状の用具。ハンドバッグ*以上の大きさのものをいう。素材には、様々な種類の動物の革及び床革のほかに、人工皮革、合成皮革、様々な合成樹脂、アルミニウム、ジュラルミン等の軽金属及び綿、麻等の布が用いられる。用途によって多くの種類がある（鞄の説明及び図は付録参照）。家庭用品品質表示法の対象品目のかばんは、外面積の60％以上に革を使用したものに皮革の種類を表示することが義務付けられている。

かび　かび（黴）　Mold, Fungi
菌糸を伸長し、胞子を形成して繁殖する葉緑素をもたない微生物の総称。菌体は糸状を呈する。綿毛状のケカビや、野菜、パン等に生育する灰色のクモノスカビ（リゾプス）、醸造工業に重要なコウジカビ（アスペルギルス）、パン、果実を腐敗*させるが抗生物質の生産に利用するアオカビ（ペニシリウム）等があり、寄生症、かび毒中毒症の原因となる種類もある。大部分のかびは、低い水分域でも生育できる。革に含まれる植物タンニン*、加脂剤、仕上げ剤*、使用中に付着する汗、皮脂等を栄養源にして繁殖する。

カピバラ　Capybara
ネズミ目（齧歯目ともいう）カピバラ科カピバラ属に分類され、現生ネズミ目の中で最大種である。別名カルピンチョともいう。和名は、カピバラ、オニテンジクネズミ（鬼天竺鼠）と呼ばれており、国によって多くの呼び名がある。南アメリカ東部アマゾン川流域を中心とした、温暖な水辺に生息する。カピバラは、体長105〜135 cm、体重35〜65 kgにまで成長する。性格は非常に穏やかで、人になつくことからペットとしても人気がある。5 cm以上にもなるたわしのような硬い体毛に覆われている。皮はアルゼンチン、ブラジルにおいて、毛穴のユニークさ、ソフトさを生かして、衣料や手袋等の革製品に加工されている。

カービングほう　カービング法　Carving
スーベルカッター*、刻印*等を使用して革に模様を表現する技法。レザークラフト*、アメリカンクラフト、ウェスタンレザークラフト等ともいう。米国西部、メキシコ等の革に模様をつけた鞄、馬具の装飾技法が、昭和30年頃

日本に紹介され今日に至っている。レザーカービング法の基本は、植物タンニン革＊にスーベルカッター＊で模様を切り込んでいき、刻印によって立体感を出し、浮き彫りにする。これに透かし彫り＊、型つけ法＊等を組み合わせて革に図柄を入れ、更に鞄、ベルト、小物、アクセサリー等の作品に仕立てる。カービングスタイルには三つのスタイルがあり、それぞれの地域で発達し、外部の職人がその地域や人名を指し呼び合ったのが始まりである。模様は共通して植物、花をモチーフとしている。

☞V字溝切り、ヘリカッター、ステッチンググルーバー、革ひもかがり

カーフスキン　Calf skin

子牛から得られる皮で、一定重量を超えないもの。各国によってその重量は異なる。アメリカでは塩蔵で約7kg、イギリスでは生皮で16kg、デンマークでは塩蔵で12kg、フランスでは塩蔵で約14kg、イタリアでは塩蔵で約14kg、スウェーデンでは塩蔵で約11kgである。成牛皮＊に比べて銀面は平滑できめが細かく、また繊維も細く柔らかいので高級素材として重宝されている。

かぶせ　Flap

かぶせつき鞄、ハンドバッグ等のかぶせぶたのこと。フラップともいう。フラップの下の端近くに留め金具を取りつけ、袋部に密着させる。一種の飾りぶたとみなされ、留め金具の形と感覚に調和させながらデザイン化され、製品全体の印象を決める。鞄、ハンドバッグ業界では当て字として「冠」を使用する場合がある。

かほうせい　可縫性　Sewability, Sewing ability

衣服製作の裁断、縫製、仕上げの各段階の取扱いが容易で、好ましい仕上がりになる素材性能。縫製加工性ということもある。プリーツ加工には熱可塑性か可縫性が重要な要素である。薄く、張りのない布地、極端に伸びやすい編み地は可縫性が劣る。また、密度が大きい布地は縫目にシームパッカリング＊が起きやすいので可縫性が劣る。

がまぐち　がま　Purse

口金付の小銭入れ。丸型、櫛型、角丸、浮足、天溝等の口金を使用する。主に、明治時代に、生産された丸型口金付財布を蟇ガエルの口に見立てて、がま口と呼ばれるようになった。

☞革小物

かまぼこだい　かまぼこ（蒲鉾）台　Beam

脱毛＊、垢出し＊、フレッシング＊等を手作業で行うとき皮を置くためのかまぼこ型木製支持台。腰の高さから前方斜め下にかまぼこ台を固定し、その上を覆うように皮を広げる。作業者は、皮の一端を腹で押さえながら、体重をかけ銛刀＊で前方に向かってこする。脱毛用せん刀の刃先はとがっていない

が、あか出しではややとがったものを使用する。

かまぼこ台
支持台

かマンガンさんカリウム　過マンガン酸カリウム　Potassium permanganate

化学式は $KMnO_4$。黄色光沢があり、深紫色柱状、無臭の結晶。強い酸化剤。200℃以上で分解する。水、アセトン、アルコールに可溶。酸化剤、分析試薬、消毒殺菌用、漂白剤等用途が多い。製革工程用には漂白剤として用いられることがある。

ガーメント　Garment

☞衣料用革

ガーメントフィニッシャー　Garment finisher

洗濯後の革衣料を人体型に着せ、内部から蒸気、熱風、冷風を吹き出させて、革衣料をふくらませて、しわを伸ばし、整形する機械。極力低温で蒸気量を少なくし、短時間で処理して製品の収縮を避ける。例えば、スエード製品は、人体プレスにかけながらスエード用ブラシで全体をこする。芯地・裏地と革との収縮差による裏地のたれ下りを補修するために、人体プレスで全体を仕上げた後、アイロン仕上げをする。

かようかコラーゲン　可溶化コラーゲン　Solubilized collagen

生体のコラーゲン*の大部分は不溶性であるが、これを酸、アルカリ、タンパク質分解酵素等で可溶性にしたコラーゲン。生化学的、医学的コラーゲン材料として使用されている。コラーゲンから誘導されたゼラチン又は加水分解ペプチドをコラーゲンと称することがあるが、これは学術的には誤りである。

かようせいかいぶん　可溶性灰分　Soluble ash

可溶性成分測定時の抽出液を灰化させた残渣(ざんさ)を可溶性灰分と規定している。植物タンニンのような有機物は燃焼し焼失するため、残渣は可溶性の塩類が主な成分である。JISでは、JIS K 6550で規定されている。

かようせいコラーゲン　可溶性コラーゲン　Soluble collagen

中性塩溶液、希酸に溶解するコラーゲン。細胞から分泌された若いコラーゲンは分子間架橋（共有結合性架橋）がないので溶解するが、加齢によって架橋が導入され高分子化して不溶性になる。若齢動物の真皮は可溶性コラーゲンを比較的多く含んでいる。

かようせいせいぶん　可溶性成分　Soluble matter

脂肪分測定後の脱脂された試料から、50℃の温水で抽出される成分を可溶性成分と規定している。革の繊維と結合していない塩類、植物タンニンが主な成分である。JISでは、JIS K 6550で規定されている。

カラーインデックス　Color index

英国染料染色協会と米国繊維化学技

術、染色技術協会の共同で管理されるデータベースでC.I.の略称で示される。工業用染料、顔料をその用途、タイプ、化学構造、色及び番号で区別している。商品名が異なる染料でも本質的に同じ構造のものは同一の記号を付す。この記号をC.I.ナンバー（C.I. number）と略称する。現在は商品構成が複雑な上、区分が難しくなっているためほとんど使用されていない。

からうち　空打ち　Milling

乾燥工程以降に行われる革の柔軟作業で、水を入れないドラムに革を入れて回転させる。柔軟効果とともにしぼ*出し効果も得られる。

カラクールラム　Karakul lamb

ヒツジの一種でカラクール種の生後半月くらいの子羊の毛皮。カラクール種は、ヒツジの中で世界最古の家畜の一種と考えられており、中央アジアの高原地帯が原産地である。生後数日以内の子羊の皮はアストラカンと呼び、高級品である。80〜85％が黒、10〜15％がグレーで、5％が褐色又は白となる。毛は刺毛がなく、綿毛だけからなる。光沢のある極短毛及び短毛で巻き毛の形状によって様々な斑紋が見られる。産地によってアフガンカラクール（Afgan karakul）、ペルシャンラム（Persian lamb）、スワカラ（Swa-kara）等と呼ばれる。

ガラスばり（かんそう）　ガラス張り（乾燥）　Paste drying, Pasting

革の乾燥方法の一つ。染色、加脂後の革の銀面を、平滑なホーロー板又は金属板にCMC*（カルボキシメチルセルロース）、デンプン等の粘着剤で貼りつけ、革をよく伸ばした状態で乾燥させる。最初ガラス板に革を貼り付けたことによって、ガラス張り乾燥と呼ばれている。糊で革が固定されているので、乾燥による収縮が少なく面積の歩留まりがよい。通常はこのあと、銀面を軽く取り除き（バフィング*）、顔料仕上げ*を行うので、外観の均一な裁断歩留まりの良好な革が得られる。一般に銀面模様が粗雑できずの多い成牛革に用いられている。

ガラスばりかわ　ガラスばりかく　ガラス張り革　Pasted leather, Corrected grain leather

ガラス張り乾燥後、銀面をバフィング*し、塗装仕上げを施した革。コレクトグレインということもある。裁断歩留まりは良いが、ネット張り*乾燥を行った銀付き革より風合いが劣る。靴の甲革、ランドセルや鞄用革に用いられ、ソフトなものはハンドバッグ用革等に用いられる。

ガラスばりかんそうき　ガラス張り乾燥機　Pasting dryer

革の乾燥に使用するガラス張り乾燥装置。滑走部についている上部のレールからガラス板、現在ではホーロー鉄

板又は金属板（例えばジュラルミン）を吊す。これに革の銀面をデンプン、CMC*（カルボキシメチルセルロース）等の糊で張り付け、長い乾燥トンネルを通り、上方のレールで運ぶ。ファンはくぼんだ壁と天井周囲の空気を循環し、次に革の面を横に吹き抜けるように設計してある。温度と湿度は加熱装置、空気引き入り口及び排出口、蒸気発生器によって調節できる。この装置は銀面をバフィング*するタイプの革の乾燥に用いられる。銀面が平滑に固定されているため次の工程でバフィングが円滑に行われる。

カラーペースト　Color paste
　顔料*に界面活性剤*、水溶性ポリマー、カゼイン*等を分散剤として配合した水性ペースト。カゼインタイプとカゼインフリータイプの2種類があり、目的ごとに使い分ける。

ガラぼし　ガラ干し　Hang drying
　革の一般的な乾燥方法。懸垂状態で乾燥するため吊り乾燥ともいう。染色、加脂を行った後、水絞り、セッティング*を行い、棒に吊り下げ乾燥させる。鞣剤、染料、加脂剤等が十分固着するように乾燥を十分に行う。屋内又は屋外の風通しの良好な場所を利用することもあるが、乾燥室を使用する。向流方式を採用したトンネル型の乾燥機の使用が多い。クロム鞣し*又は植物タンニン鞣し*等の鞣しを行った後に乾燥した中間原料としての未仕上げ革をクラスト*と呼んでいる。

ガラぼしけんさ　ガラ干し検査　Crust inspection
　ガラ干し後の乾燥した革の状態を検査すること。銀面の状態、特に染料の染着状況、油斑の有無、革の手触り、仕上げ前の革の吸水性等を調べる。工程管理上、重要な検査の一つである。
　☞ガラ干し

カラーマッチング　Color matching
　複数の染料や顔料を混合することによって希望とする色を得るための作業。色合わせ*と同義語。人間の感覚と経験に基づいて行う方法、測色計とコンピュータを用いて作業を自動化するCCM（computer color matching）とがある。

がりかわ　がり皮（革）
　皮膚病又は栄養失調等で銀面が粗い状態の皮（革）をいう。

カリフォルニアしきせいほう　カリフォルニア式製法　California process, Slip-lasted process
　靴の製造方法。プラット式製法ともいう。甲革周辺と中底周辺とプラットフォーム巻き革とを縫い合わせ、靴型を挿入し、プラットフォーム*に巻革を巻き付けて釣り込み*、このプラット

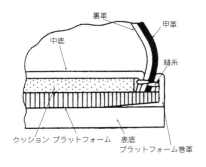

フォーム巻き革に接着剤を塗布し、圧着機で底付けする製法。米国で行われていたが、日本でも普及している。非常に軽く返りがよく、軽快なカジュアル用として紳士、婦人靴に使用されている。

カルピンチョ　Carpincho
　☞カピバラ

カロング　Karung Snake
　☞ヤスリミズヘビ

かわ　皮　Hide, Skin
　動物の皮は、外部から体を守るためにある。皮の断面を、拡大して観察すると、構造の異なる表皮*、真皮*、皮下組織からなる。体の表面を覆う表皮は、ケラチン*からなり、水の浸透や異物の侵入を阻止するバリア構造をもっている。製革工程において毛*や表皮は準備工程*で取り去られる。

　真皮は、表皮と筋肉組織の間を支持する結合組織であり、皮の主要部分である。ここに弾性線維*、毛包、立毛筋、皮脂腺、汗腺*、血管、リンパ管、神経等の皮に付属する器官が分布する。これらの器官は準備工程中の石灰漬け*、ベーチング*、裏打ち*等によって化学的及び物理的に取り除かれ、真皮部分だけが革になる。真皮層は、超極細線維状のタンパク質であるコラーゲン*が集まってコラーゲン細線維となり、コラーゲン細線維*が束になり線維束を形成し、更にその線維束が立体的に複雑に絡み合っている。真皮層の表面に近い方が乳頭層（銀面）で、この層には毛根があり、しかも線維構造は網状層と比較するとかなり緻密な構造をしている。この線維の密度、太さ、方向、収束、交絡程度等が総合されて革素材の機械的強度、伸び、弾性、柔軟性等が決定される。哺乳動物の皮、特に家畜の皮が製革業の主原料皮となる。成牛皮のような大動物の皮をハイド（Hide）*、子ウシ、ヒツジ、ブタのような小動物の皮をスキン（Skin）*と呼んで区別している。革の原料となる動物の皮は、と畜して剥皮した生皮（血生又は新鮮皮ともいう）の状態で、その動物体重の7～15%程度の重さを占める。付録参照。
　☞銀面、革

かわ　革　Leather
　動物の皮を脱毛*し、鞣し*て得られる製品で、鞣し革、鞣革ともいう。また、鞣していない生皮は革と区別されるが、両者を併せて皮革*と称する。原料となる原皮は、ウシ、ヒツジ、ヤギ、ウマ、ブタ、シカ等の哺乳類のほか、ワニ、ヘビ、トカゲ、オーストリッチ等のエキゾチックレザー*が用いられるが、牛皮の使用量が最も多い。皮を鞣すことによって、腐敗*しにくく、耐熱性*、耐薬品性、耐久性に優れた革になる。鞣し方法は、クロム鞣し*、植物タンニン鞣し*、アルデヒド鞣し、合成タンニン鞣し、油鞣し*、アルミニウム鞣し（明礬鞣し）*等多くの種類があるが、クロム鞣しが最も多い。それぞれ特有の性質を有し、用途もそれを生かして、靴、鞄、ハンドバッグ、手袋、衣料、ベルト、家具、カーシート用等、日常生活に係るものが多い。

　ISO*規格及びJIS K 6556-1では革を次のように定義している。「オリジナルの線維構造を多少とも元のままもち、

腐らないように鞣した革に対する一般用語。毛は除かれるか、除かれない。鞣しの前又は後に層状に漉き、又は分割した皮からも製造されるが、鞣した革を機械的、化学的、又は両者を組み合わせて繊維状、粒状、小片、粉状に粉砕し、シート状又はほかの形状にしたものは革と定義しない。表面塗装した革の場合、塗装膜の厚さは0.15 mm以下でなければならない。」

日本エコレザー基準*では革の定義として、動物皮の皮膚断面構造を損なわず鞣しが行われ、塗装膜の厚さが0.15 mmを超えないこと、かつ、断面構造の70％以上が革であることと規定している。

かわあみ　革編み　Leather braid

細長く切った革紐を組み合わせ、更に立体的な紐に編む技法。同じ編み方でも色の組合せ、革紐の幅、厚み、断面の形状によって仕上がりが異なり、編み方は無数といってよいほどの種類がある。出来上がった紐は鞄等のパーツ、ウォレットロープ、携帯ストラップ、アクセサリー等幅広い用途がある。革を紐状に切り、平組（平組紐）、丸組み（丸組紐）、又はメッシュに編む技法がある。

かわいりょう　革衣料　Leather wear

革製のズボン、スカート、ジャケット及びコート等。最初は、体の保護と防風、防寒のための実用着が主体であったが、現在ではファッション性が高いものも求められている。革素材は、銀付き調とスエード調の衣料用革、シアリング*（ダブルフェース*）が用いられる。その要求される性質は、外観が美しく、柔らかく、軽く、しなやかで、感触やドレープ性*が良いことである。用途に応じて革の種類を使い分けている。小動物の革は面積が小さいので、一着に必要な革の枚数は大動物の革より多い。革の選定に当たっては厚さ、色むら等に注意を要する。

かわけいりょうき　革計量機　Leather measuring machine
☞坪入れ機

かわケース　革ケース　Leather case
☞革小物

かわご　皮籠

皮古、皮子とも書き、皮で作った箱のこと。

かわこうげい　革工芸　Leather craft

革を用いた工芸。レザークラフトともいう。革工芸の歴史は古くヨーロッパでは有史以前に遡る。中世になると刻印*、モデラ*、金装飾*の技法が既に使われ、ルネッサンスの時期に絵画的な装飾がとり入れられている。一方、アメリカではインディアンが独特の製革技術で馬具、衣服等を作っていた。コロンブスのアメリカ発見とともにヨーロッパ文化がもたらされ、革工芸もスペイン人の手で持ち込まれ、その基が築かれた。

我が国では、奈良時代から漆皮箱、式具等に優れた革工芸があり、更に甲州印伝*、ろうけつ染め*等の技法にヨーロッパの革工芸も加え、戦後のレザークラフトのカービング法*等の導入によって、革工芸が盛んとなった。革工芸は熟練した職人によって伝統文化を伝えるとともに、多岐にわたる様々

な技法を単独に、又は組み合わせて様々な作品が作られている。

かわこもの　革小物
札束入れ、名刺入れ、がま口、小銭入れ等革製品の総称。これらは、薄く仕立てることが重要となるので、材料はごく薄手で接着しやすい革が選ばれる。このため表材料となる革は、裏面を漉き取るので銀面の強度が要求される。表素材には、あらゆる革が使用されるが、成牛革が最も多い。付録参照。

かわざ　皮座、革座
甲冑、馬具、弓矢、刀剣に不可欠であった革は、古代から近代まで基幹軍事物資として強い権力による支配を受けた。江戸時代幕藩体制の下でも幕府、各藩では、革及びその生産、加工職人、流通を担う商人まで統制下に置く体制が敷かれていた。領内での革の生産、流通、そして加工、細工を円滑に行う緩やかな機構、仕組みを皮座という。

かわしゅげい　革手芸　Leather craft
☞革工芸

かわすき　革漉き　Skiving
革を一定の厚さに調製する作業。折しろを接合のため、段漉き又は斜めに漉く作業。革包丁、豆かんな、革漉き機、バンドナイフ*等が用いられる。
☞こば仕上げ

かわせそうば　為替相場　Exchange rate
外国為替相場のことで、異なる通貨との交換比率。為替銀行が為替を買う場合の相場が、買い相場（buying rate）で輸出業者に関係し、逆に売る場合の相場は売り相場（selling rate）で、輸入業者に関係する。円が高くなると輸入に有利となり、円が安くなると輸出に有利となる。
☞電信為替相場

かわぞうがん　革象嵌　Inlay
工芸の装飾法の一つである象嵌を革工芸に取り入れた技法。象は「かたどる」、嵌は「はめる」という意味があり、一つの素材に異質の素材をはめ込むという技法。金工象嵌、木工象嵌、陶象嵌等があるがこれを、革にも取り入れて創作する技法である。

かわぞうけい　革造形
革を一つの素材として作る造形作品。革を工芸の分野のみでなく、立体造形的なオブジェの形式に使い、作者の芸術的感性を表現する。

かわぞうり　皮草履、革草履
しび（米藁の芯）、藺草等で作った草履の裏に板目皮を縫いつけた草履。近代では素材を鞣し革で覆うか、表面に張った女性用履物をいうこともある。

かわたび　革足袋
革製の足袋。江戸時代中期頃に木綿製の足袋が普及するまで、足袋の材料は革であった。革足袋の本格的登場は武家に負うところが大きい。武将は白の革足袋、小桜革の小紋、女性は紫革の足袋（絵巻物に出る）、戦場には軍装に貫、毛沓を履くため沓擦れを防ぐための革足袋が必需品となった。革としては鹿革とともに猿革が多く用いられていた。庶民の革足袋流行は江戸中期までで、それは外国産鹿革の供給途絶

による値段の高騰、頻繁に洗えない革足袋の不便、綿作の普及による木綿足袋の一般化による。革の高騰に伴い底のみ革をつけた底革足袋が登場する。

かわついしゅ　革堆朱
　異なった色の革を張り合わせ切れ目を入れると、張り合わせた革が模様となって表れる。これを革堆朱という。

かわと　革砥　Leather strop
　刃もの研ぎの仕上げとして使う短冊状の革。主に植物タンニン革、通常はコードバンを使用する。かつては理髪店で剃刀の研ぎに広く用いられていた。

かわはおり、かわばおり　革羽織（火消し半天）
　革製の羽織。江戸時代に火事場装束の一つとして使われた。江戸開幕当時はから芋、芋や麻布が主力で火力には弱かった。明暦3年（1657年）の大火後に防火衣裳として革頭巾、革羽織（火消し半天）、革袴＊が使われるようになった。鹿革の燻革＊で作られていた。

かわばかま　革袴
　革製の袴。平安時代の私撰歴史書といわれる「扶桑略記」に甲冑、貫（革沓）とともに革袴も出てくる。織田、豊臣時代になって大名、上級武士の公式衣装となったようである。最も愛用され普及したのは裾部分を絞った裁着袴で、これを戦国期に活躍した伊賀者の服装から江戸時代には伊賀立付、伊賀袴といった。信長の馬揃えに用いられたことでも有名。ズボンが発達しなかった日本では江戸時代の中期頃から職人、労働用として庶民にも伊賀立付が使用されるようになった。

かわばり　革張り
　1）革で椅子張り＊したものの総称
　2）宝石箱、タンス、机等に革が張り付けてあるもの
　3）靴に底革を張る（半張りともいう）こと。

かわひも　革紐　Leather lace, (Leather) thong, Leather string
　革素材を細長く切り、紐にしたもの。多くの形状、種類及び用途がある。形状は、断面が丸いもの、四角、三日月状、三つ折りタイプ、ミシン縫いタイプ、継ぎ加工がしてあるもの、継ぎ加工がされていないもの、複数の革紐を組み合わせて編み加工されたもの等がある。用途は、工業用、靴用、鞄用、ハンドバッグ用、一般手芸用等がある。工業用は特別な強度が必要とされるため、市販されていない。別注品として作られることもある。靴用はグッドイヤータイプのウエルトとして植物タンニン鞣しの多脂革＊が使用される。鞄、ハンドバッグ用はデザイン、機能性、コストによって様々な種類のものが使い分けられている。

かわひもかがり　革紐かがり　Stitch
　革紐を使って革を縫い合わせる技法。革の縫製は、ミシン仕立てと手縫いであるが、革手芸の良さを出すために革紐（レース）を使って縫い合わせを行う。装飾を兼ねている。革に目打ちや鳩目抜きで必要な穴をあけ、レース針＊に革紐をはさみ、これでかがる。巻きかがり、シングルステッチ、ダブルステッチ、フローレンスステッチ、ラン

ニングステッチ、クロスステッチ、クロスバットステッチ（クロスとじ）、スパイラル（バット）ステッチ（巻きとじ）等多様なかがりがある。

かわぼうちょう　革包丁　Leather cutting knife

製革工程中、製品製造時の革の裁断等に用いる革専用の包丁のこと。裁ち包丁ともいう。鑿(のみ)の先を大きくして平らにしたようなもので、片刃である。革を裁断したとき、革の断面が垂直で平らになるよう設計されたデザインとなっている。

かわぼりほう　革彫り法
彫刻法、カービング法

かんあつがたせっちゃくざい　感圧型接着剤　Pressure sensitive adhesive

常温で指圧程度の低い圧力で粘性流動を起こして接合が可能になり、圧力を除くと固着する接着剤。我が国では、粘着剤、粘着テープと呼ばれている。作業性が良く、毒性、引火性はないが、耐クリープ性、耐熱性が低い。

☞アクリル樹脂

かんがるーかわ　カンガルー革　Kangaroo leather

カンガルーの皮を鞣(な)した革。薄くて軽く、柔軟性がある。繊維組織は緻密(ちみつ)であり、銀面は硬く締まり、摩耗に強く、強度のある丈夫な革として知られている。紳士靴、スポーツシューズ等の甲革、財布、小物等に利用される。

かんきょうラベル　環境ラベル　Environmental label

環境保全に役立ち、環境への負荷が少ない商品に付ける表示記号。エコラベルともいう。企業に環境負荷の少ない製品の製造を促し、かつ消費者に環境負荷の少ない商品購入を促すことを目的にしている。JISでは、第三者機関が認証するタイプⅠ（JIS Q 14024）、企業自らが環境配慮を主張するタイプⅡ（JIS Q 14021）、ライフサイクル全体の環境負荷をLCAによって定量的に表示するタイプⅢ（JIS Q 14025）に分類している。（公財）日本環境協会のエコマーク®は、日本の代表的なタイプⅠの環境ラベルである。

がんきんせんりょう　含金染料　Metal complexed dye

クロム、銅、コバルト等金属と結合している染料*。正確には金属錯塩染料という。酸性染料*と性質が類似している。特に日光に対する染色堅ろう性が優れているので、革の仕上げの調色にもよく用いられる。色調がやや淡色で彩度がやや低い。しかし、最近では含金染料でも通常の酸性染料に匹敵するような鮮明な色調のものが開発されているが、各々の染料に特定の重金属が含まれているので、環境、安全面から注意が必要である。

かんげん　還元　Reduction

化合物から酸素原子を除去するか、水素原子又は電子と結合すること。一つの反応系では、酸化と還元は常に当量に起こる。製革工程での脱毛には硫化物による毛（ケラチン）の還元が関与している。また還元反応を利用した

染料の溶解や脱色、漂白等も行われる。

かんげんざい　還元剤　Reducer, Reducing agent

酸化還元反応において、その化合物自身は酸化されて相手を還元*する物質。クロム鞣剤（3価）は重クロム酸塩を還元剤（亜硫酸ガス又はグルコース）で処理して製造される。製革工程で用いられる還元剤としては、亜硫酸ナトリウム、硫化ナトリウム、アルデヒド類、ギ酸、シュウ酸等がある。

かんしょうえき　緩衝液　Buffer solution

pH*の変化に対して緩衝作用*がある溶液。一般には弱酸又は弱塩基とその塩の混合溶液で、反応媒体のpHを一定に保つ機能をもつ。酵素反応等のようにpH変化による影響が大きい反応は緩衝液中で行われる。製革工程では、クロム鞣し工程でアルカリ添加によるpHの急激な上昇を緩やかにするために、有機酸による緩衝作用を利用している。

かんしょうさよう　緩衝作用　Buffer action

外からの作用に対して、溶液がその影響を和らげようとする作用。pH*の変化、電位の変化、錯体の金属イオン、配位子の濃度変化等の影響を緩和する作用が知られている。

かんぜい　関税　Custom duties, Tariff

輸出入又は自国を通過する貨物に課せられる租税。その目的は、財政及び国内産業保護である。先進国ではほとんど輸入貨物に限られている。輸入貨物の個数、重さ、長さ、容積等を課税標準とする税率を従量税、価格を標準とするものを従価税といい、日本では従価税が大部分を占める。税率には相手国、条約等によって様々のものがある。現在では世界的に関税を低くして貿易を盛んにする国際的な動きがある。特恵関税は、開発途上国の工業化と経済発展の促進を図るため、開発途上国から輸入される一定の産品に対し、一般の関税率よりも低い税率（特恵税率）を適用する制度である。

☞保税制度

かんせいゆ　乾性油　Drying oil

乾燥性に富んだ油脂。亜麻仁油*、桐油、荏油（エゴマ油）、魚油等。この場合の乾燥とは、高度不飽和脂肪酸のグリセライド*が酸化重合することによって重合物が生成し流動性を失い固化するためである。乾性油はワニス*等油性塗料の主原料として用いられる。油脂中の不飽和脂肪酸量を示すヨウ素価によって分類され、ヨウ素価が130以上の油を乾性油、100から130のものを半乾性油、100以下のものを不乾性油という。

かんぜいわりあてせいど　関税割当制度　TQ: Tariff Quota system

一定輸入数量までは低税率又は無税で、これを超える分について高税率を適用する制度。一定数量以上の輸入を抑制することによって、国内生産者を保護することを意図している。

☞輸入割当制度

かんせん　汗腺　Sweat gland

表皮から乳頭層と網状層の境界部ま

でに位置し、汗を分泌する腺組織。汗を分泌して体温調節に役立たせる。馬皮は良く発達している。

かんたいへいようせんりゃくてきけいざいれんけいきょうてい　環太平洋戦略的経済連携協定　TPP: Trans-Pacific Partnership

太平洋を囲む12の国で貿易や投資の自由化やルール作りを進めるための経済連携協定。元々は、2006年5月にシンガポール、ブルネイ、チリ、ニュージーランドの4か国加盟で発効した。加盟国間の経済制度、すなわち、サービス、人の移動、基準認証等における整合性を図り、貿易関税については例外品目を認めない形の関税撤廃を目指している。関税がかからなくなり、国産製品の輸出量の増加が見込める半面、海外の安い農作物が輸入されることによって、農業等に大きな影響を及ぼすと危惧されている面もある。2015年に、皮革関連品目は、現在有税の210品目全ての品目について、関税を10年～15年かけて撤廃することになった。

カントリーハイド　Country hide

地方の小規模なと場、牧場で産出する原皮*。設備が悪く、剥皮技術も低いために、剥皮きずが多い。皮の品質も塩蔵状態も劣る。したがって、低品質な塩蔵皮*と同義語として使われる。

☞パッカーハイド

かんのうけんさ　官能検査　Sensory test

☞官能評価分析、KESシステム、風合い

かんのうひょうかぶんせき　官能評価分析　Sensory analysis

人間の感覚（視覚、聴覚、味覚、嗅覚、触覚等）によって、試料の評価、検査を行うこと。官能評価、官能検査ともいう。官能試験は官能評価分析に基づく検査、試験をいう。JIS Z 8144、官能評価分析－用語、JIS Z 9080、4官能評価分析－方法によって用語、手法が定義されている。機器で測定し数量化できないような品質を評価する。革の場合は対照革を定め、これと比較しながら主に柔軟性*、充実性*、しぼ*、きめ*、しわの伸び*等が評価されている。

かんぴ　乾皮　Dried hide (skin)

天日のもとで生皮の水分を蒸発、乾燥させた原皮。アフリカ、インド等乾燥地帯で生産されていた。単に乾燥させたものを素乾皮というが、亜硫酸ナトリウム等で処理後に乾燥した薬乾皮、塩乾皮*がある。

ガンビア　Gambier

植物タンニンの一種。マレーシアに生育する茜草科（Rubiceae科）のつる性低木の小枝及び葉から抽出されたタンニンエキスで、縮合型タンニン*に属し、温和な鞣し力をもつ。また、ガンビールとも呼ばれ阿仙薬（収れん・消炎・止血作用）として漢方にも使用される。

かんりず　管理図　Control chart

工程が安定な状態にあるか否かを調べ、安定な状態に維持するために用いる図のこと。縦軸に製品の性質（工程の変化）を表すデータを目盛り、横軸に製品、ロット番号又は製造年月日を

とり、時間順、製造順に点を打ったもので、上下に一対の管理限界線が記入してある。

がんりゅうアミノさん　含硫アミノ酸
Sulfur-containing amino acid

分子中にイオウ原子を含むアミノ酸の総称。システイン、シスチン、メチオニンの3種が知られる。これらは、コラーゲン*中にはほとんど存在しない。表皮、毛、爪のタンパク質であるケラチン*中には多く存在し、ジスルフィド結合*はケラチンタンパク質の構造の保持や不溶化に貢献している。

がんりょう　顔料　Pigment

水、有機溶剤に不溶で化学的、物理的に安定であり、不透明な有色微粒子色素。革の仕上げに用い、着色及び革の表面の欠陥を隠すために使用されている。紺青（フェロシアン化合物）、チタン、鉛、クロム、コバルト、カドミウム等のような無機顔料、及びフタロシアニンブルー、アニリンブラックのような有機顔料がある。国内では、環境配慮の観点から無機顔料の使用は避ける方向にある。有機顔料は色の鮮明さ、艶等は優れているが、耐光性*及び耐熱性に関しては無機顔料より劣る。塗料成分として配合する場合は粒子サイズ、溶媒への分散性、樹脂等配合成分との相溶性、隠蔽力が問題になる。

がんりょうしあげ　顔料仕上げ
Pigment finish

顔料*、合成樹脂を使用し、バインダー*を含む塗料溶液で革を仕上げる方法。塗装膜の厚さは比較的厚く、耐久性が良好である。革の銀面の損傷、染色むらを隠して均質な着色ができるため、製品革の等級を向上させることができる。有機顔料に比べ無機顔料の方が、隠蔽力が強く均一性を得やすいが、無機顔料には金属錯塩が材料として使用されるため環境、安全面から革中の重金属の種類と含有量に注意を要する。
☞塗装仕上げ、アニリン仕上げ

き

ぎかく　擬革　Imitation leather, Leather substitute
☞イミテーションレザー

きがわ　生皮

原皮を脱毛や石灰漬け*等を行い、更に油脂やほかの薬剤で処理した皮。現在の鞣しの定義としての鞣し*は行っていない。毛が付いたまま水洗、加脂を行い、乾燥することもある。太鼓、鼓、工芸等に用いられる。かつては、武具、紡績用織機部品のピッカー*、ガスケット、ギア等に使用された。原料皮の生皮とは異なる。

きぐつ　木靴　Wooden shoes

木製の靴の総称。古くからの履物で、サボ（sabot）、クロッグ（clog）、クロンペン（klompen）、パトン（patten）等様々なものがある。1）サボはオランダの靴で、木をくりぬいたもの、2）クロッグはスウェーデン、デンマーク等の靴で、厚い木の底に革の甲を打ちつけたもの、3）クロンペンはオランダ、ベルギー等水位の低い地方で履かれたもの、4）パトンは東洋の靴で、木靴又は木製底の

靴で、底の両端に高い歯がついているものである。

きくよせ　菊寄せ

革製品の仕立て方法の一つ。ヘリ返し*を行う場合、財布等の丸みのあるコーナー部分に生ずる革のたるみを、放射状に幾重にも均一なしわ寄せをする技法。また、鞄、ランドセル等大型の製品ではキザミと呼ばれることが多い。この工程は手作業で行い、熟練した技術が必要である。

☞ヘり返し

きこうようせき　気孔容積　Porosity

物体の孔、空隙が占める容積。空隙の容積は、気孔容積、空隙率*、含気率等で表され、気孔容積が大きくなると保温性が高くなる。繊維関係のJIS L 1096では、真の比重と見掛け比重*から気孔容積率を算出している。革では繊維の真の比重を定義することが困難な場合が多いので、繊維のほぐれた状態や多孔性の目安として見掛け比重がよく使われる。気孔容積を測定する場合は、トルエンピクノメータ法で比重を測定する必要がある。植物タンニン革*、特に底革の気孔容積は小さいが、衣料用革の気孔容積は50％以上である。なお、布地の気孔容積はほとんど50％以上を示す。

きごこち　着心地　Comfortable feeling for wearing

被服を着用したときの感覚の総合評価。着心地に関連する要因は、被服の寸法適合性、フィット性、ストレッチ性、動きに対するドレープ性*等の運動機能性に関するものと、吸湿性*、吸水性*、透湿性*、通気性*、保温性*等の保健衛生的性能*に関するもの、及びデザイン、重さ、厚さ等の構成要因、肌触り、接触冷温感、更に心理的、精神的な満足感等が複雑に関連している。

ギザ（かざり）　ギザ（飾り）　Pinking

靴の飾りの一つ。ギザ抜きともいう。靴の甲部の縫い重ね部分やトップライン等縫製部分の切り口が、ギザギザのV字型、又は半円形の刻み等にカットすること。

キザミ

☞菊寄せ

ぎさん　ギ酸　Formic acid

化学式はHCOOH。無色で刺激臭のある液体。融点8℃、沸点101℃。アリ、ハチの毒腺中にある。水、アルコール、エーテル等に可溶である。無機酸に比べて作用が緩やかなため、製革工程ではピックリング*、染色、加脂、仕上げ等に使用される。その塩は、温和なマスキング剤*、緩衝剤としても用いられる。

きしつとくいせい　基質特異性　Substrate specificity

酵素*が特定の基質*を識別し、その基質のみと化学反応を起こすこと。酵素の本体はタンパク質であり、その立

体構造が基質特異性に関与していると考えられている。酵素と基質の関係は鍵穴と鍵に例えられ、活性中心の化学的な性質と立体的な構造が、基質と相補的な複合体をつくる。その結合部位には、酵素中の反応に直接関与する活性中心があり特定の反応が進行する。非常に厳密なものから、類似の構造すべてに作用する比較的広いものまである。製革工程では、コラーゲンには作用しない酵素を選択して利用している。

きしみ　Scrooping feeling
　きしむ感覚を表現する風合い用語。タンニン革はきしみのあるものが多い。きしみ音を渋鳴りということがある。また、塗装膜同士の摩擦によってきしみ音が生じることがある。その他、様々な要因できしみ音が生じる。

キッド　Kid
　子ヤギのこと。多くは子ヤギ皮から製造された革をいう。
　　☞キッドスキン

キッドスキン　Kid skin
　子ヤギの皮、又はそれを鞣した革。単にキッドとも呼ばれている。脂肪分が少なく、キッドスキンから作られた革は柔軟で、美しい銀面をもつ。高級靴の甲革、手袋用革に用いられる。西洋では12世紀以降、羊皮紙の原料にも用いられた。

キップスキン　Kip skin
　大きさが子牛皮と成牛皮の中間の牛皮。中牛皮ともいう。また、キップスキンを鞣した革もいう。品質は小牛皮と成牛皮*の中間に位置する。

きていまく　基底膜　Basement membrane
　上皮組織と結合組織の境界に存在する膜。皮では表皮*と真皮*の境界に存在し、両者を接着するとともに分離している。また、基底細胞や表皮幹細胞の足場となる。主にⅣ型コラーゲン、ラミニンを主成分とする細胞外マトリックスで構成されている。製革工程中に変性し判別がつかなくなる。

きばさみ　木ばさみ　Stitching horse
　☞レーシングポニー

きはつせいぶっしつ　揮発性物質
Volatile matter
　JIS K 6558-2、ISO 4684に規定されている。JIS K 6550における水分に相当する。JIS K 6550では、乾燥温度は100℃であったが、ISOに合わせて102℃に変更された。JIS K 6550では揮発する物質を便宜的に水分としていたが、これらの温度で揮発する物質すべてが含まれるため、ISOに合わせて名称を揮発性物質とした。
　　☞水分

**きはつせいゆうきぶつがんゆうりょう
　揮発性有機物含有量**　Volatile organic contents
　☞VOC

きめ　肌理　Grain pattern
　革本来の銀面等の模様、状態、触れたときの感覚を表す。革の外観的品質を評価する重要な項目の一つ。原皮の種類によって特徴があるが、製革工程によっても影響される。官能評価分析では、毛孔が大きく開口し銀面の隆起（皮丘）が大きいものはきめが粗いとし、

毛孔の開口が小さく銀面の隆起が小さいものをきめが細かいと評価する。年齢の若い革ほどきめが細かい。きめの語源は、木目や木材の表面状態を表す木目（もくめ）から派生したといわれている。

☞官能検査、しぼ

きもうかく　起毛革　Buffed leather

銀面、又は肉面をサンドペーパー等の研磨材を用いて起毛させた革。ヌバック*、スエード*、ベロア*、バックスキン*がある。写真は付録参照。

きもうかくようクリーナー　起毛革用クリーナー　Suede cleaner

起毛革*専用のクリーナー。シャンプータイプとゴムタイプがある。シャンプータイプのクリーナーは、中性洗剤*等の泡に、汚れを吸着させて落とすもので、素材全体に付着した汚れ落としに適している。ゴムタイプのクリーナーはゴムに汚れを吸着させて落とすもので、部分的で強固に付着した汚れ落としに適している。

ぎゃくせいせっけん　逆性石けん（鹸）Invert soap

陽イオン性界面活性剤のこと。通常使われている石けん*は陰イオン性面活性剤であり、その逆の性質をもつためにこのように呼ばれる。洗浄力はほとんどないが、微生物に対する殺菌力が高いので、消毒剤として用いられる。また、ヘアリンス、衣類の柔軟剤としても使用されている。

ぎゃくぼりほう　逆彫法　Inverted carving

カービング法*の一つ。模様のアウトラインを浮き上がらせる方法とは逆に、模様のまわりの地を高く浮き上がらせる表現技法。

キャストコートしあげ　キャストコート仕上げ　Cast coat finish

革表面上に模様を付したウレタン塗装膜を形成させる仕上げ方法。模様を施したシリコンマトリックス（鋳型）上に2液型ウレタン混合液を塗布し革面と密着させる。硬化後に、熱処理をして革をシリコンマトリックスから剥がす。主に、銀付き革に似た外観と感触を与えるために床革の仕上げに用いられる。

キャトルハイド　Cattle hide

☞成牛皮

キャブレタレザー　Cabretta leather

厳密には、南米産のヘアシープ*の皮（キャブレタ）を鞣した革であるが、他地域のヘアシープの皮で作られた革も含まれる。柔軟であるが強度があり、手袋、靴、衣料に用いられている。

キャンバスシューズ　Canvas shoes

キャンバス地を用いた靴。ズック、ズック靴とも呼ばれた。運動靴、レジャー、カジュアル用が多い。

キュアリング　Curing

原皮*の保存処理工程のこと。生皮の腐敗を防ぎ、保存、輸送を安全に行うための処理。剥皮された皮は、血液、肉片、脂肪等が付着している。また、体温や水分も微生物の増殖に適した状態であり、温度によっては、腐敗が進み原皮の品質が劣化するため、原皮の

キュアリングを行う必要がある。塩蔵法、塩乾法、乾燥法がある。

塩蔵皮を塩生皮*又は塩蔵皮*、塩生皮を乾燥したものを塩乾皮*、生皮をそのまま乾燥したものを乾皮*又は素乾皮という。最近では塩害を避けるために、塩蔵法に替わる方法として、食肉市場からチルド状態で製革工場に運ばれることも行われている。

ぎゅうかく　ぎゅうかわ　牛革　Bovine leather

ウシの皮から作られた革の総称。牛革は乳頭層の凹凸が小さく、比較的均質なコラーゲン繊維構造をもっている。脂腺、汗腺が少なく革繊維が緻密である。一般に強靭であり、幅広い用途に利用することができる。また、幅広い年齢の原料皮が供給でき、革の中で最も多く生産され多用されている。

☞革、皮、牛皮

ぎゅうきゃくゆ　牛脚油　Neatsfoot oil

と畜場の非食用副産物として生産される牛足の骨から加熱抽出して得られる液状油。オレイン酸グリセライドが主成分で、動物性油脂としては臭気が少なく、化学的安定性が比較的良好なので、加脂剤成分、手入れ剤成分として利用されている。

ぎゅうし　牛脂　Tallow

☞タロウ

きゅうしつせい　吸湿性　Water vapor absorption

物質が水蒸気を吸着する性質。革の構造は、線維状のコラーゲン*を基本とした超極細線維である。コラーゲン線維表面には水蒸気と親和性の良好な極性基（-OH、-COOH、-NH$_2$）が多く存在する。さらに、線維構造中に微細な空隙が多く存在することからその表面積は、約 340 m^2/g（牛皮、水蒸気吸着法）と広い。そのため吸湿性が良好である。標準状態（20℃、相対湿度65％）では、革の水分含有量は約14〜15％である。また、高湿度（相対湿度約70〜100％、水分含有量約15〜40％）では空隙内部に水分が毛細管凝縮水として取り込まれる。この吸着水は革構造中に弱く入り込んだ水であるために、周囲の湿度が低くなると蒸発しやすい。「革が呼吸する」といわれるのは、繊維素材より微細な空隙量が多く水分が取り込まれやすく、蒸発しやすいためである。一方、過剰な加脂剤や充填効果の高い鞣剤を使用すると、革繊維間の微細な空隙が油脂や鞣剤で充填されるために、高湿度環境下における吸湿性は低下する。

☞水分

きゅうしつどしけん　吸湿度試験　Testing method for vapor absorption

物質の水蒸気吸着性能を評価する方法。革試験片を標準状態より高い一定相対湿度の空気中において平衡に達した後の重量増加を吸湿量として測定する。通常、値は試験片の面積当たり又は体積当たりで表示する。JIS では、JIS K 6544 に規定されており、20℃、相対湿度52％で72時間以上平衡にさせた革を20℃、相対湿度79％に移し、72時間以上静置し平衡に達した時の革の重量増を測定する。ISO では ISO 17229（IULTCS/IUP 42）で規定されている。20℃、相対湿度65％又は23℃、相対湿

度50％で平衡にさせた革を、50 mlの蒸留水を入れた円筒形容器中に、高湿度にさらされる面を下向きにして濡れないように置く。8時間静置した後の革の重量増を測定し吸湿度を算出する。

きゅうじょうタンパクしつ　球状タンパク質　Globular protein

分子形態が球状に近い形のタンパク質。線維状タンパク質に対する語。アルブミン、グロブリン等多くのタンパク質はこのグループに属する。製革工程では、準備工程で除去される。

きゅうすいせい　吸水性　Water absorption

物質が液体の水を付着、吸収する性質。水が革の繊維間の空隙を、毛細管現象、浸透、拡散することによって徐々に浸透する。革の両表面に近い層ほど、また空隙が適に大きいほど水が早く浸透し、吸水と同時に膨潤も起こる。吸水性は、これらの性質と革繊維表面の親水性の両方が関係する。革の吸水性は本来高いが、製革工程中で種々な薬品の処理によって、その吸水性は様々である。

☞吸水度

きゅうすいど　吸水度　Degree of water absorption

革の吸水能力を示す尺度の一つ。革を特定の条件下で水に浸漬又は接触させたとき、吸収された水の量で表す。JISではJIS K 6550で規定されている。JIS K 6557-6では静的吸水度として規定されており、吸水度と同じである。革の表面だけでなく、断面からの吸水についても考慮した測定法であり、一定時間、水中に試験片を静置し、革表面及び断面からの吸水量を革の重量に対する増加率で示す。吸収された水の量を容量で測定する容量法と重量で測定する重量法がある。容量法は、吸水度測定装置（kubelkaの装置）を用いて測定する。ISOではISO 2417（IULTCS／IUP 7）で容量法のみ規定されている。革繊維表面の疎水性が高くなるほど吸水性は低下するため、吸水度によって疎水性の評価も可能である。

☞静的吸水度

ぎゅうひ　牛皮　Bovine hide, Bovine skin

ウシの皮。動物皮として最も多く利用されている。品種によって毛の色や分布、斑点に特徴があることが多い。牛皮の毛包は、ほぼ均一に分布した単一毛包で、乳頭層＊の凹凸が小さく比較的均質なコラーゲン線維構造をもち、機械的強度も大きい。真皮の乳頭層と網状層＊の区別がつきやすい。皮の厚さは、ネックが最も厚く、バット＊にかけて薄くなり、ショルダー＊からバット＊の前部、ベリー＊が最も薄くなる。線維束は、ネックが太くて枝分かれの少ないもので、ある間隔をもって緩やかに交絡している。ショルダーでは、太さのそろった線維束同士でよく交絡しており、その間に細かい線維束が混じり密度が高くなっている。ベリー部は、枝別れの少ない線維束が銀面に平行に走っており、交絡の程度が低くて空隙が多い。

牛皮は、重量のほかに性別等によってステア＊、ブル、カウ＊、キップ＊、カーフ＊のように区分され、更にヘビーステア、ライトステア等と細分される場合もある。我が国で生産される牛皮

は内地又は地生(じなま)*とも呼ばれる。さらに、ホルスタイン種の乳牛皮はホルス*、黒毛和牛の皮は一毛(ひとげ)*とも呼ばれている。我が国で最も多く使用されている牛皮はヘビーステアである。また、ホルス、デイリーステア、一毛、ライトステアが使用されている。

ぎゅうもう　牛毛　Boving hair, Cattle hair
ウシの毛であるが、一般的には、製革工程の準備工程において、牛皮から回収される毛をいう。工業フェルト（脱水ロール用）等の原料となるが、需要が減少した。海外では、省硫化脱毛法から回収される毛の有効利用が進んでおり、肥料等に利用されている。

キューバンヒール　Cuban heal
☞ヒール

ぎょうしゅうちんでんほう　凝集沈殿法　Coagulating sedimentation process
排水処理技術の一つで、凝集剤によって水中の微細粒子を沈殿する方法。排水に凝集剤を添加することによって、排水中に溶解又は分散している微細な粒子を大きなフロックとし沈降させ排水から分離する。装置は、凝集剤を混和させる急速撹拌部、フロックを成長させる緩速撹拌部及びフロックを沈降させる部分からなる。凝集剤には、硫酸アルミニウム、硫酸第二鉄、塩化第二鉄、カリ明礬、ポリ塩化アルミニウム、高分子凝集剤（ポリアクリルアミン等）等がある。この方法では水は浄化されるが、発生する汚泥の処理及び処分が必要である。

きょうゆうけつごう　共有結合　Covalent bond
2個の原子がそれぞれの電子を共有することによってできる結合。結合力は化学結合の中で最も強い。一組の共有電子対による共有結合を単結合、二組の共有電子対によるものを二重結合、三組の共有電子対によるものを三重結合という。配位結合*は、一方の原子の非共有電子対を二つの原子が共有する共有結合の一種である。

きららぞめ　きらら染め　Mica dyeing
雲母を含む塗料を使用する革の着色法。雲母の反射光の効果を利用した技法である。革工芸で行われる。

ギリー　Gillie, Ghillie
靴のデザインの一種。舌革(べろかわ)*のない靴。甲部の履き口をU字型に開け、その縁に穴を開けて紐(ひも)を通して締める。スコットランド高地で生まれた。紳士、婦人、子供靴に用いられる。

きりめ　切り目　Cut edge
革製品の裁断面を処理する方法の一つ。革を鋭い刃物で裁断し、革の裁断面をかぶせずに、切り口を見せて接合する工法。鞄、ハンドバッグ、ベルト等で行われる。露出した革の断面（こば）は、そのまま塗料等で塗装することが多いが、やすり掛けをして整え、着色や磨きをかけて仕上げる場合もある。

キルティタン　Kiltie tongue
　靴の舌革＊の延長の飾革。ショールタンともいう。紐結びの靴にギザギザの切り込みがある飾革が履き口の上に出ている。スコットランドのキルトスカートのひだに似ている。ゴルフシューズによく用いられている。

キレートかごうぶつ　キレート化合物　Chelate compound
　2個以上の配位結合点を有するため、配位子（イオン、分子）が金属原子を挟むように配位結合した化合物。本来、キレートはギリシャ語でのカニの鋏を意味するが、カニが二つの鋏で獲物（金属原子又はイオン）を挟みもつような形に由来している。鞣剤、金属錯体染料＊、顔料＊の成分として含まれることが多い。

ぎんうき　銀浮き　Loose grain
　革の表層とその下にある真皮＊層との結合が緩んだ状態。革の欠点の一つで、製品価値が低くなる。銀面を内側にして折り曲げると、銀面が浮き上がって大きなしわがみられる。ヘアシープ＊の革に見られる二層分離は構造的な要因によって起こる代表的な例といえる。また、製革工程において、革の両表面と革の内部が化学的に均質性を損なった場合に起こりやすい。これと同じ意味で用いられるドロウグレイン（drawn grain）＊は、真皮層が伸びた状態で銀面だけが鞣され、固定されて引きつった状態をいう。

きんからかわ　金唐革　Gilded leather, Thin leather with gold patterns
　ヨーロッパで生産され、使用されていた壁面装飾革で、日本に伝わった後の呼称である。起源は8世紀に遡るといわれ、日本には江戸時代にオランダから伝来した。日本では煙草入れや袋物等生活用品に使用された。その華麗さから文人、貴人、富裕者に愛好された。江戸時代には様々な呼び名があったが、金唐革という言葉が定着したのは明治になってからである。

キングコブラ　Cobra Snake
　商業名はコブラ。有鱗目コブラ科コブラ属に分類され、本種のみでキングコブラ属を形成する。インド、ミャンマー、ラオス、ベトナム、カンボジア、マレー半島、中国南部等に広く生息している。大きさは平均4m以上に達し、独特の鱗模様が特徴である。クロム鞣剤や植物タンニンで鞣されて手袋、革製品のワンポイントに用いられる

ぎんすり　ぎんずり　銀磨り　Grain correct
　1）革製造においては、革の仕上げ塗装を行う前の作業。銀剥きともいう。サンドペーパーを使用し、銀面を極薄くバフィング＊して除去すること。この銀磨り後、顔料ペースト、ワックスエマルション等を組み合わせて、塗装仕上げを施すことによって、外観の改善ができる。ガラス張り乾燥＊を行っ

た革、ヌバック*等の起毛革の製造に適用することが多い。

2) 靴製造においては、靴の表底を接着する前に接着性を高めるために行う作業。革の銀面をグラインダーで銀磨りをした後に接着剤を塗布し、乾燥後に接着する。

ぎんすりしあげ　ぎんずりしあげ　銀磨り仕上げ　Corrected grain

銀面をバフィングして除去した革に、顔料*を含む塗料を使用する仕上げ方法。ガラス張り仕上げ*、銀剥き仕上げ、コレクトグレインとも呼ばれる。銀付き仕上げと区別するために使用される。銀面のバフィングと顔料の隠蔽力によって、銀面の損傷をある程度隠すことができるので、大判の成牛皮から均質な革を多量生産することが可能である。

ぎんすれ　銀すれ　Rubbed grain, Scuffed grain

革の銀面の細繊維が露出することで生じた損傷。銀すれは、原料皮の保存条件や製革工程において取り扱いが不適切な場合や原料皮の腐敗による損傷によって銀面が傷んだ場合に生じる。また、石灰脱毛時に使用する処理容器の容積に対し過剰な原料皮を仕込んだときにも、皮同士の摩擦が起こり、銀すれが生じる場合がある。また、ドラムの回転数が早すぎる場合、ベーチング*での酵素作用が過剰の場合でも銀すれが生じやすい。銀すれによって銀面層*の細繊維が露出すると鞣し革の銀面の光沢がなく、若干暗色となり、不規則で異常な銀面となる。さらに、染料や仕上げ剤の吸着や吸い込み度合いが異なり、色むら等の要因にもなる。

きんせんざい　均染剤　Level dyeing agent

染色むらを防ぐための薬剤。染料の分散剤、又は緩染剤として働くものが含まれる。前者は染料分子と相互作用を起こすことによって染着速度を低下させる。後者は、使用する染料と同種のイオン性と類似の構造を持ち、多くは染色に先立って革に結合することによって効果を発揮する。パステル調の染色には不可欠である。

きんそうしょく　金装飾　Gilding, Gold tooling

金箔による装飾。革製品の製作や革工芸*では二つの技法がある。一つは、革表面に刻印*等で模様を打ち込んだ後、金箔*をのせてホットスタンプで金箔押しを行う。製本の装幀や宝石箱等の繊細な装飾が特徴である。もう一つは、文様を彫り込んだ木型、金型で革をプレスし、浮き彫り模様を押し出す。その後、革の全面又は部分的に金属箔（金、銀、錫）を張り、刻印や彩色を施し、仕上げのワニス*を塗り重ね、下張りの金属箔を輝かす。この装飾革は家具、壁装飾に使用されていた。

きんぞくさくえんせんりょう　金属錯塩染料　Metal complex dye
☞含金染料

ぎんつきかく　ぎんつきがわ　銀付き革　Full grain leather

動物皮の本来の銀面*模様を生かした革の総称。一般に銀面の損傷が少なく美麗な銀面模様をもつ原皮から作られる。ガラス張り革*や起毛革と区別する意味で用いられる。素上げ革*、ア

ニリン革*、塗装仕上げ革*等がある。

きんぱく　金箔　Gold leaf, Gold foil

金を打ち延ばした薄い箔で、金装飾の技法に用いられる素材。純金に銀、銅を混ぜ合金として使用し、厚さ0.1μmの極薄のものまである。古くは建築物の表装材として用いられたが、現在では、主に美術工芸品、金糸、書籍の装幀、工業用に用いられている。革の金装飾にも使用されている。

きんぱくおし　金箔押し　Gilding
☞金装飾

ぎんめん　銀面　Grain

製革工程で毛及び表皮*を除去した後に露出する真皮*の表面。吟面ともいう。真皮乳頭層の最外側であり、コラーゲン細線維（フィブリル）*が線維束を形成せずに走行し、相互に交絡している。銀面は、毛穴の大きさ、数、形状、配列の仕方、毛穴間の形状等で、動物の種類による特徴を示す。銀面の模様（しぼ*）は革の商品価値に影響する。

銀面という用語は、明治以前の資料には認められず、明治36年の学術誌で銀面、銀が初めて確認できる。牛革の表面は加工（当時は植物タンニン革）によっては光沢を帯びて見えることから銀面になったという説と、革の表面を表すgrainの発音が当時の日本人にギンと聞き取れたという説がある。

ぎんめんわれしけん　銀面割れ試験　Grain cracking test

靴甲革及びその他の薄物革*の銀面の強さを測定する試験。甲革の場合は、製甲の釣り込み*作業で銀面に割れ、又は亀裂が生ずる傾向を評価するために行う。JISではJIS K 6548、ISO規格ではISO 3379（IULTCS/IUP 9）で規定されている。基本的には、JISとISO規格は同一の試験方法である。円形に裁断した革試験片の周辺を固定し、中央を鋼球によって押し上げ、銀面に割れを生じた時の荷重（銀面割れ荷重）と高さ（銀面割れ高さ）を測定する。ISOでは厚物革*について、ISO 3378（IULTCS/IUP 12）の試験もある。

ぎんむき　銀剥き　Grain correct
☞ぎんすり

ぎんわれ　銀割れ　Grain cracking

革に荷重をかけたときに銀面にひび割れが生じること。革表面への鞣剤の過剰な結合、紫外線、強酸、アルカリ、熱による革タンパク質の変性、又は加脂剤が酸化した場合に生じやすくなる。

く

グァテマラワニ　Morele's crocodile
☞モレレット（ティ）ワニ

クエンさん　クエン酸　Citric acid

化学式は$CH_2COOH-C(OH)COOH-CH_2COOH$。無臭、常温で無色又は白色の結晶。柑橘類等に存在する。水、エチルアルコール、エーテル等に可溶。カルシウム塩は水に難溶である。クロム錯体を始め多くの多価金属錯体に対する配位能が大きいので、クロム鞣し等のマスキング剤*として多用される。

また、食品添加物として使用され、ナトリウム塩は酸化防止剤、増粘剤、乳化剤、安定剤として使われる。

クォーター
☞腰革

くさきぞめ　草木染め　Vegetable dyeing
　天然の植物色素で着色する染色方法。植物の粗抽出液を用い、浸漬又は塗布、乾燥、水洗等の作業を繰り返して色素を定着させる。複雑で味わいのある色調が得られる。革工芸品、財布、ベルト等に応用されている。

くちがね　口金　Metal frame
☞フレーム

くつ　靴　Shoes
　足の保護と歩行作業を助ける履物の一種。これらの機能と同時に衣服とともに服飾の一環として、衣服との調和が重要視される。様々な形、デザインのものがあり、使用目的、性別、年齢等によって分類される。材料は革、布、ゴム、合成皮革、人工皮革、コルク等が用いられ、甲材料の種類によって革靴、合成皮革靴、ゴム靴、布靴等に分類される。
　革靴の製造方法は、革を甲用材料とした一般歩行用について、JIS S 5050によって、主として底付け法の違いからグッドイヤーウエルト式製法*、シルウエルト式製法*、ステッチダウン式製法*、マッケイ式製法*、セメント式製法*、カリフォルニア式製法*、直接加硫圧着式製法*、射出成形式製法*の8方法が規定されている。これらの方法は、スポーツ用靴、作業用の防護・安全靴等でも使用されている。
　革靴の製作に使用される材料には、甲用（甲革）、表底*用（底革*、ゴム、プラスチック等）、裏用*（裏革、布等）、中底*（中底革*、レザーボード*等）、ヒール*（底革、ゴム、プラスチック等）、ウエルト*、月形芯*、先芯*、ふまず芯*、中敷き*、縫糸*、釘、接着剤、靴紐、鳩目*、尾錠*、ボタン等が使用される。製靴工程は、その製造方法、靴の種類等によって異なるが、その概略は、デザインの決定、靴型*の決定、型紙と抜型の作製、裁断、製甲*、底付け、仕上げ等からなる。付録参照。
☞シューズ、ブーツ

くつ　沓
　奈良時代唐風文化の輸入とともに官吏の公用の履物として「くつ」が用いられた。大宝律令（りつりょう）では武官五位以上の礼服用として靴の沓（深沓、革（くろかわ）ブーツ）が制定され、烏皮靴と赤皮靴の別があった。宮廷で淺沓（あさぐつ）や貫（つらぬき）が履かれ、鎌倉期には、武士は馬上沓をつけた。または、蹴鞠（けまり）用の鴨沓（かもぐつ）等も史料上確認される。幕末3都の比較を試みた「守貞漫稿（もりさだまんこう）」によると、朝鮮沓、足袋沓、綱貫*の3種類の沓が流通していたとある。

クッカー　Cooker
　製革工程から排出されるタンパク質や脂肪を多く含む固形副廃物の蒸し煮装置。通常は高温加熱機構（せっかいどこ）と乾燥機構をもつ。生皮屑、石灰床、皮屑等を蒸し煮して飼料や肥料を製造するもの、骨、フレッシング屑から油脂分を抽出するものがある。その残渣（ざんさ）は、飼料及び肥料として使用される。

くつがた　靴型　Last

靴の製作に使用する足の形に成形した木、金属、プラスチック製の型。木型、ラスト*ともいう。現在ではプラスチック製が大部分を占めている。合成皮革靴、ゴム靴、布靴ではアルミニウム製の靴型も使用されている。靴の履心地、デザインが決まるため、靴作りの土台となるものである。靴型は、年齢別、性別、用途等で分けられるが、紳士靴用靴型では、トウ（爪先）の基本形によって分類されており、これが靴の爪先のスタイルを決める。

くつクリーム　靴クリーム　Shoe cream

靴の甲革に光沢、柔軟性*、耐水性*等の特性を維持、又は付与することを目的とした手入れ剤。大別すると、水性エマルションと溶剤系があり、形態はペースト、液体、エアゾール等がある。主成分は、ワックス*、溶剤、油脂、水、乳化剤、着色剤、防腐剤、香料等である。靴クリームは、JIS K 3901 に規格がある。

くつこうようじんこうひかく　靴甲用人工皮革　Man-made upper material of shoes

JISに規定された革類似物の一つ。高分子物質を繊維層に浸透させ、革の組織構造に模して造られたもので、高分子物質は連続微細多孔構造の合成樹脂層とランダム三次元立体構造の繊維層（不織布）をもつ靴の甲材料。革の銀面様の外観を有するものをスムース*、革のスエード*、ベロア*等の外観を有するものをナップ*という。JISでは、JIS K 6505 靴甲用人工皮革試験方法及び JIS K 6601 靴甲用人工皮革の規格がある。

☞人工皮革

くつこうようじんこうひかくしけんほうほう　靴甲用人工皮革試験方法

☞靴甲用人工皮革

クッション　Cushion

靴では、足に快適さを与えるための靴底部に入れるクッション材をいう。カリフォルニア式製法*では中底とプラットフォーム*の間に入れる。その他の製法では敷革*の裏面に入れる様々なクッション材がある。

くつサイズ　靴サイズ　Shoe Size

足長と足囲又は足長と足幅で靴のサイズを表す。JISではJIS S 5037に規定されている。足長（Foot length）は、平らで水平なところに直立し、両足を平行に開いて平均に体重をかけた姿勢のときの、踵の後端踵点（しょうてん）から最も長い足指の先端までの距離をいう。足囲（Ball girth）は、足長の測定をするときと同じ姿勢で足の踏み付け部の第1趾の付根（脛側中足点）（けいそく）と第5趾の付根（腓側中足点）（ひそく）を取り巻く長さをいう。足幅（ウィズ、ワイズ、Width）は、足長の測定をするときと同じ姿勢で、足の踏み付け部第1趾と第5趾の各々の付根に接する垂線間の水平距離をいう。

グッドイヤーウエルトしきせいほう　グッドイヤーウエルト式製法　Goodyear welt process

紳士靴の代表的製造方法。中底に作ったリブに、釣り込んだ甲部周辺とウエルト*をすくい縫い機で縫い付け、表底をかぶせた後、ウエルトと表底周辺とも出縫機でロックステッチ*を施す。工程が多く高価になるが、履心地がよく、底の修理が可能である。靴の

こば*が張り出て、ウエルトと表底を縫った糸目が見える。最近ではセメント式製法、マッケイ式製法*の靴でも、この製法に似せて糸目を見せているものがある。

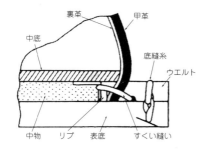

くびわ　首輪　Collar
動物の首にはめる輪。主として、植物タンニン*革を使用する。底革*と比較して柔軟な革が適しているので、なめし度*の低いぬめ革*を用いる。

くら　鞍　Saddle
人、荷物を載せるために、ウシやウマの背中に付ける用具。荷駄、田耕きのためにウシに鞍をつけることもあるが、一般には乗馬用の鞍をいう。西洋馬の導入後は鞣し革の鞍であるが、前近代では古代に中国からもたらされた唐鞍の伝統によって木鞍が主流であった。現在では、合成皮革製の鞍もある。

クラウン　Crown
ワニの頸部にある特徴的な隆起（頸鱗板）を業界ではクラウンと呼んでいる。また、背の部分にある背鱗板と合わせた模様がワニの種類の重要な特徴となっており、背ワニ*の商品価値を決めている。

クラシックフィニッシュ　Classic finish
オーストリッチ革の仕上げ方法の一つ。染料染め革の表面に顔料や染料を塗布してクイルマーク（羽毛を抜いた後の突起）と革を同じ色に染める半マットタイプの仕上げ法をいう。ほかにクイルマークを強調するサドルフィニッシュ*がある。

クラスト（レザー）　Crust leather
染色、加脂した革を水絞り、伸ばしを行い、吊り下げ乾燥した製革工程中にある革。クロム鞣し*又は植物タンニン鞣し*後、乾燥した中間原料としての未仕上げ革を呼ぶことが多い。貿易上は「鞣しをした皮」として皮に分類される。

クラッシュボーン　Crashed bone
☞骨紛

グラブ　Grub
昆虫の幼虫をいうが、皮ではウシバエ（*Hypoderma lineatum*、*Hypoderma bovis*）の幼虫、すなわちウジのことである。グラブは、牛皮の背部に寄生し、皮下から表面に至る貫通した孔を作り、表面を隆起させる。この隆起部を皮腫（ワーブル）、皮腫を起こさせるウシバエをワーブルフライと呼ぶことがある。北米産の原料皮に多い。寄生部をトリミングするため、皮の価値が低下する。南米産の原料皮にはニクバエ（*Cochliomyia hominivorax*、*Dermatobia hominis*）による被害がみられる。

クラフト　Craft, Leather craft
レザークラフト*。革工芸、革手芸、革細工ともいう。今日では、ぬめ革*

ばかりでなく、クロム革、合成タンニン革、生皮*も使われている。また、あらゆる畜種、仕上げの革が使われている。

☞革工芸

グリース　Grease
半固体状の潤滑剤。JIS K 2203 では、原料基油中（グリースの原料となる潤滑油）に増ちょう剤を分散して半固体又は固体状にしたもの、特殊な性質を与える他の成分が含まれる場合もあると規定している。温度や外力に応じて流動性が変化する特徴がある。各種の機械部品及び駆動部の潤滑油として用いる。鉱油に金属石けんを混合して製造する。皮中の脂質を意味することがある。

グリセライド　グリセリド　Glyceride
グリセリン*と脂肪酸がエステル結合した脂質。アシルグリセロールとも呼ばれる。結合脂肪酸数に応じて、モノグリセライド、ジグリセライド、トリグリセライドがある。結合脂肪酸の構造によって飽和脂肪酸、不飽和脂肪酸に分類される。トリグリセライドは、エネルギー貯蔵物質として生物中に大量に存在し、原皮の皮下脂肪の主成分である。

グリセリン　Glycerin, Glycerol
化学式は $CH_2OH・CHOH・CH_2OH$。グリセロールともいう。シロップ状で甘みのある液体。吸湿性は大きい。中性脂肪の加水分解によって得られる。多価アルコールのため、アルコールの一般的性質を示す。樹脂、保湿剤、乳化剤等のほかに食品、医薬品、化粧品等に多くの用途がある。革製品の手入れ剤等に使用される。

くりて　クリ手
鞄、ハンドバッグにおいて、前胴、後胴をそれぞれに取り付けた見付ごと繰り抜いた持ち手のこと。

クリーナー　Cleaner
表面に付着した汚れを除くための薬剤、物品。革用のクリーナーには、使用目的によって、固形、ペースト状、乳液状、エアゾール、ゴム、布、ブラシ等のタイプがある。薬剤の種類は油性、乳化性（中性、酸性、アルカリ性）に分類され、更にワックス*を併用して艶出しを兼ねたもの等がある。アニリン革*には、中性～酸性タイプが適しており、起毛革（スエード*、ヌバック*、ベロア*等）には固形の消しゴムタイプが適している。革の種類に応じた専用のクリーナーを使用する必要がある。

クリーニング　Cleaning
広義には物体の洗浄作業のこと。革や繊維製品では、営業としての洗たくの総称。クリーニング業法では「溶剤又は洗剤を用いて衣類その他の繊維製品又は革製品を原型のまま洗たくすることを営業とすること」と定義され、洗たく物の取次ぎのみを行っている場合は含まれない。基本技術の面で大別すると水で洗うランドリー*、ウェットクリーニング、及び有機溶剤で洗うドライクリーニング*に分かれる。

革製品のクリーニングにおいて、一般的な大量処理には、ドライクリーニング溶剤を用いるワッシャー洗い*の

方式が用いられる。革製品を水で洗うと、収縮、形崩れ、硬化、脱色、艶失せが起きやすいので、水を使用した洗浄を行うのは特殊な場合に限られる。局部的な汚れがある場合には、プレスポッティング*を行った後にワッシャー洗いを行う。脱脂によって品質が低下することを防ぐため、油脂（加脂剤）を含む洗剤を使用することが多い。洗浄後、著しく脱色した部分には、スプレーガン調色*で色を修正する。破れ、剥れ箇所には、修理等の補助作業を行う。起毛革*はサンドブラスト*で局部的な汚れを除いた後に洗浄を行う。一般的に、起毛革は洗浄による脱色が著しいため、スエード専用の洗剤を使用して、脱色を抑制することも行われる。

グリーンハイド　Green hide

剥皮後に保存処理を施していない生の皮。短時間で次の工程に移せる場合に用いられる。塩蔵を行わないので環境負荷が低い。
☞生皮（なまがわ）

クリンピング　Crimping

製靴工程で爪革に機械で強い癖付けをする作業。クリッピングということもある。ブーツで行われることが多い。

グルタルアルデヒド　Glutaraldehyde

化学式は $OHC(CH_2)_3CHO$。市販品は $25 \sim 50\%$ の水溶液である。主にタンパク質のアミノ基に共有結合で架橋を形成するので鞣剤として使用される。ホルムアルデヒドに代わる耐汗性、耐洗濯性の良好なアルデヒド鞣し*として用いられている。鞣した革はソフトであるが黄褐色に変色する。最近では、非クロム革製造の前鞣しに使用されている。グルタルアルデヒドをもとに修飾、変性させた黄変しにくい新しい鞣剤も市販されている。

クルッポン　クルーポン　Croupon

ベンズ*と同じ部位をいうが、ベンズが鞣した革に対し鞣し前の皮をいう。

くるまぎし　車ぎし

ハンドバッグの口金部品の慣用的な呼び名。要（かなめ）とも呼ばれる。二本の枠の下端同士を接続するためのリベットをいう。また、扇の要と同様、枠が扇状に開くための支点になる。

グレイスキッド　Glace kid

かつて、ヨーロッパでは、子やぎ皮、子羊皮を原料とし、明礬（みょうばん）、食塩、小麦粉、卵黄等による特殊なアルミニウム鞣しを行った白革のことをいった。非常に柔らかく手袋に使用された。現在では、フルクロムで鞣された子やぎ革又はやぎ革をグレージングによって、平滑で高光沢に仕上げられた革をいう。グレイズドキッドとも呼ばれる。エレガントな革として婦人靴に用いられている。

グレイン　Grain

☞銀面

グレインスプリット　Grain split

皮を2層以上に分割して得られる銀面側（外側）の層。貿易上のHSコード*でも使用されている。

グレインパターン　Grain pattern

☞きめ

グレージング　Glazing

革の銀面に平滑性と光沢を付与することを目的として、めのう又はガラス製のローラーによって強い圧力を加えながら摩擦を行う仕上げ。通常、銀面にカゼイン等のタンパク質系仕上げ剤、ワックス*等を塗布してから行う。
☞グレージングマシン

グレージングしあげ　グレージング仕上げ　Glazing finish

グレージング*を行う革の仕上げ。下塗り*後の革にシーズニング*、上塗り*、乾燥等を施して数回行うのが一般的である。プレート仕上げ*や型押し*を併用することもある。は虫類革*ではマット仕上げ*とともに主流である。エナメル革*のような強い艶ではなく、上品な艶を出して高級感を醸し出している。

グレージングマシン　Glazing machine

グレージングを行う機械。ガラス又はめのうのような滑らかな表面をもつ円筒を革に強く押しつけ、前後に往復運動させる。銀面は摩擦熱、圧縮等によって緻密になるとともに光沢が得られる。

グレースケール　Gray scale

染色堅ろう度試験の前後で試験片と添付白布に生じた色調の色差を、視感によって判定するため規定された標準尺度。JISでは、JIS L 0804に、試験片の変退色*の程度を判定する変退色用グレースケール、JIS L 0805に、試験片に添付した白布に生じた汚染の程度を判定する汚染用グレースケールが規定されている。なお、ISO規格では、ISO 105 A02で規定されている。JISはISOを元に作成されているが、若干の変更がなされている。色差を明度差として判定するため無彩色（灰色）で5級〜1級の間を9段階に分け、異なる対の色票セットからできている。判定段階は、5級は変退色又は汚染が全く生じない場合、1級は変化が最も大きい場合に相当する。判定結果は級で表示する。

クレープソール　Crepe sole

天然ゴムを主原料とした靴底。クレープソール、プランテーション、ラバーソール、単にゴム底ともいう。天然ゴム液（ラテックス）を酢酸で凝固させたゴム板で作られた靴表底で、表面には波状、しぼ状その他の模様がある。このソールは油に弱いが、クッション性がよく、カジュアルシューズに広く使用されている。

クロカイマン　Black caiman

ワニ目アリゲーター科クロカイマン属に分類される。生息地は、南米の中、北部である。皮の品質がメガネカイマンと異なり、鞣すと手ざわりが柔らかく、しなやかであるため主にハンドバッグ等の袋物に使用される。

くろげわしゅ　黒毛和種　Japanese black

日本在来牛の改良種の一つ。毛色は黒く、鼻鏡、蹄、舌も黒い。体は小形で、前、中部に比べて後部の発達が劣る体形をしている。元来、肉質は上等であったが、小形、晩熟であった昔の和牛に明治年代から改良を重ね、昭和19年に固定種の黒毛和種と命名され全国に分布している。良質な霜降り肉を生産するので、現在は和牛の大半を占めて

いる。皮は気候、飼養方法がよいので、きずが少なく良質であるといわれている。

クロコダイル Crocodile

ワニ目クロコダイル科クロコダイル属に分類され、口を閉じたとき、外から下顎歯が見えるワニの種類であるが、例外もある。北部を除くアフリカ、熱帯アジア、ニューギニア島、オーストラリア北部及びアメリカの亜熱帯、熱帯の湖沼、河川の淡水に分布する。アリゲーター科のワニを除く全てのワニには、腹面の各鱗板の後部に、感熱器官である濾胞（ろほう）という小さなくぼみがあるのが最大の特徴である。地域によってそれぞれ特徴のあるクロコダイルが分布しており、代表的なものとしてイリエワニ*、ニューギニアワニ*、シャムワニ*、ナイルワニ*等があげられる。メガネカイマンは、学名に *crocodilus* が付くが、アリゲーター科カイマン亜科カイマン属に分類される。この種は革全体に骨質部が多く硬いために、クロコダイル科クロコダイル属とは品質的に大きく異なる。そのため、クロコダイルとカイマンとは区別して表示することになっている。写真は付録参照。

クロスステッチ Cross loop stitch
☞革ひもかがり

クロスバットステッチ Cross bud stitch
☞革ひもかがり

くろだん　黒鞣 Japanese black leather, Himeji black leather

白鞣し革*の白鞣*に対し黒鞣という。現在は行われていないが、白鞣し革を青松葉と藁（わら）で燻煙（くんえん）し、乾燥後、鉄しょう（おはぐろ）に漬け、再度乾燥し、瀬しめ漆で仕上げた革。高級な鎧（よろい）に使用された。

クロッグ Clog
☞木靴

クロックメータ Crock meter

染色摩擦堅ろう度試験に用いる試験装置。JISでは摩擦試験機Ⅰ形（クロックメータ）として規定されている。ISO、ASTM等にも規定がある。革では、JIS K 6547、ISO 20433（IULTCS/IUF 452）に規定されている試験で用いる。繊維のJIS L 0849で規定された試験機と同一である。
☞染色摩擦堅ろう度試験

クロップ Crop

牛皮を背線で2分割し、更にベリー*を背線に平行に除去して残った部分。または、それから鞣した革。クロップという用語は北米で使用され、その他ではハーフバック（Half back）と呼ばれる。肩部、頭部を含んでおり、クロップから肩部、頭部を除去するとベンズ*になる。付録参照。

グローブ Glove
☞手袋

グローブかく　グローブ革 Glove leather
☞手袋用革

クロムがわ　くろむかく　クロム革 Chrome (tanned) leather

クロム鞣剤*で鞣された革。淡青色で、

保存性、耐熱性*、柔軟性が優れ、軽く、弾性が強い。正電荷をもつので酸性及び直接染料*での染色性が良い。現在最も多く生産されている革であり、あらゆる用途で使用されている。しかし最近は、革製品の需要の多様化と環境問題から、ほかの鞣剤とのコンビネーション鞣し*革が徐々に増加している。

☞クロム鞣し

くろむがんゆうりょう　クロム含有量
Chromium content

革中に含まれるクロムの量。製品革のクロム含有量は、用途によって異なるが、酸化クロム（Cr_2O_3）として、通常 2.5～5％である。クロム含有量の増加によって、柔軟性、耐熱性は増加する。一定以上で飽和し耐熱性は一定となり、それ以上のクロム含有量を増加しても、柔軟性及び機械的強度は低下する傾向にある。

クロム含有量の測定法は JIS K 6550 及び JIS K 6558-1～4 で規定されており、革中のクロム含有量を酸化クロム含有量として表す。JIS K 6558-1～4 では、名称を酸化クロム含有量としており、酸化クロ含有量によって、測定方法を選択する。JIS K 6550 及び JIS K 6558-1 では硫酸、硝酸及び過塩素酸を用いた湿式酸化によって有機物を分解し、3価のクロムを完全に6価に酸化した後、ヨード滴定法によって測定する。

クロムさくえん　クロム錯塩
Chromium complex

☞クロム錯体

クロムさくたい　クロム錯体 Chromium complex

3価のクロム原子を核として通常6個の配位子をもつ化合物群。配位子の種類によって、クロムアクア錯体 $[Cr(H_2O)_6]Cl_3$、クロムアンミン錯体 $[Cr(NH_3)_6]Cl_3$ 等の区別がある。配位子が電解質である場合はその電荷と配位数によって錯体全体の電荷が異なる。水酸基を配位子としてもつアクア系錯体は、オール化*によって多核体を形成する傾向があり、クロム鞣し*反応において重要な役割を果たす。

クロムじゅうざい　クロム鞣剤 Chrome tanning agent

クロム鞣しに用いられる鞣剤。クロム錯体を主成分とする緑色水溶性粉末。その主成分は3価クロムの塩基性硫酸クロムである。クロム含有量、塩基度*、中性塩含有量等を調節した市販の粉末クロム鞣剤が広く利用されている。塩基度は33％に調節されたものが多いが、高塩基度製品もある。鞣し反応中に自動的に塩基度が上昇するような中和剤が配合されたクロム鞣剤も市販されている。3価クロムは毒性がなく、人体に必要な栄養素でもある。なお、6価クロムには鞣し効果はないため使用されていない。

くろむじゅんかんりよう　クロム循環利用 Chrome recycling

クロム鞣し排液中のクロム化合物を分離回収して鞣しに再利用するか、排液を直接鞣しに再利用する方法。排水中のクロム化合物の排出を削減するために考案されたシステムである。

クロムスプリット
　☞青床

クロムなめし　クロム鞣し　Chrome tanning, Chrome tannage
　3価のクロム錯体*による皮の鞣しをいう。準備工程の終わった皮をピックリング*した後、塩基性硫酸クロム鞣剤で鞣す。ドラムを回転し、24時間以内で鞣しを終了する。鞣し液の組成（鞣剤濃度、pH*、塩基度*、塩濃度、マスキング剤*等）と温度、ドラムの回転数、浴比等によって鞣し時間は異なる。このとき、クロムは様々な状態でコラーゲン線維*間又は線維内で架橋結合をする。しかし、2点で結合した架橋に関与しているクロムは総結合クロムの約10％とされ、残りのクロムは1点でコラーゲンと結合している。この後、合成タンニン*、植物タンニン*による再鞣を行うことが多い。クロム鞣しは、鞣し時間が短く経済性に優れ、製品革は柔軟で保存性、耐熱性*、染色性が良いので、あらゆる用途に最も広く行われている鞣し方法である。

クロンペン　Klompen
　☞木靴

くんえんなめし　燻煙鞣し　Smoke tanning, Smoke tannage, Smoking
　古典的な鞣し法の一つ。かつては、脳漿鞣し*で作られたシカの白皮を用いて、松葉又は稲藁をいぶした煙をあてて、外観に燻煙色を着色するために行っていた。燻煙材料によって色調が異なる。現在の燻煙鞣しは、煙を出すためのかまど及び白革を張り付ける燻太鼓（燻胴）からなる。地域によってこの燻煙のことを、ふすべ、えぶし、いぶし、くすべと呼ぶ。燻煙中には、鞣し効果をもったアルデヒド類、カテコール化合物、フェノール化合物のようなポリフェノール化合物がガス状や粒子状で存在する。これらがコラーゲンと結合することによって着色し、鞣されることが考えられる。
　☞ふすべ革

け

け　毛　Hair
　動物の体表を被う糸状の角質組織。硬タンパク質の一種であるケラチン*を主成分とし、毛髄質*、毛皮質*、毛小皮*の3層の細胞構造に分かれる。皮膚上に露出している部分を毛幹、毛包*に囲まれている部分を毛根*、毛根底部の膨らんだ部分を毛球と呼ぶ。製革工程においては、石灰漬け*工程で毛を分解、除去する

けあな　毛穴　Follicle mouth
　毛の基質部を保護している表皮の陥入部分。準備工程*を経た皮は、真皮表面に毛穴が開口する。動物の種類、年齢、部位によって、毛穴の大きさ、

深さ、開口の仕方、配列状態に特徴がみられる。仕上げ工程＊を経た革における毛穴の状態は銀面の品質に関係する。豚革では太い剛毛をもち、毛穴は網状層を貫通している。

けいりょうほう　計量法　Measurement law

適正な計量の実施を確保するために計量の基準を定めた法律。計量単位、計量器に関する事業、計量器の検定、検査等について規定。経済産業省が所管する。旧計量法（1952年）を全部改訂し、1992年に制定された。国際単位系（SI）の採用によって、国際的に計量基準を統一した JIS B 7614 に皮革面積計の規定がある。革の正しい計量は、取引や証明等多くの分野で重要な役割を果たしている。正しい計量を確保するために、計量法に基づき、計量器の検定、定期検査、立入検査等が行われている。

ケーエスち　K/S値　K/S value

Kubelka-Munk 式で定義される表面色濃度の指数。K/S値は値が高いほど色濃度は高くなり、値が低いほど色濃度は低くなる。コンピュータカラーマッチングの基礎になる。

けがわせいひんのほかん　毛皮製品の保管

毛皮製品の保管は、特に防湿、防かび、防虫に注意する必要があり、温度10〜15℃、相対湿度 50±5％ に調節できる専用保管庫で保管することが望ましい。水蒸気、ガスを透過しない保存袋中で脱酸素剤とともに密封する方法もあるが、防虫、防かび効果以外の毛皮に与える影響は明らかでない。薬品による防虫加工には毒性の弱いピレスロイド系のものがあり、防かび処理の例としてベンゾイミダゾール系のものがある。

けしょう　化粧　Top piece, Top lift

靴のヒール（踵）の地面に接する部品。トップピース、トップリフトとも呼ばれる。革、合成ゴム又は合成樹脂（主にポリウレタン）の板で摩耗に強く、滑りにくい材料が望まれる。

ケーシング　Casing

肉及び肉製品の包装資材。豚、羊腸等の天然腸、及びコラーゲン、セルロース、プラスチック等の人工ケーシング＊がある。

けすしすてむ　KESシステム　KES system

KES（Kawabata's Evaluation System）。これまで人間の判断によって行われてきた生地の風合い判断を、数値化することができるシステム。引張特性、曲げ特性、せん断特性、圧縮特性、表面特性（摩擦、凹凸）、厚さ、重さの計測を行うことで17の力学特性値が得られる。得られた各データを処理し、基本風合い値（こし＊、ぬめり＊、ふくらみ＊、しゃり＊、はり、きしみ＊、しなやかさ＊、ソフトさ＊）が算出できる。さらに、この風合い値を組み合わせて、総合風合い値を算出することができる。現在では、繊維にとどまらず化粧品、食品、製紙、自動車分野でも使用されている。ソフト革にも応用されている。

☞風合い

ケースハードニング　Case hardening

鞣し*の欠陥。鞣剤*が皮の外層のみに結合し、中間層に浸透していない状態。例えば、植物タンニン鞣し*の場合、最初の植物タンニン液の濃度が非常に高く、pH*が低いと、鞣剤が皮の外層のみに結合し、これが植物タンニンの浸透をさまたげ、革の中間層まで到達しない状態をいう。その層は、鞣しが不完全であり白い層として残る。

けつごうそしき　結合組織　Connective tissue

皮膚のほか軟骨、骨等も含む構造の支持に関与する線維状組織。細胞間のマトリックス成分としてコラーゲン*、エラスチン*及びプロテオグリカン等が存在する。

けつごうタンニン　結合タンニン　Combined tannin

皮質分*（皮中のタンパク質）に結合したタンニン（%）。JIS K6550 及び改正された JIS K 6558-7 では、結合タンニンは、実際には直接定量できないので、その他の成分として水分、不溶性灰分、脂肪分、可溶性成分、皮質分を測定し、差し引いて算出する。次の式で結合タンニンを算出する。

JIS K 6550 では、結合タンニン(%) ＝ 100(%) －｛水分(%)＋不溶性灰分(%)＋脂肪分(%)＋可溶性成分(%)＋皮質分(%)｝、ただし、個々の測定において、水分換算は行わない。

JIS K 6558-7 では、結合タンニン＝ 100 －｛不溶性灰分（%）＋ジクロロメタン又はヘキサン強制物質（%）＋脂肪分（%）＋水溶性物質（%）＋皮質分（%）｝、ただし、個々の測定において、揮発性物質を0%として換算する。
☞なめし度

けつごうりゅうさん　結合硫酸　Combined sulfuric acid

硫酸化油*、スルホン化油*等の陰イオン性加脂剤の炭化水素鎖に化学結合した硫酸基。硫酸エステル基($-OSO_3H$)とスルホン酸基（$-SO_3H$）がある。加脂剤の性格を判別するための重要な指標の一つである。結合硫酸が多い加脂剤は、界面活性剤成分が多く、エマルション*の安定性が高い。

けばだち　毛羽立ち　Fuzzing

革に毛羽が生じた状態。ヌバック*、スエード*、ベロア*のような起毛革の毛羽の状態をいう。

ケープシール　Cape seal
☞ミナミアフリカオットセイ

ケブラチョ、ケブラコ　Quebracho

南アメリカ産、ウルシ科の芯材から抽出して得られる植物タンニン*。鞣剤として重要なものは schinopsis balansae（和名：バランサエ、英名：quebracho-colorado chaqueno）、schinopsis lorentzi（和名：ラレントジイ、英名：quebracho-colorado）の2種類の近縁樹木の芯材から得られる。このエキスは暗褐黒色で60%以上のタンニンを含む。タンニン剤としては縮合型タンニン*に属する。冷水には溶け難い。粗製エキスと亜硫酸処理を施して冷水に可溶のエキスがある。亜硫酸処理エキスは、粗製エキスを8〜10%の重亜硫酸ナトリウムで加圧加熱して調製する。厚物革*の充てんには、鞣しの最後に加温した粗製

エキスを用いる。亜硫酸処理エキスは初期に使用し、皮への浸透を促進させる。

けまり　蹴鞠、毛鞠　Kemari
　鹿皮を袋状にして作った鞠。蹴鞠の鞠は皮のもつ反発力に頼る独特の構造をしている。雌鹿の夏皮を最上とし、裏打ちを行い、毛付の表に塩、糠（ぬか）、水を混合し塗布して放置後、毛刈りをする。この皮から直径1尺（約30cm）の円形の皮を2枚採取し、袋状にして、空けた切れ目に馬皮を通してくくる。8〜9割方縫い合わせたところで中に大麦の粒を詰めて整形する。残りを縫い丸くなるように麦で調節し、布海苔（ふのり）、膠（にかわ）、胡粉（ごふん）を塗り、中の大麦を抜いて完成させる。

ケミカルシューズ　Chemical shoes
　革以外の化学製品（合成皮革*等）を使用した靴。合成底を使いセメント製法で作られているものが多い。

ケラチン　Keratin
　硬タンパク質*の一つで、皮膚の角層、毛髪、毛、羽毛、角、蹄（ひづめ）等の主成分。動物種と組織部位によって多種類のケラチンが存在する。角層は軟ケラチンからなり、毛髪等は硬ケラチンを多く含む。硬ケラチンは水をはじめとして多くの中性溶媒に不溶で、タンパク質分解酵素の作用も受けにくい。これは、ケラチンの特徴であるシスチン含有量の高い（羊毛で約11%）アミノ酸組成に起因している。ペプチド*鎖はシスチンに由来する多くのジスルフィド結合*（S-S結合）で網目状に結ばれている。このジスルフィド結合を還元、酸化又は加水分解して切断するとケラチン組織は軟化、膨潤し、最終的には大部分が可溶化する。一方、ケラチンのシスチン架橋はアルカリの作用でランチオニン架橋に変換され還元切断に対して抵抗性が強くなる（免疫現象*という）。石灰漬け工程では、脱毛法の一つとして硫化物やアルカリ等によるケラチンの分解で表皮、毛等の除去が行われる。

ゲル　Gel
　高分子が三次元網目構造を形成し、その内部に流動性を失った多量の水又は溶媒を包含する構造体。ゼラチン、寒天、生物の様々な結合組織、皮膚粘膜、高吸水性樹脂等が代表例である。

ケルダールほう　ケルダール法　Kjeldahl method
　タンパク質等窒素化合物の窒素定量法。革に含まれる皮質分の定量に使用される。試料中の有機物を硫酸中で加熱酸化分解して、生成したアンモニアを水蒸気蒸留した後、中和滴定で定量する。得られた窒素量にタンパク質ごとに異なる係数を乗じてタンパク質に換算する。革の係数は5.62である。タンパク質以外の含窒素物質が含まれるときは誤差因子となる。皮質分の分析方法はJIS K 6550及びJIS K 6550-6に規定されている。

ケロシン　Kerosene, Kerosine
　ガソリンより高い沸点（150〜280℃、炭素数で12〜15に相当）をもつ石油留分。灯油、ジェット燃料の主成分。界面活性剤を併用して革の脱脂等にも用いられる。この場合、灯油の臭いが消えにくい。

けんきしょうか　嫌気消化　Anaerobic digestion

酸素の存在しない条件下で、微生物によって有機物を消化する廃棄物浄化方法。発生するメタンガスを回収して熱源として利用することができる。

げんさんちしょうめいしょ　原産地証明書　Certificate of origin

輸出する貨物の産地国名を証明した公文書。輸出国所在の輸入国領事館又は輸出地の商工会議所又は経済産業局が発行する。輸出入両国間に関税率の協定がある場合に、原産地証明書の提出が要求される。これは買主の要求に基づいて行われる。

けんだくぶっしつ　懸濁物質　Suspended solid (SS)

水中に懸濁している汚濁物質。JIS K 0101等では、水中に浮遊している物質の2mm目のふるいを通過し、孔径1μmの濾材に残留する物質と定義されている。水質汚濁防止法では浮遊物質量として200mg/L（最大）、150mg/L（日間平均）と排水基準が定められている。

げんぴ　原皮　Raw hide and skin

革の製造原料となる脊椎動物皮。主に家畜のと畜から剥皮し、革や毛皮製造工程に入るまでの皮。キュアリング*を施した塩蔵皮*、乾皮*をいい、生皮も含めて脱毛されていない皮を総称する。貿易上は、クラストまでが原皮に分類されている。

げんぶつとりひき　現物取引　Spot trade

売買約定と同時に現物の受渡しをする取引。実物取引ともいう。輸入原皮では、直接タンナーに納入されるものと、輸入商社が独自に輸入して保有し、市況を見ながら販売する場合がある。通常この流通過程で保有されているものを現物といい、この売買を現物取引という。

☞先物取引

げんりょうひ　原料皮　Raw stock

☞原皮

げんりょうひそんしょう　原料皮損傷　Damage of raw stock

原料皮の段階で様々な損傷*がある場合がある。動物の皮膚は、虫によるきず（ダニ皮*、チック*、コックル*）、いばらや鉄柵等によるかききず（バラきず）、病気や糞（マニュア*）等による皮膚の障害等を受ける。また、所有を明らかにするため、臀部等に焼き印（ブランド*）を付ける場合もある。その他に、剥皮時のナイフによる損傷、不溶性の塩による塩斑*、施塩の遅れと不足によるヘアスリップ、中腐れ*、原料皮中の油の酸化による油焼け*、輸送中のオーバーヒートによる損傷もある。遺伝的要因で発生するパルピーハイド*等も存在する。このように、原料皮は様々な損傷を受けている場合があり、革の品質に大きく影響する。損傷の大きな原料皮は下級品に位置づけられる場合が多い。

こ

ゴアシューズ Gore shoes
　スリッポン*の一種。靴の履き口、着脱に必要な開きの部分に伸縮性のゴムテープを縫い込んだ靴。デザイン上、外から見える場合と、舌革*(べろかわ)等の下に隠れているものがある。

こうかい　酵解 Bating
　☞ベーチング

こうがい　公害 Environmental pollution
　事業活動に伴って相当範囲の生活環境及び動植物の生育環境に生じる被害。大気汚染、水質汚濁、土壌汚染、騒音、振動、地盤沈下、悪臭等について法律で規制されている。原子力公害や鉱害等の発生源が特定されているものは別の法律で規制されている。皮革産業では、水質汚濁、悪臭、大気汚染が特に重要である。
　☞悪臭防止法、水質汚濁防止法

こうかわ　こうかく　甲革 Upper leather
　靴の甲部の表革として使用される革。牛皮、やぎ皮、羊皮等を原料とし、一般にクロム革が多いが、植物タンニン*、合成タンニン*等とのコンビネーション鞣し*も行われる。鞣し方法、仕上げ方法等によって多様な性状をもつ多くの種類の革がある。代表的なものは、ボックスカーフ*、銀付き革*、ガラス張り革*、起毛革*等がある。

こうかわさいだん　甲革裁断 Upper (leather) cutting
　靴のデザイン、用途に合わせて甲革、裏革を裁断する作業。甲革裁断は、革を一枚ずつテーブルに広げ型紙で印をつけて革包丁による裁断、金属性の抜き型を用いた裁断、CAD／CAMによる裁断等がある。人工皮革*、合成皮革*、織布等は複数枚重ねて裁断することができる。

こうぎゅう　黄牛 Yellow cattle
　中国に多く飼育されている黄色、褐色又は紅色のウシの総称。多様な品種があり、代表的なものは、泰川牛（qinchuan）、魯西牛（luxi）、近辺牛（yanbian）、南陽牛（nanyang）、晋南牛（jinnan）である。朝鮮牛も黄牛の系統であり、特に黄土色のものは前脚も発達しているので原皮としては良質といわれている。また、太鼓用に製造した場合、日本人の好むアメ色が期待できるので珍重される。

こうぎょうガソリン　工業ガソリン Industrial gasoline
　石油製品の一つ。工業ガソリンは、日本工業規格に洗浄、溶解、希釈、抽出等の用途に適当な品質の精製鉱油であって、無色透明で異臭がなく、水及び沈殿物を含まず、JIS K2201に定められた試験を行ったときに規定値に適合するものと規定されている。1号から5号に分類されている。ドライクリーニング溶剤としては、5号が用いられており、沸点は150〜210℃で、引火点は38℃以上とされている。プラスチックの使用が増加したため、溶解力を弱くしたものも市販されている。

**こうぎょうとうけいひょう（さんぎょうへん、ひんもくへん）　工業統計表（産

業編、品目編） Industrial statistic, Census of manufactures by commodity

　工業統計調査によって求めたデータ。我が国の工業の実態を明らかにし、産業政策、中小企業政策等、国や都道府県等地方公共団体の行政政策の基礎資料となる。経済産業省が一定の調査対象事業所から得た調査票に基づいて集計統計処理した産業統計で、毎年発表される。また、経済統計体系の根幹をなし、経済白書、中小企業白書等の経済分析及び各種の経済指標へデータを提供することを目的としている。産業編、品目編、市区町村編、工業地区編、用地、用水編、企業統計編として公表されている。品目編では、事業所規模ごとに製造品及び加工品を品目別に集計したもので、革、革靴、革手袋、鞄、ハンドバッグ等の数量、金額、産出事業所数が記載されている。

こうぎょうようかわ、こうぎょうようかく　工業用革　Industrial leather

　紡績用機械やその他の機械器具類のパーツとして使用する革の総称。生皮(きがわ)*、植物タンニン革*、クロム革、コンビネーション鞣し*革等様々な鞣し革が用途によって用いられる。ピッカー*、エプロン革*、ローラー革、ベルト革*、パッキングレザー*、バルブレザー*等があるが、現在、多くは合成材料によって代替されている。

こうぎょうようすい　工業用水　Industrial water

　工場内において、反応媒体、原料用水、処理、洗浄、冷却、ボイラー用等として使用される水の総称。水源は、表流水（河川水）、地下水、工業用水道及び一部上水道である。経済の高度成長に伴う用水型産業の伸展、大型化に伴い、また地盤沈下等とも関連して新しい水源として工業用水道の建設が進められた。水質は、様々な条例等で定められているが、日本工業用水協会のまとめた標準水質は、pH 6.5 ～ 8.0、濁度 20 mg/L 以下、アルカリ度 75 mg/L 以下、硬度 120 mg/L 以下、蒸発残留物 250 mg/L 以下、塩素イオン 80 mg/L 以下、鉄 0.3 mg/L 以下、マンガン 0.2 mg/L 以下である。

こうげんせんい　膠原線維　Collagenous fiber

　☞コラーゲン線維

こうざい　甲材　Upper material

　靴の甲部の材料。甲革が主材料の場合、ウシ、ヤギ、ヒツジ等のクロム革が用いられる。革以外では人工皮革*、合成皮革*、布が用いられている。甲材としての規格は、革ではJIS K 6551 及び JIS S 5050 に、人工皮革ではJIS K 6601 に規定されている。製甲工程で裏用材料*、ダブラー*等と縫い合わせ又は接着させて用いられる。その他、デザインによって縫糸、尾錠*、鳩目*、布テープ、ゴムテープ等が用いられる。

こうさきしん　鋼先芯　Steel cap, Safety steel cap

　防護用に安全靴*の爪先部に入れる鋼鉄製先芯。スチール先芯ともいう。

こうざつしゅ　交雑種　Crossbreed

　雑種第一代、F1 のこと。品質、属、種の異なる個体を交配して得られる第一世代の子孫のこと。F1 は両親の備え

ている各々の長所を得られることが期待されるだけではなく、雑種強勢によって両親の双方よりも高い能力をもつことが期待できる。近年、牛肉生産においては黒毛和種*(♂)×ホルスタイン*種(♀)のF1が肥育牛として利用されているが、その原皮は従来の黒毛和種*より大きく柔らかいものが得られる。

ゴウジ　Gouge
と体から皮を剝ぐときに生じるナイフカット*の一種。

こうしかわ　子牛皮　Calf skin
☞カーフスキン

コウシャハイド　Kosher hide
ユダヤ教で定められた方法によってと畜した牛の皮。顎骨のすぐ後で喉を横に切り、頸動脈と喉の血管を切断してと畜する。この皮は、喉の切り口のところ又は前方の頭部が切りとられるため、標準形とは違った形の原皮、すなわち頭部の欠けた原皮となる。

こうしゅういんでん　甲州印伝
☞印伝革

こうしゅうはかねつ　高周波加熱　High frequency induction heating, High frequency heating
コイルに高周波電流（工場用、0.4～20 MHz）を通し、コイル内で材料を加熱する方法。誘導加熱と誘電加熱とがあり、材料の内部発熱で、均一に短時間に加熱できる特徴がある。
☞高周波乾燥機

こうしゅうはかんそうき　高周波乾燥機　High frequency dryer
高周波による発熱を利用する乾燥機。高周波電流を通しているコイル内を湿潤革が通過する間に、革中に発生した熱によって乾燥が行われる。比較的短時間で均一な乾燥が達成され、熱効率も良いとされている。風乾と真空乾燥の中間的な状態の乾燥革が得られる。

こうじょうはいすい　工場排水　Industrial effluent, Industrial waste water
鉱業を除く第二次産業の生産工程から排出される排水。製革工場排水は、高濃度の有機物、硫化物、クロム塩を含み排水処理が難しいとされていたが、生産工程の改善、非クロム、省クロム鞣し法の開発等によって汚濁負荷の軽減が図られている。

こうすい　硬水　Hard water
カルシウムイオン及びマグネシウムイオンを多量に含む水。ドイツ硬度20°（$CaCO_3$、257 mg/L）以上の水をいう。炭酸水素イオンが多量に共存するものは沸騰によって硬度が低下するので一時硬水と呼ぶ。一方、カルシウム、マグネシウム、硫酸塩、塩化物等の場合は永久硬水という。硬水は、工業用水として不適当な場合が多く、イオン交換処理等で軟化して利用する。
☞軟水

ごうせいかしざい　合成加脂剤　Synthetic fatliquoring agent
石油化学で得られる炭化水素系の原料を用いて合成化学的手法によって製造した加脂剤。炭化水素等のスルホン化物が多い。天然油脂系のものより化

学的に安定で変色が少ないといわれる。

ごうせいじゅうざい　合成鞣剤
Synthetic tanning agent
☞合成タンニン

ごうせいぞこ　合成底　Composition sole
合成ゴムや合成樹脂でできた靴の表底。SBR（スチレン・ブタジエン・ラバー）を主とした合成ゴムが多く使われている。その他、NBR（ニトリル・ブタジエン・ラバー）、PVC（ポリ塩化ビニル）、TR（サーモプラスチック・ラバー）、EVA（エチレン・ビニールアルコール）、PU（ポリウレタン）等がある。革底に比べ通気性、吸湿性に劣るが、耐摩耗性、耐水性に優れており、接着加工が容易でありコストの安い靴ができる。

ごうせいタンニン　合成タンニン
Synthetic tannin
合成鞣剤又はシンタンとも呼ばれる鞣剤。第一次及び第二次大戦にかけて軍需物質としての革の需要が高まり、入手困難な植物タンニン＊の代替用又は補助用としてドイツを中心に開発された。その後、高付加価値化、ファッション性の付加のために様々な用途（染色の均染剤、風合い改良剤、中和剤等）で多くのタイプが製造されるようになった。当初は芳香族（ナフタレンやフェノール）のスルホン酸とホルムアルデヒドの縮合物で鞣し作用のあるものに限られていたが、最近は脂肪族系又は合成樹脂系のものも含まれる。主として陰イオン性であるが、陽イオン性又は両性のものも市販されている。合成タンニン単独の鞣しは、手工芸用、ボール用等に限られていたが、現在では、クロム革の再鞣剤として多く使用されている。

ごうせいひかく　合成皮革　Synthetic leather
革の人工代替品。人造皮革ともいうが、日本では人工皮革＊とは区別している。擬革＊（イミテーションレザー）と合成皮革の明確な定義はない。人工皮革と合成皮革を総称して合皮又はフェイクレザーと呼ぶこともある。合成皮革はビニルレザーを改良、発展させたもので表面層のみを天然の革に似させている。一例として、織布、編布等を基布とし、基布上に塩化ビニル樹脂（PVC）、ナイロンスポンジ（PA）、ポリウレタン（PU）＊等の多孔性の合成樹脂を塗布した後、更に仕上げ層として変性ナイロン、ポリウレタン、アクリル樹脂等を塗布して雛型紙を使用、又はエンボス加工で皮革に類似した外観を与えたものである。外観、風合いはビニルレザー＊より革に近く、靴、ハンドバッグ、鞄、衣料、家具、ベルト、車両等多方面に使用されている。

こうそ　酵素　Enzyme
特異的触媒作用があるタンパク質。酵素の反応は基質特異性＊があり、温度、pH、イオン強度、活性化物質又は阻害剤等の影響を受けやすい。酵素の活性が最大となる温度及びpH領域を、それぞれ最適温度及び最適pHという。酵素はその触媒＊する化学反応から、酸化還元酵素、転移酵素、加水分解酵素、リアーゼ、イソメラーゼ、リガーゼに分類される。個々の酵素は国際酵素委員会（E.C.）の提案によって4つの数

字からなる酵素番号が与えられている。実用上はタンパク質分解酵素、脂肪分解酵素のように基質を表現する呼び方をすることが多い。製革工程ではタンパク質分解酵素を主成分とするベーチング剤*が用いられる。皮の腐敗、自己消化にはタンパク質分解酵素、多糖分解酵素等が関係する。

こうそかようかコラーゲン　酵素可溶化コラーゲン　Enzyme-solubilized collagen

ペプシン*等のタンパク質分解酵素で処理することで可溶化されるコラーゲン*。コラーゲン分子の両端にあるテロペプチドが分解されて抽出されるため、酸可溶性コラーゲンと比較して多量のコラーゲンが抽出されるが、テロペプチドがないため分子量が小さくなる。三重らせん構造を維持しており、コラーゲン線維を形成してゲル化できる。

こうそしき　硬組織

骨や歯の組織。コラーゲン*、無機質、脂質等を多く含む。

こうそだつもう　酵素脱毛　Enzymatic unhairing

主としてタンパク質分解酵素を用いて、皮の毛根部と表皮下部の幼弱なケラチン組織を分解し、毛の脱落を促進させる方法。この方法は、毛幹を分解せず、また強いアルカリを用いないので、毛が利用でき、また排水処理が軽減される。しかし、酵素作用をコントロールすることが難しく、場合によっては、コラーゲン*組織を傷める危険性がある。通常の脱毛法と組み合わせて石灰や硫化物の使用量、排水の削減に役立てることができる。得られた革は、毛を分解する脱毛方法に比較して、銀面の滑らかさと柔軟性に乏しいが、引張強さは大きい。

こうたんぱくしつ　硬タンパク質　Screloprotein, Albuminoid

不溶性と線維状構造を特徴とする単純タンパク質。動物の骨組織、毛、皮膚、爪等に含まれている（コラーゲン*、ケラチン*、エラスチン*、絹フィブロイン等）。動物の全タンパク質の約1/3を占める。動物組織を保護し、形態支持に役立っているが、免疫機能の向上、細胞の再生作用を促進させ、皮膚の新陳代謝の活性化及び保湿力の維持等特異的な生理機能も有する。

こうていえき　口蹄疫　FMD, Foot-and-mouth disease

家畜の伝染病の一つ。ブタ、ウシ、ヤギ、ヒツジ、シカ、イノシシ等の蹄が偶数に割れている動物（偶蹄類）が感染する口蹄疫ウイルスによる感染症。口蹄疫に感染すると、発熱、口の中、蹄の付け根等に水ぶくれができる等の症状が現れる。子牛や子豚では死亡することもあるが、成長した家畜では死亡率が数％程度といわれている。偶蹄類動物に対するウイルスの伝播力が非常に強く、治療法がないので、日本では家畜伝染病予防法に基づき、蔓延防止のため家畜の所有者によると畜が義務づけられている。

こうどふほうわゆ　高度不飽和油　Highly unsaturated oil

不飽和結合の多い脂肪酸の構成比率

が高い油。酸化されやすく、タラ油等の魚油が代表的である。油鞣しの過程で、空気酸化され、反応性の強い酸化脂肪や各種の低分子アルデヒド化合物を生成する。これらがコラーゲン*と結合して鞣し効果を発揮したり、革繊維の性質を変えたりする。

ごうなんど　剛軟度　Stiffness, Bending resistance

曲げ変形に対する抵抗の度合い。革を曲げたときの柔らかさを表す値。剛軟性や曲げ反発性を測定する。革ではJIS K 6542 に柔軟度として規定してあり、JIS L 1096 で規定されているガーレ法又はスライド法で得られた値が剛軟度である。比較的、薄い革に適用される。

こうぬいいと　甲縫糸　Upper sewing thread

靴の甲部の革部品を縫い合わせる糸。綿縫糸、絹縫糸、麻縫糸、ポリエステル縫糸等が用いられる。
　☞縫糸

こうはつかいはつとじょうこく　後発開発途上国　LDC : Least Developed Countries

国連開発政策委員会が認定した基準に基づき、国連経済社会理事会の審議を経て、国連総会の決議によって認定された途上国の中でも特に開発の遅れた国々。2014 年 7 月時点で世界には 48 か国が LDC と認定されている（アフリカ地域：34 か国、アジア地域：9 か国、大洋州地域：4 か国、中南米地域：1 か国）。

こうぶつなめし　鉱物鞣し　Mineral tanning, Mineral tannage
　☞無機鞣し

ごうもう　剛毛　Bristle

豚毛や猪毛に代表される太く強い毛をいう。ブラシ等に利用される。

こがししあげ　こがし仕上げ　Burnt finish

未塗装の植物タンニン革*（ぬめ革*）の表面を、摩擦熱によって、こがし色の濃淡模様をつける仕上げ。主にぬめ革の仕上げに用いられるが、植物タンニンで再鞣したクロム革の仕上げにも行われる。ウエスタンブーツ、カジュアルシューズの甲革の仕上げに多く用いられている。一般にこがし専用のワックスをすり込んだ革に、高速回転（1,000 ～ 1,500 rpm）の綿ブラシをあててこがす方法がとられているが、着色ワックスも使用される。

こくいん　刻印　Stamp

革工芸に使う工具で、金属製の棒の先端に様々な模様が彫られた用具。スタンプともいう。刻印の種類は多種多様であり、シェリダンスタイルカービング*、フィギュアカービング*等それぞれに適した刻印がある。付録参照。

こくいんほう　刻印法　Stamping

革工芸*の一般的な技法の一つ。スタンピング法ともいう。大理石等の盤上に適当な水分を与えたタンニン革をのせ、これに刻印を垂直に当てて木づち等で打って模様を付ける。革に刻印*を打つために適した革素材、道具と環境を選択する必要がある。染色するとより効果的である。またこの方法は浮

彫り法＊と併用して浮き彫りの効果を高めるために利用される。
　☞カービング法

こくさいげんぴかわぎょうしゃきょうかい　国際原皮革業者協会　International Council of Hides, Skin and Leather Traders (ICHSLTA)

　原皮と革の取引業者の国際団体で、原皮の需給、取引条件を中心に協議を行っている。この協会は国際タンナーズ協会（ICT）＊と協力して原皮、革の国際取引契約書の作成、普及に努めている。

こくさいじゅうえきじむきょく　国際獣疫事務局　OIE: International Epizootic Office

　世界の動物衛生の向上を目的とした国際組織。世界動物保健機関(World Organization for Animal Health) としても知られている。1924年に発足し、日本は1930年に加盟した。2014年5月現在180の国と地域が加盟している。国際獣疫事務局はフランス語で、その頭文字を取ったOIEの略称とロゴが使われている。事務局はパリにある。作業対象は設立以後拡大している。現在では動物衛生のみならず、食品安全及びアニマルウェルフェアの分野も作業対象に含まれている。また、対象となる動物も、哺乳類、鳥類、蜂、魚類、甲殻類及び軟体動物、両生類である。

こくさいひかくちょうせいいいんかい　国際皮革調整委員会　GLCC: Global Leather Coordinating Committee

　皮革産業の主要3団体であるICT＊、ICHSLTA＊、IULTCS＊から成る。皮革産業のイメージアップ、レザーラベリングとマーケティング、レザーマークの使用方法、標準と法律の制定、環境問題と化学問題等皮革産業のあらゆる面の主要戦略問題に取り組むことを目的として、2011年11月に開催された第1回世界皮革会議（World Leather Congress）リオデジャネイロ大会で設立された。

こくさいひょうじゅんかきこう　国際標準化機構　ISO: International Organization for Standardization

　電気分野を除く工業分野の国際的な標準である国際規格を策定するための非政府組織。各国の代表的国家標準化機関の連合であり、スイスにおける法人格を有する非政府組織である。国家間の製品やサービスの交換を助けるために標準化活動の発展を促進することと、知的、科学的、技術的、そして経済的活動における国家間協力を発展させることを目的としている。1か国1機関のみが加入でき、日本の会員団体は日本工業標準調査会である。品目ごとに分科会があり、革＊についてはTC120、靴、履物はTC126が担当している。

こざくらがわ　小桜革

　小さな桜の花（小桜文）を染めた革。白地藍文、藍地黄文、黄地藍文等がある。藍地に白抜きで染めた革も子桜革という（藍地白文）。平安時代から染められている。

こし　Springness, Koshi

　革や布地等の感触を表す感覚評価の用語の一つ。しなやかであるが、適度

の張り（剛性）がある場合にこしがあるといい、弾性、弾力のことをいう。甲革、鞄、ハンドバッグ等でこしが求められるときは、鞣剤、加脂剤の種類、量、浸透度等を調節してこしの強さを加減する。こしの強弱は、銀面を外にして二つ折りにし、反発力と弾力性をとらえて評価する。

こしうら　腰裏　Quarter lining
　靴の腰革＊の裏に用いる材料。靴を着脱時、歩行中の足との摩擦に耐えるよう耐摩擦性の優れた材料が適しており、吸湿性に優れ、色落ちの少ない材料が好ましい。革を使用する場合は、厚さ 0.6 mm 以上の馬革、豚革、牛革、やぎ革、牛床革が多い。最近では、摩擦に強い合成皮革や布も用いられている。
　☞裏用材料

こしかわ　腰革　Quarter, Outside quarter
　靴甲部のインステップ（足の楔状骨（けつじょうこつ）に当たる部位で、足の甲で最も高い箇所。靴型のこの部分も同じように呼ぶ）から後部の踵（かかと）周りの部分を構成する内外 2 枚の甲革部品。1 足の靴で 4 枚必要とするので、クォーターともいう。

こしかわ、こしなめし　越革、越鞣し、古志鞣し
　☞白鞣し革（しろなめしがわ）

こしたん　古志鞜、越鞜
　☞白鞣し革（しろなめしがわ）

こぜにいれ　小銭入れ　Coin purse
　☞革小物

こたいせっちゃくざい　固体接着剤
Solid type adhesive
　☞ホットメルト型接着剤

コタンス　COTANCE：Confederation of National Associations of Tanners and Dressers of European
　EU における製革業者団体の連合会。EU 域内の皮革産業の発展を図るために設立された。現在は 11 か国が加盟している。皮革産業に関する情報交換、EU 委員会との交渉、国際貿易ルール問題等を中心に活動している。技術分野や教育分野にも力を入れており、EU 内の皮革関連試験研究機関の調整機関としての役割も果たしている。

こちゃく　固着　Fixing
　物体がある物にしっかりとくっつくこと。革に施した陰イオン性の染料、加脂剤等の薬品が、革から脱落することを防ぐために行う処理。クロム革の場合、染色、加脂、再鞣の後に行うことが多い。これらの作業後、同浴に少量の酸を添加して結合を促進させその目的を達成する。

コックル　Cockle
　羊皮の銀面にみられるまばらで小さな硬いイボ状物。ダニの寄生が原因でできる。コックルが多数あると、銀面は平滑性を失う。また、コックルの部分が硬く厚いため亀裂の原因となりやすい。
　☞原料皮損傷

こっぷん　骨粉　Bone meal
　と畜場の副産物として生産される動物骨の乾燥粉末。ボーンミールともい

う。ミネラルを多く含み、肥料として使用されている。

こつゆ、こつし　骨油、骨脂　Bone oil, Bone fat
と畜場の副産物として生産される動物の骨から抽出した油脂。

コーティング　Coating
☞塗装仕上げ

こてしあげ　こて仕上げ　Ironing finish
甲革にグレージング*調の平滑面の光沢を付与する靴の仕上げ方法。専用の仕上げ剤を甲革に塗布した後に、140〜180℃でこてがけを行って、しわやひだを消すと同時に光沢を付与する。特に、カーフスキン*やキップスキン*にカゼイン仕上げ*を行った革に対して効果的である。

ゴートスキン　Goat skin
ヤギの皮。真皮*層に占める乳頭層*の弾性線維*の発達がよく、その割合が大きく網状層*が薄い。乳頭層中の諸器官は比較的少ないため、繊維構造が緻密である。背から尻の部分のコラーゲン*線維は水平に走るものが多い。羊皮*よりも充実した線維組織をもち、強靭(きょうじん)な革となる。銀面は特徴的な凹凸を示し、耐摩耗性に優れている。パキスタン、インドが主要生産国である。子ヤギの革をキッドスキン*、銀付きの薄いものをゴートスカイバーと呼んでいる。甲革用、手袋用、衣料用、製本用、手芸用等に広く利用されている。
☞スカイバー

コードバン　Cordovan, Shell cordovan
馬皮のバット*部の内層にあるシェルと呼ばれる緻密な部位から作られた革。鏡又はかねとも呼ばれている。一般的には、馬皮のバット部を裁断して植物タンニン鞣し*を行った後、銀面及び肉面部を漉いて取り除き、内層を取り出し、強い光沢をもつように仕上げる。紳士靴の甲革、鞄、ランドセル、革小物、ベルト、時計バンド等に利用されている。

こば　Edge
革製品の製作では革の切り口をいう。へりともいう。また、靴では、踵(かかと)部を除いた底周辺部の縁回りのことをいう。踵部を含めた靴全周の縁回りは、ダブルエッジと呼ばれている。

こば

こばしあげ　こば仕上げ　Setting edge
こば*をきれいに整理し、磨くこと。防水処理を行うこともある。靴の底周縁部では高速回転のカッターで滑らかに削る。革製品の革周縁部の切り口等では、へり落し、豆かんな等でこばを漉いて滑らかにし、ワックス*、CMC（カルボキシメチルセルロース）*、塗料等を塗り込んで、熱ごて等で磨いて仕上げる。

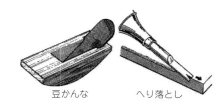
豆かんな　へり落とし

こばんぞこ　小判底
　ハンドバッグの底部分の呼び名。形が楕円形で小判に似ていることから、慣用語として使われ一般化した。底まちとも呼ぶ。同種の例に舟底、笹まち等がある。

こまあわせぬい　駒合わせ縫い Sewing in the bottom
　双眼鏡ケース等の胴の端表から底（天）まちのこばを通して底まちの端表に手縫い＊を施す技法。

コマーシャルスローター Commercial slaughter
　商業と畜。アメリカのと畜形態には、連邦検査工場、非検査工場、農場でのと畜があり、これらの総称。全と畜数はこの数値をいい、連邦検査工場のと畜数が大半を占める。アメリカの原皮生産の動向を判断する上で欠かせない重要な指標となっている。
　☞ FIS

ゴムけいせっちゃくざい　ゴム系接着剤 Rubber based adhesive (Elastomeric adhesive)
　天然ゴム、合成ゴム（ブチルゴム、ネオプレン、スチレンブタジエン、ニトリルゴム等）を主成分とする接着剤。溶剤に溶かした溶液型と水に分散したラテックス型の2種類がある。

ゴムぞこ　ゴム底 Rubber sole
　☞クレープソール

ゴムタイプクリーナー Eraser type cleaner
　汚れをゴムに吸着させてすり落す固形タイプのクリーナー＊。材質は天然クレープを主成分とした天然ゴム系、及び塩化ビニル樹脂等の合成樹脂やゴムに研磨剤を混合した合成ゴム系がある。起毛革＊や表面に凹凸のない革の部分的な汚れ落としに適している。

ゴムだん　ゴム段
　ハンドバッグの内部に設けるポケットの一種。ポケットの口元の中に帯状のゴムを入れ、ゴムの弾性を利用してポケットの口を開閉する仕組み。開閉を円滑にする目的で、ポケット全体にひだを取ることから、しわ段と呼ばれることもある。

コラゲナーゼ Collagenase
　コラーゲン＊の三重らせん領域を生理的条件下で特異的に切断するタンパク質分解酵素。コラーゲンは通常のタンパク質分解酵素では分解されないが、コラゲナーゼでは分解される。細菌由来のものと哺乳動物由来のものがあり、両者は異なる分解特性を有する。細菌性コラゲナーゼは、主にクロストリジウム属からのもので、分解産物はトリペプチド又はオリゴペプチドである。最適pHは7～8である。この種のコラゲナーゼは大量培養で産業的に生産されている。動物コラゲナーゼは生体内に広く分布し、コラーゲン分子をアミノ末端から分子長の3/4の位置でのみ限定切断する。

コラーゲン　Collagen

脊椎動物の真皮、骨、腱、血管、腸管、靱帯等を構成するタンパク質の一つ。細胞外マトリックスを構成し、生体内で最も多いタンパク質である。真皮の主成分であり、鞣剤が結合して革となる製革上重要である。コラーゲンのアミノ酸組成の特徴は、グリシンが1/3、プロリン、アラニン、ヒドロキシプロリンが多く、含硫アミノ酸はほとんど存在しない。－グリシン－X－Y－の繰り返し構造を持ち、Xにプロリン、Yにアラニン、又はヒドロキシプロリンがくることが多い。ヒドロキシプロリン*は、コラーゲン以外のタンパク質にはほとんど含有されない。

コラーゲン分子（トロポコラーゲン）は、分子量約10万のペプチド鎖（α鎖）3本がより合わされ三重らせん構造を形成する。鎖間に多数の水素結合*を形成し分子量約30万の構造単位を作る。このコラーゲン分子同士が1分子の約1/4に当たる67 nmごとに規則的にずれて、各鎖間に架橋結合が形成されて規則的に集合し、コラーゲン線維*を形成する。動物の種類、組織部位によって、分子構造やアミノ酸配列が異なる29の分子種があり、最も多く存在しているのはI型コラーゲンである。

細胞から分泌されたコラーゲンは可溶性であるが、細胞外に放出され分子が規則的に凝集して線維を形成すると溶解性を失う。さらに、分子内及び分子間に架橋が形成されると、不溶性の線維となる。そのため真皮のコラーゲンは大部分が不溶性であり、コラゲナーゼや強アルカリ溶液でないと多くは溶解されない。未変性のコラーゲンは一般のタンパク質分解酵素に対して抵抗性を有するが、アルカリ変性を受けたコラーゲン、又はコラーゲンが熱変性したゼラチンはそれらの酵素による分解を受ける。

生体内のコラーゲンの等電点*はpH 9.0前後であるが、準備工程*のアルカリ処理で酸性側に移動する。コラーゲン線維は水中で膨潤する性質があり、そのとき強電解質の酸やアルカリが共存すると膨潤が著しい。これらの酸やアルカリによる膨潤は線維軸に直角方向に起こり、線維軸方向はむしろ短縮する。石灰漬け*のアルカリ処理及び鞣し*によって、コラーゲンの性質は大きく変化する。

コラーゲンケーシング　Collagen casing

コラーゲン*を主材料とする人工ケーシング。皮（主として床皮）のコラーゲン線維を分散又は一部可溶化して調製したペースト状材料を、凝固浴中又は空気中に吐き出して円筒フィルム状に成形、乾燥して製造する。天然腸に性質が類似し、多くは可食性で、食肉加工で広く使用されている。

コラーゲンゲル　Collagen gel

コラーゲンゲルは、酸性のコラーゲン溶液のpHを中性にし、加温し再線維化を起こすことで調製できる。1%濃度のコラーゲン酢酸溶液として市販されており、細胞培養用の培養器被覆や三次元培養基質として利用されている。

コラーゲンし　コラーゲン糸　Collagen yarn

コラーゲンの溶液を紡糸（細いノズルから吐出、凝固、乾燥）して得られる糸。生体との融和性が良いので手術

用糸として利用できる。

コラーゲンせんい　コラーゲン線維
Collagen fiber

結合組織の細胞間基質中に多く見られる線維。コラーゲン*を主成分とする、真皮を構成している線維。加熱によって変性して膠を生じることから膠原線維(こうげん)とも呼ばれる。この線維に鞣剤が結合して革の繊維となる。コラーゲン線維が集束して微細な細線維（フィブリル*）となり、細線維が更に数百本集束して線維（ファイバー*）を作り、線維が数本～数十本集束して線維束（ファイバーバンドル*）を作る。線維、線維束の太さは、その存在場所（銀面、乳頭層*、網状層*、又はバット*、ベリー*、ショルダー*等）や動物種で異なる。線維の太さや交絡状態が革の性状に反映する。

コラーゲンペプチド（ペプタイド）
Collagen peptide, Collagen hydrolysate

ゼラチンをタンパク質分解酵素や酸で部分的に加水分解したもので、分子量は数百から数千のものが多い。ゼラチンと異なり低温でも水溶性のため、健康補助食品の材料として利用される。また、化粧品成分としても利用されている。健康補助食品、化粧品の分野では、未変性のコラーゲン*、ゼラチン*、コラーゲンペプチドをいずれも単にコラーゲンと呼ぶことが多い。ゼラチンやコラーゲンペプチドを経口摂取すると、消化、吸収され、一部は血液中にコラーゲンペプチドとして現れる。コラーゲンペプチドには、細胞の機能を調節するという報告がある。

コラーゲンまく　コラーゲン膜
Collagen film, Collagen membrane

コラーゲンの生化学材料としての代表的な利用形態。コラーゲンの優れた皮膜形成能と生体組織との融和性を生かして、人工臓器等の医用材料、バイオセンサー等を保持する物質として研究開発が進められている。食品ではコラーゲンケーシング*として実用化されている。

コリウム　Corium
☞真皮(しんぴ)

コロイド　Colloid

直径が $1 \sim 1000$ nm（$10^{-9} \sim 10^{-6}$ m）の大きさの粒子が液中で分散している系。分散媒が水のときには、水に対する親和性の違いから親水コロイドと疎水コロイドの区別がある。またコロイド粒子の電荷状態も分散状態に影響する。革の仕上げに使用する塗料類の多くは、顔料や高分子が水又は有機溶媒中に分散したコロイド溶液である。
☞エマルション

コンディショナー　Conditioner

靴甲革仕上げ用の下処理液。製靴工程中に付着する汚れ（接着剤、油、手あか、又はこば仕上げ等に使われたろうや着色剤等）の除去が主目的である。革の銀面の状態を整えた後、ベースコート*が革に容易になじんで接着効果を向上させる重要な役目を果たす。甲革の種類や用途に応じて、溶剤型、水性型等の使い分けがされている。

コンドロイチンりゅうさん　コンドロ

イチン硫酸 Chondroitin sulfate

酸性ムコ多糖（グリコサミノグリカン）に分類される。N-アセチルガラクトサミンとグルクロン酸の繰り返し二糖であり、分子量が数千である。軟骨中の細胞外マトリックスであるアグリカンの主糖鎖であり、水分保持能が高い。幼弱な皮膚には存在するが、加齢に伴いデルマタン硫酸に置き換わる。

コロラドステア Colorado steer

横腹部又は尻部に焼き印の押された米国コロラド地域産の去勢牛。現在ではコロラド地域産出にかかわらない。

コンパクトバインダー Compact binder

革の塗装仕上げ剤に使用する仕上げ剤の一つ。バインダー、ワックス、助剤の混合体で、使用時に着色剤を加えてから水で希釈して仕上げ剤とする。仕上げ剤成分の計量配合の手間を省くことができる。

コンビネーションシャモアかわ　コンビネーションシャモア革 Combination chamois leather

羊皮を用い、アルデヒド鞣し*と油鞣し*のコンビネーションで鞣したセーム革。HSコード*の用語。

☞シャモア革、フルオイルセーム革

コンビネーションなめし　コンビネーション鞣し Combination tanning, Combination tannage

2種又はそれ以上の鞣剤の併用による鞣し。複合鞣しともいう。例えば、クロム鞣し（前鞣し）後、植物タンニン*等で再鞣することによって、単独の鞣剤では得られない多様な特性の付加や、単独鞣しの欠点を補うことができる。多様な製品を求める市場の要求に対応するため、この種の鞣し処方の重要性が増している。

コンフォートシューズ Comfort shoes

足の健康、歩きやすさ等の機能性を重視した靴のタイプ。低いヒール、衝撃吸収性の材料を使用した底、柔軟で足当たりのよい甲部を使用しているものが多い。

コンポジションレザー Composition leather

製革工程及び革製品製造の際に排出される革屑や革繊維を原料として製造した板状、シート状又はストリップ（短冊）状のもの。

☞レザーファイバーボード

さ

さいきん　細菌 Bacteria

単細胞の微生物。細胞核をもたないのが特徴であり、真正細菌及び古細菌に分類される。非常に多くの種類が自然界に広く分布する。形態で見ると球菌、桿菌、らせん状菌等に区別され、芽胞形成、鞭毛の有無、染色性等によっても特徴づけられる。一般に細菌はかびよりも高い水分域で生育するが、環境の栄養条件、酸素の有無、温度、pH、塩濃度等の影響を受け、その環境に適した細菌種が優勢となる。食品の腐敗、感染症、中毒症の原因となるほか、原皮中で腐敗菌が増殖すると原皮損傷の原因になる。

☞キュアリング

さいしきふで　彩色筆
　彩色用の筆。日本画、水墨画、水彩画、絵手紙等幅広く使用されている。革製品では色さし部分、小物の色付けに使用する。材料は、羊毛、馬毛、やぎ毛、いたち毛、鹿毛等が使われている。

さいじゅう　再鞣　Retanning, Retannage
　鞣された革に対し、各種鞣剤で再度鞣しを施すこと。再鞣しともいう。コンビネーション鞣し＊を構成する工程の一つである。革の特性を変化させ、様々な機能を付加することができるため、革製品市場の多様化に対応する方法として採用されている。再鞣剤には、補助型合成タンニン、置換型合成タンニン、樹脂鞣剤、鉱物鞣剤、植物タンニン、アルデヒド鞣剤等がある。クロム革に対する再鞣が広く行われているが、植物タンニン革をクロム鞣剤で再鞣することもある。
　☞合成タンニン

さいせいかわ　再生革　Recycled leather fiber
　☞ボンデッドレザーファイバー

さいせっかいづけ　再石灰漬け　Reliming
　脱毛を目的とした石灰漬け＊後に行われる水酸化カルシウム懸濁液に浸漬する作業。繊維束のオープニングアップ（ほぐれ）が進行して、組織構造が均質になり柔軟化が促進される。また、過剰の硫化物の溶脱、非コラーゲンタンパク質等の溶脱が促進される。さらに、トリグリセライド油脂はけん化反応で分解される。衣料用革や手袋用革のような非常に柔軟な革を製造する場合は再石灰漬け時間を長くする。

さいだん　裁断　Cutting
　革の上に型紙を置き、型紙にそって刃物で裁つこと。プレス裁断の場合は刃型を使用する。革は、一枚ごとの品質が異なるので重ね裁断を行わず、裁断前に仕分けをする。靴、衣料、手袋等は、色目、厚さ等を揃えて裁断する。

サイテス　CITES: Convention on International Trade in Endangered Species of Wild Fauna and Flora
　希少な野生動植物が過度に国際取引に利用されることがないようにこれらの種を保護することを目的とした条約。正式名称は、絶滅のおそれのある野生動植物の種の国際取引に関する条約である。また、1973年にアメリカのワシントンDCで条約が採択されたことから、ワシントン条約とも呼ばれている。事務局はスイスのジュネーブに置かれている。世界の約170か国が加盟しており、日本は1980年に加盟した。この条約により、野生動植物の国際取引が厳しく規制されており、規制の度合いに応じて輸出入に許可書が必要になる。この条約には、規制の対象となる動植物のリスト（附属書）があり、規制が厳しい順に附属書Ⅰ、附属書Ⅱ、附属書Ⅲに分かれている。

サイド　Side
　成牛皮や馬皮のように大きな皮を、水戻し又は石灰脱毛後に背線で二分割した皮。半裁ともいう。近年では大型

のフレッシングマシン*、スプリッティングマシン*が導入され、鞣し後に二分割することも多い。また、子牛皮、豚皮、羊皮、やぎ皮、鹿皮等の小動物皮は丸皮*で鞣すために分割しない。

サイドレザー Side leather
　サイド*を鞣した革、丸皮を鞣して二分割した革。半裁ともいう。

さいぼうがいきしつ　細胞外基質
Extra cellular matrix
　☞細胞外マトリックス

さいぼうがいマトリックス　細胞外マトリックス Extra cellular matrix
　多細胞生物の細胞外を充填する物質。骨格的役割、細胞接着における足場の役割、細胞増殖因子等の保持及び提供を行う役割等を担う。革によく使用される脊椎動物の主要成分としてコラーゲン*、エラスチン*、フィブロネクチン、プロテオグリカン*等がある。真皮*はコラーゲンを多く含み、細胞外マトリックスの割合が高い。

さきうら　先裏 Vamp lining
　靴の爪革*の裏に用いる材料。以前は裏革が使用されていたが、近年は織布、合成皮革等が多く用いられるようになった。革の場合は厚さ 0.5 〜 1.0 mm の豚革、馬革、やぎ革、羊革等の柔らかいクロム革が用いられる。着用中、指との摩擦に耐え、吸湿性に優れ、かつ色落ちの少ない材料が望まれる。
　☞裏用材料

さきしん　先芯 Box toe, Toe puff
　靴の爪先部の甲材と裏材の間に入れる芯。靴の爪先部の形状を保ち、かつ足を保護する役割を果たす。古くは植物タンニン革又はその床革*が多く使われたが、現在は合成樹脂を含浸させた織布又は不織布、プラスチック、金属等が用いられている。

さきしんしあげ　先芯仕上げ Toe finish
　製靴工程で靴の先芯部に施す仕上げ。甲革を靴型に釣り込むときに、先芯部の引っ張りの強い個所に生ずる粗く開いた銀面を平滑にし、適度な光沢を付与する仕上げである。先芯仕上げ剤としては主にワックス*系の水性タイプのものが用いられ、スプレー後バフィング*して仕上げられる。フォーマルな靴仕上げに多用されているが、最近では先芯を強調する仕上げとして、パンプス*等にも応用されている。

さきものとりひき　先物取引 Forward trade
　将来の売買について、事前に約束を成立させる取引のこと。価格、数量等を取り決め、指定の期日が来たら、その時の原価に関わらず、予め取り決めておいた価格で売買を行う。通常の原皮買い付けは先物取引で行う。売り手と買い手で価格の交渉を行い、同時に船積み期日、船積み港等を決める。一般的に 2 〜 3 か月後に入荷するが、市況によってはさらに長期の先物を契約することもある。また、手近な流通原皮を買い付けする現物取引もある。
　☞現物取引

サーキュレーター Circulator
　植物タンニン鞣し方法の一つ。連結した槽（ピット*）の中に皮を吊し、皮

を移動させずに、温度、pH、濃度を調節したタンニン液を全ての槽に循環させて鞣しを行う。このとき、別の槽で液の調製を行い、ポンプを使用して槽に液を循環させることからこの名前が付いた。

さぎょうぐつ　作業靴　Safety shoes
☞安全靴

さくさんエチル　酢酸エチル　Ethyl acetate
化学式は $CH_3COOC_2H_5$。沸点77℃。酢酸とエチルアルコールからなるエステル。芳香のある可燃性の無色の液体。水には10％程度溶解し、ほとんどの有機溶剤に溶解する。革の仕上げ剤の溶剤としても使用される。

さくさんビニルじゅしせっちゃくざい　酢酸ビニル樹脂接着剤　Polyvinyl acetate (resin) adhesive
酢酸ビニル樹脂を主成分とした熱可塑性接着剤。酢酸エチル*中で溶液重合した溶液型（手工芸品用）と懸濁重合したエマルション*型（木材用）とがある。無色透明で、耐老化性が優れている。可塑剤*の量によって可とう性*を調節できる。エマルション型は、耐水性、耐熱性が低い。

さしげ　刺毛　Guard hair
ほとんどの毛皮動物にある綿毛を保護している長くて真っすぐな毛。上毛ともいう。刺毛の色彩は、動物種の特徴を示すので、刺毛の状態が、毛皮の価値を決める重要なポイントになっている。

サスペンダー　Suspender
☞ロッカー

さついれ　札入れ　Billfold
☞革小物

サードバッグ　Third bag
☞革小物

サドルシューズ　Saddle shoes
甲部の中央部分にサドル（馬の鞍）のように革を縫いつけた紐付きの短靴。オックスフォード*の一種。このサドル部分の色、素材を替えてコンビネーションとしたものが多い。カジュアルシューズ*として使われる。

サドルフィニッシュ　Saddle finish
オーストリッチ*の仕上げ方法の一つ。染料染めをした革の表面を布やフェルトで磨いて艶を与えて、革らしさを出すとともに、クイルマーク（羽毛を抜いた後の軸痕）を強調する仕上げ方法をいう。また、クイルマークと革を同じ色に染めるクラシックフィニッシュ*もある。

サドルレザー　Saddle leather, Saddlery leather
馬の鞍を作るために使用する革であるが、馬具用革と同義に用いられている。植物タンニン鞣し*を行った厚く

て硬い牛革を使用する。底革*とは区別される。かつては自転車のサドルにも使用されていた。現在は、鞄、ハンドバッグにも使用されている。

サボ　Sabot
☞木靴

サメ　鮫　Shark
板鰓亜綱(ばんさいあこう)に属する魚類のうち、鰓裂(さいれつ)(えら穴)が体の側面に開くものの総称で、鰓裂が下面に開くエイ*とは区別される。世界中に約500種以上が存在する。全世界の熱帯及び温帯の浅い海から深海まで分布しており、日本の近海にも100を超える種類が生息している。水産資源として、鰭、肉、肝臓、皮が利用されている。皮は革製品、コラーゲンとして、また、楯鱗(じゅんりん)と呼ばれる特殊な鱗をサンドペーパー代わりのやすりやワサビのおろし金としても利用されている。

サメ革として利用できるものは、約20種で主にヨシキリザメ*、イタチザメ*、オナガザメ、アオザメ、メジロザメ等がある。牛皮に比べて、液中熱収縮温度*が低い。酸性液で特に膨潤しやすい。サメ革は物理的強度が劣る。銀面の特徴は頭部から尾部に向け、細かい連続した網目状に凹凸があり、独特の手触りと外観が牛革等の哺乳動物の革とは違った趣がある。ハンドバッグ、ベルト、鞄等のほか靴甲にも使用されている。写真は付録参照。

サメがわ　鮫皮　Shark skin
鮫の名が付くが、実際は南シナ海、インド洋に生息するツカエイ等の背面の皮。皮は水に強く独特のしぼ*をもつ。主に刀剣の柄(つか)、鞘(さや)やキメの細かいおろし金に用いられる。鞘に使われる場合は表面の凹凸がなくなるまで研磨され、着色した後に漆で仕上げられる。このときまるで梅の木の皮に似た模様になるため、梅花皮(かいらぎ)の名前がある。2010年東大寺大仏殿の地下から陽剣、陰剣の銘が見つかった剣は、柄に鮫皮が巻かれた跡があり、日本の刀剣では鞘や柄に鮫皮を巻くことは古代から行われていた。京都国立博物館蔵の重要文化財「牡丹造梅花皮鮫鞘腰刀拵(さらさもんよう)」は南北朝期のもの、徳川幕府は刀剣作りのマニュアルに柄巻革として鮫皮を指定した。

さらさがわ　更紗革
室町時代にインド、ジャワ島から入ってきた更紗文様(さらさもんよう)の染め革。

さるかわ　遊革　Loop
☞遊革(ゆうかく)

さんか　酸化　Oxidation
物質が電子を失う反応。一般的には物質が酸素と化合する反応、物質が水素を失う反応等である。逆の反応が還元であり、酸化と還元は必ず同時に起こる。革製品の劣化要因として、特に空気中の酸素による革成分の酸化が関与していることが多い。例えば、不飽和脂肪酸の酸化分解等がある。

さんか　酸価　Acid value
油脂類の特性値の一つで、遊離脂肪酸の含有量の指標として使用される。1gの油脂中に含まれる遊離酸を中和するのに要する水酸化カリウムのmg数として定義される。油脂の精製状態や保存状態によって変化するので、油脂

の品質指標として重要である。

さんかクロム　酸化クロム　Chromic oxide

化学式は Cr_2O_3。3価クロムの酸化物。分子量152.02。暗緑色の硬い六方結晶の粉末で、水に溶解しない、酸やアルカリにもほとんど溶解しない。ガラスや陶器の着色顔料、触媒として用いられる。クロム革の燃焼後、灰として残る。クロム革や鞣剤中の全クロム化合物量の表示にも使用される。

☞クロム鞣し

さんかくろむがんゆうりょう　酸化クロム含有量　Chromic oxide content

JIS K 6550のクロム含有量に相当する。また、JI K 6558-1～4及びISO 5398-1～4に、それぞれ、滴定法、比色法、原子吸光法、ICP発光分光分析が規定されている。予想される酸化クロム含有量によってこの中から試験方法を選択する。酸化クロム含有量が0.1％以上と予想されるときは、JIS K 6558-1、0.05％以上と予想されるときは、JIS K 6558-2、5 mg/kg以上と予想されるときは、JIS K 6558-3、1 mg/kg以上のときは、JIS K 6558-4を適用する。

☞クロム含有量

さんかざい　酸化剤　Oxidizer

酸化還元反応において、他の物質を酸化して自分は還元される物質。一般的には酸素を与えるもの、水素を奪うもの、電子を奪うものをいう。製革工程においては、次亜塩素酸塩、過マンガン酸塩、過酸化水素等の酸化剤を用いて漂白が行われている。

さんかせんりょう　酸化染料　Oxidation dye

芳香族アミン誘導体を被染色素材（繊維等）にあらかじめ含浸させ、これを酸化することによって染料が生成すると同時に発色し本来の染色効果を発揮するタイプの染料。アニリンブラック等がある。鮮明な色が得にくく、染色作業が煩雑で色調を管理しにくいが、堅ろうな染色が得られる。毛皮の染色に用いられることが多い。白髪染め、頭髪の染めにも使用されるが、かぶれ等の皮膚障害を起こすことがある。

さんかだつもう　酸化脱毛　Oxidative unhairing

弱酸性下で強酸化剤によって脱毛する方法。硫化物及び石灰を使用する脱毛方法は、排水汚濁負荷が高いため、環境保護の観点から種々の方法が試みられている。酸化剤として亜塩素酸ナトリウム、過酸化水素等を用いた方法がある。前者は、固体では火災のリスクがあり、毒性のある二酸化塩素ガスの発生にもなる。後者は、比較的新しい方法で、現在実用化研究が行われている。

☞脱毛

さんかチタン　酸化チタン　Titanium oxide

2価、3価、4価の酸化物及び過酸化物が知られている。4価の二酸化チタンである TiO_2 が最も多い。2価及び3価の酸化チタンは、それぞれ黒色、紫色と有色である。4価の二酸化チタンは結晶構造により白色のルチル型、やや黄味を帯びたアナターゼ型（光触媒用）が代表的である。ルチル型は、代表的

な白色顔料で磁器原料、研磨材、塗料、印刷インキ、化粧品、紙等に用いられる。チタンホワイト、チタニアはルチル型と同義語。酸化チタンは隠蔽力が大きく、塗装膜の耐光性と塗料成分の分散性を向上させる。

☞チタン鞣し

さんぎょうはいきぶつ　産業廃棄物
Industrial waste

事業活動に伴って生じた廃棄物。廃棄物の処理及び清掃に関する法律で規定されており、汚泥、廃酸、廃アルカリ等の20種類に分類されている。これらの処理、処分の方法は個々に定められている。製革関係における廃棄物は、排水処理に伴って生ずる汚泥、シェービング屑*、革屑等があるが、廃棄物の発生の少ない製革工程、廃棄物の有効利用、循環利用等の技術開発が重要である。

さんしょりゼラチン　酸処理ゼラチン
Acid-processed gelatin

皮や骨のコラーゲン組織を酸に浸してから熱水で抽出して得られるゼラチン。アルカリ処理ゼラチン*よりも不純物が多いが、ゲルやフィルムにしたときの強度が大で、等電点*は高い。食品用の豚皮ゼラチン、カプセル剤に使用するゼラチンはこのタイプが多い。

さんせいせんりょう　酸性染料　Acid dye

分子中にスルホン酸基（-SO₃H）等の酸性基を有する染料。酸性条件で固着することに名前が由来する。水溶性であり、水溶液中で陰イオン性を示す。羊毛*、絹、革等のタンパク質系繊維、ナイロン等を染色するのに使用される。特にクロム革の染色に最も広く使用されており、その種類も極めて多い。

サンダル　Sandal

足を露出した開放的な履きもの。歴史の古い履物の一つ。紀元前約2000年前から古代エジプトで国王や僧侶等が権威のために履いたといわれている。草の繊維、木、皮等で作られた板状の底に紐が取り付けられ、これで足を巻き付けて履くものが原型である。現在ではゴム、木、コルク、ポリウレタン、革等の底の部分にストラップをとりつけたヒールの高いもの、更にヒールの低いビーチサンダルのようなものまである。

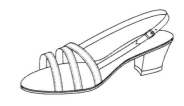

さんづけ　酸漬け　Pickling

製革工程のピックリング*に対応する。貿易で使用されるHSコード*の用語。

さんど　酸度　Acidity

一般に物質の酸性の度合いを表す。皮革産業では、鞣しに用いられる金属塩の酸性を示す尺度をいう。金属の原子価に対する結合酸基の割合を当量パーセントで表す。塩基度*に対応するもので、100－塩基度＝酸度（％）の関係がある。

サンドイッチせんしょく　サンドイッチ染色　Sandwich dyeing
　反対電荷の染料を交互に重ねて使用し、反対のイオン性に吸着されやすいことを利用した染色方法。陰イオン性染料*、又は陽イオン性染料*のいずれか一方で染色し、その上に重ねて他方の染料で染色する。染料に対する吸着活性が相対的に弱い革を濃色に染色しようとするときに有効である。起毛革の色濃度を深める染色法として有効であるが、染色堅ろう性の低下に注意が必要である。

サンドブラスト　Sand blast
　起毛革の毛羽に深く入り込んだ汚れ、しみを研磨材により毛羽と共にけずり取る処理。研磨材として細かい酸化アルミニウム粉末をサンドブラストガンの小穴から圧縮空気と共に汚れ部分に吹きつける。軽微な汚れはサンドペーパー*を用い、手作業で行うこともできる。この手法はプレート仕上げ用の型板製作に利用する場合もある。

サンドペーパー　Sand paper, Buffing paper
　研磨材用のアルミナ、炭化けい素、ガーネット、けい石を接着剤で紙に付けたもの。紙やすり、研磨紙ともいう。研磨材の粒子の大きさにより番号が付けられており、番号が大きくなるにしたがって粒子が細かくなる。用途、目的によって適切な研磨剤を選択する。皮革産業では、革を削る工程をバフィング*と呼ぶことから、バフィングペーパーとも呼ぶ。

さんなめし　酸鞣し　Acid tanning
　ピット*で一度使用した植物タンニン鞣し液を、ろ過後に再度使用した鞣し。発酵のため酸性となる。

さんようひ　山羊皮　Goat, Kid skin
　☞ゴートスキン

し

シーアイイーひょうじゅんひょうしょくけい　CIE 標準表色系　CIE Standard colorimetric system
　国際照明委員会（CIE、International Commission on Illumination）が決めた色。色を数値化する表現方式。物体から反射される光のエネルギーの分光分布を測定し、三刺激値 X、Y、Z を求め、この値から明度と x－y 直交座標（色度図）上の位置ですべての色を表現する。主波長、純度、明度によって表示することもある。

シーアイエフ（シフ）　CIF: Cost Insurance and Freight
　運賃保険料込み渡し条件のことで、シフともいう。貿易取引の基本条件で、貨物の FOB* 価格に保険料と運賃を加えた額を建値とする。売り手側が、約定品の仕向港までの費用を負担し、船積み後、船積書類（shipping documents）を買い手が受けとったときに、売り手から買い手側に所有権が移転する。
　☞C&F

しあげ　仕上げ　Finishing
　革の外観、物性、耐久性、機能性の

改善等、市場での商品価値の向上を目的として行う作業。製革工程では染色、加脂、乾燥後の処理をいう。仕上げは塗装*による方法とバフィング*による方法（スエード、ベロア、ヌバック等の起毛革の仕上げ）に大別される。塗装による場合は、更にグレージング*仕上げ、アイロン仕上げ*、型押し*仕上げ、もみ仕上げ等、その仕上げ方法によって分けられる。仕上げ方法はこれらを組み合わせることで多岐にわたっている。

しあげこうてい　仕上げ工程　Finishing process

革の仕上げを行う工程。ほとんどすべての革でこの工程を行う。
☞仕上げ

しあげまくのはくりつよさしけんほうほう　仕上げ膜のはく離強さ試験方法　Test for adhesion of finish to leather

仕上げ膜(塗装膜)と革との接着強さを測定する試験方法。JISでは、JIS K 6555 に規定されている。標準状態でのはく離試験のほかに、湿潤はく離、老化はく離及び屈曲はく離試験がある。ISO 規格では、ISO 11644（IULTCS/IUF 470）があるが、標準状態及び湿潤状態でのはく離試験のみである。履物では、試験方法が ISO 17698 で規定されており、ISO 11644 とほぼ同じである。性能要件は ISO/TR 20879 で、甲材料について規定されている。用途によって異なるが、タウンシューズ、カジュアルシューズでは、乾燥試験が 0.3 N/mm (3 N/10 mm)、湿潤試験がで 0.2 N/mm (2 N/10 mm) である。スポーツ用、子供用では、乾燥試験が 0.5 N/mm (5 N/10 mm)、湿潤試験が 0.3 N/mm (3 N/10 mm) である。家具用革では、ISO 16131 に規定されており、2 N/10 mm である。

シアリング　Shearling

羊の羊毛を刈る作業。皮革産業では、と畜直前に羊毛を刈ったウールタイプの羊皮。毛が付いた状態で鞣し、肉面をスエード（suede shearing）*又はナッパ*調（nappa shearing）に仕上げて衣料、履物に用いられている。
☞せん毛

シーアンドエフ　C&F: Cost and freight

運賃込み価格条件。出荷価格、国内運賃、通関諸費用、海外運賃等の費用が積算された価格である。どういう要件を費用に含めるかは契約時の重要な条件となる。C&F 条件に保険を加えたものが CIF* となる。
☞FOB

ジェトロ　JETRO: Japan External Trade Organization

☞日本貿易振興機構

シーエービーラッカー　CAB ラッカー　CAB Lacquer

セルロースアセトブチレート（CAB, Celluose Acetate Butyrate）を主成分とするラッカー。無黄変タイプなので白革やパステルカラー革のトップコートに適している。

シェービング　Shaving

革の肉面側を、シェービングマシンの回転する刃ロールで削る作業。漉きということもある。鞣した革の再鞣、

染色、加脂等を行う前に、用途や等級に応じて革の厚さを調節するために行う。シェービングの厚さは、目的とする製品革と再鞣等の後処理によって、革の厚さが変動することを予測して決定する。

シェービングくず　シェービング屑
Shaving dust

シェービング*作業で生ずる革屑。加圧蒸し煮した後に蒸製皮革粉として配合肥料の一部にも利用されている。また、脱鞣しを行って膠*等の原料、更にレザーボード*等の原料としても利用できる。

シェービングじゅうりょう　シェービング重量　Shaved weight

シェービング*後における湿潤状態の革の重量。再鞣、染色、加脂等を行う際に、浴量や薬品量を計算する基準になる。シェービング後の革の水分含有量は、一般に50%程度である。

シェービングマシン　Shaving machine

革の厚さを調節するため、肉面側を削り落とす機械。主要部分は、中央から両側へらせん状の鋭利な刃をもつ回転ローラーからなり、補助部分として、革を保持する支持ローラー、厚さ調節装置、刃研ぎ装置等を有する。この機械で処理するには、革は適度な剛性と弾性が必要なので、鞣し後に水絞りを行った革に適用する。乾燥革に使用するときは、あらかじめ水で湿らせてから機械にかける。

☞シェービング

シーエムシー　CMC　Critical Micelle Concentration

ミセル*形成臨界濃度のこと。界面活性剤*のような疎水性構造部分を有する水溶性物質はその濃度がある限界より高くなると分子が集合してミセルを形成する傾向がある。CMCを境としてこれ以上の濃度で界面活性剤の乳化*力、分散力、可溶化力等の性質が急激に増大する。

シーエムシー　CMC　Carboxymethyl Cellulose

半合成糊料のこと。カルボキシメチルセルロース（CMC）を主成分とした陰イオン性の水溶性高分子である。冷水や熱水にも溶解し、無色透明の粘ちょうな溶液である。その特長は、天然糊剤と比較して品質が均一で多種類のものがある。化学的に安定しており、腐敗しにくく、油剤、溶剤に侵されず、無害で、接着作用、乳化安定作用がある。このため、増粘安定剤、乳化分散安定剤、保護コロイド剤等として、様々な製革工程で使用されている。

シェリダンスタイルカービング
Sheridan style carring

カービング*のスタイルの一つ。アメリカのワイオミング州シェリダンにおいてサドル製作者であったドナルド・リー・キング（通称ドン・キング）氏

が1950年代に提唱したことによって確立されたカービングスタイル。スーベルカッター*でデザインに沿って革を裁断し、カービングを施す。円形で流れる曲線や繊細な茎の動き等洗練された美しいデザインが特徴である。

シェル　Shell
　馬皮の尻の部分。コードバン*の原料となり、緻密で堅ろうな線維組織をもつ。

しおじみ　塩じみ　Salt stain
　☞塩斑（えんはん）

シーオーディ　COD: Chemical oxygen demand
　☞化学的酸素要求量

しかがわ　鹿革　Deer leather
　シカの革の総称。南米、ニュージーランド、中国等に多く生息するシカの皮が一般に利用されている。細く、絡み合いが粗い繊維構造をもち、非常に柔軟で感触の良い革である。あらゆる用途で使用される。日本でも古くから使われていて、現在も甲州印伝やセーム革としても使用されている。かつて、日本では柔軟な革の主流は鹿皮、鹿革であった。正倉院に残る革の場合にも1200年を経過しているにもかかわらず、鹿革の多くが柔軟性を失っていない。鹿皮の代表的な鞣し革には、①脳漿（のうしょう）鞣し*革、②白鞣し革、③燻煙（くんえん）鞣し革があった。最近では、日本でもニホンジカ、エゾシカが大量繁殖して社会問題になっており、鹿皮の有効利用も求められている。バックスキン*は、本来、大鹿の銀面をバフィング*したヌバック*

のことをいう。

じかかんげん　自家還元　Self-reduction
　クロム鞣剤が市販される以前に、重クロム酸塩からクロム鞣剤*を調製するために製革工場で行われていた方法。重クロム酸塩を硫酸酸性下でグルコース、糖蜜、チオ硫酸ナトリウム等で還元して塩基性硫酸クロム（3価）に調製する。硫酸やグルコースの添加量を加減することにより、塩基度*、有機酸の含有量等を調製する。現在では簡便性、品質安定性、公害問題から行われず、市販の粉末クロム鞣剤（3価）が使用されている。

シカゴそうば　シカゴ相場　Chicago market
　アメリカのシカゴの商業取引所等で形成される相場。穀物、油脂、畜産物等について国際的な指標価格となっている。原皮については、自由取引市場への最大の供給国であるアメリカの相場の動きが、世界原皮取引での最も重要な指標とされている。業者間、又は通信社に流布される相場情報を習慣的にシカゴ相場と呼んでいる。通常コンベンショナル（脂付）ハイドの1ポンド当たりの生産者工場出し価格（セント）で表示される。

じかばめ　直ば（嵌）め
　口金つきハンドバッグの口金と袋とを接続する方法の一つ。袋の上端を直接口金枠へ差し込み、接着剤等で固定する基本的な手法。うわまち（ランド）と呼ばれる方式のほか、天まち、くるみこみ等がある。

しきがわ　敷革　Inner sole
☞中敷き

しきさ　色差　Color difference
　2色間の差を計測値から知覚的な差との間に比例関係が成立するように定義した量。様々な表現方法がある。2物体間の色差は、それぞれの三刺激値から3種の色度（例えば L^*、a^*、b^*）を求め、構成色度差の平方和の平方根で求める。JIS Z 8730によって定義されている。

しきひょう　色票　Color chip, Color chart
　色を表現するための基準になる色見本。マンセル色票等のように一定の表色系に基づくものが使用される。色の比較や測定に使われる。JIS L 0804及びJIS L 0805に規定するグレースケール*のような標準色票もある。

ジクロロメタンかようせいぶっしつ　ジクロロメタン可溶性物質　Matter soluble in dichloromethane
　JIS K 6550における脂肪分（ジクロロメタン使用）に相当する。JIS K 6558-4、ISO 4048に規定されている。ジクロロメタンを用いて抽出した脂肪等の可溶性物質をいう。ジクロロメタンによって、革から脂肪酸及び類似物質の全てが抽出できるわけではないこと、及び硫黄、含浸剤等の脂肪酸以外の物質も溶解するので、ISOに合わせてJIS K 6558-4では名称をジクロロメタン可溶性物質とした。ジクロロメタンは、塗装膜を溶解する力が強く、樹脂、顔料、染料等の抽出物が多い。

　☞脂肪分、ヘキサン可溶性物質

しけんほうほう　試験方法
Test method
　革は様々な用途に使用されており、それぞれの用途に応じた革素材の性質を評価するための試験方法や規格値が、日本工業規格*（JIS）、国際標準化機構（ISO）*、国際皮革化学者技術者連合会（IULTCS* / IUC、IUP、IUF）等の規格で規定されている。主なものは次のものがある。
　1）堅ろう度試験：染色摩擦堅ろう度試験、汗に対する染色堅ろう度試験、洗濯に対する染色堅ろう度試験、光に対する染色堅ろう度試験（耐光性）、移行に対する染色堅ろう度試験等がある。
　2）化学分析試験：革中の水分、全灰分、脂肪分、クロム含有量、皮質分、可溶性成分、なめし度、pH、溶出ホルムアルデヒド量、溶出6価クロム、溶出重金属、特定芳香族アミン、PCP等がある。
　3）物理試験：引張強さ、引裂強さ、伸び、銀面割れ、耐屈曲性、耐摩耗性、耐水度（静的、動的）、はっ水度、吸水度、吸湿度、透湿性、可塑性、柔軟性、仕上げ膜のはく離強さ、耐寒性試験、耐乾熱性試験、燃焼性試験、液中熱収縮温度等がある。そのほかフォギング試験がある。
　4）試験条件：革中の水分量は測定結果（特に物理試験）に大きな影響を及ぼすために、JIS K 6550では20℃及び相対湿度65％で48時間以上放置、JIS K 6556-2及びISO規格では、23℃及び相対湿度50％で24時間以上放置した後に試験することとなっているが、代替標準状態として、20℃、65％の規定がある。
　また、革は部位による繊維密度や繊維の方向性が異なり、部位差による測

定結果への影響が大きいために、比較的ばらつきの少ない繊維構造をもつ部位から試験片を採取するように定められている。丸革*、半裁革*、ショルダー*、バット*、ベリー*の各部位についてそれぞれ採取部位が定められている。

じこえんきかクロムじゅうざい　自己塩基化クロム鞣剤　Self-basifying chrome tanning agent

自動塩基度上昇クロム鞣剤のこと。1960年代に市販された。鞣し浴中で徐々に溶解する塩基性物質として、炭酸マグネシウムカルシウム、酸化マグネシウム等が配合されている。クロム鞣剤が皮中に浸透後、自動的に塩基度*が上昇するため、塩基度の調整をする必要がない。ピックリングのpH値、及びドラムの回転に伴う温度上昇の管理が必要となる。

じこしょうか　自己消化　Autolysis

動物の死後、組織中の酵素によって自己の細胞や組織を分解する現象。剥皮直後から皮の自己消化が始まり、原皮の鮮度低下を促進する。水分、温度、pH、食塩等によって影響を受ける。

ししつ　脂質　Lipid

細胞膜の主要構成成分であり、体内でエネルギー源として働く。生体内で水に不溶で、有機溶媒に溶解する有機化合物の総称であり、エステル結合*、又は酸アミド結合で脂肪酸と結合している。中性脂肪*、ろう*等の単純脂質、リン脂質や糖脂質等の複合脂質、及び脂肪酸、アルコール*、炭化水素、脂溶性ビタミン等の誘導脂質に大別される。原料皮中には乳頭層や結合組織中に多く含まれているが、網状層*中にも多量の脂質を含んでいるものもある。特に、豚皮、羊皮中には多くの脂質が含まれている。

しじょうちつじょいじきょうてい　市場秩序維持協定　OMA: Orderly Marketing agreement

☞オーエムエー（OMA）

ジス　JIS: Japanese Industrial Standard

☞日本工業規格

シーズニング　Seasoning

革の仕上げ方法の一つ。下塗り*と上塗り*の間で行われる中間塗装で、下塗りをした革への塗料の吸収を調節するために膜を形成させるのが目的である。カゼイン*、アルブミン、ワックス*、染料又は顔料、合成樹脂を配合したシーズニング*塗料が使用されている。グレージング*、アイロン等の処理で膜が形成される。

ジスルフィドけつごう　ジスルフィド結合　Disulfide linkage, S-S linkage

2個の硫黄原子が共有結合で連結した結合。S-S結合ともいう。シスチン分子中に存在する。また、タンパク質のポリペプチド鎖間の架橋として広く存在する。特に、ケラチン*には多量に含まれ、毛の構造を強固にしている。この結合は、チオール化合物で還元切断される。コラーゲンの場合は硫黄をもったアミノ酸が極端に少ないので、その架橋効果は認められない。製革工程中の脱毛の主反応には毛のジスルフィド結合の還元切断が関与している。

しせん　脂腺　Sebaceous gland
脂質*を分泌する腺で、毛包*に付随して存在する。分泌脂質はグリセライド*、リン脂質、ワックス*から成り、表皮及び毛を被って保護する。特に、ヒツジは脂腺が発達している。脂腺の大部分は、製革工程の石灰漬けで分解、除去される。かつては皮脂腺と呼ばれた。

したかわ　舌革　Tongue
☞べろかわ（舌革）

したて　仕立て　Curing
☞キュアリング

したぬり　下塗り　Base coating
革及び革製品を塗装仕上げする際に最初の段階で施す塗装。ベースコート、又はボトミング*ともいう。シーズニング*に使用する塗装液の革への吸収を調節するために行う。刷毛、テレンプ*、ローラーコーター*等を使用する。

シーダブルティー　CWT: Hundred weight
ヤード、ポンド法における質量の単位（hundred weight、記号：cwt）。イギリスとアメリカでは異なり、イギリスでは112ポンド（50.8 kg）、アメリカでは100ポンド（45.4 kg）と定義されている。どちらの単位系においても20ハンドレッドウェイト（20 cwt）が1トンとなる。イギリスではメートル法への移行が進められている。

じっこうかんぜいりつひょう　実行関税率表　Customs tariff schedules of Japan
輸入貨物には関税法、関税定率法、関税に関する法律、条約により関税が課される。公益財団法人日本関税協会が毎年発行している関税率表は、約5,000の号からなる品目表をベースに国内の税率設定目的に応じて、更に細かい品目ごとに定められている。この税率は関税定率法、関税暫定措置法、条約により異なるので、これらを一つの表にまとめて、それぞれの輸入貨物に対して実際に適用される税率が分かるよう一覧表にしている。また、貿易統計を収集するためのコードを付した輸入統計品目コードも一体化し、実務の便宜を図っている。

しつないばき　室内履き　Indoor shoes
室内で履く履物。スリッパ*、バックレスシューズ*（ミュール）等のほか、モカシン*タイプのスリッポン*、フェルトやムートンのブーツもある。

しっぴ　漆皮（きがわ　かぶせぶたづくり）
生皮*等の上に漆を塗布したもの。一般的には被蓋造の箱、又は鏡箱をいう。生皮を解体可能な木枠、木箱等の上から型を押し、乾燥させた後、漆を塗る→乾燥→漆を塗るという重ね塗りをしてから木枠を外す。箱に密着して生皮を成形することが大切なポイントとなる。漆の発見と効用（塗料、防腐、防虫、接着等）は既に縄文時代から始まっており、奈良時代に漆皮箱は盛況となり、南都諸大寺、古代寺院（東寺、法隆寺、四天王寺）、正倉院に伝来し、現在は国宝、重要文化財に指定されている。

じどうさんか　自動酸化　Autoxidation
酸素、紫外線、熱等の存在下で起こ

る連鎖的酸化反応。不飽和脂肪酸等が特に自動酸化を受けやすい。紫外線等によって不飽和脂肪酸の水素引き抜き反応から始まり、酸素と反応して過酸化物（ヒドロペルオキシドやペルオキシド）が生成し、更にこれらの過酸化物が開裂して、酸化力の強いヒドロキシラジカル*を生成する。油脂の酸化は酸素、温度、水分（湿度）、金属イオン、光等の影響が大きい。油脂の酸化は革の変色、劣化、臭いの原因となる。

じどうしゃようかわ（かく）　自動車用革　Automotive leather, Car seat leather

自動車の座席クッションの上張り、ハンドル、内装材等に使う革。特に耐久性（機械的強度、染色摩擦堅ろう性*、耐摩耗性*、耐候性*、耐光性*、耐溶剤性*等）が要求される。密閉された車内において使用されるので自動車用革特有のフォギング*性、揮発性有機物量（VOC）、ホルムアルデヒド*量、臭い*に対して厳しい規制がある。クロム鞣し牛革が多く使用されている。一部では、非クロム牛革、牛床革、ソフトな椅子張り革*が使用されることもある。

☞椅子張り革

じなま　地生　Domestic hide and skin

国内産の牛原皮。一毛*（和牛）、ホルス*（ホルスタイン、乳牛）等の名前で呼ばれ、洋原（輸入原皮）と区別される。国内取引の場合、製革工場*に届くまでの時間が短いため、毛を外側にして畳んである。一方、輸出する場合は、輸送時間が長く銀面にきずが付く可能性があるため、毛を内側にして畳む。

しなやかさ　Flexibility with soft feeling

感触をあらわす風合い用語の一つ。触ってなめらかで、屈曲するときの抵抗感が少ない革は、しなやかさが大きいことが特徴である。

じーびーきかく　ＧＢ規格　GB standard

中国の国家規格（国家标准）を、GB（Guojia Biaozhun）規格という。中国の代表的標準化機関である中華人民共和国規格協会（China State Bureau of Technical Supervision）により制定された。中華人民共和国標準化法の規定に基づき、中国における規格は国家規格（GB）、業界規格、地方規格及び企業規格の4種類に分かれている。全国規模で統一が必要な技術条件に対しては国家規格が制定される。革に関しては、GBに規定されるもののほか、業界規格として軽工業分野（QB）に規定されるものもある。

しぶ　渋　Tannin

☞植物タンニン

シープスキン　Sheep skin

ヒツジの皮。用途によって毛用種、毛・肉兼用種、毛皮用種、乳用種に大別される。種類が多く皮の性状も多様であるが、多数の汗腺*、脂腺*が密集し、毛包*が湾曲しており、コラーゲン線維の発達が悪い。毛包が長く、網状層の厚さは薄く、線維束も銀面に対して平行なものが多い。コラーゲン線維は細く、交絡が緩いので軽くて柔軟な革になる。主に衣料用革、手袋用革に利用される。ウールシープ*革は柔軟性に富み、軽く膨らみがあるが、繊維構造はルーズであるため機械的強度が低

い。その理由は、毛用種は乳頭層＊と網状層＊との境界部に脂肪細胞が連続層を形成しており、革になったとき2層に剥離しやすいからである。ヘアシープ＊革は、柔軟性があり、軽く、機械的強度が比較的強い。また、年齢（大きさ）によりシープスキンとラムスキン＊に分かれる。ラムスキンはせん毛したシープスキンと共に、シアリング＊又はダブルフェース＊の原料として使用される。写真は付録参照。

しぶだし　渋出し　Tempering

植物タンニン鞣しの工程の一つ。鞣し工程後に革の表面に過剰に付着した植物タンニン及び革中の未結合の植物タンニンを除去すること。底革＊では鞣し後に水に漬け込んで行うが、ほかの植物タンニン革では、合成タンニン＊や水洗で処理を行う。この工程を行わないと、表面に付着した植物タンニンのため、鞣しが過剰となり、銀面の割れや黒ずみが発生する場合がある。

☞植物タンニン鞣し

しぶなめし　渋鞣し　Vegetable tannage

☞植物タンニン鞣し

しぶはき　渋吐き　Tempering

☞渋出し

しぼ　Break

革の外観的品質を評価する重要な項目の一つ。革の銀面を内側に折り曲げたときにできるしわの状態をいう。しわが細かく均一の場合、しぼがよい、又はしぼだちがよいと評価される。カーフは、成牛革と比べるとしぼが細かい。

☞官能検査、きめ

しぼう　脂肪　Fat

動植物に含まれる栄養素の一つ。常温で固体のものを脂肪、液体のものを油（又は脂肪油）という。狭義には、グリセロールと脂肪酸のエステル＊をいい、飽和脂肪酸を多く含んでいる。アルカリでけん化され、グリセロールと脂肪酸のアルカリ塩（石けん＊）を生ずる。動物の皮下脂肪の主成分であり、豚皮や羊皮では多量に存在するが、製革工程で大部分が除去される。

しぼうぶん　脂肪分　Fat contents

脂肪含有量のこと。JIS では、JIS K 6550 で規定されている。ヘキサン、又はジクロロメタンで抽出し得る物質の質量を脂肪分と規定している。加脂剤や原皮に残留する脂肪（地脂）等が主な抽出成分である。ヘキサン、又はジクロロメタンで抽出される脂肪以外の物質もこれに含まれる。また、革に結合している脂肪は、この操作では抽出されないことが多い。脂肪分は、加脂剤の使用量に影響を受ける。JIS K 6558-4 におけるジクロロメタン可溶性物質及びヘキサン可溶性物質に相当する。また、ISO 規格では ISO: 4048 でジクロロメタン可溶性物質として規定されている。ジクロロメタンでは、仕上げ膜成分も抽出されることもあるので注意が必要である。

しぼつけ　しぼ付け　Boarding

革の仕上げ方法の一つで、革をもむことによって銀面にしわ模様を付ける作業のこと。一般的には、革特有のしぼ＊の美しさを強調するために行われ

る。手作業の場合は、銀面を内側にして折り曲げ、肉面側からハンドボード（きりしめ、コルク張りして湾曲した板）を押し当て、ボードを移動させて折り曲げ位置をずらしながら、銀面の軽いしわを全面に広げる。現在は、コルクで包まれた2本のシリンダーで行えるよう機械化されている。一方、銀面の欠点を隠すために型押し*でやや深いしぼ付けを施した後にも行われる。しぼ付けの方法には、水もみ、角もみ、八方もみ等がある。しわの方向により、一方向だけのもの、直行しているもの、あらゆる方向のものがある。

しぼりそめ　絞り染め　Dapple
革又は布を部分的に糸で縛る、巻き締めする等その部分だけ染まらぬように染色する方法、又は染めたもの。奈良時代は纐纈(こうけち)といい、平安時代には目結い、ゆはた、括(くく)り染め等といった。後に様々な技法が現れ、江戸時代には、鹿の子絞りが全盛となった。

しみぬき　しみ抜き　Stain removal
革製品のメンテナンス上の前処理として、革製品の内部に深くしみ込んだ汚れやしみの除去のための作業。クリーニング前に革の仕上げの種類、厚さ、色等を考慮し、サンドペーパー*、水、弱いしみ抜き剤、酵素*等を用いて行う。しみ抜きは、手作業で行われる場合と器具を利用して行われる場合があるが、革製品の場合は、取り扱いがデリケートなケースが多いので、ほとんどが手作業で行われている。

シームパッカリング　Seam puckering
縫目の周辺に生じた縫いじわ又は縫いつれが、やや連続的に続いている状態。革は部位や個体間で組織、密度、硬さ、伸び方向、伸び率の差が大きいので、2枚重ねてミシンで縫ったとき、シームパッカリングが生じやすい。これを防止するため、伸び止め芯の利用、及び適度な縫目ピッチをとる等の方法がある。

ジメチルアミン　Dimethyl amine
化学式は $(CH_3)_2NH$。沸点7℃。高濃度で強いアンモニア臭を有する有毒で、可燃性の気体。低濃度では魚臭。水溶液は強いアルカリ性を呈する。第二級アミンの代表的反応性を示す。石灰による皮の脱毛*処理にジメチルアミン硫酸塩が促進剤として用いられたが毒性があるため現在使用されていない。
☞アミン、トリメチルアミン

シャーク　Shark
☞サメ、イタチザメ、ヨシキリザメ

ジャクルシー　Jacuruxy lizard
☞カイマントカゲ

しゃこどめ　しゃこ止め　Barring, Bar tacking
内羽根式*スタイルの甲部腰革*内外2枚の羽根の先端を糸で止めること。止め縫いの形状がしゃこに似ていることからしゃこ止めという。

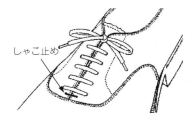

119

ジャージー　Jersey

ウシの品種の一つで、長額牛に属している。イギリス領海峡諸島のジャージー島原産の乳牛である。世界中に広く分布している。乳用種の中では最も乳脂率の高いのが特徴であるため、乳製品を多く生産しているニュージーランド、デンマーク等の国では重要な品種である。毛色は淡褐色から濃褐色までの単色で、体型は典型的な楔型であり、やせ型である。皮は薄く、衣料用革の原料として重宝がられる。製革業界ではジャージーというより、ジャーシーと呼ぶ人が多い。

しゃしゅつせいけいしきせいほう　射出成形式製法　Injection Moulding Process

靴の製造方法。インジェクション式製法ともいう。直接加硫圧着式製法＊から発展したものであり、甲部周辺を中底に釣り込んだ後、射出成形機に装着し、液状の未加硫ゴム又は合成樹脂を全型中に射出し、底部（表底及び踵を含む）を形成する製法。合成樹脂では塩化ビニル樹脂又はウレタン樹脂＊が使われる。多くは発泡性材料を用い、軽く返りのよい靴ができる。スポーツ靴にも広く使用されている。

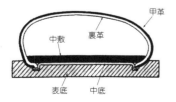

しゃしんようゼラチン　写真用ゼラチン　Photographic gelatin

写真用乳剤中の結合剤として使用するゼラチン。不純物が少なく、物性が強く、品質が安定していることが要求される。主として骨コラーゲン（オセイン＊）からのアルカリ処理ゼラチン＊が使用される。

しゃないきかく　社内規格　Company standard

工場における原材料、副資材等の購入、製品を販売するため、その品質を維持管理する目的で定められた検査方法や性状を示す測定値等の基準。

ジャパニング　Japanning

煮沸した亜麻仁油＊を用いたエナメル革＊の製造法。温ラッカーシステムという。処理後の革は乾燥室や屋外で乾燥させ高光沢の革を得る。この方法で作られた革をジャパンドレザーと呼ぶ。一般的なエナメル革が銀面側に塗装するのに対し、ジャパンドレザーは肉面側に塗装する。

ジャパンドレザー　Japanned leather

☞エナメル革

しゃみせんがわ　三味線皮　Shamisen skin, Samisen skin

三味線に張る皮で、猫皮が使用されてきた。生皮に属する。三味線は邦楽器としてはごく新しいものである。伝存する最古の三味線は銘が淀と呼ばれた慶長2年に豊臣秀吉の命によって京都の神田治光が作ったとされる。中国から遅くとも14世紀には琉球宮廷に三線として伝わった。

三味線に張る皮は早くから猫皮に固

定されている。明治初期に仁太坊という盲目の三味線弾きが津軽三味線を工夫した。津軽三味線は当初から犬皮であった。現在では猫皮の確保が困難になり稽古用の三味線には犬皮、合成皮革が用いられるようになっている。その塩生皮では十分脱塩し、裏打ち*し、水酸化ナトリウム液に漬け、せん刀*で細毛をも十分に除去する。その後皮カンナで裏漉しし、再び水酸化ナトリウム液に漬け、台上で圧出して脱脂を十分に行う。この後水を絞り板張り、乾燥して仕上げる。猫皮一枚で胴の両面になる。工程上は犬皮も同じである。

シャムクロコ Siam crocodile
☞シャムワニ

シャムワニ Siamese crocodile
ワニ目クロコダイル科クロコダイル属に分類される。タイ、ベトナム、カンボジア等の沼地や河川に生息する。腹部の鱗(うろこ)の形状は長方形で、イリエワニに似ているが、それよりやや大きい。現在はすべて養殖されたワニが取引されており、革はハンドバッグ、ベルト、小物等に広く使用される。写真は付録参照。

シャモアかわ シャモア革 Chamois leather
羊皮を用い、魚油等で鞣した革。油だけで鞣した革をフルオイルセーム革といい、アルデヒド鞣し*と油鞣し*で製造した革をコンビネーションセーム革という。HSコード*の用語。
☞セーム革

しゃりかん しゃり感 Crisp touch
表面の感触をあらわす風合い*評価用語の一つ。しゃり味ともいう。もともと麻織物の感じを表現するための用語で、腰があり、肌にべとつかず、涼感があることを総合してしゃり感が大きいという。

シャンク Shank
本来は、足の土踏まず部の意味であるが、靴の土ふまずの部分に相当する個所も同様に呼ぶ。また、靴の土ふまず部分の補強、型作り用に中底に埋め込む鉄、プラスチック等の細長いばね(シャンクピース)もシャンクと呼ぶ。このシャンクピースは足のアーチを支える役割を果たす。また歩行時に生じる靴の返りを的確に復元して歩きやすくする、地面からの衝撃を和らげる、不整地では、ねじれを防ぎ靴底の剛性を維持する役割がある。

ジャングルテスト Jungle test
人工的に湿度、温度を制御した空間中に素材や革製品を放置して劣化を促進させ、耐用年数や劣化状態を評価する劣化促進試験。

しゅうき 臭気 Odor
革から発生する臭気の原因は製造工程中に使用する鞣剤、加脂剤、仕上げ剤等の薬品に由来するものが多い。日本エコレザー基準(JES)*が規定する試験では試料を37℃、相対湿度50%で15時間密閉放置する。3人以上が30分ごとに5段階で評価を行い、不快な臭いがしないかどうかを判定する。臭いがないときを1級、著しく不快に感じるときを5級とする。JESの規定は3

級以下で、革特有の臭いで我慢できる範囲内であることと規定されている。
☞におい

しゅうきしすう　臭気指数　Odor index
臭気物質の濃度を対数表示で数値化したもの。数値の大小が人間の感覚的強度の大きさと同程度になるように表示するものである。人間の嗅覚は対数関数的な増減をしているため、人間の感覚に似せた臭気指数という表示方法が臭気濃度に代わって用いられ、より直感的に数値の意味を理解できるようにしたものである。悪臭防止法*においては、特定悪臭物質（22種類）の濃度規制及び臭気指数で規制している。測定方法は、国の認定による臭気判定士が三点比較式臭袋法によって実際に臭気を嗅いで行う官能試験法である。

じゅうきんぞく　重金属　Heavy metal
☞溶出重金属

じゅうクロムさんカリウム　重クロム酸カリウム　Potassium dichromate
化学式は$K_2Cr_2O_7$。ニクロム酸カリウムともいい、6価クロム化合物の一つである。赤燈色結晶で、強酸化剤である。クロムめっき等に用いられる。6価クロムはコラーゲン等を酸化分解するが、鞣し効果はない。

じゅうざい　鞣剤　Tanning agent
皮等のコラーゲン線維に対し鞣し効果をもつ薬剤。鞣し剤ともいう。皮のコラーゲン線維間又は線維内で化学的に架橋し、また線維間を充填することによって、コラーゲン線維が安定し固定される。その結果、熱収縮温度（耐熱性*）を上昇させて熱によりゼラチン化せず、耐薬品性を向上させ、防腐性を高め、乾燥による硬化や変形の少ない革に変えることができる。
鞣剤の種類は、無機系でクロム塩（3価の塩基性硫酸クロム塩*）、アルミニウム塩*（明礬*、高塩基性塩化アルミニウム）、ジルコニウム塩*（塩基性の硫酸又は塩化ジルコニウム）、チタン塩（塩基性硫酸チタン）がある。有機系で植物タンニン*（ワットル*、ケブラチョ*、チェストナット*等、タラ等）、合成タンニン*（芳香族系、脂肪族系、樹脂系等）、アルデヒド*（グルタルアルデヒド*、ホルムアルデヒド*、グリオキサール）、不飽和油脂（魚油、主にタラ肝油*）がある。鞣し方法はそれぞれの鞣剤でコラーゲンとの結合挙動が異なるため、耐熱性、風合い*、機械的性質も大きく異なる。

シュウさん　シュウ酸　Oxalic acid
化学式はHOOC-COOH。無水物は無色無臭の吸湿性物質であり、180〜190℃で分解してギ酸、一酸化炭素、二酸化炭素を生ずる。二水和物は無色無臭の単斜晶系結晶。染色原料、染色助剤、漂白剤等に用いられる。クロム錯体*に対する配位能が強いので、革からの脱クロムやマスキング剤として利用できる。鉄塩を封鎖する作用があり、除鉄剤として使用される。

じゅうじつせい　充実性　Fullness
革の外観的品質を評価する項目。ふくらみと充実感を与えるような革の触感。手で触って圧縮した場合の弾力感、充実感、ボリューム感等をいう。一般的にクロム革より植物タンニン革の方

が充実性は高い。またクロム革でも線維間への充填効果がある樹脂鞣剤*を使用して再鞣することによって充実性を高めることができる。

☞官能検査、官能評価分析

しゅうしゅく　収縮　Shrinkage

革が収縮すること。革の収縮は、熱、塩、水等の要因によって引き起こされる。また、クリーニングによっても発生することがある。

☞耐熱性、塩縮、耐水性

じゅうそう　重曹　Sodium bicarbonate

☞炭酸水素ナトリウム

じゅうなんせい　柔軟性　Softness

革の柔らかさを表す官能特性。柔軟性の官能因子として、触ったときの表面の滑らかさ、しなやかさ、曲げやわらかさ、伸びやすさ等が複合している。革の柔軟性の評価は、銀面を外にして二つ折りにし手で軽くしごいたときの感触で判定する。また、柔軟度*を測定することによっても得られる。衣料用革や手袋用革で重要視される。革の柔軟性には、脱毛石灰漬け、再石灰漬け、加脂工程等の作業が大きく影響する。

☞官能評価分析、官能検査、剛軟度

じゅうなんど　柔軟度　Softness

布類の感触（つかみ感触）の表示に対応する性能の程度を示す。革ではISO 17235（IULTCS/IUP 36）において、ソフトネステスター*による測定がある。また、繊維の試験方法としてJIS L 1096で規定されているガーレ剛軟度試験器で剛軟度を測定する方法も使用できる。

☞柔軟性、剛軟度

じゅうひど　鞣皮度

現在ほとんど使用されていない用語。JIS K 6550及びJIS K 6558-7ではなめし度*が使用されている。

☞なめし度

しゅうれんせい　収斂性　Astringency

化学物質が動物の皮膚や粘膜のタンパク質と結合して被膜形成、凝固作用を示す性質のこと。化学的には、主としてタンパク質を変性凝固させる作用を意味する。植物タンニン*の収斂性は、植物タンニンの鞣し作用を表す目安の一つと考えられている。タンニン分の割合が多いと収斂性が強いとされているが、植物タンニンの種類、粒子の大きさ、タンニン液の濃度、温度、pH、ほかの物質との共存によっても影響を受ける。

シューキーパー　シューズキーパー　Shoe keeper, Shoes keeper

靴の形状を保持するために、保管の際に靴中に入れる用具。シューツリーともいう。木、プラスチック、金属製等があり、木製のものが靴内部の吸放湿性に優れている。雨に濡れた後の乾燥時、シーズンオフの長期保存時に使われている。

しゅくごう（がた）タンニン　縮合（型）タンニン　Condensed tannin

複数分子のカテキンが共有結合*で縮合したもの。酸又は酵素で加水分解されず、分子中に多くの水酸基（OH基）を持ち、分子量は比較的大きく集合し易いので収斂性*は高い。有機酸の含有量が少なく溶液のpHは高いが耐光性は弱い。以前はカテコール系タンニ

ンと分類されていた。主なものにミモサ（ワットル*）、ケブラチョ*、ガンビア*等がある。

じゅくせい　熟成　Aging
☞エイジング

じゅしがんしん　樹脂含浸　Resin impregnation
仕上げ工程の一つ。革の銀面層と網状層*の間にカゼイン*系、ポリアクリル系、ポリウレタン*系等の水性エマルジョンを含浸させる作業。タイトコート*ともいう。銀浮き*防止、革表面の平滑性と均一化の向上、耐摩耗性の向上等を目的として行う。

じゅしじゅうざい　樹脂鞣剤　Resin tanning agent
アミノ化合物とホルムアルデヒドの縮合物、又は種々のモノマーの重合体からなる合成樹脂を主成分とする鞣剤。前者は尿素、メラミン、ジシアンジアミド等の縮合物があり、比較的分子量が大きく、繊維間への充てん効果が大きいと考えられている。スルホン酸基を導入した陰イオン性のものが多い。後者にはポリウレタン、ポリアクリル酸、ポリメタアクリル酸の縮合物等がある。前者より更に高分子量で、通常は粘性の溶液又はエマルションである。
☞合成タンニン、樹脂鞣し

じゅしなめし　樹脂鞣し　Resin tanning, Resin tannage
樹脂鞣剤を使用する鞣し。主として比較的高分子量の樹脂鞣剤による繊維間充てん効果を目的としている。特に、腹部等組織のルーズな部位への充てん、銀面のしまりと膨らみ効果、バフィングと型押し特性の改善を目的とする場合が多い。また、鮮明な染色等を目的として、クロム革の再鞣として使用することもある。

シューズ　Shoes
トップライン*がくるぶしより下にある靴。ブーツに対応する語。大きく分けてオックスフォード*、スリッポン*、パンプス*、ストラップシューズ、オープンシューズ*等がある。

シューツリー　Shoe tree
☞シューキーパー

シューフィッター　Shoe-fitter
靴合わせ（シューフィッティング）の専門家。足の構造、機能、生理、歩行等の基礎知識、靴の素材、製法、特徴等の商品知識、及び靴合わせの技能を習得し、足の疾病予防の観点から顧客に合った靴を販売する手助けをする。顧客の足サイズを測定することによって、足に合った靴を選択する。靴の微調整が必要な場合には、調整用パッド等を使用した対応やアフターケア等を実施する。

シュリンクがわ　シュリンクかく　シュリンク革　Shrink leather
銀面を収縮させることによって、独特の銀面模様を持たせた革。銀面の収縮には収斂性*の強い合成タンニン*又は植物タンニン*を用いる。主に鞄、ハンドバッグ等に用いられる。

ジュール　Joule
エネルギー、熱量、仕事、電力量を

表す SI 系の単位（J）である。
1 cal = 4.1840 J、1 J = 1 N・m = 1 C・V、1 J/s = 1 V・A = 1 W

しゅんかんせっちゃくざい　瞬間接着剤　Quick setting adhesive, Instant adhesives

シアノアクリレートを主成分とする接着剤。空気中の水分等によって瞬時に重合し硬化する。迅速な接着作業が要求される場合に使われる。以前は、耐水性、耐衝撃性、耐熱性に劣っていたが、現在は改良された製品もある。

じゅんびこうてい　準備工程　Beamhouse process

原皮から毛、表皮、非コラーゲン性タンパク質、脂肪等の革として不要な成分を機械的及び化学的に除去し、真皮層*のコラーゲン線維束をほぐして革としての性質を高めるために行う作業の総称。準備作業ともいう。通常、水漬け*→フレッシング*→石灰漬け*→脱毛*→分割*→垢出し*→脱灰*→ベーチング*の順に作業が進められる。準備工程の条件が、革の柔軟性、感触、銀面のしぼ、革の面積歩留まり、機械的性質等に影響を及ぼす。

じゅんびさぎょう　準備作業　Beamhouse operation

☞準備工程

しょうげきしけん　衝撃試験　Impact test

安全靴の爪先部を保護する先芯の強度を評価する試験。鉄のおもりを落下させ、先芯のつぶれを評価する。JIS T 8101 に規定されている。

じょうせいこっぷん　蒸製骨粉　Steamed bone meal

と畜場副産物の一つ。牛、豚等の動物の骨を加圧し、高温で蒸し煮し、脂肪、タンパク質等を除いた残渣を粉砕したもの。肥料として使用されている。なお、粉砕しないものは蒸製骨として特殊肥料に指定されている。

しょうせっかい　消石灰　Slaked lime

☞水酸化カルシウム

じょうひそしき　上皮組織　Epithelial tissue

動物の体内外全ての面を覆う組織。上皮ともいう。基底膜を介して結合組織に隣接する。基底膜の上に、上皮細胞が密接して配列しており、細胞間物質は少ない。身体内部の保護、形態の保持、栄養素・水分の吸収、情報伝達、分泌等の働きを担っている。製革工程では、準備工程によって除去される。

しょうぶがわ　菖蒲革

染め革の一つ。革を藍や萌黄に染め、菖蒲の文様を染めたもの。菖蒲は、武道・武勇を重んじる用語である尚武に通じるとして、武人に好まれ武具に多く用いられた。

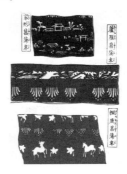

☞ 燻革(ふすべがわ)

しょうへいがわ　正平革

　染め革の一つ。正平御免革ともいう。革を藍の引き染めで、獅子、牡丹の文様を入れ、その余白に梅鉢文と正平六年六月一日（1351年6月1日）の字を染めた革で正平革と呼ばれた。武具等に用いられた。正平御免革ともいう。

☞ 燻革(ふすべがわ)、天平革(てんぴょうがわ)

しょくばい　触媒　Catalyst

　化学反応の反応速度を速めたり、特定の反応だけを促進したりする作用を持ちながら、自身は反応の前後で変化を受けない物質。化学工業では、目的に応じて様々な物質が利用されている。また、生物にとって、酵素*は穏和な条件において高い特異性をもつ触媒である。

しょくぶつせんりょう　植物染料
Vegetable dye

　植物から抽出した染料。ベニバナ（色素成分：カルコン誘導体）、藍（インジゴ）、露草（アントシアン類）、アカネ（アントラキノン誘導体）、ウコン（ナフトキノン誘導体）、クチナシ（カロチノイド類）、栗（ピロガロールタンニン）、柿（カテコールタンニン）等植物組織を破砕、又は抽出して得られる天然染料。合成染料を使わない草木染め*の材料として使用されている。複雑なニュアンスの色調が得られることと、色調の経時変化自体に美的な価値があること等のため、工芸材料として用いられることが多い。アルミニウム、銅、クロム、錫、鉄等の金属イオンを媒染剤*として併用することが多い。品質が安定せず、濃色に染色することが難しいため、工業的な利用は少ない。日光、洗濯等に対する染色堅ろう度が低い場合が多い。また、植物染料は、紫外線吸収効果、防虫効果、薬用効果が認められていて、古くから使われている。

しょくぶつタンニン　植物タンニン
Vegetable tannin

　植物に含まれるタンニンを主成分とする鞣剤(じゅうざい)。かつては、植物のタンニン含有量の多い部位を粉砕してそのまま使用していたが、現在では、温水又は有機溶剤によってタンニンを抽出し、粉末状又は液体状のエキスとして使用している。ポリフェノール化合物であるタンニンのほかに、タンニンの前駆物質、分解生成物、有機酸、有機酸塩等の様々な物質を含んでいる。その組成は、植物の種類、部位、生育状態等によって大きく異なる。陰イオン活性の強い鞣剤であり、その効果は主として含有するタンニンに依存するが、共存する副成分によっても影響を受ける。水溶液は、コラーゲンに対する収斂性(しゅうれんせい)と繊維間への充填効果が強く、これらが鞣し効果の主要部分をなしている。鉄、銅、鉛、クロム等、多くの金属塩と反応して有色の沈殿物を生じる。また、加水分解型、縮合型に分類されるが、

ほとんどのタンニンは両者を併せもつ。加水分解型は、ピロガロール系とも呼ばれる。チェストナット*、ミロバラン*、オーク、タラ等がある。縮合型は、カテコール系とも呼ばれ、フラボノイド構造をもつ。ミモサ（ワットル）*、ケブラチョ*、ガンビア*、オークバーク*等がある。これらの植物タンニンは、現在ではプランテーションで計画的に栽培されている。

しょくぶつタンニンがわ　しょくぶつたんにんかわ　しょくぶつたんにんかく　Vegetable tanned leather

植物タンニン*を用いて鞣した革。クロム革に比べて弾性*及び可塑性*が大きいが、日光に対する染色堅ろう性は弱い。底革*、ぬめ革*、多脂革*、工業用ベルト、クラフト革*（手芸用革）に利用されている。

☞植物タンニン鞣し

しょくぶつタンニンなめし　植物タンニン鞣し　Vegetable tanning, Vegetable tannage

植物タンニン*を用いた鞣し方法。紀元前から続いている鞣し方法の一つ。古くは植物の樹皮、幹、葉、実等を粉砕して皮と共に桶の中に水に浸して鞣した。その後、温水で抽出した植物タンニンエキスの使用と共に大きく発展し、槽（ピット*）を使った鞣し方法が種々開発された。これらの方法は、段階的に槽内の植物タンニン濃度を上昇させることで、多量の鞣剤を皮中に吸収させることができる。製造には長期間かかるので、生産量には限界がある。鞣した革は、伸びが少なく可塑性*に優れ、染色性が堅ろうな革が得られる。底革*、ぬめ革*、サドル革*、クラフト革*（手芸用革）等の製造に利用されている。

近年、ドラムを使用した速鞣法も開発され、工程日時の短縮がなされている。また、使用用途も広がっている。

しょくようゼラチン　食用ゼラチン　Food gelatin

食品材料として使用するゼラチン*。ゲル化能、分散安定効果、保水性等が重要視され、豚皮からの酸処理ゼラチン*のほか、牛皮や牛骨のアルカリ処理ゼラチン、魚のゼラチンも用いられる。ゼリー、洋菓子、ハム、ソーセージ、スープ、チルド流通惣菜、嚥下障害患者の介護食用等に使用されているが、健康食品材料としても使用されている。

ショートトリム　Short trim
☞トリミング

ショートピックリング　Short pickling

クロム鞣し*の前に行うピックリング*の方法の一つ。平衡ピックリング*と異なり、浴に一夜浸漬せず短時間のピックリング後、直ちに同浴で粉末クロム鞣剤を添加して鞣す方法。鞣し作業の合理化にもなる。

ショートホーン　Shorthorn

イングランドとスコットランドの隣接するダラム地方原産の肉用牛。毛色は赤白糟毛(かすげ)が多い。体格は比較的小型であり、肉付きが良い。我が国へは洋種として最も早くアメリカから輸入されており、日本短角種の改良に用いられた。

しょるいいれ　書類入れ　Brief case
☞鞄

ショルダー　Shoulder

皮及び革の部位の名称で、肩の部分。原料皮では頭部を含めることがある。首の部分は通常含まれる。付録参照。

シーラー　Sealer

仕上げ剤の一つ。下地の影響を遮断し、すぐれた仕上がりを得るために塗装用塗料として使われる。

しらかわ　白皮、白革　White leather

鹿皮の鞣し革の一種。脳しょう鞣し*、白鞣しで鞣された革を白皮、白革と呼んでいる。現在では、アルデヒド鞣剤、アルミニウム鞣剤、合成タンニンで作られた革を白革(しろかわ)* という。

しらべがわ　調革　Belt leather, Belting leather
☞ベルト革、帯革

シリカゲル　Silica gel

非晶質のケイ酸($SiO_2 \cdot nH_2O$)。極めて多孔質で、水蒸気等のガス、種々の物質をよく吸着する。脱水剤、乾燥剤等に用いる。コバルトイオンを含むものは、乾燥時に青、吸湿時にはピンクに変化する。

シリカなめし　シリカ鞣し　Silica tanning, Silica tannage

ケイ酸ナトリウム(Na_2SiO_3)で皮を鞣す方法。1941年に開発され、皮への反応は主としてケイ酸塩の縮合物による。通常、ケイ酸ナトリウム水溶液に塩酸等の酸を添加してケイ酸の分散液を調製し、この浴中で鞣し反応を行う。白色の革が得られる。しかし、ソフトな革が得られない、ふくらみが無く、平板な革しか得られない、鞣し効果の有効性が確立していない等の理由によって、ケイ酸による鞣しはほとんど工業化されていない。

シリコンじゅしとりょう　シリコン樹脂塗料　Silicone (resin) paint

単独では塗料として使えないシリコン樹脂を主成分に、ニトロセルロース、ウレタン樹脂、アルキド樹脂等を副成分として反応、又は混合して塗料としたもの。ケイ素樹脂塗料ともいう。耐熱性、耐水性、耐光性等に優れ、はっ水性、摩擦係数の低い塗装膜を形成する。

シルウエルトしきせいほう　シルウエルト式製法　Silhouwelt process

靴の製造方法の一つ。グッドイヤーウエルト式製法*のウエルトと表底周辺を縫わないで、接着剤を塗布し、圧着機で底付けを行う製法。縫い付けがないため、こばの形状を自由に調整することができるが、接着が不十分であると剥離しやすい。

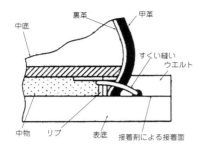

ジルコニウムなめし　ジルコニウム鞣し　Zirconium tanning, Zirconium tannage

4価のジルコニウムの塩基性塩による鞣し。1940〜50年に開発された比較的新しい鞣し法で、塩基性硫酸ジルコニウム（$Zr(OH)_2SO_4$）又は塩基性塩化ジルコニウム（$ZrOCl_2 \cdot 8H_2O$）が用いられる。ジルコニウム塩は、50％塩基度でも低いpH（約pH 2.0）であり、これ以上で沈殿物を作りやすいので、通常、有機酸（クエン酸等）又はそれらの塩がマスキング剤*として用いられる。得られた革は白色で充実性が高い。液中熱収縮温度*は96℃前後である。酸性が強く、価格が高いので使用に限界があるが、充実した銀面を与えるのでクロム革の再鞣（さいじゅう）に用いることがある。

しろかわ　白革　White leather

白色の外観をもつ革。アルミニウム鞣剤*、ジルコニウム鞣剤*、合成タンニン*、グリオキサール鞣剤等で鞣し白く仕上げた革。クロム革でも合成タンニン*等で再鞣し、白色塗料で仕上げた革をいう。

しろたん　はくたん　白鞜

☞白鞣し革

しろなめし　Japanese white leather

☞白鞣し革

しろなめしがわ　白鞣し革　Japanese white leather, Himeji white leather

姫路白鞣し革、姫路革といい、古くは白鞜（はくたん）、古志鞜（こしたん）、越鞜（こしたん）、播州鞜（ばんしゅうたん）ともいわれた。印伝革*と共に古い歴史をもつ日本独特の革である。この鞣し方法が江戸時代の中頃、出雲国の古志村から伝えられ、古志鞜、越鞜の呼び名の由来になったともいわれている。牛皮を用い、川漬け脱毛、塩入れ、菜種油による油入れ等の工程を経て、天日乾燥と足もみ、手もみを繰り返して仕上げる。淡黄色を帯びた白い革で、武道用具、財布、鞄類、文庫箱等に加工されて姫路の特産品となっている。しかし、最近では川漬け脱毛法の採用が困難なため、石灰脱毛法等も行われている。

しわ　Wrinkle

しわには、生体時のしわと製革工程中に生じるものがある。前者は、首や肩の部分の背線に垂直の縦じわや腹部の横じわがある。特に、首筋等にあるしわはとらと呼ばれる。後者は製革工程でこれらがよく伸びたものであり、工程処理によっては逆に強調されて深くなる場合がある。

また、革の平滑性や平たん性を表現する用語で、官能検査による外観的品質の評価項目の一つである。

☞官能評価分析

しんくうかんそう　真空乾燥　Vacuum drying

製革工程で、染色、加脂後の革を減

圧によって乾燥させること。湿潤状態の革を金属熱板の上に広げて伸ばし、蓋をして減圧状態で革を乾燥させる。減圧を行うことによって低温でも乾燥時間を非常に短くすることが可能となり、革が熱板と蓋に挟まれ銀面が固定されて平滑となる。しかも革の風合いも良好なため、現在では広く普及している。

熱板の温度、圧力、処理時間、乾燥終了後の目標とする水分量等は、乾燥後の革の品質に影響を与えるため、適切な管理をする必要がある。真空乾燥では革を完全に乾燥させずに、吊り干し乾燥後、次の工程に進める。また、ステーキング*で革繊維をほぐしてから、ネット張り乾燥*等を行う場合もある。

しんくうかんそうき　真空乾燥機
Vacuum dryer

革の真空乾燥*を行う機械。加熱した平滑なステンレス板の上に銀面を下にして革を伸ばし拡げ、上蓋で気体がもれないように密封し真空ポンプで減圧して水分を減少させる。より低温で、効率よく低温乾燥を行うために、コンデンサーに通じる冷却水の温度を冷やすチラーを備えたタイプもある。

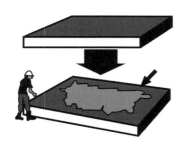

シングルステッチ　Single loop stitch
☞革紐かがり

じんこうケーシング　人工ケーシング
Artificial casing

腸詰め加工肉用の人工円筒フィルムで、天然腸の代替品。コラーゲンを主材料とする可食性のものがある。また、セルロース系、ポリ塩化ビニリデン系、ゴム系等の非可食性のものもある。

じんこうひかく　人工皮革　Artificial leather

表面だけでなく内部構造も天然皮革に模して製造されたもの。我が国では合成皮革*とは区別している。極細繊維（ポリウレタン、ナイロン、ポリエステル、レーヨン等のマイクロファイバー）の立体構造をもつベース（一般的には不織布）に合成樹脂を含浸させたものをそのまま使うか、それをベースとし、更に合成樹脂を塗布し銀面模様を付けて微細な連続気泡のある構造となっている。しかし天然皮革の三次元立体構造を再現するには至っていないので、断面構造の状態は天然皮革と人工皮革の区別に利用されている。見かけの比重が小さく軽量であるが、引張強さや透湿性は天然皮革に劣る。衣料用としての薄物や靴等様々な用途に使われる。起毛タイプの人工皮革等も存在し、触感、耐久性、加工性等は合成皮革より人工皮革の方が良いといわれている。

JIS K 6601に靴の甲材料として人工皮革の定義があり、靴甲用人工皮革とは「高分子物質を繊維層に浸透させ、革の組織構造に準拠して造られたもので、高分子物質は連続微細多孔構造をもち、

繊維層にランダム三次元立体構造をもつ靴の甲材料をいう。」

現在、国際的には合成材料で Leather という用語を使用することはできなくなりつつあり、例えば ISO 17131 では Synthetic material with a PVC coating、又は Synthetic material with a polyurethane coating のような表現が使われている。

☞皮革、革

しんさん　浸酸　Pickling
☞ピックリング

シンジ　Singe
刺毛*の異常で毛先のまがったもの。正常毛とは光の反射が異なり、異常毛では金属的な反射を示すことから、スカンジナビアではメタリックという。

しんしょくこうか　深色効果　Bathochromic effect
本来の意味は、分子中にアミノ基等の深色団を導入すると、吸収スペクトルが長波長側にずれるために、色が深くなる（例えば黄色のものが赤みを増して見える）効果をいう。濃色効果と類義である。その逆の効果を浅色効果という。そのほか、深色性を向上させる方法としては、繊維表面にミクロクレーターを作成して光の反射を減少させる方法、フッ素樹脂、アクリル樹脂等の低屈折率樹脂で被覆する方法、物理的エッチングによって表面に凹凸を作る方法等がある。革を濃色に加工する場合、染料濃度を上げて染色を行うことが一般的であるが、染料の使用量が多くなることによるコストの増加、更に未染着染料により著しく染色堅ろう性が低下する欠点がある。染色革をクロム塩や陽イオン界面活性剤等で処理を行うと深色効果が現れることがある。

しんせん　浸染　Dip dyeing
革を染料溶液に浸して染色を行う方法。ドラム染色はその代表的な方法である。ドラムの回転は染料液と均一な接触を助けるために均一に染まりやすい特長がある。

じんぞうひかく　人造皮革　Man made leather
人造皮革は 19 世紀中頃に現れ、天然の布地にニトロセルロースを塗布したものであった。第二次世界大戦後、合成樹脂が開発され、天然皮革の代替品として様々なものが開発された。現在はこの用語はほとんど使われていない。

シンタン　Syntan
☞合成タンニン

しんとうあつ　浸透圧　Osmotic pressure
濃度の異なる物質の溶液を半透膜（溶媒のみ通過できる膜）によって隔てたとき、二つの溶液の濃度を等しくしようと濃度の低い溶液から高い溶液へ溶媒を移動させる圧力差が生じ、やがて一定値に達する。このときの両者の圧力差を浸透圧という。吸水した皮コラーゲン線維内外間にも似た浸透圧現象があり、アルカリ膨潤や酸膨潤の原因となる。

しんとうせんしょく　浸透染色　Penetrated dyeing
革断面の中心部まで染料を浸透させ

る染色方法。染料の浸透は染色浴中への染料添加量が多いほど、親和力の低い染料ほど深く浸透する。革の密度が低いほど、中和によるpHが高くなるほど、更に染色温度が低いほど浸透は深くなる。これらの要因は均染性、染色堅ろう性*、色調等にも影響する。

シンナー　Thinner
　塗料を希釈し、塗装に適した粘度に調整するため加える溶剤の総称。炭化水素、エステル、ケトン、アルコール、エーテル類の混合物である。溶剤の乾燥速度や粘度はこれらの配合比に影響される。

しんぴ　真皮　Corium, Dermis
　表皮と皮下組織の間の乳頭層*と網状層*から構成される。真皮は皮の主要部分で、コラーゲン線維*の三次元網状構造からなる。鞣した後、革となる重要な部分である。牛皮、豚皮、羊皮、やぎ皮等動物の種類によって線維の交絡状況は大きく異なる。また、一枚の皮でも部位によって、線維の交絡状況は大きく個なっている。付録参照。
　☞皮

しんようじょう　信用状　L/C：Letter of credit
　☞エルシー（L/C）

す

すあげかわ　素上げ革　Unfinished leather
　仕上げ工程中に塗料の塗布等特別な加工を施さず、革特有の外観を残したままの状態の革をいう。

すいぎゅうひ　水牛皮　Water buffalo hide
　水牛の皮。水牛は南アジア及びボルネオ原産で、湿地を好み、家畜化されてインドやミャンマーで多く飼われている。体は大きく、後方に曲がった大きな角をもつ。この皮は厚く、肩の部分に大きなしわがあり、線維組織が粗い。

すいさんかカルシウム　水酸化カルシウム　Calcium hydroxide
　化学式は $Ca(OH)_2$。消石灰ともいう。水溶液は強アルカリ性（飽和水溶液でpH = 12.4）を呈するが、溶解度は低く（0.126 g/100 g、20℃）、水温が上がると溶解度が減少する特性がある。製革工程における脱毛処理、石灰漬け*、再石灰漬け*に用いられる。空気中に放置すると徐々に炭酸カルシウムに変換され、皮の表面にできる石灰斑の原因になることがある。

すいさんかナトリウム　水酸化ナトリウム　Sodium hydroxide, Caustic soda
　化学式はNaOH。苛性（かせい）ソーダともいう。白色個体。潮解性が強く、空気中の水分を吸湿し溶液になる。常温では無色無臭であり、水に易溶性である。水溶液は強アルカリ性。溶解時には発熱する（44.5 kJ/mol）。タンパク質への変性作用、膨潤作用や溶解力が強く、製革工程において、アルカリ剤として用いることはまれであり、作用が急激なため使用には注意を要する。強いアルカリはペプチド結合*を加水分解し、

タンパク質を溶解する作用をもつ。皮膚に付着した場合は直ちに大量の水で洗い流す必要がある。

すいしつおだくぼうしほう　水質汚濁防止法　Water pollution control law

水質汚濁を防止するために必要な規制を行うための法律。1970年に公布された。この法律の前身は、1958年公布の水質保全法と工場排水規制法で、旧水質二法と呼ばれた。水質汚濁防止法は、旧法にみられた経済調和条項を削除し、指定水域制を廃止した。全国を規制対象とし、都道府県知事の権限を強化し、直罰主義をとり入れる等大幅に改善された。

水質の汚濁とは、公共用水域（河川、湖沼、港湾、沿岸海域等）の水質の汚濁及び水の状態が悪化することをいう。その指標は、水素イオン濃度（pH）、生物化学的酸素要求量*（BOD）、化学的酸素要求量*（COD）、浮遊物質量、大腸菌群数、フェノール類含有量、有害物質（カドミウム、シアン化合物、水銀等）である。特定施設から公共用水域に排出される排出水の汚染状態を規制するため、内閣府令によって排水基準が定められている。人の健康被害の発生を防止する見地、及び生活環境への被害の発生を防止する見地から、排水基準の許容限度が定められている。

すいせいしあげ　水性仕上げ　Aqueous finishing

分散媒として有機溶媒を含まない水性仕上げ剤を使用した仕上げ方法。カゼインバインダーを使用したグレージング仕上げ*、又はアクリルバインダーやポリウレタンバインダーを使用したプレート仕上げ*の2種類がある。有機溶剤による大気汚染の心配がない。パテントレザー*に似た高い光沢の仕上げも可能である。

すいそけつごう　水素結合　Hydrogen bond

2原子間に水素原子が介在することによって作られる結合。すなわち水素原子が分子内又は分子間で、X-H⋯Yのように、X、Yの2原子にわたって作る結合。X、Yは電気的に陰性な原子（窒素、酸素、硫黄、塩素等）であることが必要である。水素結合は、氷や水の中の水分子同士の結合、タンパク質の高次構造安定、タンパク質同士、又はそれと水や極性物質との結合等に関係する。水素結合は切断と形成が容易に行われて、革製品が水にぬれると水素結合が切断され膨潤するが、乾燥するとより多くの水素結合が形成されて硬化や収縮すると考えられている。また加脂剤や防水剤は水素結合の生成を抑制する効果がある。

すいてきしけん　水滴試験　Colour fastness to water spotting

水滴に対する革の影響を見る試験方法である。ISO 15700（IULTCS / IUF 420）に規定されている試験方法。2滴の蒸留水を革上の2箇所に置く。30分後、いずれかの水滴から余分な水をろ紙で取り除き、外観を観察する。もう一つの水滴は16時間放置し、革の色の変化をグレースケールで評価する。ただし、エナメル革*及びプラスチックをコーティングした革については、水を通さないので裏側を十分に湿らせることにより、30分後に表面の状態を観

察する。

すいぶん　水分　Water content, Moisture content

革に吸着や結合した水のこと。革中の水分量測定法はJIS K 6550に規定されており、常圧下において100℃±2℃で革を恒量になるまで加熱し、加熱前と後での重量差から水分を求める。ただし、水分以外にもこの温度で揮発する物質も含まれる。また、このとき結合した水分は測定できない。JIS K 6558-2では、ISOにあわせて、102℃とし、揮発性物質として定義している。

革製品の標準状態（20℃、65% RH）における水分量は通常12〜18%である。革の水分吸着能力は各種繊維の中で最も良好なものの一つで、着心地や履心地に影響するので重要である。革中の油剤の酸化や黄変等の化学反応も水分の影響を受ける。革中の水分量が低いときは、革繊維中の油脂の酸化はむしろ抑制され黄変は進まないが、水分量の増加に従って酸化や黄変が促進される。革を触って水に濡れた感覚を生じる水分量は鞣剤の種類によって異なるが、約40%以上とされている。これは、革を構成するコラーゲンは親水性が高く、超極細繊維表面及び交絡による微細な空隙に水分が取り込まれるためと考えられる。

☞揮発性物質

すいぶんかっせい　水分活性
Water activity

食品や革中に含まれる自由水の割合。通常、水はタンパク質、炭水化物等と結合した結合水と移動が容易な自由水が含まれている。微生物が利用できるのは自由水であるから、水分活性（Aw）を低下させることによって微生物の繁殖を防ぐことができる。細菌の生育はAw 0.75未満でとまるが、かび類では0.75〜0.95である。乾皮、塩蔵皮等、原皮の保存に関係し、水分活性を下げることで微生物の繁殖を抑えることができる。

すいようせいぶっしつ　水溶性物質
Water-soluble matter

JIS K 6558-5、ISO 4098に規定されている。JIS K 6550における可溶性成分に相当する。ジクロロメタン又はヘキサン可溶性物質抽出後の試料から、22.5℃で2時間振とうして抽出される物質である。得られた抽出液を、102℃で蒸発、乾燥を行い、水溶性物質を定量する。なめし度を求めるために測定する項目であり、物理的に吸着している植物タンニン、結合が弱い植物タンニン、非タンニン分、無機物質等が含まれる。水溶性物質は、可溶性成分とは抽出条件が大きく異なることから、可溶性成分に比較して、一般的に小さな値となる。

☞可溶性成分

すいようせいむきぶつ　水溶性無機物
Water-soluble inorganic matter

JIS K 6558-5、ISO 4098に規定されている。JIS K 6550の可溶性灰分に相当する。ジクロロメタン又はヘキサン可溶性物質抽出後の試料から、22.5℃で2時間振とうして抽出される物質中の無機物をいう。水溶性物質測定時の抽出液に、硫酸を加え硫酸化し加熱する。さらに700℃で15分間灰化したときの残留物である。

☞可溶性灰分

すいようせいゆうきぶつ　水溶性有機物　Water-soluble organic matter
JIS K 6558-5、ISO 4098 に規定されている。水溶性物質と水溶性無機物との差をいう。ジクロロメタン又はヘキサン可溶性物質抽出後の試料から、22.5℃で2時間振とうして抽出される物質中の有機物をいう。
☞水溶性物質

すいようせいりゅうかせんりょう　水溶性硫化染料　Solubilized sulfur dye
硫化染料*の分子中に極性基を導入して水溶性を付与した染料。耐洗濯性や耐光性が良好である。一般的に不鮮明な色相で、塩素漂白に弱く、摩擦堅ろう性がやや低い。また、安価で製造も容易である。

スエード　Suede
子ウシ、ブタ、ヒツジ、ヤギ等の小動物の皮を原料として革の肉面側をバフィングマシン*で毛羽をそろえた起毛革*。ベロア*よりも毛羽が繊細で短く均質なことが特色で、きず等のため銀面の状態が良好でない革を使用する場合が多い。甲革、衣料用革に使用することが多い。写真付録参照。
☞ヌバック

スエードブラシ　Suede brush
起毛革の繊維に付着したほこりや汚れを取り除き、毛羽を起こしそろえるブラシ。素材としては豚毛、ナイロン等が使用される。通し送り（スルーフィード）式の機械で回転ブラシを掛けるタイプのものもある。

スエードようクリーナー　スエード用クリーナー　Buffed leather cleaner
☞起毛革用クリーナー

スカイバー　Skiver
肉面側を厚く分割して除いた銀付きの薄い羊革、又はやぎ革をいう。本の表紙、帽子の内張り、小物、鞄の裏等の薄い革を必要とするものに使われる。子牛革、豚革も使われている。

すかしぼり　透かし彫り　Filigree
革工芸*の技法の一つ。カービング*の作品を部分的に切り抜くことによって主要な模様を浮き立たせ強調する技法。部分的に切り抜くと革全体の強度が弱くなるため、補強とデザインを兼ねて別の色合いの革を裏面から貼り合わせることによって一層の効果を出している。

すき　漉き　Shaving, Splitting
☞シェービング、分割

すきわり　漉割り
☞分割

スキン　Skin
小動物の皮*、及び未成熟な大動物の皮。ヒツジ、ヤギ、ブタ、シカ、子ウシ、子ウマ等。小判で薄くて軽い。
☞ハイド

すくいぬい　すくい縫い　Inseam sewing, Welt stitching
針で生地をすくいながら縫う方法。靴製造においては、グッドイヤーウエルト式製法*やシルウエルト式製法*で、中底に作ったリブに釣り込んだ甲部周

辺とウエルト*とを縫いつけるときに使われる。主にすくい縫い機を使用する。1本の太い麻、又はビニロン糸が用いられすくい縫糸という。糸に松脂を浸透させると、縫い付けがゆるまずに着用中の水の浸入を防ぐ効果がある。

すくいぬいいと　すくい縫糸 Welting thread
☞すくい縫い

スクエアトウ Square toe
☞靴型

スクエアトリム Square trim
北米の子牛原皮の典型的トリミングパターン。頭及び四肢の一部を含んで四角に近い型にトリミング*される。ニューヨークトリムとも呼ばれる。

スクエアフィート sq.ft: Square feet
面積を基礎に価格設定して取引する革の面積の単位。1フィート平方（30.48 cm × 30.48 cm）の面積で、単位はsq.ftである。日本ではメートル法に基づくデシ*が取引に利用されているが、外国及び貿易ではスクエアフィート単位で行うところが多い。
☞デシ、坪

スクエアリング Squaring
毛皮衣料の製作でネイリングされたものを、型紙とおりに裁断する作業。
☞ネイリング

スコア Score
剥皮の際の刀きず。真皮中央層まで侵入しているきずをいう。
☞ナイフカット

スコウリング Scouring
主として、機械的作業で汚れ等を除く作業。革では、植物タンニン革を、スコウリングマシンや石製又は金属製のスリッカー*用いて、ブルーム*と呼ばれる白色の沈殿物や未結合のタンニン剤を除去すること。革の伸ばしと平坦化も同時に行える。靴製造では、底革又は踵(かかと)の革の表面を摩擦して清浄平滑にする作業をいう。

スコッチグレイン Scotch grain
銀面に石目模様の型押し*仕上げした牛革のこと。粒状の革の表面に出る細かい凹凸が特徴。スコットランドで外的要因によって革の銀面に模様がついたことが起源といわれている。

スタッカー Stacker
人手を使わずに、皮、又は革を自動的に積み重ね、作業場を移動するために使用する機械。仕上げ工程で使用する場合が多い。

スタック（ド）ヒール Stacked heel, Built heel
本来の意味は革の積み上げヒールのこと。プラスチック製ヒールの周囲に革の積み上げ*と同様の断面模様に加工したシートを貼り合わせたものをいうことがある。

スタッコ Stucco
　仕上げ方法の一つ。ウレタン樹脂、アクリル樹脂、充填剤、マット剤等の水性混合物を、革の損傷部分にへらを用いて塗り込み、損傷を目立たなくする方法。銀付き革、銀磨り革共に用いることができる。再バフィング*も可能。種類によってはローラーコーター*による塗り込みも可能。

スタッフィング Stuffing
　加脂方法の一つ。革の物性等を改良する目的で、繊維組織中の空隙に他の物質を物理的な手段で充填する作業。主に植物タンニン革に使用される。コールドスタッフィングとホットスタッフィングがあり、前者は水絞りした植物タンニン革の肉面から、魚油、牛脂、デグラス*等の油剤を加温溶解したものをブラシで直接塗りこむ。後者は同様の作業を、スタッフィングドラム*を用いて革に浸透させる。

スタッフィングドラム Stuffing Drum
　スタッフィング*用のドラムで、内部は打棒ではなく棚が付いており、ゆっくり回転しながら植物タンニン革にスタッフィング用の油剤を浸透させる方法である。常にドラム内は加温されているが、温度は50℃を越えないように管理する必要がある。

スタンピングほう　スタンピング法 Stamping
　☞刻印法

スタンプ Stamp
　☞刻印

ステア Steer
　生後数か月後に去勢して肥育した雄牛。

ステアハイド Steer hide
　ステアの皮。代表的な製革原料である。皮質は雌牛の皮と雄牛の皮との中間である。大きさの分類は地域によって異なるが、北米では、原皮重量が58ポンド（26 kg）以上のものをヘビーステア、48〜58ポンド（21.8〜26 kg）のものをライトステア、30〜48ポンド（13.6〜21.8 kg）のものをエクストリームライトステアと分類している。

スティフナー Stiffener
　☞月形芯

スティングレイ Stingray
　☞エイ

ステーキング Staking
　乾燥後硬くなった革を機械的にもみほぐし柔軟にする作業。へらがけ*ともいう。乾燥した革を味入れ後、様々なタイプのステーキングマシン*でもみほぐす。ステーキングを終了した革は、収縮しないようにネット張り*等を行い乾燥して固定させる。

ステーキングマシン Staking machine
　乾燥革をもみほぐして柔軟化する機械。スローカム型、ベーカー型、バイブレーション型等がある。現在では、バイブレーションステーキングマシン*が広く使用されている。

ステッチグルーバ Stitching groover
　手縫い用溝切り工具。縫糸が革の表面に出ていると摩擦で切れるため、こ

れを防ぐ目的で縫目に沿って溝を作る工具。溝の深さは使用する糸の太さによって加減する。

ステッチダウンしきせいほう　ステッチダウン式製法　Stitch down process

靴の製造方法。甲部周辺を外側に釣り込み、甲部周辺と底周辺部とを出縫機でロックステッチ*縫いにする製法。この製法には変形が多く、靴のこばの形が異なったものがある。軽く、屈曲性がよく、履きやすい。

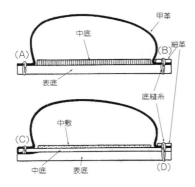

ステップイン　Step-in

スリッポン*の一種。

ストームウエルト　Storm welt

グッドイヤーウエルト式製法*等で用いられるウエルトの一種。歩行中に雨水等が靴内部に浸水しないように甲革側を盛り上げる役割がある。

ストラップ　Strap

帯状の甲革。腰革*や爪革*から延長部として加工する場合と、これにストラップを接合する場合がある。甲部や足首で靴が足に密着するようになっている。材料は、革等の素材を使用する。ストラップ幅のデザインにより多くの種類がある。

ストラップパンプス　Strap pumps

着脱に紐やバックルを用いるパンプスの一種。パンプスの甲部の足が露出する部分にストラップ*（ベルト、バンド）を飾りとして取り付けている。T字型のストラップやXストラップ等がある。

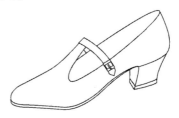

ストレッチブーツ　Stretch boots

筒部分に伸縮性のあるストレッチ素材を用いた婦人用ブーツ。履くと脚部にぴったりフィットし、ファッション性が高く、フィットブーツともいう。

ストレッチャー　Shoe stretcher

靴の甲革を伸ばして履き易くするための用具。靴の中で主軸の回転により木型が左右に開き、甲革を伸ばす方式のものが一般的である。足指が当たる場合、木型にチップを挟み部分的に伸ばすことも可能である。素材は木、金属、

プラスチックが使われ、靴のタイプによって、種々の種類がある。

ストレートチップ　Straight tip
☞一文字飾り

ストーンウォッシュ　Stone wash
縫製前の材料又は製品を古着に似せるために、軽石等を用いて洗う加工方法。デニム素材の代表的な加工方法であるが、革にも応用されている。

スナッフイング　Snuffing
銀付き革の銀面の凸部だけをバフィングマシンで軽くバフィング*して削り取ること。

スニーカー　Sneaker
表底にゴムを使った靴。スニーカーは「こっそり歩くもの」の意味で、音がしないことからこの名がある。運動靴又はキャンパスシューズともいう。

スパイラルバッドステッチ　Spiral bud stitch
☞革紐かがり

スパッツ　Spats
靴の上から足首までを覆うことで靴に小石や雪が入るのを防ぐ、革、フェルト等でできたカバーである。溶接工や鋳造工場では溶けた金属から足を守るために革のスパッツを付ける。また、チェーンソー作業者もチェーンソーが誤って足に当たらないように革のスパッツを付けることがある。

スパームオイル　Sperm oil
マッコウクジラの頭部に大量に含まれる白色の油。人には消化できない液状ワックスが主成分である。構成成分は不飽和化合物の含有比率が高く、脂肪酸はオレイン酸、パルミトオレイン酸、アルコールはセチルアルコール、オレイルアルコール等とのエステルである。以前は、この油中の高融点成分を脱ろうしたものを硫酸化処理し、浸透性の良い加脂剤として使用していた。現在では入手が困難になり、ホホバオイル*等の油脂で代替している。頭部に含まれる白色の油脂が精液に似ていたことからスパームオイルと呼ばれるようになった。

スピュー　Spew, Spue
革表面に析出した白色の固体又は暗色の粘質物。仕上げ革の大きな欠点となる。主に加脂剤や原皮中の地脂（じあぶら）（動物の体脂肪）に存在する高融点の遊離脂肪酸、グリセライド*、ワックス*等からなるファットスピュー。硫酸ナトリウム、硫酸マグネシウム等からなるソルトスピュー。魚油の酸化生成物による樹脂状スピュー。植物タンニン革に生ずる糖*がある。いずれも革中の水分移動によって発生するとされている。

ファットスピューは、脂肪の融点が低いため加熱すると融解していったんは消える。ソルトスピューは加熱しても消えないが、水に溶けるため水を含んだ布等で拭くと消える。革中にスピュー成分となる油剤や塩分が残っていると再び出現するのでいったん発生すると、再発しやすい。羊革、豚革等において場合、背筋にそって部分的に発生する場合は、地脂によることが多い。革全体に均一に発生する場合は、加脂

剤が原因であることが多い。国内産の加脂剤では製造工程中で油脂を冷却して生成した固形油脂を取り除いている（脱ろう又はウインタリングと呼ばれている）ので、スピューは発生しにくくなっている。

スプリッティング　Splitting

皮又は革の厚さを調節するために表面に水平方向に分割する作業。銀面のついた層と、その下層部分と2層に分割する。分割、裏漉き（うらす）ともいう。分割は適度な剛性と弾力を有する石灰漬け後の皮、又は鞣し上がりの革についても行われる。製品革の用途により分割する銀面層の厚さは異なる。スプリッティングマシン＊が使用される。乾燥革、仕上がり革、裁断革の厚さを調節するためにも行われる。

スプリッティングマシン　Splitting machine

皮又は革の厚さを調節するために2層に分割する機械。バンドナイフマシン、分割機ともいう。主要部は円周状に回転する帯状ナイフ（バンドナイフ）である。ほかに調節用リングローラー、くい込み用目ローラー等がある。革の断面をバンドナイフに直角に押しあてて分割する。革製品縫製時に使用する小型のものもある。

スプリット　床皮、床革　Split
☞床皮、床革

スプリングヒール　Spring heel
☞ヒール

スプレーガン　Spray gun

一般的には染料又は塗料等の溶液を圧縮空気の力で微粒化すると同時に噴射空気と共に革に吹き付ける器具。スプレー染色＊や塗装仕上げ等の工程で使用する。スプレーガンの先端内部で空気を混合して霧にする内部混合式と空気キャップの外で空気を混合して霧にする外部混合式がある。空気吹き付けによらないで、塗料自体に圧力を掛けてノズルから塗料を霧状に吹き出すエアレススプレーガン＊もある。一度に大量の塗装が可能であり、噴射空気による飛散ロスが少ないので効率が良い。硬化反応が早い2液混合樹脂塗料を塗装するためのミキシングチャンバーを備えた2液混合スプレーガン、高粘度の塗料をクモの巣状に吹き付ける乱糸ガン等の特殊スプレーガンもある。
☞スプレー装置

スプレーガンちょうしょく　スプレーガン調色　Color correction by spray

革製品クリーニング＊工程の一つ。クリーニングによって表れた革の脱色部分や色むら部分に対して、スプレーを用いて塗料又は染料溶液を噴き付け、色を修正する作業。主に、銀付き革には顔料系の塗料を用い、スエードには染料溶液を用いる。染料液を用いる場合は、隠蔽力（いんぺいりょく）が弱いため洗浄工程での脱色を最小限に抑制する必要がある。

スプレーせんしょく　スプレー染色
Spray dyeing

染料溶液をスプレーして革を染色する作業。主としてドラム等による染色の後、乾燥革の色調を修正するときに行う。スプレー染色には一般の水溶性染料や溶剤性染料も使用されるが、耐光性の高いアルコール染料*が多用される。

スプレーそうち　スプレー装置　Spray unit

革の表面に塗料をスプレーすることにより塗装仕上げを行う装置。スプレーガン*、エアコンプレッサー又は圧力吐出装置、スプレーブース（スプレーガンが作動するための空間で通常粉じんを含んだ空気を排出する機構を備えたチャンバー）からなる。機械吹きは革を移動させるコンベヤベルトと連動し、連続作業が可能である。自動スプレー装置（オートスプレー）と呼ばれる。スプレー塗装*は粉塵が拡散しないようにスプレーブース内で行うが、粉塵を含んだ空気は排気ファンにより水洗除塵された後排出される。

自動スプレー装置

スプレーとそう　スプレー塗装　Spray coating

仕上げ剤の溶液を噴霧して革の表面を塗装する作業。スプレー塗装には、手吹きと機械吹きがある。現在、塗装作業の省力化のため、ワイヤー、コンベヤ上で移動する革に、往復運動又は回転運動するスプレーガン*で連続的に吹き付ける自動スプレー装置が広く使用されている。

手吹き

すべりどめ　すべり止め　Heel grip

靴の後部の裏で足の踵後背部が当たる部分に取り付ける革。形は様々であるが特にスリッポン*の靴や踵部の浅い靴では、歩行時の足の踵が上下するのを防ぐ目的で使用する。起毛革又はスエード状に毛羽立てた合成樹脂シートが用いられることが多い。

スーベルカッター　Swivel cutter, Swivel cutting knife

回転式の切り込みナイフ。回転ナイフともいう。カービング*技法の中のカッターワークに使われる道具で、ヨーク（人差し指を支える部分）の回転が滑らかで、がたつきがなく、回転時

に指が滑りにくいものが良い。カービングスタイルと革の厚みによりボディ、替え刃の種類を使い分ける。

スポーツようかわ　スポーツ用革
Sports leather, Sports goods leather

運動用革ともいわれる。スポーツ用品に使用される革の総称。代表的な革として野球グローブ＊用、野球ボール＊用、スポーツシューズ用等がある。スポーツの種類によって異なるが、特に衝撃吸収性、耐摩耗性、形状保持性等が要求される。

スポーツようボール　スポーツ用ボール　Sports ball

スポーツ用ボールには、その競技規則に則り革材料、重量、大きさの規格が設けられている。野球ボールは、白色の馬革又は牛革、ソフトボールは、クロム鞣しの馬革又は牛革と規定されている。

スマック　Sumac

最も古くから知られている植物タンニン。主として地中海地方に産するRhus coriaria（sumac）の乾燥した葉から調製する。非常に薄い黄緑色をしており、加水分解型タンニン＊に属し、収斂性＊がほとんど無く、染色性が良い。主に薄物革＊及び羊革の製造に使用されていたが、現在はほとんど使用されていない。

すみながしぞめ　墨流し染め
☞マーブル染め

スムース　Smooth

革の表面が平滑な状態を表す語。主に仕上げのタイプを示し、天然の銀面模様の状態を表現するためにも用いられる。

スモールクロコ　Saltwater crocodile
☞イリエワニ

スラッジ　Sludge

汚泥のこと。主に産業排水や生活排水に由来し、水質汚濁の重要な要因である。また排水処理プラントからは浄化作業に伴ってスラッジが発生する。製革工程では準備工程で石灰を多用し、原皮からは可溶性タンパク質等が多く排水中に溶脱するので、浄化に伴うスラッジ発生量が多い。

スランク　Slunk

死産した子ウシ又は生後間もなく死亡した子ウシの皮。

すりこみばけ　すり込み刷毛

染料液をすり込むときに使う刷毛。毛先が短く、緻密で面積が広く作られている。

スリッカー　Slicker

湿潤状態の革を手作業で伸ばし、平たくするために用いるへら状物。主に染色、加脂後の革を平らな台に拡げ、その表面をしごく際に使用する。また、ガラス張り乾燥＊等で革を平滑板に張りつけ裏側をしごく際に用いる。

☞セッティング

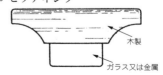

スリッパ Slipper
　浅い室内用の履物。踵(かかと)まであるものとないものがある。

スリッポン Slip-on
　単に足を滑り込ませるだけで履ける短靴の総称。靴紐を用いず着脱ができるつっかけ靴のこと。履口にゴム織布が縫い込まれているものをゴアースリッポンといい、ゴム織布のないものをステップインということもある。フォーマルなものからモカシン*のようにスポーティなものまである。

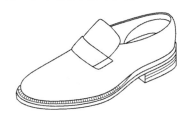

スリングバック Sling back
　婦人靴のバックストラップシューズ*。ストラップ*がスリングの輪ゴム状についているのでこの名がある。

スルーフィードほうしき　スルーフィード方式 Through-feed type
　製革機械の一形式。送り込み方式ともいう。垢出し機*、フレッシングマシン*、バフィングマシン*等は、皮、又は革を機械で処理した後、手元に引きもどす操作を必要としていたが、近年では処理後作業員と反対側に移送されるように改善された。最先端の製革工場では、染色後の革をスルーフィード方式で仕上げ加工までを行っている。

スルホンかゆ　スルホン化油
Sulfonated oil
　無水硫酸のようなスルホン化剤を炭化水素等に反応させて、直接スルホン基($-C-SO_3H$)に結合して得られる自己乳化性油の総称。エマルションの電解質安定性が高い。硫酸化油、亜硫酸化油と比べ、硬水に対し安定で均一な浸透と柔軟性が得られる。スルホン化油は合成油を原料として使われることが多く、均一で緻密な銀面が得られるが、ふくらみと触感の乏しい革になる傾向がある。

スワールモカシン Swirl moccasin
　モカシン*の一種。日本では流れモカシンともいわれ、甲の前部に2本の平行した切り替えの線がある。

スワローまち
　横から見ると燕尾のような形をして、二股になっているまち。スワローまちを使用している鞄類をスワローまちバッグという。

すんぽうあんていせい　寸法安定性
Dimensional stability
　一般的には温度、湿度、化学試薬等の理化学的環境条件の変動による、材料の膨張、収縮等の寸法変化の度合いをいう。衣服等では着用、洗濯により型くずれしない性質。革の寸法安定性には革自体の安定性（すなわち材質の特性）と縫製等成形時の加工技術に関連する要因とが含まれる。

せ

ぜいかおんど　脆化温度　Brittle temperature
　プラスチック等を冷却したとき、可塑性*、延性を失い機械的衝撃に対する強度が低下して破壊されやすくなる温度。試験片の50%が破壊する温度を脆化温度という。材質の指標であるが、可塑剤*等の混合により脆化温度は低下する。塗装膜の低温特性を評価するときに重要である。

せいぎゅうひ　成牛皮　Cattle hide
　子牛皮及び中牛皮以外の牛皮。大判で厚く、線維組織が比較的均一で充実し、強度及び耐久性のある革となる。一般的に牛皮は銀面の凹凸が小さく、真皮*の網状層と乳頭層*の区別がつきやすい。皮の厚さはネックにおいて最も厚く、ベリー*が最も薄い。主な種類としてステアハイド*とカウハイド*があり、製革の主原料となっている。
　☞皮

せいけい　成型、成形　Molding
　中空鋳型（モールド）の中で、溶解した材料を凝固させて必要な形にすること。靴の製造では、射出成形式製法*や直接加硫圧着式製法*で底部を作ること。または、底部（表底、踵又は表底と踵が一体のもの）を成形することをいう。

せいけいせい　成型性、成形性
Forming
　材料の加工適性の一つ。布では平面の布地を用いて、立体の衣服を構成する性能をいう。布地の張りと腰、しなやかさとせん断特性（縦糸と横糸のずれによる変形）等が服を作るときの成形性に大きく関与する。一方、デザイン線の切り替え、ダーツ、タック、プリーツ、ギャザー等のほか、いせ込み（細かくぐし縫いをして蒸気アイロンでひびかないように立体的に仕上げる）が成形の手法である。

せいけいほじせい　成形保持性
　☞可塑性

せいこう　製甲　Upper
　靴の甲部を作るため裁断した甲革及び裏革を縫製してまとめる作業。また、完成した甲部のこともいう。

せいぞうぶつせきにんほう　製造物責

任法　ＰＬ法　Product Liability Act

製品の欠陥によって生命、身体又は財産に損害を被ったことを証明した場合に、被害者は製造会社等に対して損害賠償を求めることができる法律である。具体的には、製造業者等が、自ら製造、加工、輸入又は一定の表示をし、引き渡した製造物の欠陥により他人の生命、身体又は財産を侵害したときは、過失の有無にかかわらず、これによって生じた損害を賠償する責任があることを定めている。さらに、製造業者等の免責事由や期間の制限についても定めている。

せいてききゅうすいど　静的吸水度
Static absorption of water

JIS K 6557-6 及び ISO 2417 に規定されている。JIS 6557-6 は JIS K 6550 と同等であり、容量法及び質量法が規定されている。ISO 2417 は、容量法のみである。

☞吸水度

せいでんそうごさよう　静電相互作用
Electrostatic interaction

静電相互作用に基づく引力。イオン結合＊、水素結合＊、双極子相互作用、ファンデルワールス力等がある。イオン結合は正負の電荷の間に働く引力で、タンパク質、染料、加脂剤等の分子の内部に、$-SO_4H$、$-COOH$ 基、$-NH_2$ 基があると、電離して $-SO_4^{2-}$、$-COO^-$、$-NH_3^+$ となり、分子は電荷をもつようになり反対の荷電間で結合する。コラーゲンのような高分子の化学構造は、分子を構成する原子間の化学結合によって決まる。コラーゲンの立体構造、染料や加脂剤等とコラーゲンとの化学反応等は、静電相互作用が大きく影響する。

せいでんとそう　静電塗装　Electrostatic painting

革を陽極とし、塗料の霧化粒子に負電荷を与えて静電場内を飛散させ、電気的引力によって革に塗料を付着させる塗装法。スプレー塗装より塗料の損失が少なく、塗装の自動化が容易であるが、くぼみ部に十分な塗装ができない。

せいひんけんさ　製品検査　Product inspection

出荷前の製品を等級別に分け、また不良品を取り除くための検査。革の場合、きずや損傷が存在する部位と程度により等級が定められる。

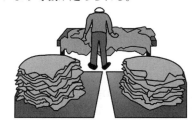

せいひんしわけ　製品仕分け
☞製品検査

せいぶつかがくてきさんそようきゅうりょう　生物化学的酸素要求量
Biochemical oxygen demand

水質指標の一つ。BOD と略される。有機物による水の汚濁を表す尺度。水中の有機物が好気性微生物によって生物化学反応で分解されるときに消費される溶存酸素の量。

せいほんようかく　製本用革　Book binding leather

一般に子牛皮、やぎ皮、羊皮から作られる革。本、手帳等の表紙に使用される。ブックバインド革ともいう。また、スカイバー*も同じ目的で使用される。

セカンドバッグ　Second bag

クラッチバッグの別名。手提げバッグ、ショルダーバッグ等をファーストバッグ（主要なバッグ）とみなした場合の補助的なバッグを意味する。

せきゆけいようざい　石油系溶剤　Petroleum solvent

JIS では石油系溶剤（試薬）は、石油エーテル*、石油ベンジン及びリグロインの3種類が規定されている。それぞれの沸点は、順に 30～60℃、50～80℃、80～110℃で 90 vol% 以上留出のことと規定されている。いずれも低沸点のため、火気に十分な注意が必要である。

石油エーテル*は、3種類のうち最も軽質であり、洗浄用等に幅広く使用されている。エーテルの名前がついているが、エーテル基のある化合物は一切含まれていない。石油ベンジンは、しみ抜き用、洗浄用、塗料用に使用され、主成分はノルマルヘキサン及びイソヘキサンである。リグロインは、工業ガソリンのゴム揮発油に似ているが、沸点範囲が狭くやや軽質である。トルエンを若干含むので毒性に注意が必要である。

せっかいそう　石灰槽　Lime pit

石灰浴槽ともいい、石灰漬け*で皮を石灰浴に浸漬する槽。目的により単槽法と使用済みの浴槽から順次新しい浴槽に皮を移す多槽法がある。ドラムやパドル等による脱毛法が普及するまで使用されていた。

せっかいづけ　石灰漬け　Liming

準備工程*中、最も重要な工程。水酸化カルシウムを過飽和濃度に調製した石灰溶液に原皮を浸漬処理する作業。一般的にその作用を強め処理時間を短縮するために、硫化ナトリウム等の脱毛促進剤を添加した石灰溶液が使用される。この処理によって、毛、表皮の破壊、非コラーゲンタンパク質の除去、脂肪のケン化がなされると共に、皮は膨潤*し、線維構造がゆるめられてほぐされる。この処理を効果的にするため、石灰漬けを分けて、脱毛を主とする脱毛石灰漬けとその後の再石灰漬けを行うことが多い。これによって皮の線維構造の均質化が図られ、革となったときの柔軟性が向上する。脱毛石灰漬けは、通常ドラム*、パドル*を用いて行われるが、植物タンニン革では石灰浴槽を用いるピットライミング（単槽法、多槽法）、羊皮等に適用される石灰塗布法*がある。

せっかいとふほう　石灰塗布法　Painting, Paint liming

浴を使用せずに、脱毛剤として水酸化カルシウムと硫化ナトリウムの混合物を水で泥状にしたものを調製し、これを皮の裏面（肉面）に塗る方法（ペイントライミングともいう）。損傷のない羊毛を回収できる。やぎ皮、羊皮、及び子牛皮等の小動物皮に用いられる。銀面の滑らかで緻密な革を得るためにこの方法が使用される。部分的に塗布

量を変えることによって、皮組織の弱い部分が保護できる利点がある。
☞フェルモンガリング

せっかいはん　石灰斑　Lime stains, Lime-blast
石灰漬け*した皮が長く空気中にさらされて生ずる銀面の斑点。皮中の水酸化カルシウム*が炭酸ガスと反応して難溶性の炭酸カルシウムが沈着することによって起こる。皮の線維構造を破壊するために、鞣しが過剰になり、銀面の荒れ、暗色の斑点を生じる。

せっかいひ　石灰皮　Lime pelt
☞裸皮

せっかいらひ　石灰裸皮　Lime pelt
☞裸皮

せっけん　石けん（鹸）　Soap
脂肪酸の金属塩。一般的にはナトリウム、カリウム等のアルカリ金属塩をさす。水溶性で著しい界面活性、起泡性、洗浄力、乳化力を示し、安定なエマルションを形成するので加脂剤として利用されている。安定な泡を生じ大きな洗浄力をもつ。水溶液は加水分解*を受けアルカリ性を示す。

せっしょく（せい）ひふえん　接触（性）皮膚炎　Contact dermatitis
ある特定の外的要因が皮膚に接触したことによって生じる湿疹性病変をいう。代表的なアレルギー性皮膚炎の原因物質は、金属（ニッケル、コバルト等）、植物（ウルシ、ブタクサ、サクラソウ、スギ、ヒノキ等）、医薬品（抗生物質、抗ヒスタミン剤等）、化粧品（マニキュア、制汗剤等）等に接触した部位にアレルギー反応による湿疹を起こすものである。特に、金属アレルギーは時計バンド、アクセサリー、指輪等で生じており、最も多いのがアクセサリーであるといわれている。アクセサリーにはめっき処理が施されており、その下地にはニッケルが最も多く利用されている。発症は個人差が大きい。

せった　雪踏、雪駄　Leather-soled sandals
藁芯、竹の皮で編んだ表の裏底に皮を縫い付けて張った草履、真竹筍の皮を繊維にそって幅1～2cmとし、藁草履編みと同じく編み踵留めをして楕円形とする。表面の毛羽取り、木槌や押し棒による馴らし（均一化）をして整えた後、型枠に入れて最終的な表とする。これに花鼻緒を付けた後に、底皮をつけ表と皮を縫い合わせる。最後に皮の踵部分に半月形の鉄を打ち付ける。使用する皮は、安物は馬皮の板目皮*、上等品は雄牛の鞣し革であるが、多く用いられたのは牛皮の板目皮であった。

せっちゃくざい　接着剤　Adhesive
二つの物体を接合するために使用する物質。接着とは、二つの面が化学的又は物理的な力、又はその両者によって一体化された状態である。接着剤の成分は多様であるが、接着剤の大量生産は、膠*から始まり、天然ゴム、でんぷん、カゼイン*等の天然素材が主体であった。現在では様々な合成接着剤が種々の用途に応じて用いられている。主成分はエラストマー、合成樹脂等の高分子物質であるが、接着される材質や接着後の実用条件を考え接着剤

の種類を選定する。

セッティング Setting out

染色、加脂後の湿潤状態の革を伸ばし、表面を平滑にすると共に水分量を減らし、形を整える作業をいう。伸ばしともいう。革の乾燥工程の前処理として行う。かつては、適度な水絞り*を行った湿潤状態の革を、スリッカー*を使って手で行っていた。最近では水絞り及びセッティングを兼ねて機械で行うことが多い。セッティング後は、吊り干し乾燥*、又は真空乾燥*を行うことが多い。

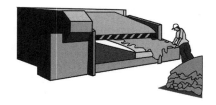

セッティング（アウト）マシン Setting-out machine

セッティング*に使用する機械。複数のローラーと刃シリンダーで革をはさむようにして操作する。中央からV型に左右両側にらせん状の鈍刃をもつ刃シリンダーで銀面をさばくように伸ばす。現在では、作業工程の効率化のために、水絞り*も兼用するサミング・セッティングマシンが多い。往復で革を処理するリバースタイプ、通し送りするスルーフィード*タイプもある。最終仕上がり革の面積収率と銀面のきめに大きな影響を与える機械である。

セットバックヒール Setback heel

☞ヒール

セミアニリンしあげ　セミアニリン仕上げ Semi aniline finish

革の仕上げ方法の一つ。アニリン仕上げ*と顔料仕上げ*との中間的な仕上げ方法。少量の顔料を使用することによって銀面の損傷を隠し、その後に染料で調色を行うことによって顔料感を軽減する。革の仕上げはこの方法を採用することが多い。

セミクロムかく　セミクロム革 Semi chrome tanned leather

☞セミタンド

セミタンド Semi-tanned leather

皮の保存手段として、軽く植物タンニン*で鞣したもの。この状態で輸出が行われる。完全な鞣し処理でないため再鞣をする必要がある。一般には、脱タンニンを行った後にクロム鞣しを行うのでセミクロム革とも呼ばれる。植物タンニン革とクロム革の中間的な性質を示している。

セームがわ　セーム革 Chamois leather

本来、アルプスカモシカ（chamois）の皮の銀面を削り落とし、タラ肝油*で鞣した革。現在ではシカ、ヒツジ、ヤギ等の皮を用い、アルデヒド系鞣剤とタラ肝油を用いて鞣した革が多い。タラ油には酸化されやすい高度の不飽和脂肪酸グリセライドが多く、酸化生成物と皮タンパク質との化学反応を利用した油鞣し方法で製造される。作られた革は水洗いしても硬化しにくいことから、自動車清掃用やガラス磨き等に使われている。

セメントしきせいほう　セメント式製

法 Cement process

靴の製造方法の一つ。甲部周辺を中底に釣り込んだ後、甲部周辺と表底周辺に接着剤を塗布し、圧着機で底付けする製法。製造工程が少なく、構造が簡単であるため、自動機械による量産が可能である。一般に安価な靴作りに適している。このタイプは、デザイン上の制約が少なく、広く使われている。

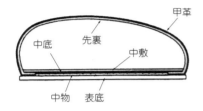

ゼラチン Gelatin

ゼラチンは、コラーゲン*が、加熱等により変性し生成したものである。ゼラチンは、熱可逆的なゾル－ゲル変換能、粘性、造膜性、接着性、気泡性、乳化安定性、保護コロイド性、保水性等に優れた特性を有する。特にゾル－ゲル変換は重要であり、冷却によってゼラチン溶液はゲル化し、加熱によってゼラチンゲルはゾル化する。しかもこの変化を常温に近い温度で可逆的に行うことができる。食品用安定剤、ゼリー、微生物用の培地、写真乳剤、カプセル剤、接着剤、結合剤等広い用途をもつ。日本画の画材や工芸品等に接着剤*として使用されている膠*は、ゼラチンとして精製度の低いものである。最近はゼラチンを加水分解し、ゲル化しないものをコラーゲン加水分解物と称し、健康補助食品等で利用されている。

☞膠、和膠

せり Auction

☞オークション

ゼリーきょうど　ゼリー強度 Jelly strength, Gel strength

ゼラチン*等のゲル又はゼリーを形成した物体の機械的強度。ゼラチンゲルの強さは、JIS では JIS K6503 に定められた方法で試験される。一定形状のゲルを変形させるのに要する力又はゲルを破断させるのに要する力で表現され、主として硬さの尺度である。ゼラチンの場合、その濃度、温度、pH*、共存物質等により変動があるが、同一条件では分子量等の固有の性質に依存して変化するので、ゼラチンの品質、特性を判定する重要な項目である。

セレクテッドベース Selected base (price)

選別基準価格設定方式。異なる等級品を含み、その構成内容が不安定な皮又は革のロットについて、選別成績を基準にして価格設定する。原皮ではまず1級品の単価を決め、続いて2級品、3級品の単価を決め、更に各級品の構成率を乗じて全体の価格を決める。

☞フラットベース

セワニ　背ワニ

ワニの腹の部分を割き（フロントカット*）、頚部から背部の凹凸（頚鱗板、背鱗板）を生かしたタイプの革をいう。なお背の部分を割くタイプ（バックカット*）の革を腹（肚）ワニ*という。写真は付録参照。

せんい、せいかつようひんとうけいねんぽう　繊維、生活用品統計年報

Yearbook of textiles and consumer goods statistics

経済産業省が毎年公表する統計の一つ。業種、品目は多岐にわたるが、革については製革と革靴とが収録されている。製革では生産枚数、受入れ枚数、出荷枚数及び販売枚数を示し、各種のクロム甲革について推移を表している。革靴についても同様の区分で数量を示していることから、それぞれが皮革産業全体の動向を推測するのに必要な指標とされている。

せんうち　銓打ち　Fleshing
☞フレッシング

ぜんかいぶん　全灰分　Total ash
☞灰分

ぜんじき　全敷　Sock lining, Whole length sock
☞中敷き

せんしょく　染色　Dyeing
染料を水等の溶媒に溶解した状態で革を着色すること。塗料による着色法に比べ、鮮明で透明感のある色調が得られることが特徴である。また、革の表面だけでなく組織の内部まで着色できること、個々の繊維を膠着させず風合いと表面の感触を変えないこと、銀面模様を覆い隠すことがないこと等の特徴もある。一方、革の種類（特に鞣しの違い）と染料の組合せに適不適があり、注意して選択しなければならない。革の染色方法は、革と染料液をドラム中で回転して染色するドラム染色*が一般的である。革繊維の耐熱性及び耐アルカリ性が綿や化学繊維等の繊維素材より低いため、クロム革では、染色温度の上限を約60℃、又弱酸性から酸性浴中で染色する必要がある。革が比較的厚いことから、浸透染色するためには、浸透染色用の処理が必要になる。

☞染色助剤、染めあし

せんしょくクリーム　染色クリーム
Dyeing cream

革製品の着色を主目的とするクリーム*。靴の補色や革工芸用として用いる。一般の乳化性クリームよりはるかに染料濃度が高く着色力が優れている。染料の種類は、油溶性染料、塩基性染料*、酸性染料*、直接染料*等のほかに、耐光性*のすぐれた含金染料*等が使用されている。

せんしょくけんろうど　染色堅ろう度
Color fastness

革及び革製品が使用中、保管中に受ける様々な作用に対する色の抵抗性を表す尺度。染色された色は、摩擦、水、汗、光（日光、蛍光灯等）、有機溶剤、熱、ガス、洗濯等、更にこれらの複合した作用によって影響を受ける。染色堅ろう度の低下は、主に染料と革との染着力が低いことに原因がある。また、上記の作用因子により革に含まれる染料、顔料、鞣剤、加脂剤、仕上げ剤等が理化学的変化を起こすこと、それらが革中又は革からほかの物体へ移動すること、及び革繊維の理化学的変化に起因する。革試験片の変退色で評価する場合と、試験片からほかの物体（白布等）への汚染（着色物の移動）で評価する場合がある。等級は、グレースケールで判定し、1級が最も汚染、変退色の

度合いが大きいことを表し、5級が汚染、変退色しないことを表す。耐光に関する染色堅ろう度は、規定の方法で革をブルースケールとともに露光し、両者の変退色を比較して判定する。革の試験方法は、JIS では、JIS K 6547 革の染色摩擦堅ろう度試験方法＊、JIS K 6552 衣料用革試験方法があり、JIS K 6551 靴用革、JIS K 6553 衣料用革に基準値が規定されている。

☞耐光性、耐汗性

せんしょくじょざい　染色助剤
Dyeing auxiliary

染色の効果を改善するために使用する染料以外の薬剤。革の染色には、均染剤＊、緩染剤、定着剤、浸透剤、pH 調節剤、媒染剤＊等が使用される。しかし染色作業の前後に行われる中和、再鞣（さいじゅう）、加脂等で使用される薬剤も、染色特性に多かれ少なかれ影響するので、それらは染色肋剤としての役割を有する。

せんしょくまさつけんろうどしけん
染色摩擦堅ろう度試験　Testing method for color fastness to rubbing

革の色落ち、変色等を試験する方法で、特に摩擦に対する染色堅ろう度＊を評価する試験。クロックメータ（crock meter、摩擦試験機Ⅰ形）、学振形摩擦試験機（摩擦試験機Ⅱ形）、ISO の摩擦試験機（IULTCS RUB fastness tester）を使用する方法等がある。革の試験法については、JIS K 6547、及び ISO では ISO 11640（IULTCS/IUF 450）、ISO 20433（IULTCS/IUF 452）に規定されている。JIS K 6547 では、クロックメータ又は学振形を使用する。乾燥又は各種の溶液で浸した綿白布を取り付けた摩擦子に一定荷重をかけ、往復運動により革の表面を摩擦し、その結果生ずる革の変退色及び白布の汚染をグレースケール＊で判定する。この評価の結果を染色摩擦堅ろう度という。ISO 20433 では、クロックメータによる乾燥と湿潤摩擦試験が規定されている。日本エコレザー基準（JES）＊では ISO 11640 が試験方法として規定されている。この方法は、白又は黒の羊毛フェルトを用いて乾燥と湿潤の試験を行うことが規定されている。

☞染色堅ろう度

センターシーム　Center seam

靴甲部の爪先から履き口にかけて中央部を切り替えて縫った縫目。縫目の違いが装飾要素の一つになる。返し縫いで糸目の表面に出ないもの、つまみ縫いでラフな感覚のもの等がある。

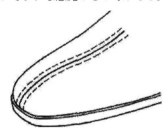

せんとう　銓刀　Fleshing knife

準備工程で脱毛＊、垢出し（あかだし）＊、フレッシング＊等を手作業で行うときに用いる両側に把手（とって）のついた細身の刃物。一般的には、山形に湾曲しているが直線状のものもある。皮をのせるかまぼこ台＊と組合せて用いる。脱毛、垢出し用のものはフレッシング用のものより刃が鈍い。反対に刃がある銓刀は皮の

裏削り（フレッシング）を行うときに用いる。銓刀で行う作業は現在では機械化され、それぞれ脱毛機*、垢出し機*、フレッシングマシン*が使用されている。

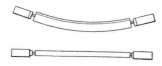

せんりょう　染料　Dye, Dyestuff

革等を着色するために用いる色素。可視光の領域に吸収スペクトルをもち、主にスルホン酸基（-SO$_3$H）を有する有色の有機物質。水に溶解する染料が一般的であるが、アルコール染料*、溶剤性染料のように水以外の溶媒に溶けるものもある。革では、染料は分子分散に近い微分散状態で結合しているため、顔料のような不溶性色材に比べ演色効果が高い。革との結合挙動の違い、化学構造や染着機構の違いから酸性染料*、直接染料*、塩基性染料*、建染め染料、反応染料*、分散染料、アルコール染料*等多種類のものがある。製革工程用には酸性染料、直接染料、塩基性染料等が使用されている。

せんりょうそうようせい　染料相溶性　Compatibility of dye

複数の染料が相互に親和性を有し、溶液又は混和物を形成する性質。個々の染料の染着挙動が一致していることを相溶性が良いという。相溶性が悪い染料を混用すると染色の管理が困難になり、色相のばらつきが大きくなり、色むらが発生しやすく色相の再現性も悪くなる。革では特に、染め足*の差異が相溶性低下の大きな要因となる。

そ

ゾウ　Elephant

長鼻目ゾウ科に分類され、現存する種は1科2属2種である。現在、アジアゾウ*はワシントン条約附属書Ⅰに、アフリカゾウの中でジンバブエ、ボツワナ、ナミビア、南アフリカ産のアフリカゾウ*は、附属書Ⅱにリストされている。商業目的の取引については、締約国の話し合いで変化することがあるので、内容を十分に把握することが大切である。

そとがわ　底革　Sole leather

靴の底に使用する厚くて硬い革。厚い成牛皮を植物タンニン*で鞣す。耐久性が求められる。また、重量売買される。長期間かけて、多量の植物タンニンを皮に結合させ、さらに、仕上げ工程でロール掛け*をして固く締める。草履やスポーツ用スパイクの底革にクロム鞣し*された青革*も用いられている。

そこじめ　底じめ　Rolling

☞ロール掛け

そこづけ　底付け　Bottoming

製靴工程で、甲部と底部を接合する工程。グッドイヤーウエルト式製法*、シルウエルト式製法*、ステッチダウン式製法*、マッケイ式製法*、セメント式製法*、カリフォルニア式製法*、直接加硫圧着式製法*、射出成形式製法*等、様々な方法がある。

そこぬい　底縫い　Sole stitching

靴底部の縫い付けのこと。ミシンによる甲縫いに対する語で、底付け*作業におけるすくい縫い*、出縫い、マッケイ縫いがある。狭義には、マッケイ式製法*において甲部と表底とを縫うことをいう。

そこぬいいと　底縫糸　Sole stitching thread

靴の底を縫う糸。甲縫糸に対する用語。

☞底縫い、縫糸

そすいけつごう　疎水結合　Hydrophobic bond

分子中の疎水性基（非極性領域）が、水中において水分子からの反発を受けて互いに集合しようとする相互作用。非常に弱い力ではあるが、タンパク質の立体構造を形成するときの重要な因子の一つである。タンパク質の主鎖が折りたたまれるとき、疎水性基は水との接触を避けタンパク質の内側に配置される。疎水結合は、タンパク質分子内部のみならずタンパク質分子間、酵素との結合、脂質等の疎水性化合物との結合に重要な役割を果たす。

そせい　塑性　Plasticity

固体に一定以上の力（弾性限界*）を加えた場合に生じる歪みが、力を除いても残る性質。可塑性*ともいう。この特性は、加工のしやすさと関係している。植物タンニン革の特性の一つであり、手工芸用革等は、この性質を利用して凹凸の付与、刻印が施される。

ソックスレーほう　ソックスレー法　Soxhlet method

広く動植物試料から、主に脂肪分の抽出、定量を行う方法。JIS K 6550 で規定されている脂肪分、JIS K 6558-4 で規定されているジクロロメタン又はヘキサン可溶性物質を測定するときに使用する。

乾燥試料から専用抽出器（ソックスレー抽出器）により、適当な有機溶媒で還流抽出し、抽出された油脂分を脂肪分とする。革中脂肪分の定量に使用されるが、使用する有機溶媒の種類によって、抽出物に差が生じ、更に脂肪分以外の樹脂、顔料、鞣剤等の溶剤抽出性成分が抽出される場合がある。

☞脂肪分

そとばねしき　外羽根式　Blucher

紐で結ぶタイプの靴。腰革*の羽根が外に取り付けられ、履き口が外に開いて紐で締めるタイプの靴。ブラッチャーともいう。1810 年、プロシア軍のブラッヘル将軍が軍靴用に考えたことに由来する。これに対し、内羽根式*（バルモラル）があり、紐結び靴の 2 型式の一つである。イギリス、フランスでは、それぞれダービー、デルビーといわれている。

ソフトさ　Soft feeling

革や布地の感触の評価を表す用語の一つ。

☞柔軟性

ソフトソール　Soft sole
　柔軟性のある革の表底。本来の重厚な革に対して、鞣し方法等の改良によって柔らかく軽量に仕上げた底革をいう。また合成底ではスポンジ状のものをソフトソールと呼ぶこともある。

ソフトネステスター　Softness tester
　革の柔軟性の測定に使用する装置。ISO 17235（IULTCS/IUP 36）で規定されている。測定法は、革試料を金属製のリングのある台上に固定し、一定荷重のかかった金属製のピンを押し下げる。ピンが柔らかい革ほど深く侵入することを原理としており、値（侵入深さ）が大きいほど柔らかい。特徴として、革を裁断せずに測定することができる。

ソフトレザー　Soft leather
　靴用革、衣料用革、手袋用革、袋物用革等、柔軟な革の総称。

そめあし　染め足　Dyeing speed
　染色浴中の染料が革に取り込まれる速度のこと。染め足の速い染料と遅い染料を混用すると、再現性が得にくい染色となる。染色の品質を向上するために考慮しなければならない重要な要素である。一般的には染め足の遅い染料は革の断面方向へ浸透する傾向が強く、染め足の速い染料は浸透しにくい。染料を調合するときは、同じような染め足の染料を組み合わせるのが原則である。

そめかえ　染め替え　Redyeing, Over dyeing
　革の色を現状の色から別の色に変えることをいう。塗装仕上げ革は、塗料の吹き付けによって新たな色調を付与する。起毛革や素上げ革は、染料を用いた吹き付けによって色付けを行う。一般的には、使用していた革製品の修理と同時に、染め替えを行うことがある。

そめかわ　染皮、染革
　色や模様を付けた革。古代末から中世〜江戸中期頃まで皮革技法の最も発達した分野は染色技術である。大きく分ければ1）絵皮*、画き皮、2）植物染料*による狭義の染皮、3）燻革*が含まれる。
　植物染料による染皮は、樹皮、花等を煮出して色を取り出し、藍のように独特の手法で色を取り出して溶液を作り、そこに皮を漬け込んで色付けをするのが基本形である。歴史的には藍染めが先行した。媒染剤*（明礬、鉄等）も用いられ、文様を入れるために、糊、型置、絞り等の方法が用いられた。
　染皮技法が大きく発展したのは、絢爛壮美な大鎧、具足の登場による。平安期に多様な文様が登場し、小桜革*、菖蒲革*を生み出し、鎌倉期に入ると獅子牡丹文、不動三尊像という大型の勇壮な図柄が流行する。南北朝から室町期になって新しい図案として正平革*が生まれ、その後、室町後期にはそれまで染皮の陰にあった燻革が広がる。江戸期には袋物、衣裳が染皮の需要源となり、特に革羽織、火事装束が流行した。

そんしょう　損傷　Damage of leather
　革製品の機械的強度の基準値は、日

本工業規格（JIS）に一部定められている。しかし、規定値を大きく外れて、破断や破れ等の損傷が発生することがある。多くは以下のように、動物種、原皮、製革工程、使用時に原因が存在する。

　1）革素材：ウールシープ＊は、繊維構造がルーズであるため、機械的強度が低い。一般的に、革はベリー＊の強度が低い。革を漉く際に、厚さが薄くなると機械的強度が低下する。これらの要因によって、物理的に荷重がかかる部分に使用した場合に損傷が生じる。

　2）原皮保存や輸送：キュアリングの遅れ、原皮の状態での温度上昇、施塩不足等が原因で、細菌が繁殖することによって皮は劣化する。塩斑＊、輸送中における温度上昇（40℃以上）によっても損傷が起こる。

　3）製革工程：準備工程、染色工程、仕上げ工程中における過度な温度上昇、強酸、アルカリ性薬品等の薬品使用時におけるこれらの薬品への直接的な接触によって損傷が生じる。

　4）革製品の使用又は保存中：紫外線、水分、温度、大気汚染成分等による損傷、油脂の酸化促進、更に汗の成分による脱鞣しが生じるための損傷がある。

た

タイガーシャーク　Tiger shark
　☞イタチザメ

だいかわ　台革　Rand
　靴の表底踵部に取り付ける馬蹄状の革。鉢巻きともいう。グッドイヤーウエルト式製法等で踵部に積上げを取り付けるとき、隙間が生じないように、あらかじめ取り付けておく。

たいかんせい　たいあせせい　耐汗性
Perspiration fastness, Perspiration resistance
　汗の作用に対する革の染色堅ろう性。一般的に、汗には0.3～0.5％の塩化ナトリウム、0.1～0.2％の尿素、微量の無機塩、有機酸、脂肪酸及びタンパク質等が含まれ、有機酸による脱クロムや微生物の繁殖促進等によって革の性質劣化の原因になる。試験方法は、JIS K 6547に規定されており、酸性人工汗液（pH 5.5）とアルカリ性人工汗液（pH 8.0）を用いる。

たいかんせいしけん　耐寒性試験
Testing method for cold resistance
　革の低温における性能劣化を評価する試験。革は、温度変化によって柔軟性が変わりにくいことが特徴の一つである。しかし、合成樹脂等を再鞣、仕上げで使用することによって、低温で起こる革の変化を調べる必要があるため規定された試験である。低温下で起こる革の柔軟度（＝剛軟度）及び耐屈曲性の変化の程度で表すことが多い。試験方法は、JIS K 6542に規定されており、試験条件は低温（-10℃）と超低温（-30℃）の2種類がある。

　☞柔軟度、剛軟度

たいかんねつせいしけん　耐乾熱性試験　Testing method for heat resistance of air dry leather
　乾燥状態での革の加熱による品質劣化に対する抵抗性を評価する試験。JIS K 6543で規定されている。直接加硫圧

着式及び射出成形式製靴法＊に使用する甲革、裏革及び中底革の風乾状態での耐乾熱性を試験する。甲革、裏革及び中底革は、使用する状態や熱加圧を受ける状況がそれぞれ異なるために、試験方法もそれぞれ異なる。甲革はそのままで、裏革は標準甲革と接着剤で張り合わせ、複合試験片を作製する。中底革はバフィング＊するが、起毛革及び床革はバフィングする必要はない。試験片を規定温度の加熱板2枚の間に挟んで加圧したときに生ずる損傷（革の収縮や銀面割れ）の程度で耐乾熱性を評価する。規定温度は靴の製法によって異なり、上板は50〜105℃、下板は150〜185℃の間で行う。

☞耐熱性

たいかんもの　大貫物

豚枝肉の標準的重量の範囲を超えたもののこと。経産豚、種雄豚がこれにあたり、肉色が濃く、肉も硬い。原皮業界において豚皮取引の際、その原皮をトビという名目で取引される（sow skin）。一般的な豚皮の塩蔵皮＊の重量は4.6〜5.2 kg程だが、トビは7〜8 kgの重さになる。

たいくっきょくせいしけん　耐屈曲性試験　Flexing endurance test

革の屈曲に対する耐久性を評価するための試験方法。歩行運動における靴の甲部に起きる屈曲の状態に近い動きを革に与え、一定の屈曲回数で損傷する程度を評価する。フレクソメータを使用する方法と爪革屈曲試験機（Vamp flex machine）を使用する方法がある。前者は、JIS K 6545、ISO 5402-1 (IULTCS/IUP 20-1)、後者は、ISO 5402-2 (IULTCS/IP 20-2) で規定されている。靴用甲革以外に衣料用革、裏革、手袋用革等の薄物革＊にも適用できる。

たいクリーニングせい　耐クリーニング性　Cleaning resistance

クリーニング＊による色落ち、脱脂、寸法変化、毛羽立ち、型崩れ＊等に対する革や革製品の抵抗性を表す。クリーニングによって、加脂剤や鞣剤の一部離脱、塗装膜の溶解が生じるためである。鞣し、染色、加脂、仕上げの状態とクリーニング条件（溶媒の種類、革への機械的衝撃等）が影響する。耐クリーニング性は、広義にはウェットクリーニング＊及びドライクリーニング＊に対する抵抗性をいうが、後者を表すことが多い。

たいこ　太鼓　Drum

☞ドラム、鼓

たいこ　太鼓、太鞁（楽器）　Drum

木等の円形で中空の胴に皮を張り、これを手又はばちで打って響かせ鳴らせる楽器。楽器の分類では膜鳴楽器と総称する。平たい胴の両側に皮を張った形のものを太鼓と呼んでいる。太鼓には大小、用途別等考えられるが、およそ3つに分類される。

1) 皮を直接胴に当て、皮の縁に紐を掛けて締め皮の張りを確保するタイプのもの。枠無締太鼓という。

2) 胴よりも大きめの輪に皮を縫い付けて張り、同時に輪に数箇所紐を付け、それを胴に密着させて締め付け皮の張りを作る。1) よりも強い張りを確保できる。枠付締太鼓という。鼓（つづみ）は基本的にこの張り方になっている。素材的に

も鼓と太鼓には違いがある。鼓の胴は、桜材で皮が馬皮。太鼓の胴は、欅(けやき)を最上として、シオジや栓(せん)(ハリギリ、センノキともいう)等の堅木に牛皮を張る。

3)紐を付けた皮を胴に直接密着させて締め付けた後に、木釘、鋲(びょう)によって張り皮を胴縁に直接留める。鋲留太鼓(びょうどめだいこ)という。皮面が1mを越す宮太鼓、祭り太鼓が代表的なものである。現在では皮面3尺(90cm)以上を大太鼓と呼んで区分している。

たいこうせい　耐光性　Light fastness, Light resistance

光による劣化に対する抵抗性。自然環境の中で受ける影響の中で、光による変化が比較的大きく、特に紫外線による作用が大きい。革等の天然繊維をはじめ合成繊維も多かれ少なかれ、光による作用で黄変*や、強度の低下が生じる。光に含まれる紫外線には、漂白、酸化作用があり、染料や塗料の退色を引き起こす。革の場合、長時間照射すると、銀面や塗装膜が劣化する。光に対する抵抗性を推測するために、劣化を加速するような紫外線、日光、キセノン、カーボン、蛍光灯等の人工光でばく露試験を行うのが一般的である。革の試験は繊維の試験を適用して行う。繊維の試験方法として、JIS L 0841に日光、JIS L 0842に紫外線カーボンアーク灯光、JIS L 0843にキセノンアーク灯光に対する染色堅ろう度試験方法がある。ISOではISO 105-B01に太陽光、ISO 105-B02にキセノンアーク灯光に対する試験方法が規定されている。

☞染色堅ろう度

たいこうせい　耐候性　Weather resistance, Weatherproof

日光、風雨、湿気、空気中の気体(特に亜硫酸ガス、オゾン)、温度等の自然条件の影響を受けて、時間経過に伴って起こる劣化、又は老化に対する抵抗性をいう。要因として紫外線の影響が大きい。耐候性を確認するために上記のような劣化条件を人為的に調節できる耐候性試験機を用いるのが一般的である。革では繊維の規格に準じて試験が行われている。

☞耐光性

たいこがわ　太鼓皮　Japanese drum head

太鼓に使用する皮。生皮(きがわ)に属する。原皮の裏打ちを行った後、ぬるま湯に米糠(こめぬか)と塩を入れた容器に原皮を入れて発酵させ、毛根の開き具合を確かめ、かまぼこ台に乗せて剪刀(せんとう)で毛の除去を行う。さらに、裏皮を丁寧に処理し、ある程度の張りを維持して完全乾燥させる。石灰脱毛法が行われることもあるが、米糠を用いた発酵法に比べ、皮の繊維がほぐされていることによって音響が劣る。

たいし　体脂　Body fat

動物の脂肪。地脂(じあぶら)ともいう。製革工程において、脂肪は、脱脂によって大部分が除去されるが、残留すると、油じみ*による変色、及びスピュー*の原因になる。

たいすいあつ　耐水圧　Water penetration pressure

JIS K 6557-5及びISO 17230に規定されている。JIS K 6550の耐水度とは異

なる。革に水圧をかけたときに、革の内部に水がしみこむまでの圧力をいう。革の使用面が水と接触するように、水の入った容器上に固定し、水圧を既定の速度で上昇させ、水滴が革を通過するのに必要な圧力を測定する。

☞耐水度

たいすいせい　耐水性 Water resistance, Waterproof

革等が水と接触したときに、吸水量が少なく、水が透過しにくく、更にその物性や外観等が変化しにくいこと。革製品は、継続的、又は全面的に水と接触することは少ないので、一時的、又は局部的な水との接触（例えば雨や水滴等）による変化が問題になる場合が多い。塗装した革は、塗装面が水に接触したときのしわ、膨れ、割れ、はがれ、艶の減少、くもり、変色、水を吸い込んだ部分の革の変形、硬化等を評価する。起毛革*の場合は、毛羽の膠着等が耐水性を評価する主なポイントである。

革は本来親水性が高く、水に濡れやすい。そのまま乾燥すると繊維同士が膠着し、風合いの変化、面積収縮、変形等が生じやすい。これはコラーゲン*の親水性が高く、製革工程で親水性の薬品を多く使用しているからである。革に耐水性を持たせるためには、加脂剤、フッ素化合物、仕上げ剤等で革繊維を疎水性にする方法、革繊維間を充填する方法等がある。

☞防水性、耐水度、はっ水性

たいすいど　耐水度 Degree of water resistance

革等が水の吸収、浸透に対して抵抗する度合い。試験方法には静的方法と動的方法がある。静的方法は、革に接触する水圧を増加させ、表面に水が現れるときの水圧又は時間で表す。JIS K 6550 では、耐水度試験機による方法を規定している。JIS K 6557-5 は、ISO 17230 と一致した内容となっており、耐水圧試験機による方法でもある。ISO 規格では、ISO 17230（IULTCS/IUP 45）に耐水圧の測定、ISO 5403-1（IULTCS/IUP 10-1）ペネトロメータ法及び ISO 5403-2（IULTCS/IUP 10-2）メーサ法に動的耐水度*が規定されている。

☞耐水性、耐水圧

たいでんせい　帯電性 Electrostatic charge ability

物体に静電気が蓄積する性質。物体同士の摩擦により静電気が発生し、蓄積することが多い。帯電性は導電性と逆の関係にあり、合成繊維等の疎水性材料は帯電性が大きい。親水性の天然繊維でも水分が少ないときは帯電しやすい。衣服着用時の帯電は不快な放電音、放電時の痛み、衣服の裾のまつわり、ほこりの付着、引火の原因等の障害をもたらす。革は親水性素材であるため帯電しにくいが、合成樹脂等で塗装すると帯電性が増し、ほこりがつきやすくなる。帯電による障害を防止する目的で静電気帯電防止用の革製安全作業靴の基準が JIS T 8103 により規定されている。

タイトコート Grain-impregnation, Tight coat (impregnation), Grain-tightening

合成樹脂を革の表面から含浸させて銀面を引き締める作業。本来は、登録商標の言葉であるが、インプレグネー

ション（含浸）と同義語で使用されている。銀磨り革の仕上げで、銀面をサンドペーパーでバフィングした後、合成樹脂（主にアクリル樹脂）、浸透剤、アルコール、水の混合液を塗布し、樹脂を含浸させる。それによって、銀面を締め、次の塗装を均一にし、革のしぼ*立ちを改善する。また、銀付タイトコートと称して、銀面をバフィングせずに樹脂を浸透させることもある。

ダイナバック　Dynavac
乾燥工程に使用する機械。上下2枚の加温可能な伸縮性の強いゴム状のシートの間に、クラスト*又は仕上げ革を載せ、放射状になったシリンダーで2枚の膜を伸ばす。それによって、挟まれた革が伸ばされ、一定時間を置くことで伸びた状態を保持させる機械。ネット張りの代用としても使用される。革を伸長固定するほかの機械と違って革を硬くしない特徴がある。

たいねつせい　耐熱性　Heat resistance
一般には材料を加熱したときの性状、寸法、物性、外観等の理化学的性状が変化しにくいことをいう。革では、コラーゲン本来の分子構造が、加熱によってある特有な温度以上になると崩壊してゼラチン*化したり、繊維が収縮や変形したりするので、この意味の熱安定性をいうことが多い。

皮・革の耐熱性は水分によって大きく異なり、水分量が増えると低下する傾向がある。鞣し*によって、湿潤状態での耐熱性（液中熱収縮温度）は上昇するので、革の耐熱性は鞣しの度合いの尺度として重要視されている。例えば、動物の生皮の液中熱収縮温度は、53～67℃程度であるが、クロム革は、100℃以上になることが多い。また、鞣剤の種類によって熱収縮温度は大きく異なり、クロム革が最も高い。

一方、乾燥状態では鞣しの種類に関係なく耐熱性は高い。標準状態（相対湿度65％、温度20℃）で革製品の水分量は約12～18％であり、このような状態の耐熱性は靴の製造時、甲部の釣り込み*成形等で重要な性質である。乾燥時の耐熱性を評価するために耐乾熱性試験*がある。液中熱収縮温度*はJIS K 6550で規定されている。同様の試験はISOでもISO 3380 (IULTCS/IUP 16)で100℃までの測定が規定されている。また、乾燥時の耐熱性を評価するためにJIS K 6543がある。ISOでも耐乾熱性の規格として、ISO 17227 (IULTCS/IUP 35)があるが、150℃、200℃、250℃で試験することになっており、JIS K 6543とは異なる方法である。パテントレザーに関しては、ISO 17232 (IULTCS/IUP 38)の規格もある。

たいまもうせい　耐摩耗性　Abrasion resistance
摩擦に対して材料の摩耗と劣化のしにくさを表す性能。JISでは、革の耐摩耗性に関する試験方法はないので、繊維のJIS L 1096を適用する場合が多い。耐摩耗性は、一定の摩擦子又は摩耗輪で繰り返し摩擦したとき、その材料が破損するまでの摩擦回数、又は一定回数摩擦した後の強度、厚さ、質量、表面状態等によって評価する。ほかに材料自体の屈曲による摩耗、折り目摩耗で評価する方法もある。主に革の試験には、テーバ形法、ユニバーサル形法、マーチンデール形法が使用され

る。ISOでは自動車用革について、ISO 17076 (IULTCS/IUP 48-1) によるテーバ形法、家具用革について ISO 17076-2 (IULTCS/IUP48-2) によるマーチンデールボールプレート形法がある。また、靴材料（甲、裏、中敷き）の試験方法として、ISO 17704でのマーチンデール形法、靴材料（中底）では ISO 20868による試験方法、靴材料（表底）では、ISO 20871での靴底摩耗試験法がある。

ダイヤモンドパイソン　Diamond python
☞アミメニシキヘビ

たいようざいせい　耐溶剤性　Solvent resistance
各種溶剤に対する革の耐久性。革の染色摩擦堅ろう度試験方法（JIS K 6547）の中にベンジンを用いる有機溶剤試験がある。また、工業ガソリンを用いるドライクリーニング試験が JIS K 6552 に規定されている。

だき　ダキ　Flank
両腕、両足の付け根のすぐ下の部位でベリー*の一部である。革は薄く、繊維構造が粗く伸びやすく、銀浮き*しやすい。さらに強度が低い。

タグ　Tag
荷札のこと。原料皮の輸送の際は、ロット別に目印のためにつける。

たくあんづけ　沢庵漬け　Layer
☞レイヤー

たこうせい　多孔性　Porosity
物体中に微細な空孔が多数存在すること。革は、コラーゲン繊維束*が三次元的に交絡した立体網目構造からなっており、大きさの異なる多数の空孔に富む。革の感触や断熱性等の物性に影響する。空隙率は、底革及び植物タンニン革は低いが、衣料革等のソフト革では高く、50％以上である。

たしかわ　たしかく　多脂革　Harness leather
植物タンニン革にスタッフィング*により多量の油脂を含浸させた革をいう。ろう分が白く浮き出てくるが、布で磨くことで光沢が得られる。馬具用革*と同義に用いることもあるが、これよりも柔軟で薄いものをいう。

だしぬい　出し縫い　Outsole stitching
靴の製造におけるグッドイヤーウエルト式製法*又はステッチダウン式製法*でウエルトと表底周縁又は甲部周縁と表底周縁を上下二本の麻糸でロックステッチ縫いすること。主に出し縫い機が使用される。
☞底縫い、縫糸

たちぼうちょう　裁ち包丁　Cutting knife
☞革包丁

ダチョウ　Ostrich
ダチョウ目ダチョウ科ダチョウ属に分類され、本種のみでダチョウ科ダチョウ属を形成する。アフリカに生息している飛べない大形の鳥で、現在は、南アフリカを中心に養殖されている。英名のオーストリッチで呼ばれることが多い。皮は、羽毛を抜いた後の丸みのある突起した軸痕（クイルマーク）

と平らな部分がある。このクイルマークは皮全体の約40％の部位にしか存在しないために、鮮明なクイルマークがある部位の革を多く使用した製品が高価とされている。断面は、は虫類の革に似て平織り繊維組織が重なった多層構造である。ハンドバッグ、鞄、小物、ベルト、靴等に使用されている。また、脚部の皮は、レッグスキン*と呼ばれ、は虫類に似た鱗状の模様が特徴である。羽は、ステージ衣装、インテリア等に利用されている。写真は付録参照。

だっかい　脱灰　Deliming

　石灰漬け脱毛後のアルカリ性で膨潤*した裸皮を、酸又は中性塩、酸性塩で中和（pH 7.5～8.5）し、皮に結合又は沈着しているカルシウムを可溶化して溶出除去する作業。脱灰によって、皮の膨潤は消失し、元の状態に戻る。同時に皮中の水溶性タンパク質、アルカリ可溶性タンパク質、けん化された地脂*が溶出し、コラーゲン線維の精製が行われる。一般的には、脱灰と同時にベーチング*が行われる。近年、環境問題の観点から二酸化炭素（炭酸ガス）による脱灰法等も開発されている。

だっかいざい　脱灰剤　Deliming agent

　石灰漬け後の皮を中和し、皮に結合又は沈着したカルシウムを除去するために使用される薬剤。一般的には作用が温和な塩化アンモニウム、硫酸アンモニウム等の中性塩が多く使用される。そのほかに塩酸、硫酸、ギ酸、乳酸、スルホフタル酸等各種の無機、有機の酸を使用することもある。

だつクロム　脱クロム　Removal of chromium, Chromium removal

　クロム鞣しされた革に対してその後の処理を円滑に行うため、革から鞣剤の一部、又はすべてを除去すること。クロム鞣しされた革を、植物タンニン又は他の鞣剤で再鞣を行うとき、又はシェービング屑の再利用のときに行われる。

だっさん　脱酸　Depickling

　原料皮として使用されるピックル皮*から酸を除去すること。ピックリング処理で保存した皮は、低いpHと高い塩濃度により脱水され、薄く、しわのある状態になる。このままでは、鞣しに適さないので、膨潤を防ぐための塩化ナトリウム添加浴に炭酸水素ナトリウム（重曹）、四ホウ酸ナトリウム等の弱アルカリ剤を加えて脱酸し、皮を適度な膨潤状態に戻す。また、羊皮等のピックル皮で長期に保存したものは、地脂*（皮中の油分）が多く残っていることから、製品になってから外層に移行しやすく、脱酸処理に引き続いて脱脂を行うことが多い。

だっし　脱脂　Degreasing

　皮から脂肪を取り除く処理。皮中に多くの脂肪が残留すると、鞣剤、染料等の均一な浸透と反応を妨げ、革に暗い油じみ*の斑点を残す。羊皮、豚皮等の脂肪の多いものは、クロム鞣しで脂肪酸とクロムとの反応によってクロム石けんを生成すると脂肪の除去が困難となるので、鞣し前の脱脂が重要な作業である。脱脂方法としては、陰イオン性界面活性剤又は非イオン性界面活性剤を加えて乳化脱脂する方法、リパーゼによる酵素処理法等がある。い

ずれの方法も機械的作用が加えられると、脂肪が分散しやすくなり効果が上がる。

だっしょく　脱色　Decoloration

染色革から染料を取り除く作業（色抜き）。アンモニア等のアルカリで酸性染料*を革から溶出させる方法と酸性亜硫酸ナトリウム、次亜硫酸ナトリウム等の還元剤*を用いて染料を分解する方法がある。完全に色抜きをする場合には併用する。また、染色革からの摩擦や薬剤等によって色素が脱落する現象をいうこともある。

タッセル　Tassel

房状の飾革。靴の場合、スリッポン*等の甲に革を丸め先端を房状にした飾りを一対にして縫い付けたもの。タッセルがついた靴は、タッセルスリッポン又はタッセルローファーと呼ばれている。

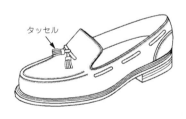
タッセル

だつタンニン　脱タンニン　Detanning, Detannage

植物タンニンで鞣された革に対してその後の処理を円滑に行うため、革から鞣剤の一部を除去すること。主に、植物タンニンで鞣された革を、クロム鞣剤又は他の鞣剤で再鞣を行うときに、四ホウ酸ナトリウムや炭酸ナトリウム等を用いて植物タンニンを革から除去する。

タップシューズ　Tap shoes

タップダンス用の靴。靴底の前部と踵部に金属のプレートが付いている。

だつもう　脱毛　Unhairing, Depilation

製革工程における準備工程の一つ。原皮から毛を除去するために行う。石灰及び硫化物等の脱毛促進剤を使用する脱毛法が最も一般的である。毛に価値のある羊皮では肉面に脱毛剤を塗って積み重ねる石灰塗布法*が多く行われている（フェルモンガリング*）。かつての脱毛法は、皮を毛が抜けるまで暗く湿った21～27℃の室内に吊す方法（発汗法）であった。姫路白鞣し革*では川漬けによる自己消化*脱毛も行われていた。近年、脱毛排水の汚濁負荷削減を目的として、毛を溶解せずに回収する石灰、硫化物系でのヘアセービング脱毛法*、酵素脱毛*法、二酸化塩素、又は過酸化水素水による酸化脱毛*法が開発されているが、一般化してはいない。

☞石灰漬け

だつもうき　脱毛機　Unhairing machine

石灰漬け等により毛根がゆるめられた皮の毛面に回転する鈍刃ロールを押しつけて毛をしごき落とす機械。毛の付いた面を下からゴムローラーで押し付けて、中央から左右両側へらせん状に刃がついた脱毛シリンダーを高速で回転させて脱毛を行う。

だつもうせっかいづけ　脱毛石灰漬け

☞石灰漬け、脱毛

タテゴトアザラシ　Harp Seal

　鰭脚目アザラシ科に分類され、北極海から北大西洋、北氷洋、カナダ、グリーンランド等に生息している。毛の色は、白～明灰色で、成熟した雄は、背中にU字を逆にしたような斑紋が入ることがある。この斑紋が竪琴のように見えることからタテゴトアザラシ（ハープシール）と呼ばれている。雌、幼体はこの模様が明瞭ではない。皮は、厚く丈夫である。表面の特徴は、頭部から尾部に向け、独自の波状の畝模様があり、銀面はキッドに似ている。主として毛皮用に鞣し、防寒衣、防寒靴等に使用されている。カナダのバッフィンアイランド周辺で、多く捕獲されたことから、革の取引では、バッフィンシールと呼ばれることもある。写真は付録参照。

たてぞめ　建染め　Vat dyeing

　アルカリ性で還元剤を使用することによって、建染染料＊を水溶性のロイコ化合物（無色）に変換させて革に吸着浸透させる。これを酸化剤又は空気酸化で発色させることによって本来の発色に戻り染色される。藍染めのように容器（バット）の中で還元浴の調製が行われていたのでバット染色＊とも呼ばれる。

たてぞめせんりょう　建染染料　Vat dye

　水に不溶性であるため、還元、溶解した後、酸化によって不溶性になって染まる染料。バット染料ともいう。染料を還元することを建てるという。インジゴ、スレン、天然藍等がある。第二次世界大戦前のドイツで開発されたインダンスレンは高い染色堅ろう性を有している。

ダニがわ　ダニ皮　Pocky hide

　ダニの寄生により皮表面の損傷がひどく、穴やくぼみが生じた皮。革の外観的価値を著しく低下させる。アフリカ産の原皮に多く、オーストラリアではクインズランド州で、暑く湿度の高い地域のものにみられる。ダニのいる地域をチッキーゾーン（ticky zone）という。

☞原料皮の損傷

たばこいれ　煙草入れ　Tabacco pouch

　刻み煙草を入れるためのもの。布、木、金属、革等が使用された。ヨーロッパ経由で日本に煙草がもたらされたのは戦国末期である。江戸時代の喫煙具は煙草入れと煙管、煙管入れの三ツ揃いがセットであった。煙草入れに使用された革は、高級品としての輸入革、輸入革を模倣し国内で生産された革、国産革に分けられる。金唐革＊（羊革、子牛革）、印伝革＊（鹿革）、ハルシヤ革（牛馬革）、菖蒲革＊（鹿革）、しぼ革（粗い目のしわがある革を鬼しぼ革（牛革）、サントメ革（鮫革）、姫路革（牛革）、蒲団革、文庫革＊（牛革）がある。

ダブラー　Doubler

　製靴工程での製甲作業において、甲革と裏革との間に挿入する補強布。一般には洋服の芯地に当たるものをいい、甲革の裏面に貼り合わせる。素材としては、革、不織布、ネル等が使われる。釣り込み＊時の甲革の銀割れや不必要な伸びを抑制する。また、靴の型崩れを防ぎ、着用時の足当たりもよくなる。

ダブルステッチ Double loop stitch

革紐（レース）でかがるときの技法の一つ。シングルステッチで一目ずつかがるとき次の一目をかがる前に一つ手前にある目のレースの内側にレースを通してかがることで二重にかかる。シングルステッチよりもしっかりとしており、ボリューム感がある。

☞革ひもかがり

ダブルティオゥ WTO: World Trade Organization

世界貿易機関。自由貿易促進を主な目的として作られた国際機関であり、本部はスイス、ジュネーブにある。関税及び貿易に関する一般協定（GATT）ウルグアイラウンドの合意に基づき、1995年にGATTを解消発展させる形で発足した。GATTが協定（Agreement）にとどまったのに対し、WTOは機関（Organization）である点が根本的に違っている。GATTは物品の貿易に関するWTOの基本的ルールブックとなっており、ウルグアイラウンドではサービスの貿易に関する知的所有権、紛争解決等に関して新たなルールが作り出された。WTOでの決定は一般的に全加盟国のコンセンサスによりなされ、加盟国の国会で批准される。当初の加盟国は77であったが、2015年4月現在161か国、地域が加盟している。

ダブルフェース Double face

主にヒツジ、子ヒツジの毛皮と肉面の両面を表として使えるようにしたもの。肉面をスエード*やナッパラン*として使用する。毛皮部分と肉面部分が両方使えることからダブルフェースと呼ばれる。

だぼう　打棒 Peg

ドラムの内側に取り付けられた突起物。だぼともいう。回転するドラム内の皮又は革の機械的作用を高めるために取り付ける。その数量、長さ、太さは、ドラムのサイズと、投入する皮又は革の厚さ、大きさを考慮して設置する。スチールボルトで固定しないで単に足を打ち込むタイプのものがあり、打棒の代わりに棚を設けることもある。

☞ドラム

たま（かわ）　玉（革） Beading leather

鞄、ハンドバッグ等の仕立てで縫い返し*作業の際に、縫合する二枚の材料の間に、表側を表にして二つ折り後、挟み込む細い紐状の革。ミシン糸が露出するのを防ぐと同時に、はぎ合わせラインにアクセントをつける装飾的な役割もある。玉革のなかに、繊維製の紐、紐状のゴム芯、又はプラスチック芯を入れて、太さを強調することもある。この場合は太玉と呼ぶ。

たまぶち　玉縁 Beading

1）甲革縁部の始末方法。ビーディングともいう。甲革縁同士又は縫い合わされた甲革と裏革間に別の革片やテープ等を挿入する。

2）鞄、ハンドバッグ等の仕立てで、かぶせ*、胴板のへり全体を、細い帯状の革でくるむ工法。または、この工法で仕上げられたへりの状態。玉べりともいう。表面からミシン目が見えない縫い返し系の玉くりと、玉くりの上からミシンを掛けるパイピング（Piping）系の玉くりがある。いずれも、ほつれ易い布地や雑材に多く使われる工法である

☞玉（革）

タラかんゆ　タラ肝油　Cod liver oil

タラの肝臓から抽出した油。高度不飽和脂肪酸グリセライドの含有量が高いので酸化されやすく、油鞣し*に使用される。硫酸化油*やスルホン化油*の原料としても使用されるが、変色しやすく、特異な臭気を有する。本来は、タラの肝臓からビタミン等の薬効成分を抽出したときの副産物であったが、現在では、各種の魚油の混合物といわれている。

タラタンニン　Tara tannin

植物タンニンの一つ。南米ペルーで生育するカサルビアの実の莢から抽出される加水分解型タンニン*。莢をすりつぶした粉末と抽出粉末が市販されている。植物タンニン中で最も淡色で、耐光性が良い。有機酸の含有量が多く、収斂性*は低い。鞣した革は、銀面のきめが細かく、柔軟な革となる。

タルク　Talc

滑石の粉末で、成分は水酸化マグネシウムとケイ酸塩からなる鉱物。滑りが良い性質を利用して、シェービング*時に革に散布して使用する。

タロー　Tallow

ウシ又はヒツジの脂肪から得られる固体脂。一般的にタローは牛脂をいう。主要な脂肪酸組成は、オレイン酸、パルミチン酸、ステアリン酸等の含有量が多く、融点が高い（40〜50℃）。加熱溶融状態で植物タンニン革にスタッフィング*により含侵させる加脂に用いる。生皮の組織中に地脂*として含まれるが、通常は準備工程で除かれる。

だん　段

鞄、ハンドバッグの裏面又は内部に設けられるポケットの慣用語。型状によって、平段、しわ段、ゴム段、チャック段、折れ段、カード段等に分けられる。

☞ゴム段

たんさんがすだっかい　炭酸ガス脱灰　Carbon dioxide deliming

炭酸ガスを使用する脱灰方法。石灰漬け後の浴中に炭酸ガスを注入することによって、皮中の水酸化カルシウムを易溶性の炭酸水素カルシウムに変換して脱灰の目的を達成する。排水中のアンモニウム塩が大幅に減少するため、環境に優しい方法である。

たんさんすいそナトリウム　炭酸水素ナトリウム　Sodium hydrogen carbonate

化学式は $NaHCO_3$。重炭酸ナトリウム（sodium bicarbonate）、重曹ともいう。白色粉末で、水に少し溶け（溶解度；20℃の水 100 g につき 9.6 g）、弱アルカリ性を呈する。水溶液を加熱すると二酸化炭素と炭酸ナトリウムに分解し始める。そのため、炭酸水素ナトリウムを高温の湯で溶解すると炭酸ナトリウム溶液と変わらなくなり、重炭酸ナトリウムの緩やかな中和作用が損なわれることがある。クロム鞣し液の塩基度上昇、革の中和のためのアルカリ剤としてよく用いられる。

たんさんナトリウム　炭酸ナトリウム　Sodium carbonate

化学式は Na_2CO_3。無水物はソーダ灰

ともいう。白色粉末、一水和物は粉末結晶で、水に溶けると発熱する。水溶液は強アルカリ性を示し、pH調節剤、中和剤として用いられる。また、口蹄疫の防疫に使う消毒薬として4%炭酸ナトリウム液が使用される。

たんすいかぶつ　炭水化物　Carbohydrate
☞糖、糖質、糖類

だんせい　弾性　Elasticity
物体に外力を加えたときに生じた変形が、外力を取り除いた後に元に戻る性質。
☞弾性限界

だんせいげんかい　弾性限界　Elastic limit
物体に外力を加えたときの弾性*を保つ限界の応力で、外力を取り除いた後に戻らなくなる限界点。固体に力を加えて変形させる場合、応力が小さければ力を除くと同時に物体は元の形に戻るが、応力の大きさがある限界を超えると、外力を除いても変形は元に戻らない。その境の応力をいう。革の弾性は、鞣し方法によって異なり、一般的にはクロム革は小さく植物タンニン革は大きい。

だんせいせんい　弾性線維　Elastic fiber
動物の結合組織に含まれる線維状タンパク質の一種で、硬タンパク質の一種であるエラスチン*を主成分とする線維。動脈、肺、皮膚等の伸縮する組織には豊富に存在し、その弾力を担っている。皮では乳頭層*の毛包*周囲及び皮下組織*に分布しているが、皮下組織中の弾性線維はフレッシング作業で機械的に除去される。一方、乳頭層中の弾性線維は石灰漬け、脱灰、酵解工程でほとんどが除去される。コラーゲンを主成分とするコラーゲン線維*とは化学的及び組織学的に明白に区別される。コラーゲン線維より細く、分岐して交絡し、皮膚、血管等に分布している。膠原線維と共に組織、器官の形状保持及び外力に抵抗する機械的性質等の役割を有する。

タンナー　Tanner
製革業者又は皮革製造に携わる人のこと。皮を鞣すという英語のtanに由来する。近年は製革業者というより、タンナーという言葉がよく使われている。

タンニン　Tannin
☞植物タンニン

たんにんかわ　タンニン革　Vegetable tanned leather
☞植物タンニン革

タンニンなめし　タンニン鞣し　Vegetable tannage
☞植物タンニン鞣し

タンニンぶん　タンニン分　True tannin
皮タンパク質（皮粉）と結合する植物タンニン中に含まれる成分の含有量。JIS K 6504植物タンニン*エキスの分析方法に規定されている。皮に結合しない非タンニン分を測定し、その値を全固形分から差し引いて求める。タンニン分中にも皮を鞣す作用のあるものと、ないものとが混在している。また、タ

ンニン自体も非常に不安定で変化しやすく、非タンニン分に移行することもある。
　☞非タンニン分

たんぱくしつ　タンパク質　Protein
　約20種のアミノ酸＊が互いにペプチド＊結合を介して多数結合した高分子化合物。生体の構造と生理機能を担う主要な物質である。単純タンパク質、複合タンパク質、誘導タンパク質に大別される。タンパク質は、それぞれ特異的な立体構造（高次構造）をもち、これがタンパク質の生理的機能に密接に関係している。この構造は、熱やほかの要因により崩壊（変性）し、タンパク質の性質が変化する。タンパク質の溶解性は塩の濃度とpHで顕著に変化する。皮の主要なタンパク質はコラーゲン＊であり、毛の主要なタンパク質はケラチン＊である。

たんぴ、とうひ　単皮、踏皮
　☞革足袋

タンポぞめ　タンポ染め
　綿布等を丸めて布で包んだ、タンポという道具を用いて染色する技法。染料液を含ませたタンポで革の表面を染色する。刻印＊や浮き彫りをした凸部分への染色に効果的である。革の表面にアンティーク模様を付与する際も使用する。

ち

チェスターフィールド　Chesterfield
　代表的な大型ソファの一つ。イギリス発祥の伝統的なデザインで、ハードタイプの上張りで仕上げる。上張りには丈夫で、伸びの少ない、厚い塗装仕上げの植物タンニン革が使われることが多い。深くボタン留めがされている場合が多い。最近では、柔らかく薄い革も使用されるようになった。

チェストナット　Chestnut
　ヨーロッパチェストナット、アメリカチェストナット等の樹木の木質部から抽出される植物タンニンで、加水分解型に属する。遊離の有機酸を多く含んでおり、pHが低い。収斂性＊が強く、組織を硬化させる傾向が、植物タンニンの中で最も強く、耐光性も高い。ほかの縮合型植物タンニンと併用して使用されることが多い。

チオりゅうさんナトリウム　チオ硫酸ナトリウム　Sodium thiosulfate
　化学式は$Na_2S_2O_3$。通常は5水和物で、無色結晶。ハイポ（hypo）とも呼ばれる。空気中で安定であるが、暖かく乾燥していると風解し、水分を吸収すると潮解する。製革工程では、皮や革の漂白時に使用される酸化剤の分解や残留塩素の除去に用いられる。また、6価クロム生成を抑制する作用もある。

ちからがわ　力革
　力革には2つの意味があり、一つは馬具の名。鞍には足を掛ける鐙が置かれるが、その鞍橋の居木と鐙の鉸具頭

とをつなぐ革を力革という。もう一つは具足の裏に着ける伸縮を押さえる革のこと。鎧の袖の裏面や佩楯（すね覆い）の家地（いえじ）に、伸び縮みを抑えるためにつけた革をいう。一般的には前者をいう。

ちかんがたごうせいタンニン　置換型合成タンニン　Replacement synthetic tannin

植物タンニンの代替品として開発された合成タンニンで、フェノールスルホン酸、ナフタレンスルホン酸のポリマーが成分であり、比較的分子量が大きく、コラーゲン線維間への充填効果が大きい。

チーキング　Cheeking

脱毛した皮の頭部の厚みを分割*により減らすこと。小動物皮に実施されることが多い。

チーキングマシン　Cheeking machine

スプリッティングマシン*の一種であり、エンドレスの帯状刃で小さい動物皮の頭の厚い部分を局部的に漉く、又は大きい動物の皮の首部分を前漉き（まえずき）するために使用される。スプリッティングマシンに通せるように厚さを調整するために行うこともある。豚原皮では、らせん状のナイフを用いて脂肪分を除去するために使用する。豚皮の原形を損なうことなく、良好な原皮を得ることができる。処理した油は機械の後部で回収される。

ちくさんとうけい　畜産統計　Live stock statistics

農林水産省が毎年公表している統計で、革の原料に関連する乳用牛、肉用牛、及び豚の飼育の状況が示されている。畜産業と原皮の生産に係る基礎的資料の一つである。

ちくさんふくせいぶつ　畜産副生物　Animal by-products

家畜をと畜、解体する過程で生ずる食肉以外の部分の総称。通常は原皮を含まない。大きく可食用と非可食用に区別され、前者には、脂肪、頭肉、舌、横隔膜、尾、豚足等が、後者には、脂肪、骨、皮、足、血液等が含まれる。非食用副生物は肉粉、タンケージ（tankage）、血粉等の形で鶏、豚のタンパク質飼料として、又は骨粉*の形で肥料、飼料として利用されている。

ちくさんぶつりゅうつうとうけい　畜産物流通統計　Stock farm products distribution statistics

農林水産省が毎年公表する食肉の流通を中心にした統計で、と畜場、肉豚、肉牛、鶏卵、食鳥について記載している。肉畜生産の状況が5年若しくは6年間にわたって概観でき、国内のと畜頭数の動向も把握できる資料である。

ちすじ　血筋　Veininess

革になってから銀面に現れる血管の跡。革の欠点の一つである。血管周囲の繊維の密度と走行が周囲と異なるため、最終製品革に筋状の不連続な異常部分として現れる。発生原因としてウシの品種、栄養状態、原皮の鮮度不良、製革作業（石灰漬け*、グレージング*、アイロン掛け*等）の条件等が関係すると考えられている。床革にも血筋の跡が多く現れる場合がある。

チタンなめし　チタン鞣し　Titanium tannage

チタン塩を使用する鞣し方法。アンモニウムチタン硫酸等の複塩が用いられる。チタン塩による鞣しはジルコニウム塩＊と類似の性質をもち、わずかなpHの上昇で沈殿を生じるため、クエン酸等をマスキング剤＊として使用する。鞣した革はやや黄色がかった、充実性のあるしまった銀面となる。非クロム革の複合鞣しやクロム革の再鞣に使用される。

チック　Tick

吸血性のダニ又はチックによる損傷のこと。チックが吸いついた部分は銀面の損傷がひどく、革の価値を著しく低下させる。

☞原料皮の損傷、ダニ皮

ちなま（がわ）　血生（皮）　Green hide
☞生皮

チャージドシステム　Charged system

革衣料のドライクリーニング方法の一つ。ドライクリーニング溶剤＊と専用の洗剤、加脂剤、微量の水を加えて洗浄力を高めた溶剤で革衣料を洗うこと。汚れた溶剤はフィルターを循環させて清浄化しながら洗浄を続行する。バッチシステムに対する用語。

ちゃりかわ　茶利革

チャールズ・ヘンニンケル氏の指導を受けて製造した革。明治初期において、日本の製革技術を向上させるために海外から技術者を招へいし、指導を受けた。技術者の名前からちゃり革と呼んだのが始まり。薄いぬめ革＊を柔らかくもんだ革で、鞄の素材として利用されていた。また、クロム鞣剤とのコンビネーション鞣し＊を行って軍靴の甲革として使用していた。明治時代、茶利革はお歯黒と同様に、鉄漿とよばれる鉄の酢酸溶液で黒色に染色されていたことがあった。現在では牛皮やゴートクラストを植物タンニンで鞣し又は再鞣した後、種々の化学染料で染色し、手もみでしぼを立たせて製造されている。

チャンチン

東南アジア等で更紗染め（ろう染めの一種）に使われているろう引きの用具で、点、線描きに用いられる。ろう筆と違って、一定の幅のろうが口元から流れ出るため模様が自由に描け、作業性もよいため古くから使われている。

ちゅうごくこっかきかく　中国国家規格

☞GB規格

ちゅうせいしぼう　中性脂肪（グリセライド）　Glyceride

☞中性油

ちゅうせいせんざい　中性洗剤　Neutral detergent

洗浄剤のうち液性が中性域（pH6～8）にあるもの。アルカリ性を示す石けんと区別してこの語を使うことが多い。洗浄効果はやや低いが、革繊維をいためず硬水でも洗浄効果がある。成分は、

ポリオキシエチレンアルキルエーテルタイプ、直鎖アルキルベンゼンスルホン酸塩（LAS）等の合成洗剤である。

ちゅうせいゆ　中性油　Neutral oil
中性油は室温で液体の天然油、石油系合成油等、水に不溶の油剤。加脂剤の原料油として動植物油及び石油製品等が使用されるが、それらを硫酸化、スルホン化、リン酸化反応する際に未反応として残る油剤も中性油である。そのほか、水に不溶の脂肪酸グリセライド、高級脂肪酸、高級アルコール等がある。油引き、スタッフィング*等は中性油をそのまま塗布する。

ちゅうわ　中和　Neutralization
酸性又はアルカリ性を緩和して中性に近づけること。クロム鞣し後の革の強い酸性を緩和する作業をいうことが多い。この作業は染色、再鞣、加脂の前処理として行われる。クロム鞣し後の革のpHは3～4で、多量の酸を含み革繊維の正電荷が非常に強い。この正電荷を緩和するために、シェービング*後の革に、その重量の1～2％程度の比較的温和なアルカリ性の塩を中和剤として用いる。中和後のpHは4～5に上昇する。また、中性の合成タンニン（芳香族スルホン酸塩）等の革との親和性の高い電解質も中和剤としての効果をもつ。

中和によって、クロム革は陰イオン性の染料、鞣剤、加脂剤との反応が温和になる。それによって、これらの薬品は革組織の内部へ浸透が促進される。以上の操作はドラム中において一定量の浴と革とを回転することによって行われる。

ちょうこくほう　彫刻法　Engraving
革彫り法ともいう。彫刻刀等で革の表面を彫り込み、模様を表現する技法。

ちょうしょく　調色　Mixing colors
染色革を色補正すること。補色*の意味合いで使われることもあるが、製革工程において、不均一な染色が生じたときに部分的に補正することをいう。一般的には、スプレーガン*による吹きつけで行われる。

ちょうたい　調帯　Timing belt
モーターと機械をつなぐ動力伝動用ベルト。以前は植物タンニン革が使われた。明治初期には高価なドイツ革、次いで安価な南京革、明治中期にはロシアの紫革等の輸入革に頼らざるをえなかった。その後、国産化が進んだ。

チョーク　Chalk
本来はセッコウや炭酸カルシウムのような白色粉体をチョーク状に固めたもの。革では主にホワイトバックス等、白い起毛革の手入れ剤として、紫外線による変化を防止し白さを増すために使用される。革表面のきずを被覆するために、革と同じ色に調色した顔料をワックスと混合してチョーク状にした業務用チョークもある。

ちょくせつかりゅうあっちゃくしきせいほう　直接加硫圧着式製法　Direct vulcanizing process
靴の製造方法。（ダイレクト）バルカナイズ式製法ともいう。甲部周辺を中底に釣り込んだ後、加硫圧着機に装着し、未加硫ゴムを挿入し、加熱加圧成形しながら底部（表底及び踵を含む）

を加硫圧着する製法。ヨーロッパで普及した製法で金型にコストがかかるが、量産には有利である。重作業靴、安全靴、スニーカーにも多く用いられている。

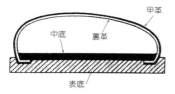

ちょくせつせんりょう　直接染料
Direct dye

媒染剤を使わないで直接染着する性質をもつ染料。一つ以上のスルホン酸基（-SO₃H）を有し、直線性、同一平面性が強い分子構造をもつ染料ほど直接性が強い。酸性染料*と化学構造が似ていて、革にも良く染着する。直接性が強いものを直接染料と呼び、酸の添加により染着する酸安定性が強いものを酸性染料と呼び区別している。酸性染料より濃色で表面染着性の傾向がある。

つ

つうかん　通関　Customs clearance

税関における輸出入の管理。輸出入貨物は、経済的な国境線である関税線を通過する際に、所定の手続きをとって税関の許可を受けなければならない。

つうかんとうけい　通関統計　Customs statistics

一般的には、貿易統計（foreign trade statistics）とよばれている。日本で輸出入されるすべての商品の動向を把握するため、財務省が税関資料に基づいて輸出入商品の品目別、相手国別の貿易価額、数量等について毎月発表する。表示は円で行われる。

つうきせい　通気性　Air permeability

革の一面から他面へ、空気が流通する性質。通気性は、空気が移動できる連続した気孔の大きさや数等によって決まる。革の繊維は複雑に絡み合って、多くが非常に小さい気孔をなして分布するため通気性は必ずしも良くない。しかし、豚革は肉面から銀面へ太い毛孔が貫通しており、高い通気性をもつ。革の通気性については JIS、ISO 規格等に試験方法はない。繊維では JIS L 1096 に規定されている。

つきがたしん　月型芯　Counter, Stiffener

靴の踵部の腰革*と腰裏*との間に入れる月型の補強芯。カウンター、スティフナーともいう。靴の形状の保持と足を安定させる重要な部品である。植物タンニン革又はその床革が多く用いられたが、現在は、レザーボード*等を靴型に合わせて成形したモールドカウンターや合成シートを溶剤で柔らかくし成形するタイプが多く使用されている。

つづみ　鼓、鞁

中空の枠の胴に皮を張り、これを手やばちで叩いて音を出す膜鳴楽器。素材は、桜材等の木目は美しいが靱性、耐久性の低い樹木を用いる。砂時計形の刳貫（くりぬ）胴にし、鉄枠の輪にさび止めのため竹の皮を巻いた枠に馬皮を張っ

た輪を両側につけ、両方を調緒（麻緒）という紐で均等に締め付けたもの。両側の膨れた部分を乳袋という。胴廻りに対して皮を張った輪が相当に大きい点が日本的な特徴といわれている。皮は、水戻しを行い、一定の大きさに裁断し、糠と塩を水に溶かした溶液に浸けた後、剪刀で脱毛する。天日で張り干し、裏漉きで厚みを調節する。

つなぬき　綱貫、面貫、頬貫

江戸中期以降の関西にのみ普及した革製の巾着沓をいう。革の甲側足首周囲に何か所かの穴を開けて紐（綱縄）を通し、これを絞り締めるようにして履く。貫き緒を通すところから、この名前がつけられたとの説が有力である。

つぼ　坪　Tsubo

革の面積取引単位。曲尺の1尺四方のこと。メートル法に移行した1959年からこの単位は廃止され、デシ*に移行した。1坪は9.18デシ（30.3 × 30.3 cm）である。

つぼいれき　坪入れ機　Leather area measuring machine

革の面積を測定する機械。JIS B 7614に規格がある。ピンホール式と光電管式の2種類がある。ピンホール式では、外側に一定間隔で突起をもつホイール又はローラーが回転し、その下を通過する革の形状を突起で判別して面積を算出する。光電管式は、光源と受光部との間を通過する革によって、遮断された光束量から革の面積を算出する。

つまかわ　爪革　Vamp

1）靴の甲部の爪先部分を覆う革。爪先革ともいう。デザインにより各種の形状がある。爪先部は外観上目立つ部位であるので、伸びにくいバット部の革から裁断する。

2）下駄の前部分につけた革製の覆い。ほこりや雨天時の泥跳ねを避けるために用いられた。爪先革ともいい、デザインにより各種の形状がある。これを関東では爪革、京都では向掛け、大阪から播磨にかけては向革といった。

つまさきあがり　爪先上がり　Toe spring

靴を水平な床上に置いたとき、爪先部先端の床面からの立ち上がり距離。ヒールの高さや底の厚さに応じて変化し、靴の歩きやすさに影響を与える。トウスプリングともいう。爪先上がりが適当なとき、歩行の際に靴の先端部分が地面に当たらず、つまずきにくくなり靴の踵が軽く上がる。靴の腰周りへのストレスが少ないため、靴の腰裏革の磨耗も少ない。また、靴甲の屈曲が少なくなるためにしわの程度が小さくなる。一方、高すぎる場合は、滑りやすく、低すぎるとつまずきやすくなる。トウスプリングは歩行の安全性の観点から重要な因子である。

つまさきはくりつよさ　爪先剥離強さ

☞表底剥離強さ

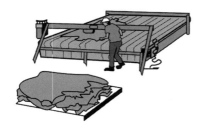

つみあげくぎ　積み上げ釘　Heel lifts nail
☞積み上げ

つみあげヒール　積上げヒール　Heel lifts
　数枚の底革を圧し重ねて作ったヒール。スタックドヒール*ともいう。積上げヒールを踵部と固定するために積上げ釘が用いられ、その上に化粧*、化粧革が取り付けられる。

つやだし　艶出し　Glazing, Ironing, Lustering
　革に光沢を付与すること。製革工程での艶出しにはグレージング*とアイロン掛け*がある。革製品では、ワックス*、アクリル系樹脂*等を含む仕上げ剤を塗布して乾燥、又はこの操作の後、布や刷毛で摩擦を行うことによって艶を出す。

つりかわ　吊革　Strap
　電車やバスの車中に吊り下げられ、乗客がそれに掴まって体を支える革製の道具のこと。現在では合成品に代わっているが、その名残で、現在でも吊革という言葉が通用している。

つりこみ　釣り込み（吊り込み）　Lasting, Pulling over
　製靴工程の一つの作業。先芯*、月型芯を挿入した甲部を、中底*を仮止めした靴型*にかぶせた後、甲部周辺を引っ張り、靴型に密着させ、釘又は接着剤で中底に固定させる作業。

て

ディーオー　DO: Dissolved oxygen
☞溶存酸素

ティーキュウ　TQ: Tariff quota system
☞関税割当制度

ティーストラップ　T-strap
　婦人靴パンプスの履き口前部にT字形のストラップ*があるデザイン。

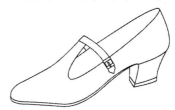

ていちゃく　定着　Fixing
☞固着

ティーティー　TT: Telegraphic transfer
　電信為替。手形のかわりに電信によって為替決済するもの。電信送金為替（telegraphic transfer remittance）と電信取り立て為替（telegraphic transfer receivable）がある。

ティーティーエス　TTS: Telegraphic transfers selling rate
☞電信為替相場

ティーピーピー　TPP
☞環太平洋戦略的経済連携協定

ディビディビ　Divi-divi
　コロンビア、ベネズエラ、ジャマイカ等の南アメリカに自生するCaesalpinia

coriariaの果実の莢(さや)から取れる植物タンニンである。浸透性が良好で、主にガンビア*、バロニア*の代替としてほかの植物タンニンと併用して使用される。淡黄色の革が得られる。

ていれ　手入れ　Leather care

革製品の手入れは汚れを落とすことにある。革は微細な繊維が交絡した多孔質の構造をしており、汚れが内部に侵入すると取り除くことは困難になるので、汚れたときはできるだけ早く取り除く必要がある。ベンジン、シンナーのような有機溶剤は、油性汚れを落とす力は大きいが、革の塗装膜を溶かし、しみになる場合がある。水溶性の汚れを水拭きする場合に、市販のクリーナー*、クリーム*等の手入れ剤を使用するときも、しみや色むらを生じるおそれがある。手入れ剤を使用する場合はあらかじめ目立たない部分で試験し、色落ちやしみ等が生じないことを確認してから全体に使用することが必要である。

水洗いは一概に否定はできないが、色落ち、型崩れ、風合いの低下等が起こりやすいので、家庭では避けた方が無難である。また、革の取扱いで最も注意することは、水に濡れたときに、直火(じかび)、アイロン、ドライヤー等によって高温で乾燥させてはならない。革が収縮、硬化して使用に耐えられなくなる場合がある。革の乾燥は風通しのよい所での陰干しが原則である。市販の手入れ剤には次のようなものがある。

1) クリーナー*：汚れを落とすために使用する。防水、艶出し、柔軟効果、防かび効果、保革効果をうたったものもある。

2) クリーム*：色や艶の保持、保革、防水、汚れ、きずからの保護等である。乳化性、油性、液体、エアゾールタイプがある。防かび剤、保湿剤等が配合されているものもある。

3) 保革油*：革に柔軟性を与え、革の割れを防止する。ペースト状、液状、半固形、エアゾールタイプがある。ミンクオイル、ワックスやラノリン、ワセリンを配合したオイル（ラナバー）等がある。

4) 防水剤*：エアゾールタイプが主流で、成分はシリコンやフッ素化合物である。クリームの中にも、防水効果を兼ね備えたものもある。

てかん　手鈑　Strap

手紐*(てひも)（持ち手、ストラップ）を鞄、ハンドバッグ本体に取り付ける際に使用される金属製の部品。

☞手紐

テキサスステア　Texas steer

去勢牛皮。コロラドステア*と同様に、横腹又は尻部に焼き印があり、重量の割に面積が小さい。テキサス地域とは無関係である。

テグー　Tegu

有鱗目テユウ科テグー属に含まれるトカゲの総称で、南アメリカの北部、中部に4種が生息している。光沢のある鱗で被われ、黒と白の不規則な模様がある。腹部の長方形をした鱗がほかのトカゲには見られない特徴であることから、背部を割いて腹部を活かして使用されている。カウボーイブーツ、時計バンド等に使用されている。写真は付録参照。

デグラス　Degras,

セーム革*製造のような油鞣し時の副産物として得られる油。メロンデグラス（Moellon degras）ともいう。タラ肝油で油鞣し*を施した後、アルカリ洗浄によって得られる。タラ肝油とその酸化物が主成分で、遊離脂肪酸を含む。親水性があり、粘性が大きいので、革の表面触感の改良に使用されていた。

てざわり　手触り　Touch, Feel

革の風合いを評価する手法。革の風合い*の主な要素として、柔軟性、こし、弾力性、ふくらみ、ぬめり感*、充実性*、豊満性等がある。手触りの良し悪しは各材質により異なる。例えば、銀面を外にして二つ折りにし、手で軽くしごく等て風合いを評価する。革の表面を手で触ったとき、滑らかで、柔らかさを伴ったしなやかな感覚、油っぽくしっとりとして手に吸いつくような感じ（シルキータッチ）等を総合的に評価や表現をする。

デシ　DS: Square decimeter

革の面積で取引される場合の単位。デシ（deci）は「10分の1」を表し、1dmは1mの1/10で10 cmを意味し、10 cm×10 cmの面積は1デシ平方メートル（1dm² = 100 cm²）となる。これを、皮革業界では略して1デシという。メートル法が施行された1959年から適用された。それ以前の単位は坪*であった。100デシは1平方メートルになるので、通関統計ではsq.m（square meter、m²、平米）単位で示す。

換算式は次のとおりである。

1 sq.ft=(30.479 cm×30.479 cm÷100)=9.29デシ（0.00929 sq.m）

1 sq.m=(100×100 cm÷100)=100デシ

1デシ÷9.29=0.1076 sq.ft

テジュー　Tegu

☞テグー

てつイオン　鉄イオン　Iron ion

鉄イオンには2価と3価があり、2価イオンは還元剤として使用される。製革工程において鉄イオンは望ましくない存在であり、革製造に使用される植物タンニンは鉄イオンと反応して黒い鉄染み*を生成する。明治時代以前の日本、中国南東部、東南アジアの風習であるお歯黒（鉄漿）は、鉄イオンと植物タンニンとによる発色の典型的な例である。昔は革の染色にも利用されていた。鉄イオンは加脂剤とも反応して不溶性の金属石けんを生成する。少なくとも再鞣以降はカルシウム、鉄等の金属イオンを含まない軟水の使用が望まれる。一方、3価の鉄イオンは鞣し効果が認められるが、まだ実用化には至っていない。

☞還元剤、鉄鞣し

デッキシューズ　Deck shoes

元来は、ヨットやボートの上で履く靴であったが、現在はカジュアルシューズとして使用されている。かつては、底はすべらないように切り込みの入ったラバーソールで、甲は水に強いオイルレザー*を用い、モカシンタイプ*の

紐付き、鳩目*が二つ又は三つのものが多い。現在では多種多様な革が使用されている。

てつじみ　鉄染み　Iron stain

植物タンニンと鉄との化学反応で、褐色～黒に発色する染み。植物タンニン革や合成タンニン革の一部でも生じる。鉄粉や水中の鉄イオンでも発生する。通常はキレート剤*を水に加えて予防する。発生した鉄染みはシュウ酸やキレート剤で除去する。

☞鉄イオン

てつなめし　鉄鞣し　Iron tannage, Iron tanning

3価の鉄塩による鞣し。例えば硫酸第2鉄を用いて鞣す方法がある。3価の鉄塩の水溶液は不安定なので、酒石酸、クエン酸等の有機酸塩をマスキング剤*として加えた化合物が鞣剤として用いられる。2価の鉄塩には鞣す効果がない。鞣した革の色調からウェットブラウンと呼ばれる。革の物性、色調が劣るため実用化には至っていない。

てぬい　手縫い　Hand sewing

革等を糸で縫い合わせる技法。緻密(ちみつ)な手作りの味わいのある製品ができる。基本的な技法に平縫い、すくい縫い、おがみ合わせ縫い、駒合わせ縫い（斜め縫い）がある。縫目はミシン縫いと似ているが、上糸と下糸の区別がなく、上と下の糸が縫い穴で交互に入れかわる。

厚い革の場合は、縫い線上をステッチンググルーバ*等で溝をつけ、その溝にルレットで縫目の間隔の印をつけ、菱目打ちで穴をあけ、ろう引きした麻糸、又は綿糸で革用の先の丸い針2本を用いて縫い合わせていく。このとき木ばさみ*（レーシングポニー）を使用すると便利である。手縫い機を用いることもある。

てぬり　手塗り　Padding

ベースコート*に用いられる塗装方法。テレンプ*と呼ばれるビロードより毛足の長い布を板に付け、塗装液に漬けて手作業で革に塗り込む。刷毛(はけ)むらが出ないように塗るには技術を要する。手塗り作業をベルトコンベヤ上で機械的に処理する装置も開発されている。

てびきかし　手引き加脂　Oiling-off、Hand stuffing

主に植物タンニン革に用いられる加脂。水絞り又は伸ばされた革の銀面から、魚油、鉱物油等を乳化せずに塗り込むもの。これにより、未結合の植物タンニンの銀面固着を防ぎ、酸化、変色、銀割れ*を防止する。

☞油引き

てひも　手紐　Strap

ハンドバッグ等を提げて使うために取付けられたベルト状の紐。持ち手、ハンドル、ストラップともいう。形状によって、平手、丸手、袋手、ゴム手

テープ Tape, French cord binding
　婦人靴の腰革＊上端に縫い付けて折り込む細長い革又は布。ナイロン、ポリエステル繊維製が多い。また、甲革部品の裏に貼って伸び止めや補強の目的にも使用する。

てぶくろ　手袋 Glove
　保護又は装飾のために手を覆う衣服の一つ。構造上から、5本の指に分かれたものをグローブ（glove）、親指だけが分かれたものをミトン（mitten）と区別する。また用途により服飾用、防寒用、スポーツ用、作業用がある。古くより防寒用には、保温性、伸びの良好な革が使用されてきた。
　☞溶接用手袋

てぶくろようかわ　てぶくろようかく　手袋用革 Glove leather
　手袋用に仕上げた革。手袋には服飾用、防寒用、スポーツ用、作業用があり、それぞれの目的によって革が選ばれる。服飾用には、特に軽く柔軟で適度の伸びが要求されるため、ヒツジ、ヤギ等の小動物を主原料とし、カジュアルタイプにはウシ、ブタ等の革が使われることが多い。また、ペッカリー、シカも使用される。スポーツ用手袋には、ゴルフ用、バッティング用、スキー用、バイク用等種類が多い。実用的な作業用手袋に使用する革は牛革や床革等の比較的厚い革が使用されることが多い。必要とされる機能にふさわしい特徴をもつ革を用途に応じて使う。

テフロンおさえ　テフロン押さえ
　☞手縫い

てべら（かけ）　手べら（掛） Hand stake
　革をもみほぐすための道具で、台に垂直に立つ木製の支柱の先端に金属の鈍刃を取り付けたもの。へらを用い手作業でステーキングを行うこともいう。特に伝統的な革の製造で使用されている。一般的にはステーキングマシン＊が使用されるが、特殊な場合は手作業で行う場合もある。
　☞ステーキング

デルマタンりゅうさん　デルマタン硫酸 Dermatan sulfate
　酸性ムコ多糖（グリコサミノグリカン）に分類される。N-アセチルガラクトサミンとイズロン酸の繰り返し二糖であり、分子量が数千である。皮膚中のプロテオグリカン＊であるデコリンの主糖鎖である。イソメラーゼの作用によりコンドロイチン硫酸から構造変換される。Ⅰ型コラーゲンの線維径を制御しており、製革工程の石灰漬けで大部分が除去される。

テレビンゆ　テレビン油、テレピン油 Turpentine oil
　松科植物の樹木や松脂（まつやに）を水蒸気蒸留することで得られる精油。松精油ともいう。主成分は、テルペン系炭化水素化合物のピネンで、沸点153～175℃。多くの針葉樹に含まれ特有の香りがある。水に難溶であるが、アルコール、エーテル等多くの溶剤に良く溶ける。革用等のワニス、塗料の溶剤、香料や医薬品の原料となる。

テレンプ　Swaber
　手塗りで使用する用具。綿糸を地糸に使用し、モヘヤ糸をパイル糸にした二重ビロード織物で、その生地を手の幅より少し広く、30～50 cm の長さの板に貼り付けたもの。

テンガ　Tinga
　☞カイマンワニ

でんきペン　電気ペン
　☞焼き絵

てんしゃしあげ　転写仕上げ　Transfer foil finish
　あらかじめ形成された仕上げフォイル（フィルム）を銀面上に転写する仕上げ方法。銀面に接着性の強いアクリルバインダー又はウレタンバインダーを塗布して、その上に転写用フォイルを置いて加熱と加圧した後、支持フォイルをはぎ取る。透明で高光沢、多色模様、メタリック、パール等多様な転写フォイルがある。

でんしんかわせそうば　電信為替相場　Telegraphic transfer rate (TTrate)
　外国為替銀行が顧客との間に通信為替（TT*）を売買する場合に適用される為替相場。銀行が顧客から為替を買う場合の買い相場（buying rate）と銀行が顧客に為替を売る場合の売り相場（selling rate）がある。買い相場は輸出業者に、売り相場は輸入業者に関係するので、商品価格に直接反映する。

でんちゃくようパイル　電着用パイル　Flocking pile
　静電植毛に使用するごく短く細断した短繊維。接着剤塗布後の布地又は物体に高電圧を加えた電界を作り、このパイルを垂直に植え込み接着させる。シェービング屑*を再利用することによって、電着用パイルを製造することができる。

てんねんせんりょう　天然染料　Natural dyestuff
　動植物体から分離された色素で革や繊維に対して染色性のあるもの。天然染料は、昆虫、貝類等から色素を採る動物染料と、葉、花、樹皮、根等から色素を染料として利用する植物染料*に分類できる。また厳密には染料ではないが、鉱物や植物のエキス化した顔料も利用されている。
　動物染料は、サボテンに付く虫のコチニール、貝殻虫の一種のラッグダイ、ムラサキガイから得られる古代紫等ごくわずかしかない。天然染料のほとんどが植物より抽出している。植物染料として、藍（あい）、サフラン、ベニバナ、ヘマチン（ログウッド）、アカネ（茜）等があり、天然染料が「草木染め*」又は「植物染料」といわれている由縁である。
　染色方法は、クチナシやウコンのように無媒染のもの、天然の灰汁、鉄漿（てっしょう）、泥及び鉄、アルミ、錫、銅、クロム等の金属塩を利用した媒染染色、及び藍染めのように還元染色する方法がある。
　天然染料は、一般的に合成染料で染色したものに比べて染色堅ろう性が低く、特に日光、水、摩擦、酸、アルカリ、金属に弱いという欠点がある。

てんぴょうがわ　天平革　Tenpyo leather
　染め革の一つ。正平革（しょうへいがわ）*を真似して「天平十二年八月」の文字と、不動三尊

の文様を入れた染め革で、燻（いぶ）て文様を出し、火炎と牡丹花に朱が入っている。江戸時代、熊本の八代でつくられ八代御免革ともいわれた。
☞ 燻革（ふすべがわ）

と

どいつこっかきかく　ドイツ国家規格
DIN Standard
　ドイツ規格協会（Deutsches Institut für Normung）により発行されているドイツの工業規格である。ドイツ国内のみならず、国際的に広く参照される規格でもある。革に関する規格はほとんどISO規格（IU試験方法）と同じである。

とう　糖　Sugar
　炭水化物*のうち水溶性で甘味をもつものの総称。グルコース、ショ糖等の単糖類、二糖類のほか、ソルビトール等の糖アルコールもこれに属する。多価アルコールの最初の酸化生成物であり、アルデヒド基（-CHO）又はケトン基（>C=O）を一つもつ。アルデヒド基をもつ糖をアルドース、ケトン基をもつ糖をケトースと分類する。一般的には炭水化物（糖質）と同義とされることが多いが、厳密には糖は炭水化物*より狭い概念である。糖質化学、分子生物学等では炭水化物の代わりに糖質又は糖と呼ぶ場合が多い。一方、生化学では炭水化物*というが、徐々に糖質というようになっている。栄養学では炭水化物のうち、人間によって消化出来ない食物繊維を除いたものを糖質と呼ぶが、単に糖質のみを炭水化物と呼ぶようになってきた。

どう　胴
　鞄やハンドバッグの主要部分を示す慣用語。表面を表、表胴、前胴、それと対称的な裏側を背、背胴、後胴と呼ぶ。

とうしつせい　透湿性　Water vapor permeability
　水蒸気の透過性。身体から排泄される汗は水蒸気として発散されるため、保健的性能因子の一つである。しかし、空気成分中の水蒸気は窒素、水素や酸素等と透過機構は異なる。革は親水性が良好であるため、水蒸気との親和性がよく、革の繊維表面で吸着しやすく吸着―脱着を繰り返しながら移動する。窒素や酸素の透過速度は革との親和性が低いため気孔の大きさや連続性等に左右される。繊維密度が高いため、革では通気性*より透湿性の方が重要である。革が長い間靴の理想的な材料とされている理由の一つに吸湿性*や透湿性が大きいことが挙げられる。また、一般的に革では仕上げ塗装によって透湿性は低下する。

とうしつどしけん　透湿度試験　Testing method for water vapor permeability
　水蒸気の透過性を測定する試験。革の透湿度試験方法は、JISではJIS K 6549に規定されている。一定重量の塩化カルシウムの入った吸湿用カップを革とワックスで密封したあと、30℃、相対湿度80％の室内に一定時間放置する。透湿によるカップの重量増から単位時間、単位面積当たりの水蒸気の透過量を算出する。ISOでは、ISO 14268（IULTCS/ IUP 15）がある。JISでは静

置法であるが、ISO では大気をファンにより流動させ、試験片保持器も回転させる。20℃及び相対湿度 65％、又は 23℃及び相対湿度 50％の室内で測定し、吸湿はシリカゲルを使用する。

トウスプリング　Toe spring
☞爪先上がり

どうてきたいすいど　動的耐水度
Dynamic water resistance

歩行を想定した動的な条件での耐水度を試験する方法である。すべての柔軟な革に適用可能であるが、靴甲革が対象となる。JIS K 6550 は、静的な耐水度試験であり、革を屈曲させながら試験をする点で異なる。ISO 5403-1 ／ IULTCS/IUP 10-1 ペネトロメータ法がこれまで ISO で規定されていたが、新たに ISO 5403-2 ／ IULTCS/IUP 10-2 メーサ法が規定された。

ペネトロメータ法では試験片を半円筒形状の舟形にして、水を部分的に浸しながら屈曲させる。水が試験片を通過するまでの時間、一定時間後に試験片が吸収した水分量、規定時間に浸透した水分量も測定できる。メーサ法ではサンプルを折りたたむような形で試験を行う。両者の試験方法は全く異なるため比較することはできない。

とうでんてん　等電点　Isoelectric point

水溶液中のタンパク質やアミノ酸等の両性電解質及びコロイド*粒子等の電荷の総和がゼロになる pH の値。両性電解質の特性を示す重要な値である。これらを構成している側鎖やアミノ末端、カルボキシル末端の電荷は pH 条件によって変化する。等電点では、分散質の凝集がみられ、特にタンパク質では溶解性の著しい低下（等電点沈澱）や、電気泳動性消失等の特異な現象を示す。

トウパフ　Toe puff
☞先芯

どうぶつけんえきしょうめいしょ　動物検疫証明書　Animal health certificate

輸出国の農務省が、伝染病等の危険のないことを証明する文書。原皮を輸出する場合、船積み書類の一つとして添付しなければならない。着港すると、受け入れ港検疫所で、その書類の提出に基づいて検査を行う。

とうゆ　灯油　Kerosene
☞ケロシン

とうりょう　当量　Equivalent

ある物質が過不足なく反応するときの物質量。一般的には化学当量(chemical equivalent)を意味する。これには次の三つがある。

1）元素の当量：元素の原子量をその原子価で割ったもの。

2）酸 - 塩基の当量：酸又は塩基の 1 モルをそれぞれの水素イオン（H^+）又は水酸化物イオン（OH^-）基の数で割ったもの。

3）酸化、還元の当量：1 原子量の水素を奪う、又は 1/2 酸素原子量を与える酸化剤のグラム数、及び 1 原子量の水素を与える、又は 1/2 酸素原子量を奪う還元剤のグラム数。

トカゲ　Lizard

有鱗目トカゲ亜目に分類される構成

種の総称。小形の恐竜ともいわれる。世界中に数多くの種のトカゲが生息しており、その数は16科383属3751種とされている。トカゲを含む、は虫類には独自の鱗のほか体全体に、その種独特の斑紋、模様を有している。この特徴のある斑紋を活かす方法と、斑紋を薬品処理により除去し、鱗のみを活かす方法がある。トカゲの革は、独特の鱗模様が好まれ、は虫類革の中でも一般的な素材として人気があり、幅広く各種の革製品に活かされている。

☞アフリカオオトカゲ、ミズオオトカゲ、テグー、イグアナ、カイマントカゲ

どくせい　毒性　Toxicity

生体に対して有害な作用をもつ物質の特性。毒性は急性毒性と慢性毒性とに分けられる。一般的に毒物と呼ばれているものは毒性が強く、青酸カリのような毒性を急性毒性といい、鉛、発癌物質のように長期にわたる摂取で徐々に現れる毒性を慢性毒性という。

とくせいよういんず　特性要因図　Characteristic diagram

トラブルの予防とトラブル原因を明確にして疑わしいものを把握して対策を講じていくために、特性と要因の関係を系統的に線で結んで（魚の骨のように）表した図。特性とは管理の成績、成果として得るべき指標（不良率、在庫金額等）をいい、要因とは、特性に影響する（と思われる）管理事項である。工程中の品質のバラツキは設備、機械、作業方法、原料及び作業者により生ずる。

とくていかちくでんせんびょうぼうえきししん　特定家畜伝染病防疫指針　Preventive guideline against specific domestic animal infectious disease

家畜伝染病の発生予防、まん延防止について、特に総合的な措置を講ずる必要のある伝染病に関して、国、地方公共団体、関係機関等が連携して、検査、消毒、家畜等の移動制限、そのほか必要となる措置を総合的に実施するための指針である。口蹄疫*、牛海綿状脳症*（BSE）、高病原性鳥インフルエンザ、ブタコレラ*が対象となっており、それぞれの指針が作成されている。

とくていどうぶつ　特定動物　Animals designated as dangerous by Japanese law

日本の法律である動物愛護管理法の規定に基づいて、人の生命、身体又は財産に害を加えるおそれがある動物として政令で定められる動物種のことである。ただし、人に害を与えるおそれのある生物であってもそれが水中でしか生きられない場合（サメやシャチ）や、哺乳類、鳥類、は虫類以外（スズメバチ等）は特定動物とはみなさない。

とくていほうこうぞくアミン　特定芳香族アミン　Carcinogenic aromatic amines

発がん性リスクがある芳香族アミン。アゾ染料が開裂して生成する24種の芳香族アミンを、発がん性のリスクがあるので発がん性芳香族アミンと呼ぶ。禁止アゾ染料ともいわれる。試験方法としては、ISO 17234-1 (IULTCS/IUC 20-1) と ISO 17234-2 (IULTCS/IUC 20-2) がある。

有害物質を含有する家庭用品の規制

に関する法律施行規則の一部が改正され、平成28年4月からは特定芳香族アミンの規制が開始された。革製品では、下着、手袋、中衣、外衣、帽子及び床敷物が適用製品となっている。日本エコレザー基準（JES）でも試験項目として、これらの基準値を設定している。

トグル　Toggle
革のネット張り＊（トグル張り）を行うときに、革をネットに固定するための特殊な構造をもつ金属製のクランプ。革をつかむ部分とこれを網又は穴のあいている金属の板に固定する突起からなる。

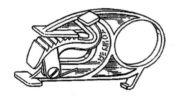

トグルばり　トグル張り　Toggling
☞ネット張り

とこがわ　床皮、床革　Split
皮を2層以上に水平に分割した場合、銀面が付いていない下層部分。分割にはスプリッティングマシン＊が用いられる。未石灰漬け皮から得られたものを生床皮、石灰漬け＊皮から得られたものを石灰床（lime split、white split）クロム革から得られたものを青床（blue split）という。かつては作業用手袋に多く使用されていた。現在では表面を厚く塗装し、銀面様プラスチックシートを積層して様々な用途に利用している。ベロア＊様に起毛させたものは床ベロアという。分割後の銀面側をグレインスプリットともいう。

とこスエード　床スエード　Suede split
皮（革）を銀面又は肉面に対して平行に分割した床皮（床革）を使用し、ベルベット様の起毛革に仕上げた革。牛皮（牛革）を利用したものが多い。スエード＊に比べ、毛羽の長い床ベロア＊とは区別している。

とこベロア　床ベロア　Velour split
成牛床革の肉面を毛羽立たせた革。ベルベット様の毛羽に仕上げた床スエード＊に比較すると毛羽がやや長い。

ドスキン　Doeskin
Doeとは雌鹿のことで、この皮から作られたスエード革。ヒツジ、ヤギ、シカの皮をアルデヒド、油、明礬等で鞣し、繊細なスエード仕上げを行ったもの。種々の色相のものがあるが、一般には白色である。製造地によりフランスドスキン、イギリスドスキン等と呼ばれている。

とそうき　塗装機　Coating machine
塗装用の機械、装置。仕上げ工程においては、その目的を効率良く、経済的に果たすために種々の塗装用の機械、装置が用いられる。大別すると手塗り機、自動スプレー装置、カーテン塗装機＊、ローラーコーター＊、プリンティングマシン、インクジェット＊等がある。また、塗装機と乾燥設備を複合的に連結した装置も作られている。
☞スプレー装置

とそうしあげ　塗装仕上げ　Pigment

finish, Coating finish

☞仕上げ、スプレー装置、トップコート、塗装機

とそうブース　塗装ブース Spray booth

防災、作業者の健康のため、スプレー塗装作業場の汚れた空気を強制的に排出する装置を備えた区画。排出する空気から塗料ミストを除去するためフィルターを使用したろ過や水洗を行っている。この方式によりドライタイプと水洗タイプに分けられる。

とちくじょう　と畜場 Slaughter house

食用に供する目的で獣畜（ウシ、ウマ、ブタ、ヒツジ及びヤギ）をと畜し、又は解体するために設けられた施設。これらの設置には、都道府県知事（保健所を設置する市にあっては、市長。）等の許可が必要である。安全な食肉を供給するため、衛生管理者を置き、法で定められた特例を除きと畜場以外の場所で、食用に供する目的で獣畜をと畜することは禁止されている。また検査に合格しなければと畜場外に持ち出せない。

ドッグテイル Dog tail

靴の腰革外側上部を、犬の尾のように後方に延ばした部分をいう。踵の縫い割り上部を補強するために内側の腰革にかぶせて縫いつける。

トッピング Topping

複数の薬品処理を重ねて施す場合の最後に行う処理。革の最上層の外観、感触等の品質に直接関係する。特に染色.加脂、再鞣（さいじゅう）のドラム処理、または塗装仕上げの最終段階において行われる。

トップコーティング Top coating

☞上塗り、トップコート

トップコート Top coat

トップコートには2つの意味合いがある。革では、仕上げの最終塗装をいう。革の外観を整え、物理特性を高めるために比較的硬い樹脂が使用されることが多い。靴では、甲革仕上げ工程の最終段階で使用される仕上げ剤をいう。

甲革の光沢を調節し、風合い、色調の深み、平滑性等を与え、更に耐水性*、耐摩耗性等の物性を強化するために各種のタイプが使用されている。主にワックス*と、各種バインダー*成分から構成された水性型が用いられ、甲革の素材と仕上げの目的等によって使い分けられる。通常はスプレーで施されるが、手塗りで仕上げられることも多い。

トップパッド　トップパッド　Top pad
　スポーツシューズやカジュアルシューズ等で、履き口の足当たりを良くするために取り付けたパッドのこと。

トップライン　Top-line
　アッパーの上端によって描かれる線で、靴の履き口のこと。

トップリフト　Top lift
　☞化粧

とめがね　留め金（止め金）　Clasp
　主にかぶせつき鞄やハンドバッグ等に使われる留め具の総称。留め方の仕組みや開閉の際の指の動作から、ひねる、起こし、つまみ等、それぞれ慣用的な呼び名がつけられている。かぶせの表面からは見えない部分に使うマグネットホック、ホック、スナップもある。

とも　鞆　Archer's left-wrist protector
　弓矢に係る道具として鞆がある。弓を射るとき、弓をもつ手の手首の内側につけ、弾かれた弦から腕を守るための道具である。鞆の袋状部分の材料は革で、中に詰め物が入れられてクッションの役割をしている。表面が漆塗りのものもある。

トラ　Wrinkle
　首から背の銀面に存在する生体時のしわ。コラーゲン線維の精製が不十分なときによく見られ、トラしわとも呼ばれる。セッティングマシン*によって革に張力をかけて引き延ばしながらしわをとる方法があるが、完全にしわをとることは困難である。

ドライクリーニング　Dry cleaning
　揮発性の有機溶剤であるドライクリーニング溶剤*を使用し、専用のドライクリーニング機*によって洗浄する方法。一般的に水洗いに比べ、型崩れ、縮み、色落ち等は発生しにくいが、溶剤に弱い素材、加工の種類もあるため注意が必要である。油汚れはよく落ちるが水溶性汚れは落ちにくい。

ドライクリーニングき　ドライクリーニング機　Washer for dry cleaning
　ドライクリーニングに用いる内胴回転式洗濯機。

ドライクリーニングようざい　ドライクリーニング溶剤　Dry cleaning solvent
　ドライクリーニング用の揮発性有機溶剤。パークロロエチレンと石油系溶剤に分類することができる。日本では、石油系溶剤が主として用いられている。パークロロエチレンは、引火性が無く、油脂の溶解力が大きい。石油系溶剤は、油脂溶解力が小さく、比重が軽く、可燃性のため、設備及び取扱いに注意が必要である。また、ドライクリーニングの溶剤が残留した衣類を着用すると皮膚障害（化学やけど）の原因になるため、十分に乾燥させる必要がある。

ドライタンニング　Short bath tanning
　☞粉末鞣し

ドラム　Drum
　皮又は革を浴と共に回転するために用いる太鼓形回転容器。太鼓ともいう。製革工程の準備工程、鞣し工程、再鞣、染色、加脂工程に至る水場処理工程で用いられる。また乾燥革を柔軟にする

ための空打ち*に用いることもある。木製が多いが、ステンレス製、強化プラスチック製もある。ドラムの大きさは様々なものがあり、処理量及び工程に応じて適切な大きさのドラムが使用される。ドラムには皮や革の出し入れ口とその蓋、回転軸受け部に付設した薬剤類の注入用口、内壁に内容物の攪拌(かくはん)を助けるための棒状突起（打棒*）又は棚を装備している。また、自動システム化されたものや、温度調節器を備えたものもある。ミキサードラム*、らせんドラム、Y字ドラム*等がある。

ドラムせんしょく　ドラム染色　Drum dyeing

ドラム*中で行う染色。浴量が比較的少なく、適度な機械的衝撃を革に与えられるのが特徴である。通常、革の染色はこの方法で行われるが、浴量が多く機械的衝撃の少ないパドル染色、乾燥革を片面だけ部分的に染めるスプレー染色*、浸漬して染めるバッチ染色と区別するときに用いる語。厚みがある革の浸透染色に適している。

☞染色

ドラムだつもうほう　ドラム脱毛法　Drum liming

ドラム中で行う準備工程の脱毛作業。ドラム中で皮を脱毛浴と共に回転する方法。石灰漬けでドラムによる機械的攪拌(かくはん)を短時間、又間欠的にゆるく行い、脱毛を約1日で終了させる。物理的な作用が強すぎると銀ずれ、だき落ち、しわ等の原因となる。パドル脱毛法*と並んで今日では最も一般化した脱毛法である。

☞準備工程、脱毛

トリプシン　Trypsin

膵臓から分泌されるタンパク質分解酵素。基質特異性*は限定され、アルギニン等の塩基性アミノ酸残基（リジン、アルギニン）のカルボキシル基側ペプチド結合を切断する。ウシから得たものは最適pH 8～9にある。ベーチング剤に用いるパンクレアチンは、トリプシン等膵臓由来の酵素混合物である。

トリミング　Trimming

皮及び革の不要な部分を切り整えること。原皮のトリミングでは、四肢の長さが、蹄(ひづめ)のつけ根まであるものをロングトリム*、膝関節までのものをショートトリム*という。トグル張り及びガラス張り乾燥した革は、仕上げ塗装工程に入る前に、乾燥で硬くなった縁部、トグル張り*のはさみ跡、頭の先、腹部の極端に薄い部分を切り取り革の形を整える。製品革では特に縁裁ち(えんた)*と呼ばれ、ナイフ、包丁、はさみ等で行う。

トリミングくず　トリミング屑　Trimming scrap

トリミングによって生じる皮屑又は革屑。製品革では縁裁ち(えんた)*屑という。

工程により利用価値が異なる。大きなサイズのものはパッチワークに使用できる。小さいものは圧力窯で加熱分解し、遅効性窒素肥料等に利用することが可能である。
☞トリミング

とりょう　塗料　Paint
革の表面の美的特性と物理特性を高めるために塗る材料。着色料、添加剤、合成樹脂、溶剤の混合物。古くは、漆や天然樹脂が用いられた。現在は、アクリル樹脂*、ウレタン樹脂*等の各種合成樹脂がその主成分である。着色料は、顔料や染料を使用する。添加剤は少量で塗料の性能を向上させる補助薬品（可塑剤*、乳化剤、分散剤、架橋剤*、防ばい剤*等）である。

とりょうしあげ　塗料仕上げ　Pigment finish
☞顔料仕上げ

トルエン　Toluene
化学式は $C_6H_5CH_3$。沸点111℃。芳香族炭化水素に属し種々の有機溶剤と自由に混合する。ベンゼンの水素原子の一つをメチル基で置換した構造をもつ。無色透明の液体で水には極めて難溶である。ビニル樹脂、アルキド樹脂等の樹脂膜、アセチルセルロース等を溶解し、メタノールやエタノールの添加で溶解力は更に増大する。革製品の接着剤用溶剤や革の仕上げ剤用溶剤として最も多く用いられる。ベンゼンと同様に中毒性がある。

トレッキングシューズ　Trekking shoes
軽登山靴のことで、ウォーキングブーツ、キャラバンシューズ等ともいう。本格的な登山靴よりも軽く、歩くための機能を重視した靴（ブーツ）。防水性、耐水性に富み、疲労感を和らげる中敷や頑丈なゴム底に特徴があり、若者のタウンシューズとして定着した人気をもつ。

ドレッシングレザー　Dressing leather
主にスペインやイギリスで使用されていた革で、分割*せずに植物タンニン鞣しを施した革。日本のぬめ革*に近い。引張強さが大きく、柔らかいのが特徴。用途は馬具用革、帯革（ベルト革）、紐革*等に使用される。

ドレープ　Drape
衣類を優美に見せるためにひだを入れること。衣料用革や布地が自重により垂れ下がる状態及び布地特有のゆったりとしたひだのこと。ドレープをきれいに形成する性質をドレープ性という。剛軟性を試験する一方法として、ドレープテスターによるドレープ係数の測定があり、JIS L 1096に規定されている。

ドロゥグレイン　Drawn grain
銀浮き*と似た症状でドロゥグレインという用語が用いられる。真皮層*に比べて銀面だけが過剰に鞣され、引きつった状態をいう。

とんし　豚脂　Lard
ブタの脂肪で融点は27～40℃で常温において固体である。主として皮下脂肪であるが、真皮にもほとんど同じ組成の脂肪沈着があり、その量が非常に多い点が豚皮の特徴の一つである。

脂肪酸組成は、オレイン酸41％、パルミチン酸30％、ステアリン酸18％、リノール酸6％等である。

トンネルしきかんそうき　トンネル式乾燥機　Tunnel dryer, Conveyor dryer

染色、加脂後の湿った革（水絞り*、伸ばし*等の処理を施した場合が多い）、又は塗装後の革を乾燥する装置。この場合、革はトンネル内を通過する間に温風、又は赤外線等の熱源とファンによって乾燥する。適当な温度、湿度、風量等の調節が可能な乾燥室で吊り干し乾燥を行う場合には、向流方式が効果的である。

とんもう　豚毛　Pig hair

ブタの剛毛。主としてブタの湯剥きの副産物として生産される。太く強靭で湾曲が少ないのでブラシの材料等に利用される。

な

ナイフカット　Knife cut

剥皮のために行う皮下組織*へのナイフカットが真皮*に及んだために生ずる原皮損傷。きずの深さ、大きさにより、肉面から皮の表面まで刃が通ったきずをブッチャーカット*、皮の内面を広くえぐり取ったきずをゴウジ*、真皮中央層まで侵入している刃きずをスコア*と呼んで区別している。これらの損傷がある皮は、その程度により下級に格付けされる。

ナイルオオトカゲ　Nile monitor

有鱗目オオトカゲ属に属するトカゲ。アフリカの西北部の砂漠地帯を除き、ナイル川の流域から南アフリカにかけて広く生息している。アフリカトカゲ*ともいわれている。ミズオオトカゲ*と同様、サイズも大きく利用価値がある。背部の斑紋は小さな点状で、多くは斑紋を除去した革に仕上げられている。皮の主な輸出先は、ヨーロッパ方面で、フランス、イタリア等が中心。ハンドバッグ、靴、ベルト、革小物の素材として使用されている。写真は付録参照。

ナイルクロコ　Nile crocodile

☞ナイルワニ

ナイルワニ　Nile crocodile

商業名はナイルクロコ。ワニ目クロコダイル科クロコダイル属に分類され、アフリカの淡水の沼や河川に生息する。現在、多くのアフリカの国々で養殖されているが、特にジンバブエ、南アフリカ、ザンビア等南部アフリカで大規模に養殖されている。腹部の鱗は細かく、長方形の鱗板*が腹部全体に整然と並んでいる。横腹の鱗は丸みのある長方形で、その幅はほかの種類より狭いのが特徴である。革は鞄、ハンドバッグ、ベルト、時計バンド、小物等に広く使用される。ワシントン条約付属書Ⅱにリストされている。写真は付録参照。

なかぐされ　中腐れ

塩蔵*が不完全なために皮の中間層まで塩化ナトリウムが十分浸透せず、中間層で腐敗が生じたものをいう。特

に、冬季、乾燥の激しい場所で塩蔵を行った場合、塩化ナトリウムの溶解が不十分になり皮組織の中間層まで塩が浸透せず、気温が上昇した際に細菌が増殖しやすくなり重大な損傷が起こる。

なかじき　中敷き　Socks lining, Inner soles

靴の内部で、中底*の上に貼り付けられる革、又は合成樹脂等のシート。靴内部の体裁をよくし、足との摩擦を調整する。中底全面に貼ったものを全敷(ぜんじき)、後部(踵部)のみものを半敷(はんじき)ともいう。また、革やそのほかの材料で中底の形状を作り、靴の内部に挿入するものを敷革(インナーソール、インソール)という。サイズ調整、足の痛み対策、運動時の足への負荷低減、蒸れや臭い防止対策用のインソールも中敷きという。

なかぞこ　中底　Insole

靴の内側で足の裏が接する底材料。ほとんどの靴部品が中底に接着、釘止め、又は縫い付けられている。中底には、現在でも革が使われているものもあるが、多くはレザーボード*やファイバーボードが用いられている。その規格はJIS S 5050に規定されている。革ではJIS K 6551にも規定されているが、耐屈曲性、吸湿性、透湿性、耐摩耗性等が要求される。植物タンニン革が主流であるが、クロム革も用いられている。

なかぞこリブ　中底リブ　Insole rib

グッドイヤーウエルト式製法*、シルウエルト式製法*で中底*の裏面の周縁に取り付ける凸状の部品。靴型に甲革を釣り込んだ後、ウエルトをリブに縫いつける。植物タンニン革の中底の場合、裏面周縁を彫り起こしてリブを作ることもある。

なかもの　中物　Bottom filler

靴型に甲部を釣り込んだ後、釣り代(甲革周辺の余裕部分)の間に生じる凹部、又はグッドイヤーウエルト式製法*、シルウエルト式製法*等でのウエルト縫い付け後の凹部を埋める材料。スポンジ、コルク板、又はコルク粒子を糊に混ぜて詰める。歩行時のクッション性のよい材料が適している。

☞釣り込み

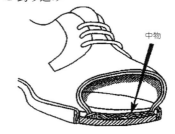

ナースシューズ　Nurse shoes

女性看護師用の靴。

なせん、なっせん　捺染　Printing, Textile printing

捺染とは捺印染色のことで、模様の形に染料や顔料で色付けし、熱等で固着する一種のプリント染色のこと。現在では染料を糊料等と混合したペーストをスクリーンの模様を通して塗布し、乾燥後、水分と熱を加えて染料を革に固着させた後、水に漬けて糊を取り除く。スクリーン印刷に似た手法である。

なたねあぶら、なたねゆ　菜種油

Rapeseed oil
　セイヨウアブラナから採取した植物油脂。酸化されやすい不飽和脂肪酸量が多い。微黄色の液体で、脂肪酸組成は、エルカ酸25～48％、オレイン酸13～51％、リノール酸20～27％、リノレン酸8～16％である。エルカ酸は、毒性があるため品種改良されて、存在しないキャノーラ油が食用油として流通している。菜種油は古くから姫路白鞣し革製造に使用されてきた。

ナッパ（がわ）　ナッパ（革）　Nappa (leather)
　アメリカのNappa地域で作られていた革が語源で、明礬鞣し後、植物タンニン＊又はクロム鞣剤によって再鞣された手袋、衣料用のやぎ革や羊革のこと。強靭で柔らかく光沢がある。現在では柔軟で強靭な牛革をいうことが多い。

ナッパラン　Nappalan
　肉面がナッパの特徴をもつウールシープまたはラムスキン。スエードやムートンの肉面を塗装又はフィルムを貼って仕上げた革

ナップ　Nap
　一般的には、表面が毛羽立っているヌバック＊、スエード＊、ベロア＊、ベルベット＊等の毛羽のこと。通常、毛羽は同じ方向に向いている。

ナップしあげ　ナップ仕上げ　Nap finish
　革の銀面又は肉面をサンドペーパーで毛羽立たせビロード状に仕上げること。

ナフタ　NAFTA: North American Free Trade Agreement
　アメリカ、カナダ、メキシコ3か国間の北米自由貿易協定。域内GDPは約17.2兆ドル。人口4.58億人（2010年現在）でEUを凌ぐ大規模経済圏となっている。

なまがわ　生皮　Green hide (skin)
　と体から剥いで、保存処理を施していない生の皮。血生、血生皮ともいう。剥皮直後から、酵素による自己分解、細菌による皮質の劣化が始まるので、良質な製革用原料確保のため早急に保存処置を行うことが大切である。生皮という場合、塩生皮＊のように施塩したものまでをいうこともあり、これは乾皮＊、又は革に対して称される用語である。同じ生皮でもきがわ＊というときは、脱毛後鞣さずに乾燥した皮をいう。

なまがわじゅうりょう　生皮重量　Green weight
　剥皮後にトリミング＊した生皮＊の重さ。動物種、性別、と畜時期等によって異なるが、食肉生産においてと畜されるステア＊を標準的にトリミングした生皮重量は体重の約7～9％である。カーフでは12.5％ぐらいである。塩蔵における減少率を算出する基礎重量となり、製革業にとって重要な指数の一つである。

なまゆ　なまあぶら　生油　Raw oil
　天然油又は合成油を原料として加脂剤に加工するときの未加工油。生油は、原料油であると同時に加脂剤を調合するときの重要な構成成分でもある。乳

化油と併用して、その乳化力を利用して表面加脂を行うときに使用する加脂剤をいう。

なめし　鞣し　Tanning, Tannage

動物皮の線維構造を保持したまま、化学的、物理的操作によって、種々の鞣剤を用いてコラーゲン線維を不可逆的に安定化させること。その主な要件として、次の3つの要素がある。

1) 耐熱性を付与すること。コラーゲン線維を化学的に架橋することによって安定化させると耐熱性が向上する。鞣剤の違いによって耐熱性は異なるが、これは鞣剤による化学結合*の違いを反映している。

2) 化学薬品や微生物に対する抵抗性を付与すること。

3) 皮に必要な物性と理化学的特性を付与し、革らしさを与えること。柔軟性、特有の感触（ぬめり感等）、美しい銀面、多孔性*、保温性*、吸湿性*、放湿性、耐水性、適度な可塑性*と弾性、耐久性等の優れた性質をもった革になる。漢字の鞣は革と柔とからなっており、皮を柔らかくするということが、鞣しの定義と一致する。

鞣剤の種類は多く、クロム鞣剤*、植物タンニンのほか、魚油等の油、アルミニウム（明礬鞣し）、ジルコニウム*、アルデヒド類*、合成タンニン*等がある。一般的には、クロム鞣しを基本とした鞣しが最も多いが、複数の鞣しを併用したコンビネーション鞣し*が行われている。必要に応じて、染色、加脂を施し、柔軟にする作業を総称することもある。

なめしこうてい　鞣し工程　Tanning process

鞣し工程は、ドラム等を使用し、皮を鞣剤等の水溶液とともに温度やpHを調節しながら物理的な作用を利用して鞣剤等の薬品を線維間に浸透させ、化学反応を進行させることをいう。

☞鞣し

なめしざい　鞣し剤　Tanning agent

☞鞣剤

なめしど　なめし度　Tanning degree

植物タンニン革の皮質分に対する結合したタンニンの相対量の表示尺度で、皮質分*を100としたときに、結合したタンニンの量をいう。

主に植物タンニン革に適用される。JISでは、JIS K 6550及びJIS K 6558-7に既定されているが、結合タンニンを測定する方法が異なるため、両者の値は異なるので注意が必要である。結合タンニンは直接定量することが不可能なため、分析可能なほかの物質を測定し、それらを差し引いて算出する。なめし度は、結合タンニン量の皮質分に対する百分率で表示する。

なめし度＝100×結合タンニン（%）／皮質分（%）

☞結合タンニン

なんすい　軟水　Soft water

WHO（世界保健機構）では、炭酸カルシウム（$CaCO_3$）として60 mg/L未満の水として規定している。日本では、カルシウムイオン及びマグネシウムイオンの合計含有量が$CaCO_3$として100 mg/L未満の水とされている。特に、染色、加脂作業ではカルシウムイオンが染料、加脂剤と反応し、不溶性の色素、

金属石けん等が生じ、それが繊維と結びつくため、色むら、油じみ等が生じることがある。

☞硬水

ナンダ（ナンジャ）　南蛇 Oriental rat snake

ナミヘビ科ナンダ属に分類される陸生のヘビで、アフガニスタン、イラン、インド、インドネシア、カンボジア、タイ、中国南部、台湾、ネパール、パキスタン、バングラデシュ、ベトナム、マレーシア、ミャンマー等草原や森林、農耕地等様々な環境に生息する。体長は最大 320 cm、体色は黒や褐色、下半身や尾には不鮮明な横縞が入り、尾では網目状の斑紋になることもある。中国では食用とされることもあり、乱獲のため生息数は激減している。皮革業界では、ナンジャ、ウィップスネーク*等、と呼ばれ、革製品のワンポイントに使用されている。

なんねんかこう　難燃加工 Flame-retardant

☞防炎加工

なんねんせい　難燃性 Flame-resistance

炎に触れても燃えにくく、また着火しても炎をあげて燃焼を続けにくい性質をいう。革は繊維製品に比べ難燃性である。

に

におい　臭い　匂い Smell, Odor

人間に快感として感じさせるものを、香り（odor）と表現し、匂い（smell）といい、不快なものを、臭気（malodor、offensive odor 等）と表現し、臭い（smell）と区別している。嗅覚には個人差がある。原皮から発するにおい成分は、製革工程においてほとんど取り除かれているが、処理が不十分な場合に残存することがある。一般的には、製革工程に使用される鞣剤、仕上げ剤、加脂剤等製造工程で使用される薬品がにおいの主要な成分である。植物タンニン革では、植物タンニン及び加脂剤から発生する成分が主なものである。クロム革では、加脂剤、仕上げ剤及び仕上げに使用されるシンナーの成分が主なものである。また、革製品において、溶剤型接着剤が使用された場合、有機溶剤もにおいの発生源となる。有機溶剤は時間経過とともに蒸発してにおいは弱くなる。加脂剤の場合は、においの成分である酸化生成物（例えばアルデヒド化合物等）は増加するが、酸化される油脂が無くなれば酸化生成物は減少する。したがって革製品を通気性の良好な場所で保管することによって、においは弱くなる。

においの成分としては、製革工程で使用された有機酸、加脂剤の酸化生成物であるヘキサナール、ヘプタナール、ノナナール等のアルデヒド化合物、魚油を加脂剤として使用した場合に検出されるジメチルアミンやトリメチルアミン、シンナー等の溶剤成分であるエトキシエタノール、トルエン、植物タ

ンニン革ではフェノール、種々のフェノール化合物も検出される。様々な炭化水素化合物は加脂剤の成分であるが、革のにおいの成分である。

にかわ 膠　Animal glue, Gelatin

動物の皮やにべ、骨等を煮出し冷やして固めたもので、精製度が低いゼラチン*である。化学的にはコラーゲン*分子の鎖が熱変性によってほどけたものである。マッチ軸頭用に代表されるように近代になって均質で安価、大量の膠が必要となった。このため、工場生産で年中作られるようになった膠を洋膠といい、その対比で従来のものを和膠と呼ぶ。さらに1930年代後半になって食用ゼラチンの生産が始まった。さらに1940年代の戦争によって、写真用印画紙、フィルム等の輸入が途絶して独力で開発が求められゼラチンの生産が始まった。

和膠、洋膠、ゼラチンとの違いは精製による不純物の程度によって分類される。不純物は、ナトリウム、カリウム、リン等である。これらは水分を保持する性質があり、製本や木工で接着剤の硬化を遅延する役割を果たす。また岩絵具の定着には洋膠は適さず、タンパク質の鎖の長い和膠が適している。接着剤としての利用は、合成樹脂接着剤等の台頭により生産量は減少したが、古美術品の修復用、墨、製本や木工等の業種では替えが利かないものとして、幅広く使用されている。

にくぎゅう　にくうし　肉牛　Beef cattle

食肉生産を目的とするウシ。アバディーンアンガス*種、ヘレフォード*種、ショートホーン種、シャロレー種、サンタガートルーディス種が多い。日本では、黒毛和種が多い。体形は、足が短くずんぐりして、前軀(ぜんく)、中軀(ちゅうく)、後軀(こうく)が均等に発達して長方形をしている。したがって、その皮は首、足、腹部が少なく長方形に近い形となり取り扱いしやすい。また、厚さが均一で、革の原料として良い原皮となる。

にくめん　肉面　Flesh side

皮及び革において、銀面の反対側の面。剥皮直後の皮では剥皮面をいう。また、分割後の皮及び革では、銀面の反対側をいう。

にっこうけんろうど　日光堅ろう度　Light fastness

☞耐光性、染色堅ろう度

ニートフットオイル　Neat's-foot oil

☞牛脚油

ニトロセルロースしあげ　ニトロセルロース仕上げ　Nitrocellulose finish

ニトロセルロースラッカー*を使用した革の仕上げ方法。塗装液を染色革の銀面にスプレーすることによって、革に光沢、耐水性*等が付与される。環境問題、労働安全の観点から、ラッカーを界面活性剤*によって、水性乳化液としたものの使用が増加している。水性タイプは、ラッカー型に比較して耐水性が悪く、乾燥に時間がかかるが、通気性、感触等が良好である。

ニトロセルロースラッカー　Nitrocellulose lacquer

中硝化度のニトロセルロース（硝化綿）と可塑剤を酢酸エチル等の溶剤に

溶かし、シンナーで希釈して調製した革の塗装液。
☞ニトロセルロース仕上げ

にべ Glue stock

皮のトリミング*屑やフレッシング*屑のこと。原皮から得られたものを生にべ、石灰漬け*後のものを石灰にべというが、分割作業を2回行う場合に、最初の分割で発生するにべを下にべ、次の分割で発生するにべを上にべとして区分する場合もある。生にべは主に油脂を抽出し、食用や石鹸材料等とする。残渣は、肥料、飼料とする。石灰にべの上にべは、主にゼラチン*、膠の原料として利用されている。

にほんエコレザーきじゅん　日本エコレザー基準 JES：Japan Eco-leather Standard

特定非営利活動法人日本皮革技術協会が環境に優しい革製造技術の研究開発の成果として、人の健康に係る項目を中心に定めた基準値。臭気、遊離ホルムアルデヒド、抽出重金属7項目、ペンタクロロフェノール、発がん性芳香族アミン、染色堅ろう度（乾燥、湿潤）である。2009年から一般社団法人日本皮革産業連合会が日本エコレザー基準の認定を行っている。申請には基準値に適合した分析結果とともに発がん性染料の不使用宣言、排水及び廃棄物の適正処理の証明書、製革工程に使用する薬品のリストと使用薬品の化学物質安全性データシート（MSDS）等が必要である。付録参照。

にほんこうぎょうきかく　日本工業規格 JIS：Japanese Industrial Standard

工業標準化法に基づいて、日本工業標準調査会の審議を経て、主務大臣が定める国家規格。鉱工業品等の品質の改善、生産能率の向上、そのほか生産の合理化、取引の単純公正化、使用、消費の合理化、公共の福祉の増進を図ることにある。JISの制定範囲は、17部門あり、規定する事項は、製品規格（種類、等級、形状、寸法、性質、性能等）、寸法規格（試験、検査、使用、生産、品質管理方法等）及び基本規格（用語、記号、単位等）である。また、JISマーク表示制度があり、商品及び加工技術について、製造業者等が主務大臣の許可を受けて、JISに適合していることを示すJISマークを製品等に付けて供給できる。

にほんたんかくしゅ　日本短角種
Japanese shorthorn

和牛の一種、肉用牛。岩手県を中心とする地域に飼育されていた在来種にショートホーンを交配して作られた品種。毛色は褐色で、体は和牛の中で最も大きい。日本北部に分布している。

にほんのうりんきかく　日本農林規格

JAS: Japanese Agricultural Standard

　農林物資の規格及び品質表示の適正化に関する法律（JAS法、1950年公布）に基づいて定められている農林物資の標準的統一規格。農林物資には、畜産物、水産物を含み、これらを原材料として製造又は加工した物質も含む。農林物資の品質向上、品質表示の適正化、取引の公正及び消費者の保護を図るために一定の品質と表示の基準を定めたものである。この規格に適合した食品等にはJASマークを添付して出荷、販売が認められている。

にほんぼうえきげっぽう　日本貿易月報　Japan Exports & Imports, Commodity by Country

　公益財団法人日本関税協会が毎月公表している輸出入についての統計で、月を重ねるごとにその累計も記載され、12月号ではその1年分の合計値が出されている。物品が税関を通過する際に提出された資料に基づいて作成された統計である。20万円以下の少額貨物、見本品、贈与品等は除外されている。この統計には品目別表、品別国別表及び国別表があるが、皮革業界として見る場合は品別国別表が便利であり、貿易の現況や動向を知ることができる。

にほんぼうえきしんこうきこう　日本貿易振興機構　JETRO: Japan External Trade Organization

　独立行政法人日本貿易振興機構法に基づき設立された行政法人。主な業務は、海外経済情報、資料の収集、資料の提供、貿易や投資相談、中小企業の輸出開拓や支援等である。東京、大阪等国内38か所に国内事務所があり、海外72か所に海外事務所を設けている。

にほんぼうえきとうけい　日本貿易統計　Trade statistics of Japan

　財務省が毎月1回公表する統計で、関税法の規定に基づき、日本から外国への輸出及び外国から日本への輸入について、税関に提出された輸出入の申告を集計している。通関統計とも呼ばれている。普通貿易統計、特殊貿易統計、船舶・航空機統計の3種類があり、特に断りのない場合は普通貿易統計のことをいう。貿易の実態を正確に把握し各国の外国貿易との比較を容易にすることにより、国及び公共機関の経済政策並びに私企業の経済活動の資料に資することを目的としている。皮革関係では、第41類：原皮（毛皮を除く）及び革、第42類：革製品及び動物用装着具並びに旅行用具、鞄、ハンドバッグ、そのほかこれらに類する容器並びに腸の製品、第64類：履物及びゲートルそのほかこれに類する物品並びにこれらの部分品等がある。

にゅうか　乳化　Emulsion
　☞エマルション

にゅうかかし　乳化加脂　Fatliquoring, Emulsified fat-liquoring

　油脂に親水性基を導入したエマルション*を用いる加脂。油脂に硫酸化、スルホン化等の方法で親水性をもたせて乳化し、ドラム等を用いて浴とともに革中に浸透、分散させる。革繊維中に浸入したエマルション*粒子はpHの変化や繊維と接触したときに、乳化破壊が起こり、界面活性剤*成分が親水性の高い繊維と結合して整列する。そ

の結果、革繊維表面の親水性基が覆われることによって疎水化が起こり、疎水性の中性油*の定着場所を提供する。繊維表面で定着した中性油は繊維間の潤滑剤として働くため、加脂剤のイオン性が加脂の進行に重要な因子となる。原則的に硫酸化油等の陰イオン性加脂剤が多用されるが、鞣しの種類や製品革の用途によって様々な動植物油や合成油を組合せて使用する。

にゅうかせいクリーム　乳化性クリーム　Emulsified shoe cream

ワックス、油、水の三成分を乳化剤で混合乳化させたクリーム*。通常はこれに油溶性染料、水溶性染料、顔料レーキ等が含まれる。一般的に、ワックスと油の回りを水で包んだ水中油型（O/W）エマルション*が多いが、油中水型（W/O）エマルションもある。ペーストや液体等がある。ワックス*による光沢、柔軟剤による保革性のほかに着色力が優れている。

にゅうぎゅう　ちちうし　乳牛　Dairy cattle

牛乳を生産するために飼育されるウシのこと。ホルスタイン種、ジャージー種、エアシャー種等が代表的な品種である。現在、我が国の乳牛のほとんどはヨーロッパ乳牛に属するもので、乳用専用に改良されたものだけでなく、乳肉兼用目的に改良されたもの等様々である。我が国ではホルスタイン*が乳用専用としては主体である。乳牛の体形は前軀に比べて、中軀及び後軀が長大で楔形をしている。コラーゲン線維*の交絡状態は肉牛に比べて劣り、腹部の線維の交絡はルーズである。面積が大きく、銀面がきれいなものが得られるので需要が多い。

にゅうさん　乳酸　Lactic acid

化学式は $CH_3CH(OH)COOH$。温和な酸として、脱灰剤やピックリングの酸又は仕上げ剤の固着剤として用いられる。クロム錯体への配位能が比較的強いのでクロム鞣しのときのマスキング剤*としても利用できる。

にゅうとうそう　乳頭層　Papillary layer

皮の毛根底部を境界として、真皮*を２層に分け、外側を乳頭層という。乳頭層には比較的細いコラーゲン線維束*が分布しており、そこへ表皮が陥入して毛根を包むようにして毛包*を形成している。毛包に脂線*、汗腺*、立毛筋*が付随し、また毛包を取り囲むように弾性線維*が交絡している。毛及び表皮が除去され露出した乳頭層の表面を銀面という。付録参照。

☞皮，網状層

ニューギニアワニ　Freshwater crocodile

ワニ目クロコダイル科クロコダイル属に分類され、パプアニューギニア、インドネシアの淡水に生息する。腹部の斑は正方形に近く、斑の大きさは、イリエワニより大きいので、イリエワニ*のスモールクロコに対してニューギニアワニはラージクロコ*と呼ばれている。皮は、日本に古くから輸入されているため、日本に一番なじみのあるクロコダイルである。革は、鞄、ハンドバッグ、ベルト、時計バンド、革小物等として広く使用されている。写真は付録参照。

ニューヨークトリム　New York trim
　☞スクエアトリム

にょうそじゅしせっちゃくざい　尿素樹脂接着剤　Urea resin adhesive, Urea-formaldehyde resin adhesive
　尿素とホルムアルデヒド*の中間縮合物を主成分とする水溶性接着剤。熱によって架橋反応が進行して硬化する。木材、紙、繊維等の接着に用いられる。

によくほう　二浴法　Two bath, process
　現在では、行われていないクロム鞣し*の一方法である。ピックリング*した皮をその重量の3～4倍量の水で希釈した重クロム酸ナトリウム、塩酸又は硫酸、塩化ナトリウムからなる溶液（第一浴）で処理を行う。6価クロムには鞣し効果が無いため、チオ硫酸ナトリウム溶液（第二浴）で、皮中でクロム酸塩を還元して3価クロムを生成させることによって鞣しを進行させる。水洗後、重炭酸ナトリウム水溶液で軽く中和してから馬掛けし、3日間以上熟成する。微細で平滑な銀面をもつ柔軟な革が得られたので、主にヒツジの手袋用革に利用されていた。現在では環境汚染と経済性から行われていない。

ぬ

ぬいいと　縫糸　Stitching thread, Sewing thread
　革製品等の製造に用いられる糸。例えば、靴では甲部の縫糸と底部の縫糸に大別される。甲縫糸はポリエステル繊維、ナイロン、製甲*に用いられる。底縫糸は麻又はビニロンが用いられ、底付け*作業においてすくい縫い*、出縫い*に用いられる。

ぬいがえし　縫い返し　Turned edge
　鞄、ハンドバッグ等の仕立ての一つ。材料の表面同士を重ね合わせ、裏面から縫い合わせた後、表面が外側に出るように返す工法。

ぬいめきょうど　縫目強度　Seam strength, Stitch tear resistance
　革製品や繊維製品等の縫合部分の強さを表す。繊維ではJIS L 1093、JIS L 1096、JIS L 4107等の規格がある。

ぬかなめし　糠鞣し　Rice-bran tanning (tannage)
　広義の油鞣し*の一種である。近代以前には毛抜き、にべ除去までの前処理も鞣しの範囲に入れていた。糠を水に解かした溶液に皮を浸け込み、発酵によって毛根の分解を促進する製造方法。前者の代表は太鼓皮*の脱毛、蹴鞠用の鹿皮の製造である。
　☞灰汁鞣し

ヌタウナギ　Hagfish, Slime eel
　ヌタウナギ目ヌタウナギ科ヌタウナギ属に分類されており、世界中の温帯域に広く分布し、ほとんどの種類は大陸棚辺縁にかけての深海に生息する。名前にウナギと付いているが、顎がないので厳密にはウナギ目の仲間ではなく、ヤツメウナギと近縁な生物である。そのうちの1種である *Eptatretus burgeri*（標準和名　ヌタウナギ）は日本の本州中部より南、朝鮮半島では南部に分布し、例外的に浅い海に分布する種類で

あり、砂泥中に生息している。韓国ではこのヌタウナギを古くから庶民の滋養食として用いており、皮を鞣して財布やキーホルダー等の小物として製品化され土産品として流通している。ウナギ革又はウナギ革製品として市場に流通しているのは、大部分がこの種の加工品である。

ヌートリア　Nutria

ネズミ目ヌートリア科に属するほ乳類の一種。齧歯類(げっしるい)。野生と養殖がある。毛皮は、刺毛*が長く、粗毛であるが、綿毛*が密であるので刺毛を抜いてオットセイ毛皮の代用に用いられる。ほかの毛皮と異なり、背面より腹面が密で良質であるので、背割りして用いられる。南米、北米、欧州に産する。

ヌバック　Nubuck

銀面を軽くサンドペーパーでバフィング*することで短く毛羽立たせて仕上げた起毛革*。スエード*、ベロア*に比べて毛羽が非常に短い。名称は、雄鹿革を同様に仕上げたバックスキン*に似ていることに由来する。写真は付録参照。

ぬめ（かわ）　鞣（革）、滑（革）　Case leather, Vegetable tanned leather

タンニン分が比較的少ない植物タンニン革。また植物タンニン革の総称として使用されることもある。通常、半裁革で鞣され、乾燥後に必要な厚さに漉き、染色、加脂工程や仕上げ工程が施される。鞄、ベルト、革小物等に使われるほかレザークラフト用としても利用されている。

ぬめり　Smoothness

革の触感を示す用語の一つ。ぬめり感、シルキータッチという表現で革の風合い評価の一要素である。革の表面を手で触ったとき、なめらかで、柔かさを伴ったしなやかな感覚で、油っぽく、しっとりとした手にすいつくような感じを表す。革を製造する過程で、加脂剤、仕上げ剤の種類や量を調節して、ぬめりを出すようにする。なお「滑」の字は、古文書等においては「なめし」の当て字としてしばしば使われていたことがある。

ね

ネイティブハイド　Native hide

北米産のブランド*のない牛原皮。革にブランド跡が残らないので裁断歩留まりがよい。

ねつかそせいじゅし　熱可塑性樹脂　Thermoplastic resin

加熱によって軟化又は溶融し、冷却すると再び硬化する性質を有する樹脂。結晶性（ポリエチレン、ナイロン等）と非結晶性（酢酸ビニル、アクリル等）のものがある。押出成型、射出成型によって効率的に加工することができ、成型不良品や廃材は再生できるという長所がある。

ねっく　ネック　Neck

皮、革の部位の名称で、首の部分。原料皮では頭部やショルダー*を含めることがある。

ねつこうかせいじゅし　熱硬化性樹脂
Thermosetting resin

加熱によって重合し、高分子の網目構造を形成し硬化して元に戻らなくなる樹脂。加熱によりモノマー、プレポリマーがほかの物質と重合、縮合、又は付加反応により高分子量の3次元網目構造になるため、不溶、不融である。フェノール樹脂*、エポキシ樹脂*、尿素樹脂*等がある。耐熱性、耐溶剤性が良く、充填剤を使用することによって強靭な成形物を得ることができる。

ねつしゅうしゅくおんど　熱収縮温度
Shrinkage temperature
☞液中熱収縮温度

ねつでんどうりつ　熱伝導率　Thermal conductivity, Heat conductivity

熱伝導度ともいう。物質の熱の伝わりやすさを示す材料の特性値。保温性に関係する。静止状態にある空気の熱伝導率は、ほかの物質と比較して非常に小さい。そのため材料の熱伝導率は、材料そのものより材料中に占める空気の割合（気孔容積*）に大きく影響を受ける。革の水分量が増加すると熱伝導率は著しく大きくなる。革の熱伝導率は天然繊維の熱伝導率と同程度である。

ネットばり　ネット張り　Toggling

革の乾燥整形方法の一つ。トグル張りともいう。比較的水分の少ない革の乾燥と同時に平らに整形することを目的としている。穴のあいた金属板上に、革を四方から引っ張りながらトグル*という金具で固定し、整形する。一般的には、尾の基部を固定し、背線を伸ばし、頭の端を止め、これを基にして斜めに引っ張り、前足、後足部分を留める。次に腹部を引っ張り固定し、乾燥室に入れる。通常はガラ干し*、味入れ*、ステーキング*を施した革に適用する。

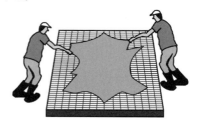

ネットばりかんそうき　ネット張り乾燥機　Toggling dryer

ネット張り*を行う乾燥装置。金属板（又は網）が滑走部のレール又は引き出し式により乾燥室に出入りできるよう設計してある。

ねんしょうせいしけん　燃焼性試験
Flammability test

革の水平方向への燃焼速度を測定する方法。革の試験方法としては、JISには規定がないが、ISOでは、ISO 17074 (IULTCS/IUP 47)（BS 6357等）に規定されている。カーシート、航空機座席やカーレーサー衣料、防護作業衣料等に使用する素材は、火災事故に備えて防炎（難燃）加工*が施されるが、その評価法に燃焼試験がある。ISOの試験方法は、次のとおりである。試験片をフォルダにセットし、下からバーナーにより炎にさらす。15秒後にバーナーの炎を消し、炎が早く燃焼する面の炎を観察しながら試験片に沿って炎を伝播させる。炎が一定距離を通過した時間から燃焼速度を算出する。航空機

座席の椅子張り革は、垂直に設置した試料の下端をガスバーナーの炎にさらし、試験片が燃えるときの状況を観察し、炭化面積、炭化距離、残炎時間、残じん時間等を測定する（BS 3119、5852、JIS L 1019 等）。防護作業衣料では、溶融した鉄を浴びさせたときの革の状況等を観察する（BS 6357 等）。燃焼時の分解ガスが問題になる場合は、ガスの分析を行う。

ねんびき　念引き

鉄製のへらを熱して、革の表面に直線状の当たりをつけること。切り目*仕立てのハンドバッグ、革小物類に、シックな高級感を付与するため、へりとミシン目とのわずかな空間に微妙な念引きを入れ、一種の額縁効果を表現する。また、へり返し*仕立ての革小物に、へりに平行して念引きを入れ、へり返し作業の乱れを整えると同時に、アクセントをつけることが多い。念引きに使う工具を慣用的に念と呼ぶが、作業目的にしたがって先端の形状が微妙に異なり、それぞれ飾り念、玉念、へり念、一本念等と呼ばれる。

の

のうしょうなめし　脳しょう（漿）鞣し　Brain tannage

一年ほど熟成させた動物の脳しょうを皮に塗布又は湯に溶かした脳しょう液に皮を漬け込み、更にもみと乾燥を繰り返す鞣製法。昭和40年代の中頃までこの鞣しが行われた。脳しょう鞣し革のもつ柔軟性は、脳しょう成分であるリン脂質、コラーゲン繊維の特性、及びへら掛けによって生じる繊維束が解かれた状態が作り出すものである。一般には脳しょう鞣し革を白革（しらかわ）という。これに燻煙（くんえん）鞣しが行われ、加工前の印伝革*となる。最終的には、漆加工、縫製等をして印伝*となる。姫路白鞣し*と並んで10世紀前半の延喜式にともに概要が記されており、歴史的に古い鞣し方法である。

ノニオンかいめんかっせいざい　ノニオン界面活性剤　Nonionic surfactant

☞非イオン界面活性剤

ノニルフェノール　Nonyl phenol

非イオン性界面活性剤の一種であるノニルフェニルエトキシレートや酸化防止剤のTNPP（亜リン酸トリノニルフェニル、Trinonyl phenyl phosphite）の原料。皮膚刺激性や内分泌攪乱作用が疑われている。ノニルフェニルエトキシレートは工業用の洗浄剤、分散剤として使用されているが、環境中において微生物分解性は低い。皮革業界の自主的取り組みとして、ノニルフェノールエトキシレートからアルコールエトキシレートへの転換が進められている。世界的には規制物質として扱われることが多い。

のばし　伸ばし　Setting out

☞セッティング

のばしき　伸ばし機　Setting out machine

☞セッティングマシン

のび　伸び　Elongation

革の伸びの概念には、線状の伸びと面積の伸びがある。前者の測定には一般に引張試験機が用いられ、後者の測定には銀面割れ試験機*、半球状可塑性試験機*、テンソメータ等が使用される。革は部位により繊維方向や組織が異なることから、伸びも異なる。腹部は繊維組織がルーズなため、ほかの部位より伸びが大きい。繊維方向に平行よりも垂直に伸ばしたとき良く伸びる。JIS では JIS K 6550 及び JIS K 6558-2 で、ISO では ISO 3376 で規定されている。革の伸び特性は破断又は亀裂が生じたときの伸び（切断時の伸び等）で表現することが多いが、一定荷重における伸びを測定することもある。引張強さ試験において、規定荷重時の標線間の変化及び切断時における標線間の長さの変化から算出する。

☞破裂強さ試験

は

はいいけつごう　配位結合　Coordinate bond

結合を形成する二つの原子の一方からのみ結合電子が分子軌道に提供される化学結合*である。この結合は共有結合と同じであり、結合力は強い。配位結合は、製革工程において含金染料、リン酸化染料*、無機鞣剤（クロム、ジルコニウム等）とコラーゲンとの架橋結合に関与している。

ばいせん　媒染　Mordanting

染色の過程で染料を繊維に定着させる工程。繊維に対し直接には染着発色性をもたない染料*を、その染料の固着、発色を促進する明礬、鉄、銅のような媒染剤*で処理することにより染色を行うこと。これには、添加順番によって先媒染、同時媒染、後媒染がある。古来より天然染料*で綿、絹繊維を染めるときに使用されたが、現在では化学合成された各色の酸性媒染染料がある。植物タンニン革を酸性染料*で染めるときに、クロム塩で処理してから染色する場合もその一例である。

ばいせんざい　媒染剤　Mordant

媒染*に使用する、染着、発色を付与するような染色助剤。革では、植物タンニン革を酸性染料で染めるときのクロム塩、アルミニウム塩、陽イオン性界面活性剤。クロム革を塩基性染料*で染めるときの陰イオン性界面活性剤、植物タンニン、陰イオン性合成タンニン等もこれに含めることができる。

ハイド　Hide

ウシ、ウマ、ラクダ、ゾウ等の大動物の原料皮。大判で厚く重い。

ハイドプラー　Hide puller

☞剥皮機

ハイドプロセッサー　Hide processor

☞ミキサードラム

はいのう　背嚢

陸軍将兵が背負った鞄のこと。ランドセルともいった。江戸末期から明治初年にかけて西欧式軍隊制度が導入されるに伴い、背嚢には、中に食糧、弾薬、下着、生活用品を入れ、外側にテント、

外套、飯盒を括り付けた。日露戦争後は、寒冷地仕様のため木枠に布を張り、その上に毛皮を付けた箱型となり、外側に革ベルトを回す型式となった。1930年毛皮が布製となり、更に1938年には布製リュックとなった。学習院では、教科書、文房具入れとしてランドセル*を採用した。材質は黒革と指定されていた。

ハイヒール High heel
高いヒールのこと。又は踵の高い靴のこと。通常は6cm以上のヒール高さ。
☞ヒール

バイブレーションステーキングマシン Vibration staking machine
革を柔軟にする機械の一つ。連続作業ができる特色がある。高速で上下振動する突起があり、その間を革が通過し、革は突起により突きもみほぐされる。

はいぶん　灰分 ash
☞かいぶん

バインダー Binder
革の仕上げに用いられる塗料中の造膜成分のことで、着色剤、助剤等を革に接着させる働きをもつ。一般にエマルション*の状態にして使用され、エマルションバインダーと呼ばれている。

その成分はカゼイン等の天然物からアクリル系、ポリウレタン系等多岐にわたる。モノマーの種類と重合度、又は2種以上のモノマーの混合による共重合体の使用によって、膜の性質を調節することができる。このため仕上げ剤はアイロン掛け*によって容易に均一な膜を作り、目つぶし効果、革との接着性、ラッカー等の塗料との親和性、耐光性等が向上する。

パギーほう　パギー法　PAGI法 Japanese PAGI method
写真用ゼラチン試験法合同審議会で定める写真用ゼラチンの試験法である。PAGIとは、Photographic and Gelatin Industriesの頭文字の組合せである。

はくたん　白鞜 Japanese white leather
☞白鞣し革

はくひ　剥皮 Flaying, Skinning, Take off
と体から皮を剥ぐ作業。この作業が不適切であると、原皮にナイフカット*等の損傷を与える。近代的と場には剥皮機が導入されている。小動物では、腹を切らず、丸剥ぎ（袋剥ぎ）が行われる。
☞平はぎ

はくひき　剥皮機 Flaying machine, Skinning machine, Hide puller
と体から皮を剥ぎ取る機械。近代的なと場には剥皮機が設備されてきている。剥皮機の導入は、労力を節約し、皮のナイフきずを無くする、枝肉歩留まりが2％向上する等の効果があるといわれている。各種の様式のものがあり、下方向剥皮機は、アームの速度を

調整しないと銀面の一部にひび割れを発生させる危険性がある。

ばぐようかわ　ばぐようかく　馬具用革　Harness leather, Saddle leather

植物タンニン革の一種で、乗馬用の鞍、手綱、鐙等に使用される。革らしさから、本来の馬具用以外にも鞄、ハンドバッグ、自転車のサドル等広く使われている。

はくりつよさ　剥離強さ　Peel adhesion strength, Peel bond strength

革とほかの材料（繊維生地、金属箔、合成樹脂等）間の接着接合部の剥離強さを表す。接合材料の単位接着面の単位幅当たりにおける剥離に要する荷重、剥離面での破壊状態で評価する。革ではJIS K 6555で規定され、剥離のために必要な荷重及び革からの剥離状態、仕上げ膜の層間剥離で評価される。靴では材料間の剥離接着強さが重要であり、JIS S 5050で表底の剥離強さが規定されている。

☞仕上げ膜の剥離強さ試験

はくろう　白ろう　White wax
☞木ろう

はけぞめ　刷毛染め　Brush dyeing

革の銀面に刷毛を使用して染料溶液を塗布する染色方法。スプレー染色＊よりも染料の浸透が深くなって定着性が良い。主としてクラスト革＊の銀面を肉面とは異なる色調に着色するときに行うことが多い。模様付け、アンティーク染め＊もできる。

バーコメータ　Barkometer

タンニン鞣し液の濃度を調べるために使用する特別な比重計で、ガラス棒の下部に錘を入れ、上部に目盛りを刻んだもの。バーコメータは比重1.000を0とし、1.001を1°として示すので、130°BK（バーコ）といえば比重1.130である。

ハスペル　Haspel
☞パドル

ばたふり　ばた振り　Flying

革の柔軟化の一方法。日本の川西地区で考案された手法であるが、現在は多くの国で行われている。例えば衣料革のような柔らかく薄い革を製造するとき、革を数枚、機械の腕に固定し、これを上下に振ることによって、革の繊維をほぐす。このあと空打ち＊、ステーキング等を行い、軽くネット張り＊を行って革の形を整える。

ばたふりき　ばた振り機　Flying machine

ばた振りを行う機械。

パーチメント　Parchment

羊皮紙。羊皮を水戻し後、脱毛し、鞣しを行わず、そのまま乾燥させた皮。

やぎ皮も使用される。子牛皮から同様の工程で得られたものはベラムという。銀面が平滑で半透明又は透明なもので、中世までは重要な記録用として使用された。

パーチメントしあげ　パーチメント仕上げ　Parchment-dressed

水戻し、脱毛、脱脂、乾燥後の半透明な羊皮を作る加工方法。貿易におけるHSコード*の用語。

☞パーチメント

はちゅうるいかく　は（爬）虫類革　Reptile leather

ワニ、トカゲ、ヘビ、カメ等の動物類より製造された革。表面には鱗甲羅等をもち、断面構造は魚類に類似し、平織りの繊維組織が重なり合った多層構造をとっている。その特徴のある銀面模様が珍重され、靴、鞄、ハンドバッグ、ベルト、時計バンド、革小物等に使用される。

パッカーハイド　Packer hide

米国の食肉缶詰業者（パッカー）が副産物として生産、販売を行う原皮。大規模工場では設備が良く、剥皮*、塩蔵技術に熟練しており品質の良い原皮を産出するため、ビッグパッカーハイドは、高品質の塩蔵皮*のことをいい、スモールパッカーハイドは、幾分剥皮きずが多く塩蔵状態も劣る皮をいう。これより低級な塩蔵皮としてカントリーハイド*がある。最近では、品質に大きな差異は認められなくなった。

はつがんせいせんりょう　発がん性染料　Carcinogenic dyestuff

発がん性リスクのある染料。日本エコレザー基準*（JES）では、発がん性芳香族アミンを生成する可能性があるアゾ染料以外に、国際がん研究機関（IARC）による発がん性リスクのグループ2A（ヒトに対する発がん性がおそらくある化学物質）及びグループ2B（ヒトに対する発がん性が疑われる化学物質）に分類されている5種の染料を発がん性染料と規定している。

はっかんなめし　発汗鞣し（発汗法）　Sweating process

☞室鞣し

パッキングレザー　Packing leather

ポンプ、油圧機等のシリンダーをシールするために用いられる革。それぞれの目的に応じて植物タンニン革又はクロム革が用いられ、必要な形状に合わせて型入れ、切削により成型する。

バックカット　Back cut

は虫類において、背部から皮を割き、腹部を皮の中心として使用する場合の皮の割き方をいう。このようにして割かれたワニ革は腹（肚）ワニ*と呼ばれている。また、腹部から皮を割くフロントカット*と使い分けている。

パックキュア　Salt curing, Conventional pack curing

塩蔵皮*を仕立てるための古典的な方法。この方法では、コンクリート床上に皮を広げ、肉面に固形塩化ナトリウム（粒状塩）を散布して順次皮を積み上げ、その山積み（パック）を21日間以上放置しておく。その間に塩化ナ

トリウムが皮内に浸透すると同時に皮の水分が減少して、塩蔵皮が仕上がる。施塩量は皮重量と等量で、パックの高さは 1.2 ～ 1.3 m が標準である。1 日 500 枚までの小規模な塩蔵処理の場合にはコスト的に塩水法より有利。

バックシーム　Back seam
靴の甲部縫製の際、後部を縫い割りした縫目。

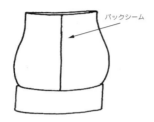

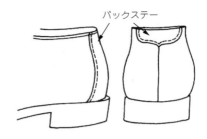
バックステー

バックスキン　Buckskin
本来は雄鹿皮の銀面を除去し、その面を起毛して作った革。バック（buck）は、トナカイ、カモシカ、欧州産の鹿類、ヤギ、ウサギ等の雄をいう。魚油又はホルムアルデヒド＊等で鞣した黄色の柔らかい革で、肉面を仕上げたものもある。床革ベロア、スエード等を誤ってバックスキンと表現している場合が多い。
　☞スエード

バックステー　Back stay
市革 2 枚の腰革＊の後部縫い割りの上端部を補強する革、又は縫い割りの上端から下端まで覆う短冊形の革（棒市という）。

はっこう　発酵　Fermentation
微生物の繁殖過程において酵素等の作用によって有機化合物を人類にとって有用な成分に変化させること。典型的な例として酵母菌やコウジカビによるアルコール発酵、乳酸菌による乳酸発酵、メタン菌によるメタン発酵、酢酸菌による酢酸発酵などがある。食品以外に医療品、化粧品、洗剤等が発酵技術によって製造されている。腐敗＊は同じ作用によるがその境界は恣意的である。皮革製造廃棄物のメタン発酵により生成するメタンガスを回収して熱エネルギーとして再利用する方法がある。
　☞腐敗

はっすいかこう　はっ水加工　Water repellent finish
水が水滴としてはじかれるような表面加工処理。はっ水加工剤としては、フッ素系、シリコン系及び高融点の炭化水素系化合物等が使用される。主に仕上げ剤と混合して使用される場合が多いが、ドラムを使用して浴中で処理する方法もある。

はっすいせい　はっ水性　Water repellency
表面が水をはじいて表面へのぬれや内部への浸透に抵抗する性質。はっ水

性が生ずるのは、水と材料の分子間付着力よりも、水自身の分子間凝集力の方が大きい場合である。通常の仕上げ革のはっ水性は低く、はっ水性を付与した革もある。JIS には、革のはっ水性を評価する規格はない。ISO 規格では、衣料用革に関して、ISO 17231 で規定されている。この方法は、繊維に関する規格 JIS L 1092 の中で規定されているはっ水度試験（スプレー試験）と同じ方法である。一定の高さから試料面にスプレーノズルを通して、水を散布したときのぬれた状態を判定し、標準写真との比較によって級数で示す方法である。

パッチワーク　Patch-work

革片のつぎはぎ細工（パッチング）のこと。家具用革等の裁断等は歩留まりが悪いため、多くの革片が出る。この革片を有効利用するため、つなぎ合わせて 1 枚のプレートに縫製し椅子張り用やクッション材料に用いる。また、ハンドバッグ、毛皮等の製品にもパッチワークを施したものがある。

バット　Butt

皮及び革の部位の名称で、尻の部位をいう。良く充実しており、厚みがある。また、線維の配向はベリー＊より小さく、交絡も十分である。馬革、豚革では特にベリーとの部位差が顕著である。強度試験等において、丸革の試料採取部位はバットの特定部位であることが指定されている。現在ではバットの呼び方は減り、ベンズ＊、ベリー、ショルダー＊が使われている。付録参照。

バット　Vat

木製又はそのほかの材料で製造された、角型の容器で、古くは準備工程＊でも一般的に使用された石灰槽のこと。現在は植物タンニン鞣し等の工程で使用されるタンニン槽がこれにあたり、丸形の場合は桶（タブ）と呼ばれている。

バットせんしょく　バット染色　Vat dyeing

☞建染め

バッファロー　Buffalo

本来は哺乳綱偶蹄目ウシ科の水牛をいう呼び名である。アメリカでは同科のアメリカバイソンにこの名称を使う場合があるが、通常はアメリカ野牛という。アメリカ野牛はウシ属で、水牛とは属が異なる。

はっぽうしあげ　発泡仕上げ　Foam finish

表面上に発泡塗料を塗布し固定する仕上げ法。バインダー＊をクリーム状に発泡させロールコーター＊、又はスプレーで塗装して表面に薄い発泡層を形成させる。ソフトな感触で、良好な型入れ特性が得られる。

パテントレザー　Patent leather

☞エナメル革

はとめ　鳩目　Eyelet

靴、鞄、ハンドバッグ、書類とじの紐様々な革製品で使用されている。例えば、靴の場合は、腰革＊の先の開閉部分（羽根）にはめ込む小さな金属又はプラスチック製の環。一般的には紐を通す目的で使用する。デザイン又は

使用目的により大きさ個数は多種多様である。鳩目を表に出したものを表鳩目、逆に裏側に出るものを裏鳩目という。

パドル　Paddle

皮、又は革等を液中で回転させるための容器の一つ。主として木製の半円筒型槽に、回転できる羽根（櫂、パドル）が取付けられており、羽根の回転により中の液と皮、又は革が撹拌される。ドラム*の場合よりも浴量が多いので、皮に与える機械的衝撃が温和である。製革工程では水漬け、石灰漬け、脱灰、ベーチング等、鞣し前の工程でよく用いられる。また、損傷を受けやすい皮の処理、又は薄い革の染色等に使用されることがある。同じ理由で毛皮の処理にも用いられる。ドイツ語でハスペルともいう。

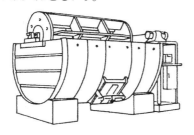

パドルだつもうほう　パドル脱毛法
Paddle liming

準備工程の脱毛*工程で、パドル*を用いる方法。水、石灰、硫化ナトリウム、水硫化ナトリウム等を加えてパドルによる機械的撹拌を行い、約1日で脱毛を終了させる。ドラム脱毛法*に比べて皮に対する機械的作用が弱く、皮を傷めることは少ないが、多くの浴量を必要とする。

パトン　Patten
☞木靴

はなおがわ　花緒革、鼻緒革

草履、雪踏、下駄等の開放型履物で甲に当たる緒を花緒、足の親指と人さし指の間に挟む緒を鼻緒というが、現在では両方が一体化した形状であるため、区別なく鼻緒又は花緒と呼ばれている。履物の種類にもよるが、花緒の素材は藁布、革が主である。消耗の激しさから、耐久性のある蛇革、牛革、鹿革が多く用いられ、八幡黒*、菖蒲革*等の鹿革も用いられた。

パナマメガネカイマン　Central american caiman

ワニ目アリゲーター科カイマン亜科カイマン属に分類される。中央アメリカに生息している。現在ではコロンビア等で養殖も行われている。メガネカイマン*に比べて、骨質部が少なく柔らかいため、比較的広い範囲の製品に用いられている。近年では鞣し、仕上げ技術の向上により多様な仕上げも可能となり、ソフトなマット仕上げの革も生産され、腹部及び背部を生かしたハンドバッグや革小物も作られている。アメリカやメキシコでは、このカイマン*の背骨の凹凸を活かした、カウボーイブーツが人気を博している。日本では、主に時計バンド用として脇腹（サイド）部分が、使用されている。写真は付録参照。

バニオン　Banion

足第一趾肢関節部の皮膚に発生した炎症で、外反母趾で無理に靴を履いたときに発症しやすいといわれている。

パパイン　Papain
　パパイヤの未熟乳液に存在するタンパク質分解酵素。反応にはチオール基が活性化剤として必要である。基質に対する特異性は広く、分解生成物は小さなペプチド*である。最適pHは5〜6であり、ほかのタンパク質分解酵素より耐熱性が高い。毛、生皮屑の分解、食肉の軟化、羊毛の収縮防止に用いることがある。

バビラス　Caiman
　☞カイマン、メガネカイマン

バフ　Buffing
　☞バフィング

バフィング　Buffing
　革の表面をサンドペーパーで除去して起毛させること。例えばガラス張り乾燥*を行った革の銀面をバフィングによりきずを除去した後塗装する。また、革の銀面にバフィングを施しヌバック*にする、革の肉面にバフィングを施し細かい毛羽を立ててスエード*、ベロア*にする等起毛革*の製造工程の一つとして行う。また、革製品の製造時に塗装や接着の効果を高めるために行うことも多い。靴等では銀面の艶出しのための布による摩擦作業をバフィングと呼ぶこともある。

バフィングマシン　Buffing machine
　バフィングに使用する機械。いくつかの型式がある。基本的にはバフィングマシンの回転シリンダーの表面に、サンドペーパー*を巻きつけ、各部均等に締めておく。革を高速回転するこのシリンダーに押しつけながら挿入することでサンドペーパーによって削られ、毛羽が均一な長さに揃えられる。回転速度は早いほうが緻密になり、またサンドペーパーの粒度が小さい（番号が大きい）ほうが、毛羽立ちが微細となる。

バフこ　バフ粉　Buffing dust
　革の表面をバフィング*により除去するときに生ずる微細な革の粉末。一時期、レザーボードに使用されていたが、現在、日本では利用されていない。集塵装置により集められたものは大きな体積をもつので、圧縮固化後に廃棄する。

ハープシール　Harp seal
　☞タテゴトアザラシ

バフハイド　Buff hide
　血生原皮で40〜60ポンドあり、トリミング*後で43〜53ポンドの重量をもつカントリーハイド*をいう。また、この皮にはブランド*がない。

バフレザー　Buffed leather
　☞起毛革

パームゆ　パーム油　Palm oil
　アブラヤシから得られるオレンジ色をした常温で固体の油脂で、独特の芳香と甘味をもつ。主な成分は、パルミ

チン酸44％、オレイン酸39％、リノール酸10％で、そのほかステアリン酸5％、ミリスチン酸1％が含まれている。常温で固体であるのは飽和脂肪酸であるパルミチン酸を多く含むため、組成全体としては牛脂に近い。洗剤、食用、加脂剤等様々な油脂原料として使用されている。

パラグアイカイマン　Paraguay caiman
　アリゲーター科カイマン亜科カイマン属に分類される。南米の中部及び南部のブラジル、パラグアイに生息している。ほかのカイマン属のワニと同様に腹部にカルシウム分が多く溜まることから、メガネカイマンと同じく脇腹の皮が時計バンド、靴等に利用されている。

はらこ　腹子　Unborn calf
　本来は、腹子は英語（unborn calf）にあるように、文字どおり胎児のことである。革製品において、一般的には流産、早産、又は死産等の個体をいう。しかし、ウシに関しては、現実には本来的な腹子の個体数は極めて少なく、通常は雄の乳牛や肉牛の子牛等で、生後3か月以内にと畜されたものも腹子と呼ばれる。また、特に毛付きのカーフ*を腹子と称することが多い。現在では腹子は胎児と同義語として用いられることはない。
　一方、ウマは生後間もなくと畜されることはないが、流産や早産した場合に、子ウマは毛皮として活用され、一般的にはポニーと呼ばれる。これに腹子の名称が用いられることもあるが、この名称が適切性を欠くことは、ウシ（カーフ）の場合と同様である。カーフに比べてポニーの数量はごく僅かであり、このポニーとは別に、成馬でも体長が140cm以下で、ポニーと呼ばれる小型種のウマも存在する。

はらワニ　腹（肚）ワニ
　ワニの背の部分を割り（バックカット*）、腹（肚）部の腹鱗板(ふくりんばん)を生かしたタイプをいう。背部の頸部、頸鱗板(けいぶ、けいりんばん)、背鱗板(はいりんばん)の模様を生かした革は背ワニ*という。

はり　Anti-drape stiffness
　風合い用語。曲げ硬さを中心にした張る性質のこと。弾力性は考慮しない。

はりかわ　張り革　Stretching
　張力をかけながら革を乾燥成形すること。板張り*、又はネット張り*等がある。

はりきじ　張木地
　江戸時代末期に使われた白鞣し革*の一呼称。張生地ともいう。特に油を多く用いて製造し、荒もみ後に乾燥、塩抜きを行い、軽く揉んだ後、張り乾燥して仕上げたもの。古くは花緒(はなお)、伊勢合羽(いせかっぱ)、文庫等に用いられた。
　☞姫路革文庫

パールしあげがわ　パール仕上げ革　Pearlized leather
　ラッカーに天然パール（太刀魚等の魚鱗(ぎょりん)又は合成パール）を混合し、塗装することによって真珠様の光沢を付与した革。ファッション性が高いが、物理特性は比較的弱い。靴の甲革、ハンドバッグ等に使用されることが多い。

パルピーハイド　Pulpy hide, Pulpy butt, Pulpiness

　牛皮のバット*部において、線維束の多くが銀面に対してほぼ垂直に並行して走り、また線維束の交絡が不十分な皮。この線維束の異常配列によって引き裂けやすい革になる。これはヘレフォード種*の牛皮にみられ、常染色体劣性遺伝によることが知られている。

バルブレザー　Valve leather

　工業用革の一種で、機械装置の弁として使用される革。耐屈曲性が高い。用途により、植物タンニン革にグリースオイル等を加脂した革、加脂量が少なく硬いクロム革、コンビ鞣し革がある。厚さが要求されるので雄牛の成牛皮が材料となる。

はれつつよさしけん　破裂強さ試験　Bursting strength test

　試験機に面で力を作用させて破裂させたときの革の強さを測定する試験。JISでは銀面割れ試験*として、JIS K 6548に、ISOではISO 3379 (IULTCS/IP 9) で規定されている。また、ASTM D 2210にミューレン形試験による方法が規定されている。

バロニア　Valonia

　小アジア、ギリシャ等に生育するトルコオークの実及び殻斗（かくと）から得られる植物タンニン*。主として、Quercus valonea、Quercus macropis 及び Quercus aegilops の3種で、加水分解型タンニン*に属し、多量のエラグ酸を含む。バロニアは革中に多量のブルーム*（黄色の不溶性析出物）を沈着し、底革*、ベルト革に用いられる。鞣し時には、ほかの植物タンニンと併用されることが多い。

はんきゅうじょうかそせいしけん　半球状可塑性試験　Testing method for set in lasting with dome plasticity apparatus

　靴甲革の製甲時の成形保持性（可塑性*）を試験する方法。JIS K 6546に規定されている。円形の試験片に荷重をかけ一定高さまで半球鋼で押し上げ、革を半球状に伸ばす。そのまま一定条件（80℃、30分間→20℃、65%、60分）で延伸したまま放置した後、荷重を取り除き一定時間（24時間、72時間）後、試験片の中心の高さを測定し、最終的な面積増と最初の延伸による面積増との百分率で示す。

パンクレアチン　Pancreatin

　ブタ、ウシ等の温血動物の膵臓から製剤された酵素。主成分はトリプシン、リパーゼ、α-アミラーゼである。製革工程では、ベーチング剤*として広く用いられている。

はんさい　半裁　Side

　☞サイド

はんじき　半敷　Pad, Half length sock

　☞中敷

ばんしゅうなめし　播州なめし（鞄）　Japanese white leather, Himeji white leather

　☞白鞣し革

バンドナイフマシン　Band knife machine

　☞スプリッティングマシン

ハンドバッグ　Handbag

　化粧品、ハンカチ等の身の回り品を

収納して携行する用具。主に女性のためのバッグ。用具であると同時に、衣服との調和を求められるファッション性の高い製品である。デザイン、機能性によって付録に示すように多くの種類がある。ハンドバッグの仕立て（縫製方法）は、切り目、ヘリ返し、返し合わせ及び縫い返しの4種類の基本手法がある。付録参照。

ハンドバフ　Hand buffing
手作業で銀面を軽くバフィング*すること、又はそのための道具。機械によるバフィングで処理できなかった部分を修正するために使用する。

ハンドラー　Handler
植物タンニン鞣しによる底革*製造に使用されている工程又はこれに使用するピット。製造工程は、三つの連結する鞣製工程、ロッカー*（サスペンダー）、レイヤー*、ハンドラー及びホットピット*（浸け込み槽）からなる。レイヤーは行わないことが多い。ハンドラーはロッカーの次に続くもので、ロッカー液よりタンニン濃度が高い。皮はハンドラー液中に平らに積まれ、1日おきに槽から取り出され、液には植物タンニン剤を補充する。これらの液は常に作業で撹拌されることからハンドラーと呼ばれている。

バンドリング　Bundling
毛色の品質を均一に取り揃えた取引単位。または衣料1着を作るために必要な単位の毛皮の組合せを作ること。

パントンいろみほんちょう　パントン色見本帳　Panetone color swatches
アメリカのPanetone社が発行する色見本帳。大量の色見本を収録している。両者が同じ色見本帳を保持することにより、色見本番号により遠隔地間での色調の確認が可能となる。大手色材メーカーからも同様の色見本帳が提供されている。

はんなめしがわ　はんなめしかく　半鞣し革　Semi-tanned leather
革としての完全な特徴をもたない鞣しが不十分な革。セミクロム鞣し、セミタンド*と類似の中間原料又は半加工材料の意味で使用されることが多い。このままでは最終製品にならず、長期間の保存には耐えないが、輸送は可能である。

はんのうせいせんりょう　反応性染料　Reactive dye
分子内に革等の繊維と共有結合*を形成しうる反応性基をもつ染料。この結合は化学的に極めて安定であり、染料が繊維から離脱しにくいため、良好な染色堅ろう度*が得られる。一般的に、反応は比較的強いアルカリ性と高温によって促進される。アルカリを添加しないで、酸性染料として使用することもできるが、共有結合を生成しないので、堅ろうな固着を得ることができない。革の場合は、染料の結合場所が少なく、また耐熱性と耐アルカリ性が低いために、濃色が得にくい場合が多い。耐アルカリ性のアルデヒド鞣し*、油鞣し*革、またはアルデヒドで再鞣したクロム革等に使用される。近年、クロム革に配位結合で結合するリン酸化染料*が開発された。

はんばいいんようベルトポーチ　販売員用ベルトポーチ
　販売員が業務時にペン、はさみ、メジャー等を入れるベルト付ポーチ。

パンプス　Pumps
　紐留め金、ベルト等の締具や留め具がなく、足の甲が露出するように深くえぐった甲部をもつ靴の総称。コートシューズ（Court shoes）ともいう。元来は正装用ではあるが、様々な種類がある。婦人靴の最も標準的な型の靴である。

バンマーテン　Baum marten
　☞ボンマーテン

はんもん　斑紋　Speckles
　色や濃淡の違い等によってできた点のような模様。ワニ、トカゲ、ヘビのようなは虫類皮では、種によって斑紋に特徴がある。これらの模様を生かす鞣製方法と、斑紋を漂白剤によって消して斑の形状を生かす方法とがある。

ひ

ひイオンかいめんかっせいざい　非イオン界面活性剤　Nonionic surfactant
　水中でイオンに解離しないタイプの界面活性剤。ノニオン界面活性剤ともいう。高級アルコールの炭素鎖にエチレンオキサイドを付加させたもの（エーテルタイプ）、グリセリンやショ糖の脂肪酸モノエステル（エステルタイプ）等が一般的である。電解質の影響を受けにくく、広い範囲のイオン性試薬との相溶性が良い。皮や革の脱脂、洗浄、水戻し、軟化、各種薬剤の分散など、製革工程や革製品の加工に広い用途がある。

ヒイロニシキヘビ　Red python, Short-tailed python
　有鱗目ニシキヘビ科ヒイロニシキヘビ種に分類される。生息地はインドネシア、マレーシアを中心とした東南アジア諸国。体長 1.8 m～2.7 m で、川辺、池、沼の周囲に棲息し、水辺に来る哺乳類、鳥類を捕食する。尾部が短く、胴が太い。全身が赤味を帯びているためレッドパイソン＊とも呼ばれている。革は主に背中を割いて、腹部の特徴ある蛇腹を活かして使用する。アメリカでは、カウボーイブーツ用、日本ではソフトに鞣してハンドバッグ等に使用されることが多い。写真は付録参照。

ピーエージーアイほう　PAGI 法
Japanese PAGI method
　☞パギー法

ビーエスイー　BSE; Bovine Spongiform Encephalopathy
　☞牛海綿状脳症

ピーエイチ　pH
　物質の酸性、アルカリ性の程度を表す数値。水素イオン指数又は水素イオン濃度指数のこと。溶液中の水素イオ

ン（H⁺）の濃度。溶液1L中の水素イオンのグラムイオン数で表す。その数の逆数の常用対数をとり、pHで表現することが多い。25℃の純水の場合、水素イオン濃度は10^{-7}mol/Lであり、ほぼpH = 7（中性）である。pH＜7の場合を酸性、pH＞7の場合を塩基性（アルカリ性）と呼ぶ。pHの測定方法としては、pH指示薬、pH試験紙、pHメータ等がある。一般的な製革工程におけるpHは、次のとおりである。水漬け工程：7〜8、脱毛工程：11〜12.5、脱灰・ベーチング工程：8〜9、ピックリング工程：2〜3、クロム鞣し工程：2〜4、中和・再鞣工程：4〜6、染色・加脂工程：3〜6、製品革：3〜4。

革のpHの測定方法は、JIS K 6550及びJIS K 6558-9に規定されている。また、ISO規格では、ISO 4045に既定されている。

ビーエル　B/L: Bill of lading

船荷証券。船積みを証明する証券で、船積みが完了したときに発行される。船主、代理店又は船長が発行し、証券所持人に運送貨物を引き渡すことを約束する有価証券である。信用状＊にはほとんどの場合、このB/Lを必要とする。船積み書類の中の重要書類の一つである。

☞船積み書類、インボイス

ビーオーディー　BOD: Biochemical oxygen demand

☞生物化学的酸素要求量

ひかく　皮革　Hide, skin and leather

皮革は一般にかわともいわれるが、皮とは動物の外皮で、毛付き、又は脱毛して未鞣しのものをいい、革とは毛を除去して鞣したものをいう。皮革は両者を包含する概念である。毛皮も広義の皮革に含めることがある。皮革が繊維材料と異なる最大の特徴は、生体時に既に線維と交絡状態が決定され、天然材料としての個性が強いことである。一般的な哺乳動物皮の耐熱性は、62〜63℃前後であるが、鞣しによって、コラーゲン繊維が安定して耐熱性＊が高まり、腐敗しにくく、柔軟性及び弾力性を保持するようになる。鞣しに使用する鞣剤、加工方法、厚さ等により特徴のある革ができる。

天然革の銀面は、超極細のコラーゲンフィブリルが繊維束を構成せずに、フィブリル同士で交絡し、緻密で不織布のような繊維構造をしている。天然皮革の断面構造は、肉面に近づくにつれて、繊維束直径は大きくなっており、人工皮革＊、合成皮革＊の断面構造と大きく異なる。

ひかくくず　皮革屑　Hide, skin and leather wastes

製革工場から産生する皮のトリミング屑＊、フレッシング屑、床皮屑、床革＊屑、革製品の加工工場から発生する裁断屑、こば漉き屑等。肥料、飼料、膠、ゼラチン＊の原料となる。皮のトリミング屑やフレッシング屑は、にべ＊といい、原皮からのものを生にべ、石灰漬け後のものを石灰にべという。生にべは油脂を抽出し、残渣飼料とする。石灰にべは主にゼラチン、膠の原料となる。床皮屑はコラーゲンの純度が高く、脂肪が少ないのでゼラチン、コラーゲン製品の原料として適している。また、工業用コラーゲン線維の原料に

も適している。

革製品の加工からの裁断屑やこば漉き屑は、クロムのほかに加脂剤、再鞣剤、仕上げ剤等様々な成分を含んでいるため、有効利用が困難である。一部は革小物等への再利用もあるが、現状では自治体によって差がある。清掃工場の焼却炉の性能向上、焼却灰の無公害化が進み焼却処分が多くなっている。クロムを含む革のリサイクル方法としては超臨界水処理からクロムの分離、コラーゲンポリペプチドの回収等の研究が行われている。ドイツでは使用済みの革靴から油収材、レザーボード等への再利用が検討されている。

ひかしぼう　皮下脂肪　Subcutaneous fat

動物の真皮と筋肉の間に存在する皮下組織中に蓄積された脂肪組織。原皮の皮下脂肪はフレッシング*で除去される。皮下脂肪の多い原皮は貯蔵中に変質して皮の品質劣化の原因となることがある。

ひかそしき　皮下組織　Subcutaneous tissue

真皮下層の疎らな線維からなる結合組織。種々の方向に走行するコラーゲン線維*に弾性線維*が混ざり、多量の脂肪細胞（脂肪組織）を含む。剥皮作業はこの層にナイフを入れて行う。皮下組織はフレッシング工程で除去される。

ひかりしょくばい　光触媒　Photocatalysis, Photo catalyst

光を照射することによって触媒作用を示す物質のことである。代表的な物質として酸化チタンがあり、強い酸化還元作用と超親水作用を示す。前者の作用によって、塗装膜、染料、タンパク質、油脂、排気ガス中のカーボンのような化合物を分解する。後者の作用を応用した例として、汚れにくいセルフクリーニングガラスがある。

ひきあぶら　引き油　Oiling off
☞油引き

ひきさきつよさ　引裂強さ　Tear strength

革等の引裂きに対する強さ。材料強度の項目の一つであると同時に、繊維構造における交絡性を知る指標ともなる。試験方法には、シングルエッジ法及びダブルエッジ法がある。シングルエッジ法は JIS K 6550、JIS K 6552、JIS K 6557-3、及び ISO 3377-1（IULTCS/IUP40）に規定されている。この方法は試験片に切り込みを入れ、その両端を引き裂いて切断時までの荷重を測定する。JIS K 6550 では、最大荷重を求め、得られた値を、試験片の厚さで割り、引裂強さ（N/mm）で表す。JIS K 6552 では、厚さで割らずに最大引裂荷重（N）で表す。JIS K 6557-3 及び ISO 3377-1 では、平均荷重を求めて引裂荷重（N）で示す。

ダブルエッジ法は、JIS K 6557-4 及び ISO 3377-2（IULTCS/IUP8）で規定されており、同一の試験方法である。試験片の中央部を一定の形状で打ち抜き、その両端に2本の棒を差し込み、両側に引っ張ることにより引裂く方法であり、最大荷重（N）で表す。

ひきとおし　引通し

時計バンドのタイプで1本のテープ状の通しバンド。時計にバネ棒が付いている12時側から6時側へバンドを引通して使用する。両引き*タイプに比べて少ない。

ひきはだがわ　蟇肌革

牛革の表面にガマガエルの背中のぶつぶつに似たしぼ*をつけた革をいい、しぼ革の一種である。鞣した牛革、特に薄革には濃淡があり、しぼ*と呼ばれる凹凸がある。それを更に、緩く湾曲したもみ板（片手で持てるかまぼこ状の木製に持ち手をつけたもの）で縦横にもみ凹凸をつける。

ピグメント　Pigment

☞顔料

ひこつ　皮骨　Dermal bone

脊椎動物の真皮の中に生じた骨質。ワニ、トカゲに見られる。鱗板の下層にある板状の骨のことで真皮層に由来する。ワニはいずれの種においても、頸部の大型鱗板と背鱗板のすべてに皮骨があり、更に大型の側鱗板に皮骨をもつ種類もある。ワニでは皮骨の発達程度は、ほとんどすべての種で、鱗板そのものの面積に比例しているが、例外的にイリエワニ*では皮骨は非常に小さく各鱗板の中心にのみ限られている。カイマン類では鱗板全体が完全に皮骨化している場合があり、少なくとも非常に年を取った個体では完全に皮骨化している。また腹鱗板の皮骨はそれぞれの腹鱗板の上で二つの部分に分かれている。このように皮骨を詳細に検討することは種間、亜種間の識別に役立つ。

ひし　皮脂　Sebum

表皮の脂腺*から分泌される脂質。脂質の主成分は脂肪酸グリセリンエステルで、そのほかスクワレン、ワックス等がある。皮脂は、水の浸透を阻止するばかりでなく保湿にも役立っている。製革工程では、主に石灰漬けのときに除去される。

ひしせん　皮脂腺　Sebaceous gland

☞脂腺

ひしつぶん　皮質分　Hide substance

皮のタンパク質、主としてコラーゲン*をいう。JISではJIS K 6550及びJIS K 6558-6に、ISO規格ではISO 5397 (IULTCS/IUC 10) に試験方法が規定されている。JIS K 6558-6はISO規格整合化したものである。原理はどれも同じで、ケルダール法によって窒素量を測定し、これに5.62をかけて皮質分を質量分率で表す。

ひしめうち　菱目打ち　Diamond perforation

レザークラフトに使用する工具。革に縫い穴をあけるためのもので、あけられた穴が菱形の形状からこのようにいう。手縫い作業に適している。刃の幅（刃と刃の隙間）又は刃先の間隔、先端に取り付けられている刃の本数によって様々な種類がある。菱目打ちを垂直に保ち、強弱をつけず適度な力加減で打ち込み、一定の縫い方によって美しい糸目ができる。縫うときに使う針は手縫い針が適している。使用する糸は、基本的にはろう引きされた麻糸*

を使い、適切なサイズのものを選ぶことも大切である。

ひじゅう　比重　Specific gravity
物体の単位体積当たりの質量（密度）を水（1とする）に対する相対値として示した値。一般的に、標準物質として4℃の純水を用いる。液体の比重は比重ビン、浮き秤を使用して測定することが多い。タンニン液のバーコメータ等がその例である。固体の場合、日常的には気孔等の内部空隙を含んだ体積で比較するが、革は空隙が多いので見掛け比重を使う。

びじょう　尾錠（美錠）　Buckle
靴、鞄、ハンドバッグ、ベルト等につける金属又はプラスチック製の留め具又は締具。バックルともいう。ベルト等を保持するという機能だけでなく、装飾用としても用いられる。

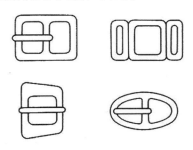

ひしょうなめし　皮硝鞣し
中国で古くから行われた鞣し法で、硫酸ナトリウムと炭酸ナトリウムを主な鞣剤とした。白色で柔らかく、水に弱く生皮に戻りやすい。

ビーズバッグ　Beaded bag
ガラス製、樹脂製の微細なビーズに糸を通して編む又は布に刺繍して作られた小型のハンドバッグ。主にパーティー用として使われる。

ひタンニンぶん　非タンニン分　Non-tannin
植物タンニンエキス中に含まれる皮に吸着されない成分を非タンニン分という。有機酸及び塩、糖類＊又は比較的分子量の小さいポリフェノール類等である。タンニン分／非タンニン分の比率が大きくなれば、タンニン液の収斂性＊は強くなり、逆に比率が小さくなれば収斂性が弱くなる。試験方法はJIS K 6504植物タンニンエキス分析法に規定されている。
☞タンニン分

ピッカー　Picker
紡績用織機のさばき具を作るために使用する生皮。脱毛した成牛皮に、鞣しを施さずに油脂やグリセリンを添加した後、乾燥する。非常に固くて強度がある帯状の皮。特殊なものではさらに強度が必要であるため、毛付きのまま製造することもあった。現在では犬のチューインガム、武道具等に用いられている。

ピッグスキン　Pig skin
豚皮及び豚革をいう。

ピックル　Pickle
ピックリング。または、ピックリング工程で使用される酸と塩の混合溶液をいう場合もある。

ピックリング　ピックル　Pickling
準備工程の脱灰、ベーチングが終わ

った皮を、酸と塩を含む溶液に浸漬する処理。浸酸、酸漬け、ピックルともいう。一般的には、クロム鞣しに都合のよいpHにすることが主な目的である。また、皮の貯蔵方法の一つとしても行われている。ピックリングの条件は原料皮の種類、皮の厚み、準備工程の条件、革の用途等によって変えられる。酸は、主に硫酸が用いられるが、塩酸、ギ酸、酢酸、乳酸、芳香族スルホン酸等も利用される。塩は、主に塩化ナトリウムが用いられるが、硫酸ナトリウム、ギ酸カルシウム、ギ酸ナトリウム等を併用することもある。一般的には、塩化ナトリウム5～10%、硫酸0.5～1.0%、浴量80～200%の溶液濃度で処理する。クロム鞣しでは特に重要な作業になっており、通常は一夜浸漬する平衡ピックリング*、比較的薄い皮には短時間処理のショートピックリング*がある。

ピックルひ　ピックル皮 Pickled skin (hide)
　ピックリングを行った皮。

ヒツジ　羊 Sheep
　哺乳動物綱偶蹄目反芻亜目ウシ科ヤギ亜科に属する。家畜化の歴史は古く、紀元前一万～九千年に西南アジアで家畜化されたと考えらえている。ヒツジの品種は800種類以上あり、分類方法は、用途、土地、羊毛、外貌、原産地等により多様である。特に羊毛が利用されるようになって品種改良が進んだ。主な品種は、メリノ、サウスダウン、サフォーク、ロマノフ、テクセル、コリデール等である。世界の飼育頭数は約11億頭であり、中国、オーストラリア、インド、イラン、ナイジェリア、イギリスの順に多い。革としての分類はウールシープ*とヘアシープ*に大きく分類される。子ヒツジをラム*と呼ぶ。

ピット Pit
　石灰漬け、植物タンニン鞣し等に古くから使用されている槽。かつては地中に穴を掘って槽を埋めていたが、現在では地上に槽を並べて使用することもある。現在でもぬめ革、底革等の製造に使用されている。腐敗によって悪臭が発生する恐れがあるので、細かな管理が必要である。

ビッド Bid
　競売、入札で付けられる値。売買の価格交渉の際、買い手の示す付け値（指値）と同じ意味で使われる。
　☞オファー

ひっぱりせつだんかじゅう　引張切断

荷重　Tensile load at break
　☞引張強さ

ひっぱりつよさ　引張強さ
Tensile strength
　革を引っ張ったときの強さ。革が切断するまでの最大荷重（切断荷重）で表す。JISではJIS K 6550及びJIS K 6557-3に規定されている。後者は、ISO規格に整合化し、JIS K 6550とは試験片の大きさ及び試験片の点数が異なっている。ISOでは、ISO 3376（IULTCS/IUP 6）に規格がある。試験の原理はどれも等しく、試験片を一定の速度で引っ張り、切断するまでの最大荷重を革のもとの断面積で割った値（MPa）で示す。なお、衣料革の場合は、最大荷重を引張切断荷重（N）で示す（JIS K 6552、JIS K 6553）。

ビーティング　Beating
　毛皮を竹の棒等で強く打つこと。毛足を立たせ、しわをとる効果がある。軽く打つときはパッティング（patting）という。

ビーディング　Beading
　☞玉ぶち

ひとげ　一毛　Japanese black hide, ♂ Japanese native cattle hide, ♀ Japanese native cow hide
　黒毛和種の原皮。いちげとも呼ぶ。国産成牛原皮は大別して黒毛和種の牛皮と、ホルスタイン牛皮の2種に分かれる。黒毛和種は毛色が一色であることから一毛と称して区別されている。
　☞地生

ヒートセット　Heat set
　製靴工程において釣り込み後、靴型に装着した状態で甲革を数分間加熱して成形する作業。あらかじめ加湿してから行う場合もある。靴の型崩れを防ぐために行う。

ヒドロキシプロリン　Hydroxyproline
　アミノ酸の一種。コラーゲン*中に多量に（約11〜14％）存在するアミノ酸。コラーゲンの安定性に寄与しており、含有量の高いものほど熱収縮温度が高くなることが知られている。ほかのタンパク質にはほとんど含まれないのでコラーゲンの定量指標となる。

ヒドロキシラジカル　Hydroxyl radical
　水酸基（ヒドロキシ基）に比べ電子が1つ不足した不対電子（ラジカル）を有する物質。いわゆる活性酸素*といわれる分子種の中で最も酸化力が強い。ヒドロキシラジカルは酸化チタンの紫外線照射や不飽和脂肪酸*の自動酸化*等で発生する。

ビニルレザー　Vinyl leather
　革の人工代替品の一つ。織布や編布上に塩化ビニル樹脂を塗布して銀面模様の層を形成させたもの。JIS K 6772に規定されているビニルレザークロスに相当する。塩ビレザーともいう。塩化ビニル樹脂に存在する可塑剤の移動で硬化、収縮、色素の移染等を起こしやすい。履物、鞄、ハンドバッグ、家具等に使用されている。
　☞人工皮革、合成皮革

ひねつ　比熱　Specific heat
　物質1 kgの温度を1℃（＝1 K）上昇

させるために必要な熱量で、J/(kg·℃)又はJ/(kg·K)で示される。計量法では比熱容量という。水の比熱は4.186 kJ/(kg·℃) = 1 kcal/kg·℃、空気の比熱は1.01 kJ/(kg·℃)である。比熱の大きな物質ほど、温まりにくく、冷めにくい性質をもつ。革の比熱は、繊維とほとんど変わらない。吸湿性の大きな革では、吸着した水の影響を受け、水分が多いほど比熱が高くなる。

ビーバーラム　Beaver lamb
　☞ムートン

ビーピービー　BPB
　☞ブロモフェノールブルー

ひふん　皮粉　Hide powder
　主として牛皮の網状層のコラーゲン線維*を精製して粉末にしたもの。植物タンニン分の分析、革の基礎研究に使用される。

ビームハウス　Beamhouse
　☞準備工程

ひましゆ　ひまし油　Castor oil
　脂肪酸組成は不飽和脂肪酸が主成分で、水酸基をもつリシノール酸が87％、オレイン酸が7％、リノール酸が3％である。一方、飽和脂肪酸は少なく、パルミチン酸とステアリン酸等が3％である。粘度、比重ともに、脂肪油の中で最大であり、低温下でも高い流動性をもつ。潤滑性は良好であるが、酸化しやすく熱安定性が劣る。化学工業原料として重要であり、ロート油、高融点のろう、酸化油、可塑剤の原料となる。脱水ひまし油は、塗料、印刷インキには不可欠な原料である。加脂剤の原料として用いられる。

ひめじしろなめしがわ　姫路白鞣し革　Himeji white leather
　塩と菜種油だけで大型の牛馬皮を鞣した革をいう。別名を姫路革、古くは白鞣、古志鞣、越鞣ともいわれた。皮を川漬け脱毛、フレッシング播州鞣を行い、天日で乾燥する。少し水に戻してから、菜種油を加えてドラム及び手作業で皮線維をもみほぐしていく。この間、天日乾燥ともみ作業を繰り返す。最後に塩抜きを行い、更にもみ作業を繰り返すことによって、やや淡黄色を帯びた白い革となる。もみしぼを生かして財布、鞄、ハンドバッグ、文庫、草履等に加工された。

ひもかわ　紐革　Lace leather
　駆動ベルトの接合部をつなぎ合わせるために使用する細い革。成牛皮の生皮を紐状にしたものである。明礬、又はクロム鞣剤で鞣されることもある。強靭で屈曲性に優れていることが要求される。革製品の縫製時、革をつなぎ合わせるために使用する紐状の革をいうこともある。これらの一つに、野球グローブの固定紐がある。
　☞革ひも

ひょうじゅんイルミナント　標準イルミナント　Standard illuminant
　国際照明委員会（CIE）によって相対分光分布が規定された測色用のイルミナント。かつては標準の光と呼んでいた。JISでは、JIS Z 8720及びJIS Z 8781-2で規定されており、標準イルミナントA及び標準イルミナントD65

がある。前者は、一般照明用タングステンフィラメント電球による照明を代表するものであり、相対分光分布は約2,856Kの温度における黒体からの光を表している。後者は平均昼光を代表するものであり、相関色温度は、約6500Kである。

ひょうじゅんこうげん　標準光源
CIE standard source

物体を観察する際に使用する光源。国際照明委員会（CIE）によって仕様が規定されている。JIS Z 8720では、CIEによって仕様が規定された標準イルミナント*の相対分光分布を実現する人工光源と規定されている。標準光源Aは、分布温度が約2,856Kの透明バルブ－ガス入りタングステンコイル電球である。標準イルミナントD65を実現する人工光源は、いまだ確定されていないが、常用光源D65が使用されている。

ひょうはく　漂白　Bleaching

化学物質の酸化、還元反応を利用し、着色物質を分解して淡色化すること。ブリーチングともいう。

1）皮では原皮の血じみや毛穴の垢を白くする工程をいうが、革では当初の色より薄くする工程をいう。また、は虫類皮には特有の斑紋があり、これらの着色物質を酸化剤又は還元剤で分解し漂白する。

2）植物タンニン革では、タンニン鞣しを終えた革を渋出し後、酸溶液や白用合成タンニン液に浸漬して明るく淡い色にする工程をいう。

3）毛皮では、天然の白色毛が黄変や油やけして変色したものを純白にすること、又は有色毛を淡色にすること。汚れの軽微のものは、還元漂白、汚れが重度のもの、有色毛は酸化漂白か両者を併用する。

ひょうひ　表皮　Epidermis

皮膚のもっとも外側にある層状の細胞組織。真皮と接する最深部の基底層で分裂した表皮細胞が、基底層、有棘、角質層へと変化しながら、上層に移行する。角質層の外側は自然に剥離していく。毛皮では表皮を残すが、製革工程では除去され真皮が露出する。

ひょうめんかし　表面加脂　Surficial fatliquoring

加脂剤が革の表面に沈着して内層に浸入しない状態、又はそのような加脂方法。革の表面に過剰の加脂剤が存在すると、スエード等の起毛革ではバフィングの障害となり、仕上げ塗膜や靴の加工時に接着不良を生じることがある。一方、表層に沈着した加脂剤は銀面の光沢、感触等の官能的効果が大きいので、意図して表面加脂を行うこともある。

ひらあみ　平編み

革紐を平らに編む方法の総称。標準的な平編みは、革紐の断面が四角いものが使用される。また、一片の革に2列平行に切り目を入れて作るマジック編みもこれに含まれる。革の種類、色の組み合わせ、革紐の幅、厚み、革の風合いによって仕上がりを調整することが可能であり、様々なものを幅広く作ることができる。

ひらて　平手

ロープ、プラスチックチューブ等の芯を中に入れない平らな形状の持ち手。二枚合わせもある。
☞丸手

ひらはぎ　平剥ぎ　Open-handling
剥皮*方法の一つ。開き剥ぎともいう。四肢を切り開いた後、腹部正中線を切り開いて剥皮する。毛皮用としては大型のヒツジ、小ウシ、アザラシ等に行われる。ヌートリア*のように腹部の被毛状態のよいものでは背線を切開することもある。これに対して、腹部正中線又は背線を切開しない方法を丸剥ぎという。丸剥ぎでドレッシング*した毛皮を縫製のために切り開く作業をいうこともある。

ひらめうち　平目打ち
レザークラフトに使用する工具。主にレース編み（革紐縫い）をするときに、革にあらかじめ穴をあけるために使用する。先端が平らな四角になっている。刃の幅（刃と刃の隙間）又は刃先の間隔、先端に取り付けられている刃の本数によって様々な種類がある。穴の形状は直線で横並びにそろう。かがるときはそれぞれの幅にあったレース針を用いる。

ピーリング　Peeling
毛皮の表層が剥離すること。特にラム*にみられる現象。

ヒール　Heel
足の踵又は靴の踵。靴では表底*の踵部を高くし身体の重さを分散させ、歩行を助ける目的のものではあるが、特に婦人靴ではファッション的な要素が大きく、様々な形状のヒールがある。かつては、植物タンニン革を積んだものが主流であった。最近では、婦人靴ではABS樹脂等のプラスチック、木、金属等、紳士靴ではゴムヒールが多く使われている。婦人靴は、高さによってハイヒール（6 cm以上）、中ヒール（4～6 cm）、及びローヒール（4 cm以下）に区分される。また、種々の形状のヒールがある。紳士靴は、2～3 cmの高さが一般的である。付録参照。

ビール　Veal
食肉用の子ウシ。一定期間特殊な飼料で育成したものをホワイトビールという。この皮は普通のカーフスキン*よりやや大きい。

ヒールしけんほうほう　ヒール試験方法　Test methods for heel
ヒールに関する試験は、安全性にかかわる大きな問題として、婦人靴の重要な性能要件となっている。主な試験に、ヒール取付け強さ*、ヒール衝撃強さ*、ヒール耐疲労性*がある。

ヒールしょうげきつよさ　ヒール衝撃強さ　Heel resistance to lateral impact
婦人靴のヒールが、突発的に起こる大きな衝撃に対する抵抗力をいう。試験方法は、ISO 19953で規定されている。ヒールを固定したトレイを、ヒール後部の先端より6 mm下がったところに直角に振り子が接するように、ヒール衝撃試験機に取り付ける。ヒール衝撃試験機により、0.68 Jごとに荷重を上げて打撃し、ヒールが破損したときの衝撃力を求める。

ヒールたいひろうせい　ヒール耐疲労

性　Heel fatigue resistance test
　通常歩行により繰り返し受ける小さな衝撃に対して、ヒールが耐えうる能力。試験方法は、ISO 19956に規定されている。ヒールを固定したトレイを、ヒール後部の先端より6 mm下がったところに直角に振子が接するように、ヒール疲労試験機に取り付ける。振子のエネルギーは1回の打撃ごとに0.68 Jであり、1秒間に1回の速さでヒールを打撃し、20,000回まで続ける、又はヒールが破損したときの打撃回数を求める。

ビルドアップせい　ビルドアップ性
Build-up property
　染料濃度と染着率の関係のこと。染料濃度が増加しても染着率が低下せずに革表面の色濃度が増加する染料の性質で、染料に対する革の親和性に関係している。濃色染めにはビルドアップ性の高い染料を使用する必要がある。

ヒールとめねじくぎ　ヒール止めねじ釘　Screw nail
　婦人靴の高いヒールを靴の踵部に固定する特殊な釘。歩行中のゆるみが生じないようヒール止めねじ釘、ヒール止めらせん釘等が用いられる。

ヒールとりつけつよさ　ヒール取付け強さ　Heel attachment strength
　中ヒール及びハイヒールを靴底から取り外すのに要する強さをいう。婦人靴を試験する方法で、ISO 22650で規定されている。ヒールを後方へ引っ張ったときの変形及び靴底から取り外すときに要する荷重を求める試験である。試料靴を引張試験機に取付け、ヒールを後方に引っ張り、200 Nの荷重をかけたときの変形（mm）を測定する。さらに、400 Nの荷重がかかるまで後方に引っ張り、負荷を除いた時点での変形（mm）を測定し、再度、ヒールを後方に引っ張り、ヒールを取り外すために要する荷重（N）を求める。

ヒールたかさ　ヒール高さ（ヒールエレベーション）　Heel elevation
　靴の最後端部で測ったヒールの高さ。すなわちヒールが靴本体と接合するヒールシートの最後端からヒール接地面までの垂直高さ。これはヒールの前方ブレスト部（ヒールのあご部分）で測ったヒールハイトとは異なる。

ヒールピンほじりょく　ヒールピン保持力　Heel pin holding strength
　標準ピンをヒールの材料から引き抜く力をいう。試験方法は、ISO 19957に規定されている。標準ヒールピン挿入方法を用いてヒール材料がヒールピンを保持する力を測定、又は市販商品のヒールの釘打ちを評価するために使われる。婦人用履物のプラスチック及び木製のヒールに適用される。

ヒールまきかわ　ヒール巻革　Heel cover leather
　木製又はプラスチック製の婦人靴ヒールの側面を覆う革又は合成樹脂シート。

ビルマニシキヘビ　Molurus Python
　有鱗目ニシキヘビ科に分類され、インド、ミャンマー、タイ、マレーシア、インドネシア、中国南部等の熱帯地方に生息している。全身に不規則な図形

模様があり、その個性的な斑模様に特徴がある。英名ではモラレスパイソンと呼ばれている。皮質が丈夫でサイズが大きい等の利点もあり、アミメニシキヘビ*とともにヘビ革の主力として幅広く各種製品に使用されている。沖縄の三線(さんしん)には、この皮が使用されている。写真は付録参照。

ピロガロール（系）タンニン
Pyrogallol tannin
☞加水分解型タンニン

ひんしつひょうじ　品質表示　Quality standard indication
商品の取引において商品の品質に関して正しい情報を与えることにより、消費者の利益を保護するための制度。商品市場の複雑化、多様化とともに品質表示の義務づけや不当表示の排除に係る制度が強化された。家庭用品については、消費者庁の定める形式に基づき適正な品質表示を行うことを義務づけている。革製品は、家庭用品品質表示法の雑貨工業品表示規定（30品目）によって定められている。

ふ

ふ　斑　Scale
は虫類の特有な鱗の形状をいう。代表的なワニ革には部分的な特徴を表す名称がある。前肢と後肢部分の丸味を帯びた斑を玉斑、腹の部分にある四角い竹の様な斑を竹斑と呼んでいる。
☞斑紋(はんもん)

ファイバー　Fiber
☞コラーゲン、コラーゲン線維

ファイバーバンドル　Fiber bundle
☞コラーゲン、コラーゲン線維

ファンシーレザー　Fancy leather
財布、小物入れ、書類入れ等の装身具用品に使用する革。主に小動物の皮が利用されるが、大動物の皮でも加工方法によっては、ファンシーレザーになるものもある。

フィギュアカービング　Figure carving
カービング法*において、自由にテーマ（風景、人物、動物等）を決めてスーベルナイフ*、刻印*、モデラ*を用いて表現すること。

ブイじみぞきり　V字溝切り
Adjustable "V" gouge
厚い革を折り曲げるときに折り目に切り込みを入れる用具。ハンドバッグ等箱形に組み立てるとき等に使う。
☞カービング法

フィッティング　Fitting
革製品を身体に適合させること。例えば、靴の場合足に靴を適合させること。サイズ及び形状が適合し、履き心地がよいこと。

フィードロット　Feedlot
肉牛生産のための集中飼育場。肉牛生産に当たって飼料効率の向上、コスト引き下げ、肉質向上等の面から肉牛生産の効率化を図るため、アメリカでは通常500〜700ポンドくらいの肉牛を2〜3か月間濃厚飼料等で効率的に

肥育し、約1,000ポンドでと畜する。フィードロットにおける飼育期間や方法は、そのときどきの経済事情によってかなり変化するが、この種の肥育牛は肉質がよく、また皮は生きずも少ないとされている。

フィニッシング　Finishing
☞仕上げ

フィブリル　Fibril
☞コラーゲン、コラーゲン線維

フィラー　Filler
　革の仕上げでバインダー*とともに用いられる充填剤。革の表面を均一化後、仕上げ剤の吸い込みを一定にする働きを担う。主としてケイ素系物質が使用される。

ふうあい　風合い　Handle, Texture, Feeling
　手触り、肌触り、着心地等、革や布地に触れたときに感じる材質感や感触を感覚的に評価する用語。品質を判断する一つの基準となる。革の風合いは商取引上でも重要な要素である。革の風合い要因として、柔軟性*（やわらかさ）、こし*、弾力性、ふくらみ*（豊満性、充実性）、ぬめり感*（シルキータッチ、しっとり感）等が挙げられる。感覚は主観的な評価のため、風合いの評価は一般的に職人や専門家が行っている。風合いを機器によって測定する試みがなされてきたが官能試験ほど鋭敏ではない。革や織物の風合い測定法としてKESシステム*があり、力学特性値を測定することによって、風合いを算出することが可能である。

フェザーライン　Feather line
　靴甲部の底又は中底と合する最下部。セメント法ではこの部分を起毛することにより底と甲部が正確に接着される。

フェザリング　Feathering
　刷毛で毛皮の刺毛*を染めること。ティッピングともいう。

フェノールじゅしせっちゃくざい　フェノール樹脂接着剤　Phenol (resin) adhesive, Phenol formaldehyde adhesive
　フェノールとホルムアルデヒドとの縮合中間体を主体とした熱硬化性接着剤。酸性触媒によるものをノボラック、アルカリ触媒によるものをレゾールという。革の接着には主に溶液型が使用されている。安価で、耐老化性に優れているが、接着層が着色することがある。

フェルモンガリング　Fellmongering
　毛と皮を両方とも利用するための脱毛法。主としてシープスキンに用いられる。一般的に、皮の肉面に泥状に調製した脱毛石灰液を塗る石灰塗布法*（painting）が行われる。毛は洗浄後、乾燥し、脱毛した皮は石灰漬け、脱灰、ベーチング、ピックリングを行ってピックル皮とする。

フォギングしけん　フォギング試験　Fogging test
　自動車用内装材中から発生する揮発性物質等によるガラスの汚染を評価する試験。革についてはDIN-75201、IUF 46、ISO 17071で規定されている。試験方法はフォギング試験装置を使用し、次の2種類の評価方法がある。

1）光沢法：ビーカー内で試験片を加熱（100℃）し、革から発生する揮発、昇華物質により、ガラス面にどの程度の曇りが生じるかを光の反射率（曇値）であらわす。

2）質量法：試験装置に取り付けたアルミホイルを一定時間加熱（100℃、16時間）しながら放置して、どの程度汚染物質が凝縮するかを質量（mg/50 cm^2）で表す。

フォーマルシューズ　Formal shoes

礼装や、パーティー等社交用の靴。男性用では、タキシード用にエナメルパンプス、モーニング用にオックスフォード*、ダークスーツ用にドレッシーな革靴を用いることが多い。女性用には、フォーマルドレスに合わせたハイヒールのパンプス*、サンダル*を用いることが多い。

ふくごうなめし　複合鞣し　Combination tanning, Combination tannage

☞コンビネーション鞣し

ふくらみ　膨らみ　Fullness and softness, Plumpness

布地や革の感触を表す感覚評価の用語の一つ。革では膨らみを充実性*ということが多い。

☞充実性

ふくりん　覆輪　Ornamental border

鞄、ハンドバッグ等の美観を高めるために口金の上部にとりつける棒状又は細板状の飾り金具。工芸的な装飾、めっきを施したもの、革を貼りつけたもの等種類は多い。また金属のほか、合成樹脂や木製のものがある。

ふくろで　袋手

手紐（てひも）*に合わせて縫製し、表裏を返して縫目を表に出さないように加工した持ち手。

ふくろぬい　袋縫い　French seam

縫目を表に出さない縫製手法。

☞縫い返し

ふくろはぎ　袋剥ぎ　Casing

☞丸はぎ

ふくろもの　袋物　Bag

鞄、ハンドバッグ、ケース等に用いられる革。携行品を収納し持ち運ぶ、又は保存するための袋状の用具。様々な動物の革及び床革のほかに、人工皮革、合成皮革、合成樹脂、布、紙等が用いられる。用途により異なるが、外観、感触、成形性（寸法安定性）、耐久性等に優れた革が用いられる。

ふけ　Taint

原皮の保存状態の不適切さに基づく腐敗が原因で生ずる毛抜けのこと。

ふけんかぶつ　不けん化物　Unsaponifiable matter

脂質のうち水酸化カリウムでけん化（脂肪酸エステルのアルカリ加水分解で脂肪酸石けんを生成）されない物質。水に不溶で、エーテルに可溶の炭化水素、高級アルコール、ステロール、色素、ビタミン、樹脂等が主成分で、その含有量は、油脂の特徴の一つとなる。

ふすべがわ　ふすべ（燻）革　Smoked leather

染め革の一つ。稲藁（いなわら）、松葉等の煙を

あてて燻煙鞣し*を行い、文様を付ける。稲藁の煙を使用すると橙色から茶色になり、松葉ではねずみ色系に着色する。文様は、糊、型、絞り等を利用した防染で出すが、独特なものとして糸巻き防染がある。これは、燻胴に革を巻き、それに糸を巻き、この巻き方によって縞巻燻、格子巻燻、鶉巻燻*等がある。現在でも甲州印伝革の製造に利用されている。

☞燻煙鞣し

ブタ　豚　Pig

偶蹄目非反芻亜目イノシシ科イノシシ属に分類される。野生のイノシシを家畜したもので、紀元前七千年ごろに中国と西南アジアで家畜化されたと考えられている。ブタの品種は600種類以上存在し、世界各地で飼育されている。用途によりラード型、ベーコン型、ミート型等に分けられる。大ヨークシャー、ランドレース、デュロック、バークシャー、中ヨークシャー、ハンプシャー、梅山豚等の品種がある。世界の飼育頭数は約10億頭であり、中国が半数を占め、アメリカ、ブラジル、ドイツ、ベトナム、スペインの順である。皮としての利用については、日本ではと畜頭数の94%程度であるが、世界的に見るとその利用は低く、食用とされている場合が多い。

☞豚皮

ぶたがわ　豚皮　Pig skin

豚皮の最大の特徴は、毛（剛毛）が3本ずつまとまって全皮厚（銀面から肉面）を貫通しており、表皮が皮全体の1～3%を占めていることである。毛根の末端が皮下組織に達しているために、網様層を欠いた乳頭層だけからなっているといえる。バット*部は線維束が太く、走行角度も大きく充実して密度が高い。ほかの部位に比べて組織が密なため硬くなる傾向にあり、均一な柔軟性が得にくい。しかし、組織を構成するコラーゲン線維は牛皮より細く、緻密であるため、バフィング*により繊細な起毛革が得られる。銀面は凹凸が多く、大きな凸凹面に更に小さな凹凸がある松かさの鱗片のようで、これが豚革特有の銀面模様となっている。写真は付録参照。

ぶたコレラ、とんコレラ　豚コレラ　Hog cholera

ブタのウイルス性疾病であり、症状はコレラとは違う。世界における豚コレラは、アジア、ヨーロッパ、中南米の各地域で発生している。日本では家畜伝染病予防法によりブタとイノシシが指定されている。季節や性別に関係なくすべての発育段階において発症する。感染は罹患動物との直接接触のほか、鼻汁や排泄物の飛沫、付着物との間接接触により起こる。侵入すると瞬く間に畜舎内に拡がる。治療法は無い。我が国では、明治21年に初めて発生が確認され、平成4年に最後の感染が確認されて以来発生していない。予防的

使用のワクチン接種は平成18年3月31日をもって事実上禁止された。平成19年（2007年）には国際獣疫事務局（OIE）の規約に基づき、日本は豚コレラ清浄国となった。

ふたつおりて　二つ折り手
鞄、ハンドバッグの平手の持ち手部分を二つ折り、又は両端を中心線に合わせて返しミシン掛けした持ち手のこと。

ブチルアルコール　Butyl alcohol
化学式はC_4H_9OH。別名は1-ブタノール、n-ブチルアルコール。沸点118℃。特異な臭気のある無色透明な液体。油脂類、樹脂の溶剤、ニトロセルロースラッカー製造時に用いられる。毒性はエチルアルコールより強いが、揮発性は劣るので実害は少ない。シンナーに混合することにより、沸点を上昇させ、空気中の水分の結露を防止する作用がある。

ブーツ　Boots
靴のトップラインが踝（くるぶし）よりも上にあるものの総称。深靴、長靴ともいう。トップラインの高さによってアンクルブーツ、ショートブーツ、ハーフブーツ、ロングブーツ、ニーハイブーツ等に分類される。そのほかデザインや機能性等によっても分類される。アンクルブーツとしては、アルバートブーツ、チェルシーブーツ、ゴアブーツ、チャッカーブーツ、デザートブーツ、ワラビー等がある。ショートブーツとしては、ボタンブーツ、ハーフブーツ、ワーキングブーツ、ウエスタンブーツ、コンバットブーツ等がある。ロングブーツとしては、ウエリントンブーツ、コサックブーツ、ジョッキーブーツ等がある。

ブックバインドかく　ブックバインド革　Book binding leather
☞製本用革

ぶっしつしゅうし　物質収支　Mass balance
装置又は工程を経過する物質の一部又は全体についての収支関係。化学プラントや特に製革工場排水処理施設を設計する際に考慮する必要がある。

ブーツジャック　Boots jack
ブーツ、長靴（ちょうか）を脱ぐとき、踵（かかと）をはさむ道具。

ブッチャーカット　Butcher cut
ナイフカット*の一種。

フットゲージ　Foot gage
足の足長と足幅を測定する器具。

ふなづみしょるい　船積み書類　Shipping documents
船積み貨物の権利証券を中心とした書類。主なものは、船荷証券（ビーエル*：B/L）、海上保険証券（insurance policy）、送り状*（インボイス）である。これらの付属書類として、領事インボイス、税関インボイス、原産地証明書、検査証明書、重量容積証明書、包装明細書等があるが、必ずしも全部を必要としてはいない。

ふなにしょうけん　船荷証券　B/L：

Bill of Lading
　☞ビーエル

ふはい　腐敗　Putrefaction
　微生物の作用によって皮等が悪臭を伴って分解する現象。本来の性状を失い商品価値がなくなる。タンパク質が、腐敗細菌、特に嫌気性菌の作用でアミノ酸を分解し、硫化水素やメルカプタンの独特の悪臭を放つ場合に限ることもある。これに対して有用産物に変化する現象を発酵*と呼ぶ。原皮に細菌が侵入、増殖して、毛包*及び基底膜*が分解されると、毛は容易に抜けるようになる。この現象をヘアスリップ*という。

ふまずしん　ふまず芯　Shank
　靴のふまず部の中底*と表底*の間に挿入する補強芯。足の土ふまずアーチの荷重を支え歩行を助ける目的で使用する。シャンクともいう。容易に変形しない材料を用いる。古くは樺が、現在は鋼鉄又は硬質プラスチックを用いている。ヒールの高い婦人靴には特に強い芯が必要である。

フマルさんジメチル　フマル酸ジメチル　Dimethyl fumarate
　化学式は、$C_6H_8O_4$。革製品、繊維製品等の生産、保存、輸送中の防かび剤として使用される。皮膚に触れたとき、皮膚炎を起こすことが知られている。2009年イギリスで1000人以上の被害者による集団訴訟が起きた。EUではフマル酸ジメチル（DMF）を含む製品の販売が禁止となった（EU規制、2009/251/EC）。

ふゆうぶっしつ　浮遊物質　Suspended solid
　☞懸濁物質

ブライドルレザー　Bridle leather
　馬具用革のことをいう。植物タンニン等で鞣した成牛革にワックス*を浸透させて、光沢、ぬめり感や防水性を付与させる。このため銀面に、ブルームと呼ばれる白いワックスが付着している。

ブラインキュア　Brine cure, Brine curing, Brining
　塩蔵皮*の仕立て方法の一つで、塩水法ともいう。トリミング、水洗後の皮を、ブライン（飽和塩化ナトリウム溶液）に満ちた円形の水路（レースウェイ*）中に入れ、水かき様の水車により処理する。また、浴中には殺菌剤を添加することもある。一般的には、24時間浸漬後に皮を取り出し、余分な水分を除いた後、選別、少量の塩化ナトリウムを安全塩として散布して折りたたみ、計量して出荷する。ブラインキュア法で仕立てると、塩班の発生が防止され、長時間の貯蔵が可能となる。
　☞キュアリング

ブラッシュオフしあげ　ブラッシュオフ仕上げ　Brush-off finish
　☞アドバンティック仕上げ

ブラッシング　Brushing
　ブラシがけのこと。革の製造工程では乾燥した革の加工で生じた革の粉塵、屑等を革から除去すること。ヌバック*、スエード*では革粉末の除去と起毛を均一にするためにブラシ掛けすること、

又はブラシを掛けて毛羽を再生することをいう。

仕上げ工程においては、最終溶剤性塗装液の吹き付けのときに発生する表面の曇りのことをいう。低沸点溶剤の蒸発により気化熱が奪われることによる結露が原因と考えられる。高沸点のノンブラッシングシンナーを添加して防ぐことができる。
　☞ブラッシングマシン

ブラッシングマシン　Brushing machine
乾燥した革の加工で生じた革の粉塵、屑等を革から除去する機械。通常2本のブラシローラーと排気装置からなる。バフィング*後のバフ粉*を除去する目的でこの効率を高めたものにダストリムーバー、ディダスティングマシン（air blast dedusting machine）がある。

プラットフォーム　Platform
カリフォルニア式製法*に用いられる底状のクッション材。この外周をプラットフォーム巻革で巻き込む。

フラットベース　Frat base (price)
均一基準（価格）。商品を等級区分ごとに価格を設定せず、一括した内容として単位当たりの価格を決める方法。一般的な買い付け方法である。
　☞セレクテッドベース

フラップ　Flap
　☞かぶせ

ブラーマン　Brahman
インド原産の肉用牛の一種。体は比較的小さく、肩の上部がコブのように盛り上がっているのが特徴である。耐暑性にすぐれ、ダニに対する抵抗性が強い。熱帯、亜熱帯地域で飼養する肉用牛雑種の育種に利用されている。その皮は比較的小判で、コラーゲン線維*の交絡状態も粗く、皮を広げたときコブのために平らにならない。

フランケ　Flanke
ドイツ語で皮のベリー*の名称。

ブランド　Brand
牛皮にみられる焼き印。家畜の所有者が自己の所有であることを示すために、牛のバット*、ショルダー*等体の一部に焼き印をつける。北米、南米、アフリカ、オーストラリアの皮にみられる。この火傷は真皮の深部にまで及び、革としての価値が著しく低下する。このブランドによる経済的損失は大きく、また動物に苦痛を与えるのも好ましくないので、現在、種々の改良法が考えられている。

フリゴリフィコハイド　Frigorifico hide
南米の大規模な食肉冷凍工場から産出する塩生皮*。剥皮後、冷水で皮を洗い塩水に24時間漬けてから塩蔵するため、品質が良い。米国のパッカーハイド*と同様の意味合いをもつ。

ブリーチング　Bleaching
　☞漂白

フリント　Flint, Flint hide
素乾皮のこと。と体から剥皮後、薬剤処理をせずに日光で乾燥させた皮。乾燥が進みすぎ、水戻しが難しくなる。

プリントしあげ　プリント仕上げ

Printed finish
　革の仕上げの一方法。紙、布等で行われている印刷技術を応用して塗装による模様付けを行う方法。ロールコーター*を用い、デザインロールで革に模様を付ける方法や、捺染*を用いた方法等がある。

ブルー Blue
　青味がかった革に仕上がることから英語の blue（ブルー）、また、湿潤状態であるから英語の wet（ウェット）を重ねて、現在ではウェットブルー*という。

プルアップしあげ　プルアップ仕上げ
Pull-up finish
　銀面層にワックス*、油剤を多めに含浸させてプレスを行う仕上げ方法。この後に、艶出し仕上げを重ねることもある。革を折り曲げ、もむ、裏から押し上げることによって、濃淡の模様が出現し独特の雰囲気をもたせる効果がある。

フルグレーン Full grain
　本来は毛を除去しただけの皮の銀面部をいう。表面をバフィング*により除去した革と区別するため、銀面をバフィングしていない革に対して使用されることが多い。貿易における HS コード*の用語。

フルクロムがわ　フルクロム革 Full chrome leather
　クロム鞣剤のみで鞣した革。一般的に、クロム革はクロム鞣剤とほかの鞣剤を併用するコンビネーション鞣し*を行うが、クロム鞣剤のみで鞣したことを強調するときに用いる。ボックス仕上げ*の子牛革等で用いられる。

ブルーシャーク Blue shark
　☞ヨシキリザメ

フルネス Fullness
　☞充実性

ブルハイド Bull hide
　去勢していない雄成牛の皮。特徴は、大きく、頭、首、肩部が極めて厚く、繊維組織は粗く強靭である。

ブルーム Bloom
　加水分解型植物タンニン*を用いて、タンニン槽で鞣された革の表面に現れる黄白色の結晶をいう。水に難溶なエラグ酸の結晶。これが現れると、良い革ができる兆候とされる。

ブルームしきゼリーきょうどけい　ブルーム式ゼリー強度計 Bloom gelometer
　ゼラチンゲルの硬さを測定する装置。ゲル中に金属棒を進入させるときの抵抗で測定する。

プレウエルトしきせいほう　プレウエルト式製法 Pre-welt process
　靴の製造方法の一つ。甲部周辺、中底周辺、及びウエルト*を縫い付けた後、靴型を挿入する。ウエルトを起こし、中物を入れた後、表底を貼り、ウエルトと表底を縫い付ける。カリフォルニア式製法*に似た軽い靴ができる。

プレスアイロン Press ironing machine, Ironing press
　油圧式アイロンプレス。革の塗装面

を加熱した平滑な金属板によって高圧プレスを行う。この機械を使用する目的は、革の平滑化、艶出し、塗装膜の固定等であるが、平滑板の代わりに彫刻板を用い、型押し*作業も可能である。型が深いので、は虫類等の型押しをするときに必須である。型のつなぎ目が出るため、連続的な型には不向きである。型の価格は安価である。

☞ロータリーアイロン、ロールアイロン

プレスポッティング　予備洗い　Pre-spotting

衣料革の内部にしみ込んだ局所的な汚れをドライクリーニング前に除去することをいう。溶剤、水、洗剤の選定が重要である。極性の強い有機溶剤、アルカリ性の強い洗浄剤等を用いると、汚れは容易に除去できるが、革の主成分であるタンパク質の損傷、色落ちが発生することから注意が必要である。これを防ぐためには、あらかじめ目立たない箇所で予備試験を行う必要がある。プレスポッティングの良否がクリーニングの仕上がりに大きく影響を及ぼす。

プレタン　Pretanning, Pretannage
☞前鞣し

フレッシュドハイド　Fleshed hide

フレッシング*後の皮。剥皮直後にフレッシングを行うと次の利点がある。食塩の浸透が早い、原皮*の重量減により輸送費が安くなる、原皮のきずが見分けやすく選別がしやすくなる、油斑の発生が少なくなる等である。最近は、フレッシング後に塩蔵した原皮が多くなっている。生皮*の重量はトリミング*によって約4％、フレッシングによって約18％減るので、割増価格で取引されている。

フレッシング　Fleshing

皮の肉面に付着した皮下組織、肉塊、脂肪等を除去する作業。裏打ちともいう。これによって、肉面からの薬剤の浸透が容易になるので、薬剤の節約、革の品質向上に役立つ。剥皮直後に行うことが多くなったが、乾皮*、塩生皮*を水漬けして軟化したもの、又は石灰漬けした皮について行うこともある。フレッシングマシン*又は銓刀*（せんとう）を用いる。フレッシングによって削りとられた屑をフレッシング屑という。

フレッシングマシン　Fleshing machine

フレッシング*に用いる機械。中央から左右両側にらせん状の鋭利な刃をもつ刃ローラーを高速で回転させ、これに皮の肉面を押し付ける。

プレートしあげ　プレート仕上げ
Plating finish
☞アイロン仕上げ

フレーム　Frame
口金付きハンドバッグ等に使用される鉄又は真鍮製の金属枠。口金又は口金枠ともいう。木、プラスチックで作られる場合もある。枠の型は様々であるが、一般的に、断面がコの字型（角溝）、丸型（丸溝）、貝型（貝溝）等の溝をもち、バッグの上端が溝に添って差し込まれ固定される。また溝の向きによって、立溝、横溝、天溝（開口部が上向き）等に区別される。枠全体の型としては、角型、角丸型、櫛型、中くぼ型等がある。枠は、二本一組で使われ、二本の枠の下端同士が車ぎしと呼ばれるリベットで接続され、扇型に開閉する機能をもつ。また、中央に留め具、コーナー付近に手紐*を固定するための手環*等が設置され、最終的に金、クロム、ニッケル等のめっきが施され、口金として完成する。枠の一部又は全体に革を巻く、又は貼りつけて、装飾効果を高める（革巻き、革張り）場合もある。

ブレンディング　Blending
毛の染色法の一つ。毛皮の自然色を強調、又は均一性を高めるため、色調のわずかな違いを修正する染色のこと。

プレートウ　Plain toe
爪先に飾りや切り替えのない靴。

ブローグ　Brougue
オックスフォード*型の靴の一種。元来は、アイルランド、スコットランド地方で用いられたロウハイドで作られた歩行用の靴をいう。現在は、ウィングチップ*で、穴飾りや縫い飾りを施した靴をいう。爪先から踵部まで全体に穴飾、ギザ飾り*のあるものをフルブローグといい、英国的な紳士靴の主体となっている。

プロテオグリカン　Proteoglycan
1本のコアタンパク質線維に数本から数10本のグリコサミノグリカン（糖鎖、ムコ多糖）が結合した糖タンパク質の一種。糖鎖としてコンドロイチン硫酸*、デルマタン硫酸*、ヘパラン硫酸、ヘパリン、ケラタン硫酸等硫酸化多糖がコラーゲンのようなコアタンパク質線維に共有結合*している。これらは細胞間、細胞表面に存在する、又はコラーゲン*等の線維タンパク質と複合体を形成し接着剤の効果をもっている。これらを細胞外マトリックス（ECM）、細胞外基質*、又は細胞間基質と呼ぶ。部位によって若干のヒアルロン酸、エラスチン*、テネイシン等を含んでいる。プロテオグリカンとコラーゲンは間接的に細胞の分化、増殖、結合、移動等に関わっている。多数の硫酸基とカルボキシル基をもつため負に荷電しており、その電気的反発力のために延びた形状をとり、糖のもつ水親和性により多量の水を保持することができるが、乾燥するとゲル状に固化する。そのため糖タンパク質は革の風合いに

影響を及ぼすことから製革工程中で取り除かれる。一方、生皮で使用する太鼓、三味線等は、プロテオグリカンが重要な効果をもつことが推測される。

プロピレングリコール　Propylene glycol
化学式は$CH_3CHOHCH_2OH$。別名1,2-プロパンジオール、メチルエチレングリコール。沸点187℃。無色、無臭、低揮発性、吸湿性があり、甘味のある液体。エチレングリコール*と同様の用途がある。

ブロモフェノールブルー　BPB: Bromophenol Blue
pH指示薬の一つ。酸塩基指示薬、水素イオン指示薬等ともいう。pH 3.0～4.0の間で黄色から青色に変化するので、その変色によってその溶液及び革断面のpH値を知ることができる。製革工程ではクロム鞣しの程度及び浸透度合いを判断する目安として使用されている。

フローレンスステッチ　Florentine stitch
☞革紐かがり

ブロンズげんしょう　ブロンズ現象　Bronzing
染色革又は塗装膜の表面をいろいろな角度から見てみると、金属の輝きに似た色が表面に浮かび上がる現象をいう。ブロンズは染料が結晶化を起こし微結晶となり、光が錯乱するために見える現象である。発生原因として、染料と革繊維との結合性が低い場合に、染料が表面に移行して結晶化する。または、表面染色等で色素の会合が生じると発生しやすくなること等が考えられる。さらに、塩基性染料は光に対する染色堅ろう度が非常に低く、退色に伴いブロンズが発生することがある。このほか、顔料が原因の場合もあり、耐候性の低い塗料の使用、顔料の分散不良、顔料濃度が高すぎるとき発生するものと考えられる。

フロントカット　Front cut
背部を皮の中心に使用するために、腹部から割く方法である。哺乳動物はほとんどこのカット法がとられている。ワニ革でも、頸鱗板や背鱗板の隆起を利用するとき、またヘビ革の背側の斑紋や鱗の形状をデザインとする場合に採用される。ワニ革の場合、このようにカットされた皮を背ワニ*とよんでいる。

ぶんかつ　分割　Splitting
☞スプリッティング

ぶんこがわ　文庫革
姫路白鞣し革に絵柄をつけた手工芸品用の革。
☞白鞣し革

ふんにょうなめし　糞尿鞣し
原皮や脱毛した皮を糞尿槽、特に、尿に漬け込んで鞣す方法をいう。このような鞣製法はアムール川からシベリア、中国東北部地方で14～15世紀まで行われていたが、現在では全く行われていない。

ふんまつなめし　粉末鞣し　Powder tanning, Powder tannage
クロム鞣し*の一方法。粉末クロム鞣剤をピックル浴に直接入れて鞣す方

法。現在ではこの方法が一般的となっている。クロム鞣剤＊を濃厚溶液の状態で使用するが、均一なクロムの結合性が得られ、さらに皮へのクロム吸収が促進される等の利点がある。
　☞クロム鞣剤、クロム鞣し

へ

ヘアアップ　Hair up
　毛皮の縫製時に、毛の流れを逆にして使うこと。逆毛使いともいう。

ヘアシープ　Hair sheep
　毛用種として改良されず、ほぼ原種のまま肉用種又は乳用種として存続しているヒツジ。ヒツジは、毛質によってヘアシープとウールシープ＊に分けられる。ヘアシープは、アフリカ、インド等の主に熱帯地域を原産地としている。この皮はウールシープ皮より、強度があり、銀面が良質で、靴、手袋、衣料等に利用されている。

ヘアーシール　Hair seal
　☞アザラシ

ヘアスリップ　Hair slip
　原皮の毛が抜けやすい状態。鮮度低下の指標の一つである。原皮に細菌が侵入、増殖して、毛包＊及び基底膜＊が分解されると、毛は容易に抜けるようになる。初期の腐敗では皮の銀面が損傷する程度であるが、著しい場合は、表皮＊の剥離を伴う。不適切なキュアリング＊、保存状態等により発生する場合が多い。ヘアスリップはアンモニア臭、レッドヒート＊とともに鮮度が低下した原皮の指標であり、これを示す原皮から製造された革は、銀面損傷を生じる可能性が高い。
　☞原皮損傷

ヘアセービングほう　ヘアセービング法　Hair saving process
　主として脱毛排液の汚濁負荷の削減を目的として開発された脱毛法。原皮の毛を分解、溶解せず、脱落した毛を脱毛浴から回収するので、脱毛排液中のCOD＊や硫化物量を削減できる。毛の溶解を防止する反応としてアルカリによる免疫現象＊を利用する方法、毛幹に浸透した硫化物を酸化剤で分解する方法（Sirolime法）等がある。通常、ドラム脱毛方式で行われ、脱毛溶液を網ドラム等で脱落した毛を連続的に分離しながら循環させる。

へいかつせい　平滑性　Smoothness
　革の官能的特性の一つ。銀面の毛穴の隆起が小さく滑らかな印象を与える状態を表す。主に仕上げ後の革について評価されるが、製革工程の各段階における銀面の評価項目としても使用される。この性質は革の風合い＊にも影響する。

へいこうピックリング　平衡ピックリング
　ピックリング＊の一方法。ショートピックリング＊では皮の表面と内部のpH値に違いが出るが、一夜放置してのピックリングで皮の内部と表面のpH値を均一にする方法。皮の種類と前処理条件で異なるが、一般的にはドラムを用い、初め塩化ナトリウム（裸皮重

量当たり6〜20%)、水(80〜200%)と、硫酸(0.5〜2.0%)を添加し、1〜3時間回転してから一夜放置後、翌朝pHをチェックしてクロム鞣しに入る。

ヘキサンかようせいぶっしつ　ヘキサン可溶性物質　Matter soluble in hexane

JIS K 6558-4に規定されており、ヘキサンを用いて抽出した脂肪等の可溶性物質をいう。JIS K 6550の脂肪分*に相当する。ISO 4048では抽出溶剤はジクロロメタンであるが、ジクロロメタンは、特定化学物質障害予防規則の措置対象物質に指定されていることから、JISではヘキサンも採用された。ヘキサンによって、革から脂肪酸及び類似物質の全てが抽出できるわけではないこと、及び硫黄、含浸剤等の脂肪酸以外の物質も溶解するので、ISOに合わせて名称をヘキサン可溶性物質とした。一般的に、ジクロロメタンに比較して、抽出能力は低い。

☞ジクロロメタン可溶性物質

ベースコート　Base coat

下塗り、ボトミングともいう。革の仕上げ方法で、次の仕上げ塗装が均一になるように、革の表面を平らにし、吸い込みを一定にするために行う下塗り。革と塗装膜*の接着性を高めるのが主目的である。色調の深みを増し、しみ、むらを防止することも重要な役割である。主に、ベースコートは水性タイプである。

ベーチング　Bating

酵解ともいう。準備工程の石灰漬け、脱灰の作業に続いて行われる工程。柔軟で伸びがあり銀面が平滑できれいな革にするために、皮を酵素剤で処理する作業。ベーチングによって、1)石灰漬けによってもなお除かれない毛根、タンパク質分解物、脂肪、線維間物質、エラスチン線維等が除去され、2)皮の銀面が平滑になり、3)コラーゲン線維*の軽微な解束が促進され、コラーゲン*組織が柔軟化する。脱灰と同浴で、同時に又は引き続いて行うことが多い。

ベーチングざい　ベーチング剤　Bating agent

ベーチング*で使用される酵素を主成分とする薬剤。豚や牛の膵臓から得られるパンクレアチン*、細菌又は糸状菌の産生するタンパク質分解酵素等が主成分である。脱灰剤と混合製剤されていることも多い。なお、昔は鶏糞や犬糞の発酵液を使用していたこともあった。

ペッカリー　Peccary

イノシシ亜目ペッカリー科に分類される。外形はイノシシに似ており、砂漠、森林地帯に住む野生動物。北アメリカ南部から南アメリカパタゴニア南部に分布するクビワペッカリー、メキシコ南部からパラグアイに分布するクチジロペッカリー、アルゼンチン北部からボリビア南西部に少数生育しているチャコペッカリーの3種が生息している。この革は銀面が繊細でソフトな手触り感を生かして、靴用等に使用されるが、高級手袋としても使用されることが多い。

ペーパーがけ　ペーパー掛け

☞バフィング

ヘビ　Snake, Serpent

有鱗目ヘビ亜目に属する四肢の退化したは虫類の総称で、有鱗目にはこのヘビ亜目とトカゲ亜目とで構成されている。地球上に、11科417属2389種存在するといわれており、ワニ、トカゲ等に比べてワシントン条約上取引可能な種は数多くある。ヘビ革は、個性的な斑紋や鱗模様をもち、ファッショナブルな革製品にはよく使用される素材の一つである。革用として利用されている代表的なものとして、アミメニシキヘビ*（ダイヤモンドパイソン）、ビルマニシキヘビ*（モラレスパイソン）、ヒイロニシキヘビ*（レッドパイソン）、アフリカニシキヘビ*（アフリカパイソン）、アナコンダ*、ボアコンストリクター*（ボア）、キングコブラ*（コブラ）等がある。また、比較的小型のヘビとしてナンダ*（ウィップスネーク）、ヤスリミズヘビ*（カロング）、エラブウミヘビ*（エラブ）等も鱗模様に変化があり、革製品のワンポイントとして利用されている。

ヘビーローラー　Heavy rolling machine

ロールアイロン*に似た機械。下に真鍮又は鋼鉄の上下に動く金床の大きなローラーが備えられている。この金床の上に革をおき、金床を上下に動かして圧力を調節しながらローラーを一方から他方へ、また逆に動かしてローラーと金床の間の圧力で締め付ける。底革*の最後の仕上げ工程に利用される。

ヘファー　Heifer

3歳未満で未経産の若い雌牛。初産のものを含めてヘファーと呼ぶこともある。生殖器官は発達していても、体は小さく、成長途上にあるため、飼料の与え方を考慮しなければならない。

ペプシン　Pepsin

胃液中に存在するタンパク質分解酵素。胃液に不活性型の前駆体ペプシノーゲンとして分泌され、胃液中の酸によってペプシンに活性化される。さらに活性化したペプシンは、ペプシノーゲンに作用し、活性化する。最適pHが2前後にあり、フェニルアラニン、アラニン残基等のカルボキシル基側をよく切断する。コラーゲン分子の非らせん領域（テロペプチド）を分解、除去するので、不溶性コラーゲンの溶解に効果がある。

ペプチド　Peptide

2個以上のアミノ酸がペプチド結合によって結合したものである。多数のアミノ酸が結合したものをポリペプチドと呼ぶ。少数のアミノ酸が結合したものをオリゴペプチドと呼び、タンパク質沈殿試薬で沈殿しない。コラーゲン*、ゼラチン*、コラーゲンペプチド*を経口摂取すると消化、吸収され、血液中にコラーゲンのオリゴペプチドが現れる。

ペプチドけつごう　ペプチド結合　Peptide bond, Peptide linkage

α-アミノ酸同士が一つのカルボキシル基とほかのアミノ基とから脱水縮合してつくる -CO-NH- の酸アミド結合をいう。この結合で2個のアミノ酸が脱水縮合したものをジペプチド、3個のものをトリペプチド、多数つながったものをポリペプチド（タンパク質）

という。この結合は強固な共有結合*であり、強酸性や強アルカリ性の条件でしか加水分解は起こらない。しかし、生物の体温程度の温度及び温和なpH条件で、選択的にペプチド結合のみを比較的速やかに加水分解する酵素が存在する。

ヘマチン　Hematein, Haematein

ログウッドから得られるヘマトキシリンの酸化による天然染料。鉄、チタンを媒染剤として青味の黒色が、銅を媒染剤として青緑色が得られる。血色素成分のヘマチンとは別の物質。

へらがけ　へら掛け　Staking

☞ステーキング

ベリー　Belly

皮及び革の部位の名称で、腹の部分をいう。原皮の裁断方法では四肢の上部を含め、広い意味に用いられる。四肢を含めないことを明示するには、ベリーミドル（belly-middle）を用いる。バット*に比べて、線維束の密度が低く、線維束の走行は銀面に平行的で、交絡の程度も低い。このため、強度はほかの部位より劣るので、革製品の企画の際に荷重のかかる部位への使用は避けなければならない。付録参照。

へりかえし　へり返し　Bagged edge

主として、ハンドバッグの仕立ての一つ。材料の裏同士を内側にして重ね合わせ、一方のへりを平均した幅で他方へ折りかぶせ接合する手法。革製の財布類の仕立てに多く用いる。同じ技法がベルトの仕立てにも用いられる。

ヘリカッター　Edge cutter

革のへりに沿って平行に切り込み線をつけるための用具。レザークラフトやベルト等の製作で端のカットや、筋つけに使用する。1980年代までは輸入品として販売されていた。

へりみがき　へり磨き　Circle edge slicker

革のこば*を磨く道具。へりを磨く道具には、ウッドスリッカー、ウッドブロック、コーンスリッカー、へり磨き、ヘラ付へり磨きがあり、それぞれの使用感を比べて選ぶ必要がある。専用仕上げ剤も多岐にわたるため、用途に応じて選択する必要がある。こば磨きに適した革としては植物タンニン革、合成タンニン革であり、クロム革は全体に薄く柔らかいので磨きにくく、磨いた後でも繊維がほぐれやすいため不向きである。植物タンニン革であっても、革の厚み、硬さによって磨く力加減の調節が必要である。

ペルシャンラム　Persian lamb

☞カラクールラム

ペルト　Pelt

裸皮*ともいう。脱毛及びすべての準備工程が終わった鞣し前の皮のことをいう。単に脱毛後の皮のことをいうこともある。

ベルト（服飾用）　Belt

ズボン等を留めるものが多いが、ファッショングッズとして使用されている。革製ベルトは身体によくなじみ、耐用年数も比較的長い。ベルトの一般的な幅は、30 mm、33 mm、35 mm、40 mm、45 mmである。ベルトの構造は

大きく分類すると一枚ものと合わせもの2種類があり、合わせものには様々な製法がある。付録参照。

ベルト（工業用）　Industrial belt
動力伝導用の革製ベルト。近年は、合成品にほとんど置き換えられている。工業用ベルトは、主に植物タンニンで鞣される。革は、引張強さが大きく、柔軟性があってしかも伸びが少なく、弾力性に富むことが要求される。

ベルトがわ　ベルトかく　ベルト革
Belt leather, Belting leather
機械用ベルト又はベルトに使用する革。機械用ベルト革は植物タンニン革で動力伝達用に広く使用されていたが、現在では合成物にほとんど置き換えられた。ベルト革は伸びを嫌うため、クロム革でも植物タンニンで再鞣を行うことが多い。

ベルトサイズ　Size of belt
服飾用ベルト*におけるウエストサイズは、真ん中の穴から留め金の先までをいう。ベルトの穴の数は、見た目のバランスを良くするために奇数個が普通である。日本におけるウエストサイズは、75 cm（30 in）、80 cm（32 in）、85 cm（34 in）、90 cm（36 in）及び好みの長さに切って調節できるフリーサイズとなっている。最近はフリーサイズが主流になっている。付録参照。

ヘレフォード　Hereford
英国原産の代表的肉用牛。毛色は大部分が赤褐色であるが、顔が白い。体は肉用種としては大形で、長方形に近い。肉質は良くないが、粗飼料の利用性が高いので、世界各地、特にアメリカ西部、オーストラリア等の野草放牧地に普及した。皮は比較的大きく、皮質が充実して厚い。この種の皮には遺伝的にパルピーハイド*が発生する場合がある。

ベロア　Velour
成牛革等大判の革の肉面をバフィング*で毛羽立たせたソフト調の革。銀付きのものを銀付きベロアといい、床革*を用いたものを床ベロアという。小動物のスエード*に比較して毛羽がやや長い。靴用甲革等に使用する。写真は付録参照。
☞起毛革

べろかわ　舌革　Tongue
靴甲部の爪先革の後端に縫い付けた舌状の革。舌革は、爪先革の後部を舌状につなげて裁断したものもいう。

ベンジジン　Benzidine
非常に有用な黒用染料の中間体であったが、発がん性があるため日本では労働安全衛生法で研究目的以外の製造、輸入、譲渡、提供、使用が禁止されている。日本エコレザー基準*（JES）では発がん性芳香族アミンの一つとして規制している。この物質は、国際がん研究機関（IARC）の発がん性リスクではグループ1（ヒトに対する発がん性が認められる）に分類されている。

ペンジュラムローラー　Pendulum roller
底革*に圧力をかけ、締める機械。木材で頑丈に組んだ櫓（やぐら）、先端に大きな真鍮（しんちゅう）のローラーを備えた丈夫な材木が懸垂し、下端は上下に可動な金床（かなどこ）を設

置してある。金床の上に革をおいて、作業者の足の近くにあるペダルによって革を締める。同時に艶も出る。ヘビーロールと同様に底革の仕上げ工程の最後に行う。

ベンジン　Benzine
石油ベンジンのこと。ヘキサン、ヘプタンを主成分とし、沸点50〜90℃の石油留分。水には不要であるが、ジエチルエーテル、エチルアルコール等に溶解する。塗料の希釈剤、しみ抜き、洗浄剤として用いる。揮発性、引火性、帯電性があるので取り扱いには注意を要する。

ベンズ　Bend
皮及び革の部位の名称で原皮からショルダー*とベリー*を取り除いた部位のこと。線維束の密度が高く、充実性が良好で、皮も厚い。また、線維束は交絡も十分である。JIS法等における強度試験等の試料採取部位となっている。馬や豚の革では特にベリーとの部位差が顕著である。背線から半分に割ったものをシングルベンズ、割らないものをダブルベンズと呼ぶ。

ベンゼン　Benzene
化学式はC_6H_6。沸点80℃。揮発性のある無色の液体。芳香があり引火性が大きい。多くの有機溶媒に可溶。水には難溶。ビニル樹脂、スチレン樹脂、アクリル樹脂、エチルセルロースを溶解するので、ワニス、ラッカー希釈剤、ペイント等の溶剤に用いられる。強い麻酔性があり、急性又は慢性中毒を起こす。

へんたいしょく　変退色　Color change and fading
革等の変色、退色を劣化現象として表現する用語。顔料、染料等の色素の分解又は移動による退色と変色及びこれら以外の組成材料（皮タンパク質、鞣剤、加脂剤、塗装膜成分等）の劣化による変色（黄変、褐変等）との組合せからなる。革の変退色原因として次の要因が考えられる、1) 紫外線、大気汚染物質、酸性・アルカリ性物質による色素や塗装膜等の化学的な分解や変化、2) 摩擦、クリーニング及び汗や水による色素の移動や脱落。染色物の変退色は、これらの劣化要因に応じて再現試験及び種々の染色堅ろう度試験方法*により評価する。

へんたいしょくようグレースケール　変退色用グレースケール　Grey scale for assessing change in color
☞グレースケール

ペンタクロロフェノール　PCP: Pentachlorophenol
日本では、1955年に殺菌剤、1957年に除草剤として農薬登録されたが、1990年には農薬登録が失効した。日本の毒物及び劇物取締法では劇物に指定され、労働安全衛生法では指定化学物質（第二種物質）に指定されている。アメリカでは獣皮の防腐処理に使用されていた。日本ではペンタクロロフェノール製造企業、農家や家具工場で皮膚障害や肝障害等の職業病が発生した。発がん性リスクについて、国際がん研究機関の評価ではグループ2B（ヒトに対して発がん性があるかも知れない）に分類されている。日本エコレザー基

準*（JES）では 0.05 mg/kg 以下と規定されている。

ほ

ボア Boa constrictor
☞ボアコンストリクター

ボアコンストリクター Boa Constrictor
　商業名はボア。ヘビの一種で、有鱗目ボア科ボア属に分類され、本種のみでボア属を形成している。メキシコ湾沿岸から中米を経て、南米のパラグアイ、アルゼンチン北部にいたるまで広く生息している。革表面は、アナコンダ*に似た特徴をもち、大きさは平均して 2～3 m 以内である。

ポインテッドトウ Pointed toe
☞靴型

ぼうえんかこう　防炎加工 Anti-flaming, Flame-retardant
　革等が炎を発して燃焼することを防止する加工法。難燃加工*とほぼ同じ意味で使われている。防炎加工には、種々の難燃剤が用いられている。革は難燃性*が高いので、航空機座席、列車座席、カーシート、ライダースーツ、防護作業衣料等の素材に適している。

ぼうかびざい　防かび剤 Anti fungal agent
☞防ばい剤

ぼうじゅん　膨潤 Swelling
　皮を酸又はアルカリの水溶液に浸漬したときに、吸水して体積が増加する現象。それぞれ酸膨潤、アルカリ膨潤という。コラーゲン*は、中性付近にある等電点*から離れた pH 2～3 の酸性域、pH 10～12 のアルカリ性域で最大の膨潤が認められる。膨潤の程度は、酸、アルカリのイオンの種類、共存する中性塩の種類及び濃度によって大きく左右される。皮は、石灰漬けを行うと、pH は約 12 となり最大の膨潤を示す。次の脱灰工程で皮は pH 7～8 となり生皮の状態に戻る（フォーリング、falling）。ピックリングは pH 3～4 付近で行われるが、塩を加えて皮の過剰な膨潤を抑制する。膨潤は皮の線維構造をほぐす効果があり、この制御は結果的に革の性状に反映する。

ぼうしょう　芒硝 Sodium sulfate
☞硫酸ナトリウム

ぼうすいかこう　防水加工 Waterproof finish, Waterproofing
　革等が水による濡れ、吸水等を防止する加工方法のこと。革の防水加工方法の例として次の方法がある。
　1）水に不溶性の疎水性物質を革の繊維間に含浸、又は革の表面に被膜を形成させる方法。この方法は、固形脂肪、ワックス*、アクリルポリマー*等を繊維間に充填、又はシリコン、フッ素化合物、ウレタン樹脂等を塗布することによって防水性を得る。
　2）界面活性剤をドラム処理により繊維間に沈着させ、水による膨潤で繊維間隙を充填し、水の透過を抑制させる方法。この方法は、アルケニルコハク

酸、クエン酸モノオレイン酸エステル、ソルビタンモノオレイン酸エステル等のW/O型乳化剤が使用されている。

　3）革の繊維表面を疎水化して、防水性を向上させる方法。疎水化剤分子が、革繊維間に浸透して均一に表面を覆い、革繊維と化学的に強く結合することによって、耐久性に優れ、液体の水は透過しないが、透湿性、吸湿性等革の特性を損なわない理想的な防水剤となる。疎水性基として長鎖アルキル鎖の分子末端にリン酸基のようなクロム革と結合性の強い親水性基をもつ界面活性剤、フッ素化合物等が使用されている。

　☞耐水性、はっ水性、防水性

ぼうすいざい　防水剤　Water proofing agent

　革素材、革製品を水から保護するために水の濡れや浸透を防ぐ薬剤のこと。処理方法として、再鞣剤や加脂剤として鞣し工程や加脂工程においてドラム処理で使用する方法及び仕上げ工程で塗布する方法等がある。ドラム処理で使用される薬剤として、アクリル樹脂*、シリコン系樹脂、フッ素化合物、モノアルキルリン酸エステル等がある。また仕上げ工程で使用される薬剤には、ワックス、シリコン、フッ素化合物や種々の合成樹脂等を主成分とした薬剤が用いられている。

　☞手入れ剤、防水性、防水加工

ぼうすいせい　防水性　Water proofing, Water resistance

　革等に水が吸収され、浸透していく現象を防止する性能。防水性は耐水性*、漏水性、はっ水性*の総称としてJIS L 0208に定義されている。革は本来コラーゲンを主成分としているためその親水性は高い。革の防水加工*には、種々の方法がある。革の防水性の評価方法や指標として、以下の規定がある。耐水度*、吸水度*についてJIS K 6550、ISOでは、吸水度としてISO 2417、静的耐水度としてISO 17230、動的耐水度として、ISO 5403、ヘビーレザーの耐水度としてISO 5404、衣料用革のはっ水度としてISO 17231がある。繊維ではJIS L 1092繊維製品の防水性試験方法に規定しており、革にもこの方法が適用できる。

ぼうせん　防染　Resist printing

　革等の被染物に染め模様を付けるために、染料の浸透、染着を防止する処理。ろうけつ染め*では防染にワックス、ラッカー等の防染剤を用いる。毛皮のツートン染色技法で、毛の先端に防染処理を施して染めずに残すスノートップの原理もその一例。

ぼうばいざい　防ばい剤　Anti fungal agent

　原皮から製品革まで、かびの発生を防ぐために用いる薬剤。防かび剤ともいう。高温多湿の日本を含む東南アジア等では特に必要な薬剤。多種多様な商品があるが、長期にわたり同一製品を使用すると、かびに耐性が出来て効果が落ちるといわれている。かびによる被害は広範囲に及ぶので多くの防ばい剤が開発されている。革製品には、フェノール化合物、ベンズイミダゾール化合物、N－ハロメチルチオ化合物、有機ブロム等が使用されている。使用に際しては、人体及び環境へ配慮したものを使用する必要がある。

ぼうふざい　防腐剤　Antiseptic agent, Preservative

　持続的に細菌の発育抑制（静菌作用）や殺菌作用をもつ薬剤。製革工程では、原皮は、水戻ししたときに細菌増殖により腐敗しやすいので使用する。毒性、環境問題等により使用できない薬剤が増加してきている。塩蔵皮では、ホウ酸、ナフタレン（防虫効果）を添加する。水漬け工程では、イミダゾール系化合物、カチオン性界面活性剤等を使用することがある。

ほおんせい　保温性　Heat retaining property, Thermal insulation property

　温度を保つ性質で、高温の人体から、低温の外気へ熱が移動するのを防ぐ靴や被服の総合的な性能。空気は熱を伝えにくいため、空気を多く含む生地は保温性が高くなる傾向があるので、この特性をもった材料を使用することによって、靴や被服の保温性は高められる。外気の温度が同じでも、無風時と有風時では異なる。
　革の保温性試験はJISでは規定されてない。繊維ではJIS L 1096に保温性が規定されている。恒温法（A法）と冷却法（B法）とがあり、いずれも布で熱板を覆わないときを基準とした相対値として保温率を算出する。また、KESのサーモラボにより、一定温度に設定した熱板の上に生地を置かない状態（ブランク）と置いた状態の放散される熱損失を求め保温率を算出することもできる。革の保温性は一般に繊維製品よりも高い。特に低温下での発汗時には保温性が高いことが知られている。

ほかくゆ　保革油　Leather oil

　革に柔軟性を与え、ひび割れ等の劣化を防止する革製品の手入れ用油剤。また、革独特のぬめり感＊や防水性＊を与える効果もある。動物性油脂（牛脚油＊、ミンクオイル＊、ラノリン＊等）、植物性油脂（オリーブ油、菜種油等）、鉱物性油（流動パラフィン、ワセリン等）、蜜ろう＊等が使用される。多脂革＊や底革では油脂の補給用としても使用する。

ぼかしぞめ　ぼかし染め　Gradation dyeing

　色をぼかして変化をつける染め方。段ぼかしは、段階的に色相、濃さを変化させたもので、捺染＊又は半防染法を用いる。曙ぼかしは連続的に色の濃さを変化させたもので、引き染めで水を使用してぼかす、又は型紙捺染で刷り方を調節する等がある。また、霧吹き染めで行うこともある。

ほかん　保管　Safekeeping of the leather goods

　革製品の保管中に起こる問題には、かびの発生、形崩れ、色移り、変退色等がある。これらを防ぐために次のような注意が必要である。
　1）保管前の手入れは普段よりも念入りに行う。汚れはかびの栄養源になるのでよく落とすこと。防かび剤入りのクリーナーやクリーム等を使用するのも有効である。
　2）湿ったまま保管するとかびの発生、革の劣化、硬化、移染の原因となるので、保管前に陰干しを行いよく乾かす。
　3）形を整え、詰め物等をして型崩れを防ぐ。

4）保管場所は、風通しのよい低温で湿気が少ない場所を選ぶ。

5）色移りを防ぐために印刷物、繊維製品、合成樹脂と直接接触しないようにする。

6）光による変退色を防ぐために、直射日光及び蛍光灯等の光が当たらないようにする。

7）保管中、天気のよい日にときどき取り出して陰干しを行う。これはかびの早期発見にもなる。

ほけんえいせいてきせいのう　保健衛生的性能　Hygienic property

被服材料の性能の中で、人体の生理作用と関係ある性能。具体的には布地の含気性、通気性、湿潤性、透湿性、吸湿性、保温性等がある。快適に生活するための被服材料は、生活環境にしたがって、これらの性能を適度に備えていることが望ましい。

ほじょがたごうせいじゅうざい　補助型合成鞣剤　Auxiliary synthetic tannin

植物タンニンによる鞣しの助剤として開発された合成鞣剤。フェノールスルホン酸、ナフタレンスルホン酸等のポリマーで、比較的分子量が小さく荷電量が多い。植物タンニンの溶解と浸透促進効果及び染色革の色調を改善する効果等がある。

ほしょく　補色　Color repairing, Adding paint, Complementary color

革衣料のクリーニングを行うと、洗浄溶剤、水の影響を受けて、塗装膜の溶脱（剥離）、染料、加脂剤の溶出等が起こり、革の色相が元の色から変化することがある。これを補う目的で、洗浄、乾燥工程の後、スプレーガン等を用いて処理を行う。塗装膜剥離に対しては、顔料や染料を含んだ塗料を塗布して補修（復色）を行う。また、起毛革＊や素上げ調の革については、染料や加脂剤を塗布することで元の色に極力近づけるよう復色を行う。この操作のことを補色、又は調色ともいう。色彩学的には、補色は余色、対照色、反対色ともいい、赤⇔緑、橙⇔青、黄⇔紫等相補的な色のことでもある。

ほぜいせいど　保税制度　In bond system

保税とは課税保留の意味で、輸入貨物が特定地域にある限り、課税を保留し輸入手続き未決済のまま蔵置できる制度。この保税地域として、指定保税地域、保税上屋保税倉庫、保税工場、保税展示場の五つがある。その場所からそのまま再輸出する場合、関税がかからないので加工貿易、中継貿易の振興にこの制度が利用されている。

ほそかわ　細革　Welt
☞ウエルト

ポーチ（バッグ）　Pouch

化粧品、小銭入れ等を収納するための小型の袋物。鞄、ハンドバッグの中に入れて使われることが多い。

ボックスカーフ　Box calf

ボックス仕上げしたカーフ。現在、ボックスカーフという名で生産されているものは、スムースグレインが一般的である。褐色のものをウィローカーフ＊という。甲革、鞄、ハンドバッグ等にも使用される。リンドボックス＊

が有名。

ボックスしあげ　ボックス仕上げ　Box finish
　染色後タンパク質系のバインダーでグレージング*を施した後、まずネック*からバット*へ、次にベリー*から背線に直角方向から他方のベリーへ、縦と横の2方向にしぼ付け*を行い、銀面に美しい四角のしぼ*をつけた子牛革。クロム鞣し銀付き革の代表的なものであり、光沢のある黒い革である。甲革、ハンドバッグ、ベルト等の仕上げの一方法。革にグレージング*を施した後、縦と横の2方向にしぼ付けを行い、銀面に美しい四角いしぼ（革の銀面を内側に折り曲げたときにできるしわの状態をいう）を付けることを特徴としている。

ボックストウ　Box toe
　☞先芯

ホットピット　Hot pit
　底革*製造の最終的な鞣し工程。サスペンダー*と類似した方法で通常6個連結したピット*に、40～43℃に加温した非常に濃厚なタンニンエキスの溶液（130ボーメ度程度）を入れ、タンニンの吸着を進める。ホットピットは、革へタンニンの固着を高め、水洗による損失を少なくし、特にバット*部への充填を改良する。

ホットメルトがたせっちゃくざい　ホットメルト型接着剤　Hot-melt adhesive
　主成分は、常温で固体の熱可塑性高分子で、溶融塗布、圧縮後冷却固化する接着剤。硬化時間が短いので接着作業の高速化、無公害化に適している。接着剤の選択、接着ラインの構成に配慮が必要である。フィルム、ペレット、粉末等の形状で市販されている。

ボーディング　Boarding
　☞しぼ付け

ボトミング　Bottoming
　革の仕上げ作業の一つ。アクリル樹脂等合成高分子の溶液を用いて、革の表面を塗装し毛穴や細かなきずを充填する。これは仕上げのための基礎処理である。ベースコート*、下塗り*と同義に用いることもある。

ボトムレザー　Bottom leather
　靴底に使用する革の総称。表底革*、中底*、ウエルト*等が含まれる。

ほね　骨　Bone
　脊椎動物の骨格を構成するリン酸カルシウム、コラーゲンを多く含んだ硬い組織。獣畜の骨は、畜産副生物の一つとして、脂肪やゼラチンの精製原料及び肥料、飼料用骨粉の製造に利用されている。と体の約10%の重量を占める。骨の成分は、獣畜の種類、年齢、栄養状態等によって異なるが、一般的に、固形物は75～80%で、そのうち有機物が40%、無機物が60%程度を占める。無機物としては、カルシウム及びリンが大部分を占め、ほかにマグネシウム、ナトリウム、カリウム、塩素、フッ素、イオウ等も含まれる。

ホホバオイル　Jojoba oil
　砂漠のような乾燥地帯で育つホホバ科（シモンジア科）の常緑低木ホホバ

の種子から得られる液状の油脂。化学構造上はワックス*類に分類される。その主成分は、97％のワックスエステル、及び少量のアルコール類、脂肪酸類である。ワックスエステルの構成成分である高級アルコールと高級脂肪酸の主成分は、エイコセノールが約44％、ドコセノールが約45％のような不飽和高級アルコール、及び不飽和脂肪酸であるエイコセン酸が65〜80％、ドコセン酸が10〜20％、オレイン酸が5〜15％等である。ワックスの組成は、C42エステルが約49％、C40エステルが30％、C44エステルが8％、C38エステルが6％となっている。スパーム油*の代用品として注目されている。不飽和化合物であるが、分子中の2重結合の数が1個のため、安定性は比較的良好である。革用手入れ剤成分の一つとして利用されている。

ボーメ　Baumé

ボーメ比重計による示度。液体の比重（密度）の尺度の一つ。液体の密度は、基本的には体積当たりの質量として比重*で表すが、実用的な観点から使用されている。JIS Z 8804に規定があり、比重が1より大きな（水より重い）液体については、重ボーメ度（Bh）、比重が1より小さな（水より軽い）液体については、軽ボーメ度（Bl）を用いる。どちらが明らかであるときにはBéを用いる。比重（S）との関係はそれぞれ下記の通りとなる。重ボーメ度については、$S = 144.3 / (144.3 - Bh)$、軽ボーメ度については、$S = 144.3 / (144.3 + Bl)$で表す。製革工程では、重ボーメ度を使用している。

ポリウレタン　Polyurethane

ウレタン結合を有する重合体の総称。ウレタン結合は、イソシアネート基（-N=C=O）とポリオールが反応して生成する。ウレタン樹脂、ウレタンゴムともいう。天然ゴムの代替品として開発された。ポリウレタンの合成は、その原料選択によって柔軟性、耐加水分解性、耐光性、耐久性、耐寒性が異なる。ポリオール種の違いによって大きく分けてポリエーテル系、ポリエステル系、ポリカーボネート系等がある。ポリエステル系は、耐加水分解性、耐かび性が低く、柔軟性はやや硬い、コストは安価である。ポリエーテル系は柔軟性、耐かび性、耐寒性に優れ、耐加水分解性も比較的高いが、耐光性、耐熱性は低い。これに対してポリカーボネート系は、耐加水分解性に優れ、耐かび性、耐熱性に優れているが、耐寒性は低く、特に柔軟性は劣り、硬く、コストは高価である。塗料、接着剤、ウレタンフォーム、靴底等その用途は広い。製革工程では、靴や家具等耐久性を要求される分野の仕上げでよく使用される。引張強さ、耐摩耗性等の初期性能は優れているが、合成直後から劣化が始まり、水分、大気ガス、熱、紫外線、微生物等の影響を受け、時間と共に分解が進む。ウレタン靴底の劣化、エナメル仕上げの黄変*によるトラブルが多い。黄変はジイソシアネート化合物のベンゼン環構造に起因するので、脂肪族ジイソシアネート等の無黄変タイプのものを使用すれば避けることができる。

☞ポリウレタン接着剤

ポリウレタンけいせっちゃくざい　ポ

リウレタン系接着剤　Polyurethane adhesive

　ウレタン結合を有する接着剤。ウレタン樹脂系接着剤ともいう。イソシアネート基（-N=C=O）をもつ化合物と水酸基（-OH）をもつ化合物の反応で得られる。原料によって、様々な特性を付与することが可能である。特に低温特性に優れており、様々な分野で使用されている。一液型（プレポリマー型）と二液型（ポリウレタン型）がある。

ポリッシング　Polishing

　フェルト、人造石、クロスによって、革の銀面を摩擦して、銀面の目つぶしをすること。主に、仕上げの初期段階で、革の目止め効果及び平滑さを上げるために行われる。

ポリッシングマシン　Polishing machine

　ポリッシング＊を行う機械。革の表面を高速回転するローラーで摩擦する機械。基本的な構造はバフィングマシン＊とほぼ同じである。主要部分はフェルト、人造石、クロス製等の回転主ローラー及びそれに革を押し付ける補助ローラーからなる。

ポリビニルアルコール　Polyvinyl alcohol

　酢酸ビニル重合体を水又はアルコール中でけん化したもの。けん化の程度で種々のグレードがつくられる。多くの水酸基をもち、水溶性で極性が大きい。付着力、分子間凝集力が大きく接着剤としても使われる。

ホルスタイン　Holstein

　オランダ原産の代表的乳用牛で世界中に最も多く分布している。毛色は黒色、白色のまだら模様で、腹部、尾の先端、四肢の下部が白い。体形は大きく楔形をしており、乳用種中最も大きい。

ホルスタインハイド　Holstein hide

　ホルスタイン＊種の皮。総称としてホルスとも呼ばれている。重量の割には面積が広く、肉用牛の皮に比べて薄いため、衣料用革、家具用革、自動車用革に使用されている。

ボールバーストテスター　Ball-bursting tester

　☞銀面割れ試験

ホルムアルデヒド　Formaldehyde

　化学式はHCHO。メチルアルコールを酸化して得られる刺激性のある気体。この40％水溶液をホルマリンという。鞣し効果を有し、白革用鞣剤として使用されていた。また合成タンニン＊の製造にも用いられていた。接着剤、塗料、防腐剤、色止め剤、防縮加工等樹脂等の成分であり、安価なため建材にも広く使用されている。有害物質を含有する家庭用品の規制に関する法律によって、繊維製品及び接着剤については、粘膜刺激、皮膚アレルギーの原因物質として規制されている。革及び革製品の法的な規制はないが、日本エコレザー基準＊（JES）では、遊離ホルムアルデヒド基準値を、エキストラ 16 mg/kg 以下、成人（皮膚接触）75 mg/kg 以下、成人（皮膚非接触）300 mg/kg 以下と規定している。

　☞アルデヒド鞣し

ボロネーゼせいほう　ボロネーゼ製法
Bolognese process

　靴の製造方法。マッケイ式の一種。イタリア、ボローニャで生まれた製靴技術。アッパーの後足部は中底を用いて通常の方法で釣り込むが、前足部は中底を使用せずに袋状に縫い合わせる。足をソフトに包み込み、屈曲が良く履き心地が良い。工程が多く手の込んだ製造方法のため、高価なものになる。

ホワイトニング　Whitening

　植物タンニン革の肉面側の解れ出た繊維端及び革の部分的差異に由来する不均一性を平滑にするために行う作業。肉面のぼろ屑及び乾燥酸化によって暗色になっている表面を取り除くと淡色になるので、白く（明るく）するという意味からきたもの。ホワイトニング作業は、一般的にシェービングマシンとほとんど同じ操作及び構造の機械が利用される。バフィングマシンも使用される。

ほんかわ　ほんがわ　本革　Leather, Real leather, Genuine leather

　第二次世界大戦前後の革素材の乏しい時代には、革以外の材料を用いて擬革＊に類するものが多用された。それに対する本物の革という意味で本革という言葉がよく用いられている。

ほんぞめ　本染め　Grained leather

　銀面をバフィング＊していない染色革。銀付き革とほぼ同義であるが、現在はほとんど使用されない。

ボンデッドレザーファイバー　Bonded leather fiber
　☞レザーファイバーボード

ボーンミール　Bone meal
　☞骨粉

ま

まえなめし　前鞣し　Pretanning, Pretannage

　主たる鞣しの前に施される補助的な鞣し。アルデヒド、アルミニウム塩、合成タンニン等の鞣し効果の温和な鞣剤が使用される。コンビネーション鞣し＊における前段の鞣しをいうことが多い。

まきかがり　巻きかがり　Whip stitch
　☞革紐かがり

マジックみつあみ　マジック三つ編み
Trick braid, Three-strand mystery braiding

　編み方の技法（平編み＊）の一つ。トリック編みとも呼ばれる。
　☞革編み

マスキングざい　マスキング剤　Masking agent

　クロム鞣しにおいて、アルカリ添加又は塩基度上昇によって起こるクロム錯体分子の急激な集合を抑制する物質。鞣し液中に存在するクロム錯体のコラーゲンへの親和性を緩和し、皮組織への浸透性をよくする。ギ酸塩が代表である。

まち まち　Gusset

鞄、ハンドバッグ等袋の側面、幅出し部分の総称。まちの形態、構造によって、収納能力、使い勝手、立体的な美観が決まるので、デザイン、縫製上の重要なポイントとされている。多くの形があるが、次の四つの基本型が基本となる。横まちは、袋の前面（前胴）、底、後面（後胴）を連結し、両側面のまちを独立させた構成である。通しまちは、まちを底と連結し、前胴と後胴を独立させた構成である。折れまちは、まちを垂直方向に二分し、それぞれを前後の胴の左右に連結し、底を独立させた構成である。まちなしは、まちをもたない構成であり、前後の胴を直接連結するため、通常薄型のバッグになる。付録参照。

マッケイしきせいほう　マッケイ式製法　Mckay process

靴の製造方法。内縫式製法ともいう。釣り込んだ甲部に表底を仮留めした後に靴型*を抜き、中底部で甲部と表底とを底縫機でロックステッチ縫いする製法。この靴は、内部中底周辺に甲革と表底を一緒に通し縫い（ロックステッチ）した縫目がみられる。アリアンズ式と呼び陸軍軍靴にも用いられたが、軽く、返りのよいことが特徴である。第二次世界大戦後イタリアから技術導入し普及した。

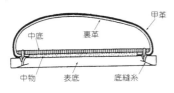

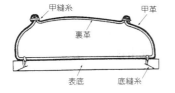

マットしあげ　マット仕上げ　Matt finish

艶を出さない仕上げ方法。仕上げ剤の配合によってこの効果を得る。特に、は虫類革では艶を強調するグレージング仕上げ*と並んで代表的な仕上げ方法である。艶消し又は半艶のマット仕上げは、グレージングを行わず、耐水性、色落ちに注意した仕上げである。靴、鞄、ハンドバッグ、ベルト等に使用される。

まつやに　松脂　Turpentine

マツ科マツ属の幹又は根の切り口から分泌する粘ちょう性の樹脂。主成分は、テレビン油*、ロジンである。揮発成分であるテレビン油を蒸発させた残渣がロジンであり、ロジンだけを松脂ということもある。滑り止め、ろうけつ染め*の防染*に用いられる。中国、アメリカ、ブラジルが主な生産国である。塗料、ワニスの溶剤として使用される。

マニュア　Manure

家畜に付着している汚物（糞尿、汚泥）。長期間マニュアを付けたままで飼育されているとその部分が皮膚病になり、塩蔵時、細菌汚染の原因となる。また、革にしたとき、銀面の損傷を示すことがある。

☞原料皮の損傷

マーブルぞめ　マーブル染め　Mar-

bling

革の表面をマーブル模様に染める方法。アルギン酸ナトリウムの粘性水溶液に、染料液を加えて竹串等でマーブル模様を作り、素早く革の表面を重ねることでマーブル模様を革の表面に転写して模様を付ける。余分な染料を水洗いで落とすと完成する。使用する材料としてはマーブル糊が販売されている。墨流し染めに同じ方法がある。

マリング　Mulling

製靴工程中で甲革や底革に湿度を与える作業。釣り込み、底付け作業を円滑にするために行う。ミューリングともいう。

まるあみ　丸編み

丸編みは革紐の断面が四角いものと丸いものが使用され、革紐の幅、厚み、径、革の風合いによって仕上がりが異なる。4本、5本、6本のほか8本というのもある。主にウォレットロープによく使われるが、多用途に利用される。上記以外にスクエアブレード、スパイラルツイストブレード、アップリケ、スリットブレード、かがり、メッシュ編み、ランニングステッチ等がある。

まるかわ　丸皮　Whole hide, Whole skin

裁断しない1枚の皮全体をいう。成牛皮のように大きな皮は、背線で分割後処理して革（半裁革）とすることが多いが、自動車用革、家具用革等大きな面積の革が望まれるものに対しては丸皮で加工される場合もある。一方、小さい皮は丸皮のまま処理を行う。

まるぐみ　丸組み　Lanyard

編み方の技法の一つ。丸編みと呼ぶのが一般的で、出版物等に掲載されている。使用する革紐を増やすに従ってボリューム感と幅が増す。

☞革編み

まるて　丸手

中に芯を入れた丸みのある持ち手。

☞平手

マロウこっぷん　マロウ骨粉　Bone marrow meal

と畜場副産物の一つで、骨の髄質（マロウ）を多く含む骨粉。

☞骨粉

マングローブ　Mangrove

熱帯又は亜熱帯地方の海岸の低湿地に群生する樹木のこと。この樹木や樹皮から抽出したタンニンエキスのことをいうこともある。第二次世界大戦中までは安価であったために、広く用いられていたが品質面の問題が多く、現在はほとんど使用されていない。縮合型に属し、鞣された革は、赤味が強く、粗い銀面の革となる。

マンジ　Mange

疥癬虫の寄生によって生じる家畜の伝染性皮膚病。疥癬虫によって皮は直接損傷を受けるとともに、更にかゆみのため家畜が体をこすりつける。原皮損傷の一つ。毛包虫の寄生による損傷をいうこともある。

☞原料皮の損傷

み

みかけひじゅう　見掛け比重　Apparent specific gravity

革等の空隙の補正を行わない比重*。任意の状態における見掛け上の体積の比重。革繊維束のほぐれによる革繊維間隙の量の目安となる。一般織物ではJIS L 1096に見掛け比重が規定されている。

みかけみつど　見掛け密度　Apparent density

革等内部の空隙容積を含んだ体積当たりの重量で、空隙の補正を行っていない革の密度。繊維の分布密度を示しており、空隙容積が大きくなると小さい値になる。また、接着した繊維がそれぞれに分離すると間に空隙ができて見掛け密度が小さくなることから、革の繊維束のほぐれを知る尺度となる。革についてJISの試験方法はないが、ISOではISO 2420で見掛け密度が規定されている。革の重量を厚さと面積の測定値から算出した容積で割って求める。なお、JIS K 6505の靴甲用人工皮革試験方法では見掛け密度の試験方法が規定されている。

ミキサー　Mixer
☞ハイドプロセッサー

ミキサードラム　Mixer drum

皮の処理に使用するドラムの一つ。構造はコンクリートミキサーとほとんど同じ。傾斜して立つ円筒容器内に入口から奥まで、らせん状の仕切りがあり、正回転により皮は巻き込まれて底部で反転し、溶液も撹拌され皮との接触が繰り返される。逆回転により皮と薬液が自動的に排出されるように設計されている。その特徴は、浴比を小さくできること、温度管理等作業性の改善、大量処理が可能であること等が挙げられている。

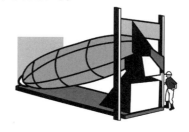

ミシシッピーワニ　American Alligator

商業名はアリゲーター。口を閉じると下顎歯が見えなくなるアリゲーター科のワニである。アメリカ南部のルイジアナ、フロリダ両州の沼や河川に生息。北部個体群は冬に横穴の中で冬眠を行う。1950年代に乱獲と生息地の破壊により深刻な絶滅の危機に瀕したが、1967年から米国連邦政府により絶滅危惧種に指定され、政府と各州が連携して生息地の保全、ワニ猟の禁止、養殖場設置の奨励等の対策がとられ、その結果、生息個体が回復し、1987年には米国絶滅危機種リストから除外された。特徴としては、全体的に胴が長く、腹部の鱗の形状はクロコダイルに比べ、やや長めの長方形をしている。養殖も大規模に行われており、世界で最も多く取引されている。革は鞄、ハンドバッグ、小物、ベルト、カウボーイブーツ、時計バンド等に使用されている。写真は付録参照。

ミズオオトカゲ　Water Monitor

　有鱗目オオトカゲ科オオトカゲ属に分類され、インドネシア、マレーシア半島等東南アジア一帯の水辺に生息している。背部は丸い粒状の鱗で、背中に輪状、及び点状の斑紋が並んでいるところから、リングマークトカゲ*と呼ばれている。大きなものは、全長2メートルを超すものもあり、トカゲ革の最高級品として利用価値が大きい。鞄、ハンドバッグ、小物、ベルト、靴等に広く使用されている。写真は付録参照。

みずしぼり　水絞り　Sammying

　湿潤革を回転するフェルトを巻いたロールで延伸しながら圧搾して脱水する作業。水絞り機、又は伸ばし機との兼用機を使用する。主として鞣し後及び染色、加脂後に行われる。鞣し後の水絞りは、シェービング*のために湿潤革を最適な水分量にするためであるが、シェービング重量*に直接影響するので重要である。染色加脂後における水絞りは、続くセッティング*における革表面の平滑性と延伸状態、乾燥の効率に影響する。

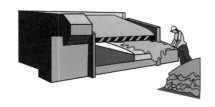

みずしぼりき　水絞り機　Sammying machine

　水絞りを行う機械。普通ローラー型で、フェルトの套管を付けたゴムローラーの間を通し、両面から押し付ける方式のものと、2本の長尺フェルト筒の間を通し送る間に複数の圧力ロールで革を両面から圧し付ける方式のものがある。革から絞り出された水分はフェルトに吸い取られ、脱水効果をあげる。鈍刃付きシリンダーで、しわができないように広げるタイプもある。毎回水分量がほぼ一定になるように機械の調節に注意を払わなければならない。

みずづけ　水漬け　Soaking

　準備工程の最初の作業。塩蔵皮、乾皮等の原皮に付着している汚物、塩、皮中の可溶性タンパク質等を洗浄除去又は溶出させ、吸水軟化させて生皮の状態に戻す作業である。剥皮直後の生皮の水分は60～70％であるが、原皮の保存中に微生物の繁殖等による腐敗を避けるため、塩蔵処理、乾皮等の方法で皮中の水分は減少しており、皮の線維は膠着し硬く変形している。ドラム又はパドル等を使用し、水を交換し浸漬する。乾皮、豚皮のような脂肪分の多い皮は、吸水軟化を促進するためにアルカリ剤や界面活性剤を添加する。皮が腐敗しないように特に注意する必要がある。

みずもどし　水戻し　Wetting-back, Soaking

　通常は乾燥した皮又は革に水を浸透させる作業をいう。植物タンニン鞣しやクロム鞣しを施した乾燥革に、再鞣、染色、加脂等を施すための前処理をいうことが多いが、乾皮*を吸水軟化させることもいう。まれに塩生皮の水漬けと同義語として使うこともある。

ミセル　Micelle

界面活性剤*等の分子が、ある濃度（臨界ミセル濃度）以上になると急速に集合してつくるコロイド状の粒子。水中で界面活性剤が一定濃度以上で親油基を内側に親水基を外側に向けて配向した会合体である。ミセルの内部は親油性で中性油*を溶かし込むことができる。この逆のタイプもある。通常の界面活性剤が比較的低濃度の条件で作るミセルは球状ミセルが多い。数十から百数十分子が集まって直径数十 nm に会合する。製革工程で使用される天然油や合成油の硫酸化油*、亜硫酸化油*、スルホン化油*等の加脂剤は、中性油を内包したミセルを形成している。加脂工程においては、革断面の繊維内部まで浸透させるため、ミセルの大きさはできるだけ小さく、安定性の良好なものが望ましい。

ミット　Mitt
☞手袋

みつろう　蜜ろう　Bees'wax

ミツバチの巣から採取した粘着力のあるろう。働きバチの腹部の腹面に対をなして存在するろう線から分泌されたもの。主成分はパルミチン酸ミリシル。ろうけつ染め*において、防染用ワックスに配合してろうの亀裂を防ぐ。ろうそく、ワックス、クリーム、化粧品、漢方薬、クレヨン、粘土等様々なものの原料として利用される。

☞ワックス

ミトン　Mitten
☞手袋

ミナミアフリカオットセイ　Cape seal

商業名はケープシール。哺乳綱食肉目アシカ科ミナミオットセイ属に分類されている。ナミビアから南アフリカ共和国にかけてのアフリカ大陸南部の海岸線のケープ岬、アルゴア湾、ブラックロック周辺に棲息している。南東オーストラリア、タスマニア、ニューサウスウェールズに棲息しているオーストラリアオットセイとともに、地域的に限定されたミナミオットセイ属の1種である。特徴的な前頭部と比較的長く太い鼻口部をもち、オットセイ属でも最大で、その体長は 2.0 m から 2.3 m、体重は 200 kg から 360 kg に達する。毛の色は、背部は暗灰色で、腹部は黄色である。分厚い毛をもっているので、ケープファーシールと呼ばれ、毛皮目的で数多く捕獲されてきたが、現在ではワシントン条約付属書 II において、適切な許可書又は再輸出証明書を条件に許可されている。革の銀面は、タテゴトアザラシ*の模様よりやや小さいが似ている。写真は付録参照。

ミネラルオイル　Mineral oil

主として石油に由来する炭化水素系の油。鉱物油、鉱油ともいう。安価、耐候性や酸化安定性が良好で、変色が少ない。加脂剤では中性油*として使用され、乳化性油脂と混合して用いられる。粘性が低く革繊維に対する親和性が低いので革中を移動しやすい。

ミモザ　Mimosa
☞ワットル

ミロバラン　Myrobalan

ミラボラムとも呼び、熱帯に生育す

るテルミナリアの果実より抽出される植物タンニン*。加水分解型タンニン*に属する。チェストナット*の代替としても使用され、独特の色と香りをもつ。ミロバランで鞣した革は、柔軟、淡色であるが、しまりと硬さに欠けるところがある。ケブラチョ（ケブラコ）*、ミモザ*等ほかの植物タンニンと混合して利用される。

ミュール Mule
サンダルの一種。女性用で甲部が爪先革だけで、足の踵部(かかと)が覆われていないヒール靴。

ミューレンがたはれつつよさしけんき　ミューレン形破裂強さ試験機 Müllen type bursting strength tester
破裂強さ*を測定する試験機の一つである。革の試験方法としては、ASTM D 2210に規定されている。また、繊維の試験方法はJIS L 1096に規定されている。周縁を固定した試験片の裏面から油圧で圧力をかけ、破裂するときの最大圧力を測定する。
☞破裂強さ試験

みょうばんなめし　明礬鞣し Alum tannage, Alum dressing
明礬にはソーダ明礬〔$Na_2SO_4 \cdot Al(SO_4)_3 \cdot 24H_2O$〕、カリ明礬〔$K_2SO_4 \cdot Al_2(SO_4)_3 \cdot 24H_2O$〕、アンモニア明礬〔$(NH_4)_2SO_4 \cdot Al_2(SO_4)_3 \cdot 24H_2O$〕等がある。いずれも無色透明な8面結晶のアルミニウムの複塩である。これらの明礬を用いて鞣すことを明礬鞣しという。鞣皮性が弱く耐熱性にも欠けるが、柔軟な革が得られることから毛皮の鞣しに多く利用された。現在は、高塩基性塩化アルミニウム塩が鞣剤として使われている。アルミニウム系鞣剤は鞣し効果が軽微で、酸性で脱鞣しを起こしやすい。
☞アルミニウム鞣し

ミンクオイル Mink oil
ミンクの皮下組織にある厚い脂肪層から得られる。脂肪酸組成は、オレイン酸が35〜50%、パルミトレイン酸が17〜22%、パルミチン酸が15〜20%を含む。不飽和脂肪酸含有量が多く、分子中に二重結合を一つしか含まないため、2個以上の不飽和脂肪酸より安定である。革との親和性が良好で、柔軟性を革に与える。革製品の手入れ剤として古くから使われている。

む

むかくわしゅ　無角和種 Japanese polled
和牛の一品種で肉用種である。大正から昭和にかけてイギリスからアバディーンアンガス*種を交配して確立した。毛は黒毛で無角、体全体に丸みを帯び、下腿部が充実している。山口県萩市及び阿武郡一帯が主産地であり、飼育頭数は非常に少ない。

むきじゅうざい　無機鞣剤 Mineral

tannage agent
☞無機鞣し

むきなめし　無機鞣し　Mineral tanning, Mineral tannage

無機化合物による鞣し。鞣し効果が最も高いのはクロム化合物であり、現在最も広く使用されている。その他に、クロム、アルミニウム、ジルコニウム、チタン等の塩が知られている。

ムコ多糖　Mucopolysaccharide

皮中のデルマタン硫酸＊のような酸性多糖であり、プロテオグリカン＊に分類される。コラーゲン線維＊と相互作用し、線維の太さを制御しているデコリンや水分保持能を示すヒアルロン酸が皮中に存在する。製革工程では、準備工程の石灰漬けで大部分が溶脱する。

ムートン　Mouton

繊細な毛をもつシープスキン又はラムスキンを原料とする毛皮。毛足を刈り込み、ビーバーやヌートリアに似せてつくりハンガリーで開発された。ビーバーラムともいう。クリンプ（捲縮）したウールに対して、直毛に固定する加工を行う。それによって、優れた光沢が得られ、均一となる。さらに、刈り込み、染色を行う。

むよくほう　無浴法　Short bath

製革工程において、ドラム処理で新たな浴液を入れずに処理する方法。水洗後に浴を排出しても30〜50％程度の浴は残る。そこに鞣剤等の薬剤を添加すると処理浴中の薬剤濃度が高くなり、革への反応性が高まる。鞣し、再鞣工程で用いられる。

むろなめし　室鞣し

発汗鞣しともいう。前近代では脱毛過程も鞣しと捉えていたため室鞣しというが、実際は前処理工程をいう。原始的な工程は、地面に穴を掘って板又は紙を敷き、原皮の裏打ちを行い、毛部分を内側にして畳んで置き、上蓋をして室に入れる。やがて汗をかいたように蒸れて水蒸気が付着する。毛根部分のみ微生物の作用が進みゆるんだ頃を見計らって取り出し、鎌の背又はせん刀で脱毛する。合わせて裏打ちも行う。その後、乾燥することによって腐敗を防止することができる。

め

メイラードはんのう　メイラード反応　Maillard reaction

還元糖とアミノ化合物（アミノ酸、ペプチド、コラーゲン等のタンパク質）が熱によって結合する非酵素反応で、アミノカルボニルの一種である。反応産物として褐色物質（メラノイジン）が生成するため、褐変反応（browning reaction）とも呼ばれる。食品の加工、貯蔵の際に生じる褐変＊等に関係する。生体内においては、コラーゲンにメイラード反応が起こることによって、柔軟性、進展性が失われるため、老化に関与していると考えられている。

めうち　目打ち　Perforation

革に穴をあける道具。菱目打ち＊、平目打ち＊、斜目打ち等がある。

メガネカイマン Spectacled caiman
　商業名はカイマン。アリゲーター科のカイマン亜科カイマン属に分類され、ベネズエラ等の南アメリカの北部に生息している。この種の皮は、全体に骨質部が多く、特に腹の部分にカルシウムが多く溜まることから石ワニと呼ばれ、クロコダイル属、アリゲーター属のワニとは区別されている。主に顎から脇腹の部分が、ワニサイド、テンガサイドとして利用される。主に時計バンド、靴等に使用されている。

メキシコワニ Mexican crocodile
　☞モレレットワニ、グァテマラワニ

メダリオン Medallion
　靴の爪先部分にある穴の大小を組合せた飾り模様。主として英国調の紳士靴に使用されるが、婦人靴でも似た飾りが付けられることがある。

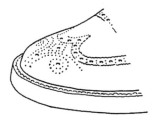

メタルしあげ　メタル仕上げ Metal finish, Metallic finish
　革の表面にメタル調の質感を与える仕上げ方法。金属風の光沢をもつ顔料、天然パール、魚鱗箔等にバインダー*を混合した塗料を使用して仕上げを行う。

メタルメッシュバッグ Metal mesh bag
　金属の小片を金属製の環で連続的につなぎ合わせて組み立てたバッグ。

メーターレザー Meter leather, Gas meter diaphragm leather
　ガスメーターの隔膜に使用していた弾力性がありガス遮断性をもつ薄い革。ヤギ、ヒツジ、カーフ等の皮を原料とする。植物タンニン又はクロムとのコンビネーション鞣しで、しなやかであるが、伸びは少ない。ガス遮断性を与えるため油を含浸させる。現在では合成ゴムに切り替わっている。

メチルアルコール Methyl alcohol
　化学式は CH_3OH。別名メタノール。木精、カルビノール、メチールとも呼ばれる。最も単純な分子構造をもつアルコール。沸点65℃、無色、揮発性の高い液体。溶剤のほか、燃料等にも用いられる。ホルムアルデヒド*の原料、アルコールランプ等の燃料として広く使われる。燃料電池の水素の供給源としても注目されている。

メチルエチルケトン MEK: Methyl ethyl ketone
　化学式は $CH_2OCH_3 \cdot CH_2OH$。沸点80℃。無色透明の吸湿性液体。溶解性はアセトンに似ているが、水に対する溶解性はアセトンより劣る。ニトロセルロース、ビニル樹脂、アクリル樹脂、フェノール樹脂、ラッカー、印刷インキ等の溶剤として用いられる。揮発性で引火しやすい。アセトンよりやや毒性が強い。

メチルセロソルブ Methyl cellosolve
　化学式は $H_3COCH_2CH_2OH$。別名、2-ヒドロキシエチルメチルエーテル、

2-メトキシエタノール。沸点125℃、わずかに快臭のある無色の液体。水及び非水溶媒と任意の割合で混合する。ニトロセルロース、アセチルセルロース系の溶剤、アルコール可溶染料の溶剤、ラッカー、ワニス、エナメル等の塗料溶剤及びシンナーとして広く用いられる。

メッシュあみ　メッシュ編み　Mesh braiding
　☞革編み

メッシュバッグ　Mesh bag
　革等の編み物のハンドバッグ。メッシュレザー*を使用して製造する方法、及びハンドバッグ胴部の革に切り込みを入れ、革紐状にする方法がある。

メッシュレザー　Mesh leather
　革を細い紐、手編み又は機械編みによってシート状にしたもの。甲革、鞄、ハンドバッグ、財布等に使用される。

メッセンジャーバッグ　Messenger bag
　企業等から依頼された書類等を入れ、自転車を使用して輸送するために使用する大型のかぶせ付きショルダーバッグ。現在は、様々な用途で利用されている。

メロンデグラス　Moellon degras
　☞デグラス

めんえきげんしょう　免疫現象　Immunization
　製革工程において、脱毛工程中に毛が硫化物の作用に対して安定化される現象。脱毛不良の一つ。脱毛作業においては、毛を形成するケラチン*に多く含まれるシスチンのジスルフィド結合（S-S結合）が、硫化物によって切断されることが脱毛の条件である。しかし、脱毛浴中の硫化物が作用する前に強アルカリが毛と接触すると、ジスルフィド結合がランチオニンに変換され、チオエーテル結合（-S-結合）を形成し、硫化物の作用が進まなくなる（硫化物に対する免疫）。この状態になると、ケラチンの分解が進まなくなり、脱毛が正常に進行しない。一方、この現象はヘアセービング法*として応用されている。

めんさんようひ　緬山羊皮
　ヒツジの皮及びヤギの皮の総称。

めんせきそくていき　面積測定器
　☞坪入れ機

めんようひ　緬羊皮　Sheep skin
　☞シープスキン

も

もうこん　毛根　Hair root
　皮膚に埋没している毛の部分で毛包*に囲まれている。毛根底部の膨らんだ部分を毛球（hair bulb）と呼ぶ。また、皮膚上に露出している部分を毛幹（hair shaft）という。豚皮では毛根は表皮から皮全層を貫通している。

もうじょうそう　網状層　Reticular layer
　皮の毛根底部を境界として、真皮*を2層に分けた内側を網状層という。

よく発達した太いコラーゲン線維束が3次元的に絡まった構造からなる。この層に弾性線維*はほとんどないが、コラーゲン線維束*の間に均等に分布し、深部になるほど太くなる。成牛皮の場合、網状層は全真皮層の約80％を占め、革になったときの重要な部分である。製革工程では、この層を分割して厚さを調節する。分割した下層の網状層のみから成る皮を床皮*と呼ぶ。

もうしょうひ　毛小皮　Cuticle

キューティクル、クチクラともいう。毛の最外層を構成している鱗片（スケール）状組織。その形態は魚の鱗に類似しており、個々の鱗片が毛先に向かって鱗状に重なり合っている。その大きさや配列は動物の種類に特有で、動物毛を同定するための有力な指標となっている。

もうずいしつ　毛髄質　Medulla

メデュラともいう。毛の中心軸に存在する成分。動物によって毛断面に占める割合が異なっている。羊毛は、一般に毛髄は存在しないが、齧歯類では毛の断面の面積比で約80％を占めている。その形態は動物の種類に特有で、動物毛を同定するための有力な指標となっている。

もうひしつ　毛皮質　Cortex

コルテックスともいう。毛の主要構成部分。毛小皮*の内側にあり、繊維軸に対して平行に配列した細長い紡錘状細胞の集合体である。毛皮質の毛に占める割合は動物の種類によって異なっている。毛の形態や性状は、この部分の性状に関係するところが大きい。

もうほう　毛包　Hair follicle

毛根*を包む皮膚の延長部分。表皮*と真皮*の延長部分からなる。表皮が真皮内部に陥入し、その底部より毛が皮膚表面に対し斜行して伸びている。表面に見える部分は、一般に毛穴という。

モカシン　Moccasin

靴のスタイルの種類。スリッポン*の一種。一枚革で底面から包み、甲で別のU字型の革を当てながら袋状に縫い合わせたトゥルーモカシンと、甲の部分だけにU字型の切り替えや飾り縫いをするモカシン飾りのものがある。モカシンの名称は、北アメリカの先住民が履いていた表と底が1枚の革からできた履物に由来する。

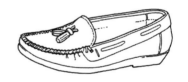

もくろう　木蝋　Japan wax

ハゼノキやウルシの果皮から採ったろう状物質。それぞれハゼろうやウルシろうともいうが、ウルシろうは、ほとんど生産されていない。化学的にはワックスエステルではなく、飽和脂肪酸が主成分の中性油であるパルミチン酸グリセライドである。融点は約50℃、黄緑色から褐色と採取時期で色が変わる。白ろうは、これを漂白したもので、ポマード等の化粧品、艶出し剤等に用いられる。白ろうや松脂等と混ぜてろうけつ染め*の防染*に用いられる。

☞ワックス

モザイク　Mosaic
革の小片を組合せてタイルのように張り、模様を表す技法。配色、革片の形によってデザインの特色が出る。

モデラ　Modeler
革工芸の浮き彫り法*等で用いられる金属製のへら。革に凹型をつけて図柄の立体感や強弱を付けるために用いる。様々な種類があるので、用途によって使い分ける。また、加熱できる電気モデラもある。

モデリングほう　モデリング法　Modeling
☞浮き出し法

もみしあげ　もみ仕上げ　Boarding finish
しぼ付け*作業を伴う革の仕上げ方法。一般的には革に塗装を施した後、しぼ付けを行う。型押し革は、最終工程としてもみ仕上げを施すことが多い。

モラレスパイソン　Molurus python
☞ビルマニシキヘビ

モルのうど　モル濃度　Mol concentration, Molarity
濃度の表示方式の一つ。溶液1L中に溶けている溶質の物質量（mol）で表した濃度。単位はmol/Lで表す。

モレレッティワニ　Morelet's crocodile
ワニ目クロコダイル科クロコダイル属に分類され、別名メキシコワニ、グァテマラワニと呼ばれている。主にメキシコ、グァテマラ、ベリーズに分布している。胴が長く、腹部の鱗は細かい長方形で美しい。鞄、ハンドバッグ、ベルト、小物等として使用される。

もろおろし
小牛皮の鞣しのこと。正保期に刊行された「毛吹草」には山城、伊勢の名産品として挙がっている。鞣製法は伝わっていない

モロッコがわ　モロッコ革　Morocco leather
スマック*による植物タンニン鞣しを行い、銀面模様を粒状に硬く際立たせたやぎ革。モロッコのムーア人によって始められたといわれている。古くから本の表紙、小物、靴甲革等に用いられている。

モンク　Monk
ストラップシューズの一種。プレーンな甲部で履き口にストラップがついており、尾錠*で締めるようになっている。15世紀、アルプス地方の修道僧（monk）が履いていたことからこの名がある。

や

やきいん　焼き印　Brand
☞ブランド

やきえ　焼き絵
　革工芸*において、電気ペン、電気モデラを使って、手書きで革の表面に焦げ目をつける作業。模様、文字、ロゴマーク等自由に表現できる。温度調節ができる電気ペンもある。ペン先は種々あり、使用中に交換する必要があるため別売されている。電気モデラも同様である。
　植物タンニン革の生成（生成(きなり)染めや漂白していない生地の色）が材料として最もふさわしい。植物タンニン革が熱で変色しやすいという性質を利用した技法であるため、ペン先の温度、押さえる力加減に注意が必要である。

ヤギ　（山羊）　Goat
　哺乳動物綱、偶蹄目、反芻亜目、ウシ科、ヤギ亜科に属する。ヤギの家畜化は古く、紀元前八千年ごろに西南アジアで家畜化されたと考えられている。ヤギの品種は300種類以上あり、代表的な品種は、ザーネン、トッケンブルグ、アルパイン、バーバリ、ブラックベンガル、マラディ、カシミヤ、アンゴラ、ジャムナパリ等である。世界の飼育頭数は約9億4千万頭で、アジアとアフリカで多く飼育されており、中国、インド、ナイジェリア、パキスタン、バングラデシュ、エチオピアの順である。子ヤギをキッドと呼ぶ。

　　☞ゴートスキン、キッド、キッドスキン

やぎがわ　やぎ皮　Goat skin
☞ゴートスキン

やきゅうグローブ　野球グローブ
Base-ball glove
　野球を行うときに使用するグローブ。主に成牛の素上げ革*を使用する。表面には銀付き革*、内裏には銀付革又は床革*を使用する。ウェルティング（はみ出し）は樹脂加工を施した床革、紐革には、特に強度が必要なため、特殊な鞣しを施した革が使用されている。柔軟で手の動きを妨害しないこと、ボールとの間の摩擦係数が大きいことが要求されている。厚みは2.5 mm程度が標準である。また、銀面は球との摩擦係数の減少を防ぐため塗装を行わないことが原則である。日本人プレーヤーは、グローブの軽さを求め、アメリカ

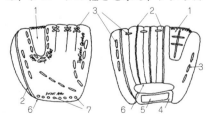

1　ウェーブ（Web）　　2　はみ出し（Welting）
3　紐革（Lace）　　　 4　バンド（Band）
5　ラベル（Label）　　6　へり（Binding）
7　鳩目

人プレーヤーはボールがグローブの中ですぐ止まるような摩擦係数の高い革を好む傾向がある。

やきゅうボール　野球ボール　Base-ball ball

野球ボールは、ゴムやコルク芯の周囲を毛糸及び綿糸をかたく巻きつけ、馬皮又は成牛皮から作られた白革*で包んで作る。以前は馬皮が主体であったが、現在は牛皮から作られている。硬式野球ボールでは重量：141.7〜148.8ｇ、周囲：22.9〜23.5㎝の規格がある。

☞スポーツボール

やしゆ　やし油　Coconut oil

やし油はコプラから圧搾又は圧抽法によって採油する油で、パーム核油とともにラウリン系油脂の代表的なものである。ヨウ素価：7〜11、けん化価：246〜264、比重：0.907〜0.917、屈折率：1.447〜1.450、上昇融点：20〜28℃、不けん化物：1.0％以下、凝固点：14〜25℃で、低級脂肪酸を多く含むためにけん化価が高い。脂肪酸組成は、ラウリン酸が43〜50％、オレイン酸が5〜17％、パルミチン酸が8〜10％、カプリン酸が3〜7％、カプリル酸が2〜9％、ステアリン酸が2〜5％等である。マーガリン、ショートニング、そのほか製菓用油脂として食用に使用されているほか、石けん及び高級アルコール原料として工業的にも重要である。また、この中のラウリン酸はアルキッド樹脂塗料、可塑剤、安定剤、化粧品、加脂剤等の化学工業原料として重要である。

ヤスリミズヘビ　Karung Snake

商業目はカロング。有鱗目ヘビ亜目ヤスリミズヘビ科に分類され、アジア南部からオーストラリア北部の淡水に分布する小型のミズヘビである。皮はヤスリのようにざらざらしているのでこの名で呼ばれている。革としては、手袋等の革製品のワンポイントに使用されている。写真は付録参照。

やはずしあげ　矢はず（筈）仕上げ

製靴の仕上げ方法の一つ。靴の矢はずとは、矢の一端の弦にかける部分のことであるが、その形と同じように本底のこば*を三角形の尖った形に落として仕上げることを矢はず仕上げと呼ぶ。この仕上げによって、厚みのあるソールを華奢に見せることができる。手作りの靴に多くみられ、元々日本が発祥の技術といわれている。

やはたぐろ　やわたぐろ　八幡黒

古くは藍染めを何度も繰り返して深い藍色に染めた鹿皮のことをいった。後に黒く染めた柔らかい革のことをいった。革を黒く染めるには媒染剤として鉄を使用した。

やぶれ　破れ　Tear

☞損傷

ゆ

ゆうかく　さるかわ　遊革　Loop

時計ベルト（バンド）では、先端の部分を押さえる輪状の革で移動するもの。固定され移動できないものは定革

という。

鞄、ハンドバッグでは、ショルダーの剣先、ベロを押さえる革ループを遊革と書くが、さるかわと呼んでいる。また、尾錠の近くに付けて連結するベルトの剣先、ベロを挿し通すベルト通し部分で、上下に動く輪状の革のこともいう。

ゆうりホルムアルデヒド　遊離ホルムアルデヒド　Free formaldehyde
　細切した試料を、40℃の水で1時間抽出し、アセチルアセトン法で発色させ、定量して得られた溶出量を遊離ホルムアルデヒドとする。日本エコレザー基準*（JES）ではエキストラで16 mg/kg 以下、成人（皮膚接触）で75 mg/kg 以下、成人（皮膚非接触）で300 mg/kg 以下と規定されている。試験方法として、厚生省令第34号（1974）、JIS L 1041 及び ISO 17226-2（IULTCS/IUC 19-2）があり、アセチルアセトン法によって試験を行う。
　☞ホルムアルデヒド

ゆせいクリーム　油性クリーム　Solvent paste shoe polish
　ワックス*及び油の2成分からなり、水を含まないクリーム。乳化性クリーム*に比べ光沢、防水性*が優れている。着色成分として、油溶性染料や顔料が含まれている。色数が少なくスタンダードな色調が多い。

ユーチップ　U-tip
　モカともいう。靴甲部爪先部に取り付けたU字型の飾革。モカシン飾りと同じ型式のもの。

ユニド　UNIDO: United Nations of Industrial Development Organization
　国連工業開発機関。開発途上国の経済発展と工業基盤の整備の支援を目的とした国際連合の専門機関。その目的達成に必要な調査、計画作成、技術援助（専門家の派遣、研修生の受け入れ等）を行う。本部はオーストリアのウィーンにある。

ゆにゅうユーザンス　輸入ユーザンス　Import usance
　輸入代金延べ払いを伴う決済方式。この方式によって輸入者は輸入代金の支払いを一定期間猶予される。これは買い付け原料を製品にして換金できるまでの期間を考えた金融慣習と考えられる。海外の輸出者が期限付手形を振り出して、その期間だけ猶予してもらえるシッパーズ ユーザンスと銀行が金融するバンク ユーザンスがある。後者の中では海外の輸出者が振り出した一覧払い手形を、輸入者が本部の銀行から借りた外貨で対外決済し、期日までに銀行に返金するローン方式が一般的である。

ゆにゅうわりあてせいど　輸入割当制度　IQ: Import quota system
　非自由化品目（IQ品目）に対して輸入数量の割り当てをして輸入制限を行う制度。この制度の目的は、輸入量の増大によって国内産業が致命的な損害を被ることのないよう調整することにある。

よ

よういおんせい　陽イオン性 Cationic
　水中で陽電荷を帯びる物質。カチオン性ともいう。製革工程では、無機鞣剤や陽イオン性染料等が該当する。陽イオンと陰イオンは静電引力によりイオン結合*を形成する。
　☞陽イオン染料、陰イオン性

よういおんせいかいめんかっせいざい　陽イオン性界面活性剤 Cationic surfactant, cationic surfaceactive agent
　水中で、親水基の部分が陽イオンに電離する界面活性剤*。石けんと逆のイオンになっているため、逆性石けんと呼ばれることもある。マイナス（負）に帯電している固体表面に強く吸着し、柔軟性、帯電防止性、殺菌性等の性質があるため、柔軟仕上げ剤やリンス剤、消毒剤として利用されている。塩化ベンザルコニウム、塩化ベンゼトニウム、ジデシルジメチルアンモニウム塩等第4級アンモニウム化合物の殺菌効果はグラム陽性、陰性菌に広く有効、ウイルス、結核菌、細菌胞子（芽胞）に無効である。

よういおんせいせんりょう　陽イオン性染料 Cationic dye
　塩基性染料*と同義で用いられる合成染料。カチオニック染料、カチオン染料ともいう。綿、麻、レーヨン、絹、羊毛等の染色に適している。天然、合成タンニン鞣しされた革に対して染着力があり、色調は鮮やかであるが、染色堅ろう性が低く、特に日光に弱い。アクリル系合成繊維用の染色堅ろう性が高い染料として新しく開発された陽イオン性染料をも含める意図で使うことが多い。

ようかいせいじょうはつざんりゅうぶつ　溶解性蒸発残留物 Dissolved solid matter
　☞蒸発残留物

ようかいど　溶解度 Solubility
　ある溶質（物質）が一定量の溶媒に溶ける限界量。飽和溶液濃度を溶解度といい、溶液又は溶媒100g中の溶質のグラム数で表される。溶質が固体の場合、溶解度は温度のみの関数で、両者の関係をグラフ表示したものを溶解度曲線という。

ようざいがたくつみがきざい　溶剤型靴磨き剤 Solvent-based shoe polish
　靴磨き剤は、靴表面をきれいにし、磨き、保護し、擦りきずを修復し、必要に応じて光沢を出すために用いられる。溶剤型靴磨き剤はワックスの含有量が多いので艶出し効果が高く、防水性に優れている。有機溶剤の含有量も多いため、革の油性汚れの除去に適しているが、塗装膜を溶解、又は革によっては脱脂され硬化する場合があるので、革表面の仕上げの状態を確認してから用いる必要がある。

ようし　羊脂 Mutton tallow
　ヒツジの皮下脂肪。融点が44～55℃と高く、主要な脂肪酸組成はオレイン酸が約50％、パルミチン酸が約28％、ステアリン酸が約14％で、これら3種類の高級脂肪酸の合計が全脂肪酸に占める割合は約92％である。特有の臭気

があリマトン臭とも呼ばれ、低級脂肪酸であるカプリン酸（オクタン酸）、ペラルゴン酸（ノナン酸）及び微量成分としてイソ酪酸、イソ吉草酸、α－メチル酪酸等の低級脂肪酸が原因物質といわれている。

ようしゅつじゅうきんぞく　溶出重金属　Extractable heavy metals

革から酸性の人工汗液によって溶出される重金属（鉛、カドミウム、水銀、ニッケル、コバルト、総クロム）のこと。また、6価クロムの場合はリン酸塩溶液による溶出をいう。日本エコレザー基準*（JES）では、成人用（皮膚接触）の場合、鉛 0.8 mg/kg 以下、カドミウム 0.1 mg/kg 以下、水銀 0.02 mg/kg 以下、ニッケル 4.0 mg/kg 以下、コバルト 4.0 mg/kg 以下、総クロム 200 mg/kg 以下、6価クロムは検出せずとなっている。エキストラ（乳幼児基準：36か月未満）の場合、ニッケルとコバルトが 1.0 mg/kg 以下、総クロムが 50 mg/kg 以下と厳しくなっているが、ほかの項目は成人用（皮膚接触）と同じである。

ようせつようかわせいほごてぶくろ　溶接用革製保護手袋　Protective leather gloves for welders

JIS T 8113 で規定されている溶接用革製保護手袋のこと。溶接、溶断作業において、火花、高温の溶融金属等から手を保護するために使用する。手袋の種類は、その材料、形状及び用途によって区別される。1種は牛革を掌部と甲部に使用し、主としてアーク溶接用である。2種は牛床革を使用し、主としてガス溶接、溶断用で、いずれも袖部は牛床革を使用する等としている。そのほか、構造、寸法等についても規定している。

ようぞんさんそ　溶存酸素　Dissolved oxygen

水中に溶けている酸素の量（mg/L で表す）。DO と略す。溶存酸素量は水中の好気性生物にとって必須のもので大きな影響を及ぼす。この測定法は JIS K 0102 に規定され、水質汚濁に係る環境基準のうち、生活環境の保全に関して水域の利用目的に応じて定められている。通常常温で 10 mg/L 程度であるが、水質汚染が進むと溶存酸素が減少し、河川の自浄作用や正常な水中生物の生育が阻害される。

ようひ　羊皮　Sheepskin

☞シープスキン

ようもう　羊毛　Wool

ヒツジから刈り取った毛。服地、毛布、カーペット等に利用される、綿とともに天然繊維として重要な原料で、オーストラリア、ニュージーランド等で多く生産される。ヒツジの品種によって毛の長さが異なり、短毛、中毛、長毛の3種に分けられる。短毛はメリノ種、中毛はコリデール種、長毛はリンカーン種が代表的である。ヒツジから刈り取った羊毛は羊毛脂や汚物が付着しているので、これらを洗浄、除去後、解きほぐし、方向をそろえ、合撚して毛糸とする。羊毛は毛髄質を欠き、毛皮質と毛小皮から成り、毛の長軸に沿い左右によじれながら波状（クリンプ）を呈している。クリンプは羊毛の手触り、肌ざわりを良くし、保温性にも関係する。

☞ケラチン

ようもうし　羊毛脂　Wool grease
☞ウールグリース、ラノリン

よくりょう　浴量　Float
　準備工程、鞣し、再鞣、染色、加脂等でドラム等の処理容器中で革を処理するときの、材料に対して添加する水又は水溶液の重量割合。製革工程によって、原皮重量（準備工程）、裸皮重量*（鞣し）、シェービング重量*（再鞣、染色、加脂）に対する割合（%）で表す。スエード*、ベロア*革の染色では材料とする乾燥革の重量を基準とする。浴量は、処理中の革への機械的作用や摩擦による発熱等にも影響を及ぼす。

ヨシキリザメ　Blue Shark
　メジロザメ目メジロザメ科ヨシキリザメ属に分類され、熱帯から亜寒帯に生息しており、体色が美しい緑青色を帯び、長い胸びれをもつことからブルーシャークと呼ばれている。全長は3メートルを超える。この種は分布が広く、特に水温が7～15℃の海域を好むので、亜寒帯付近では表層付近に生息し、熱帯部ではやや深い所に多くみられる。
　革として使用されるのは主にこの種である。革表面の特徴は、頭部から尾部に向け、細かい連続した網目状に凹凸がある。ハンドバッグ、小物等に使用される。また、延縄等でに漁獲される。鰭は中華料理のフカヒレの原料として珍重され、肉は練り製品の原料等に使われている。写真は付録参照。

よびかし　予備加脂　Preliminary fatliquoring
　主たる加脂の前に革に施す比較的軽微な加脂、または再加脂に対する前加脂。複雑な加脂効果を期待して、性質の異なる加脂剤を別々に施すときに行う。また、製革工程で必要な加脂剤を一度に施すことが適当でないときにも行う。例えば起毛革*のバフィング*には、過剰な加脂剤は障害となるので、バフィング後再加脂をすることがある。

よろい　鎧　Armor
　戦闘の際に装着者の身体を矢や剣等の武器による攻撃から防護する衣類、武具。鎧の変遷は、古代には鉄製の甲冑（かっちゅう）、短甲（たんこう）であったが5世紀以後、鉄又は馬皮の札（さね）（短冊状の小片）による挂甲（けいこう）へと移り、平安期になると宮廷での儀式化した礼服（儀仗）になり、それに伴い簡素化と優美となる。
　甲冑は古代甲冑の実質を継承しながらも、武士の台頭と伴に実戦用に変遷した。見た目は、小札（こざね）が大きく、威毛（おどしげ）が細いため、牛皮を綴ってあった。小札は鉄又は板目革*、威毛は紐又は牛革、弦走りは鹿革の絵革*であった。

ヨーロッパひかくぎじゅつせんたー　ヨーロッパ皮革技術センター　GER-IC：Grouping of European Leather Technology Centres
　ヨーロッパ5か国（イタリア、ポルトガル、フランス、スペイン、ルーマニア）の皮革技術センターをネットワーク化したもの。事務局はCOTANCE*にあり、研究プロジェクトの実施、教育、情報交換等を行う。

ら

ライニング　Lining
革製品等の裏張り材料。靴では、歩行時に負荷や摩擦が発生するため機械的強度が要求される。踵(かかと)にフィット感をもたせるために、必要以上に滑らない適度な摩擦係数が必要である。さらに、優れた吸湿性や放湿性が要求される。靴の内側全体を革で裏張りしたものをフルライニング、革素材の肉面の感触を活かすために裏張りしない靴もある。毛皮では、布製の衣服の裏に毛皮をつけることをいう。部分ライニングと全体に張るライニングがある。ライニングに使用する毛皮は多様であるが、軽い素材で毛はフラットで短い毛皮（リスの腹部、ラビット、ヌートリア等）が一般的である。

ライニングレザー　Lining leather
☞裏革

ライムスプリッティング　Lime splitting
石灰漬け処理後の皮の厚さを整えるためにスプリッティングマシン*を使用し、目的とする製品革の厚さに応じて皮を平均に分割する作業。
☞分割、床皮

ラウンドトウ　Round toe
☞靴型

ラージクロコ　Freshwater crocodile
☞ニューギニアワニ

ラスト　Last
☞靴型

ラッカー　Lacquer
本来は速乾性をもつワニスをいうが、現在ではニトロセルロースラッカー*をいう場合が多い。

ラッカーしあげ　ラッカー仕上げ　Lacquer finish
☞ニトロセルロース仕上げ

ラップアイロン　Lap-ironing machine
艶出しロータリーアイロンの一種。通常のロータリーアイロン*よりも細い目、水平で高温のローラーを回転させながら、さらに左右に振幅運動をさせ、グレージング*効果をもたせることを目的とする。往復運動をすることからラップアイロンという。ロータリーアイロンと同じくスルーフィードタイプである。

ラード　Lard
☞豚脂

ラノリン　Lanolin
羊毛の表面に付着しているろう状の分泌物（ウールグリース*）を精製、脱水したもの。組成は、高級脂肪酸とステロイドとのエステルを主成分とするろう*で、コレステリン、ラノステリン、アグノステリン等のステロイドと高級脂肪酸のエステル類及び高級アルコールである。精製、抽出等のプロセスにより多種多様な製品を作り出すことができる。水には溶けないが、多量の水を吸収することができる。脂肪酸はヒト脂肪酸と同様に側鎖をもつものが多く、その組成は複雑でアルキル鎖炭素数 $C14$ から $C30$ の高級脂肪酸が幅広く存在する。加脂剤としては、銀面に沈

着してこの層の水分保持量を高め、銀面の物性と感触を改善すると考えられる。そのほか、靴クリーム等の手入れ剤にも使用されている。
　☞羊脂

らひ　裸皮　Pelt
　石灰漬け等により脱毛した皮で、鞣し前の皮をいう。
　☞裸皮検査、裸皮重量

らひけんさ　裸皮検査　White pelt inspection
　脱毛処理後、裸皮*の銀面状態の検査をすること。銀面の状態やきずの有無により革の用途を変更することがある。また、石灰漬け*条件の適否も裸皮検査時の手触り（膨潤状態）でわかる。

らひじゅうりょう　裸皮重量　Pelt weight, White weight
　通常は、裸皮*の重量をいう。これらは脱灰、ベーチング、ピックリング、鞣し等の製革工程で、皮に対して使用する水や薬品量を計算する基準に使う。

ラビット　Rabbit
　☞ウサギ

ラフィング　Roughing
　☞起毛

ラミネートかこう　ラミネート加工　Laminate finish
　革等の表面上にプラスチックフィルム等を接着させる表面加工法。接着剤を塗布したフィルムをロール圧で接着、又は熱可塑性フィルムを加熱融着する。また、ポリウレタンフォームフィルムを革に溶融接着する方法もある。

ラム　Lamb
　子ヒツジの総称、ヒツジの毛皮用種ではカラクール*（パージャンラム）が代表的なものであるが、これ以外にも毛皮として利用されるものが非常に多い。カルガンラムは、中国を代表する毛皮で毛を丸くカールし、色は白又は黒斑である。トスカーナラムは、イタリア、トスカーナに産し、染色してトリミング*、ジャケット等に使用する。アメリカンブロードテールは、アルゼンチンに産し、剪毛したとき光沢のある波紋状模様を呈する。ベビーラムは、オーストラリア、ニュージーランドが産地。アメリカンブロードテールと同様に剪毛して地模様が生かされる。ムートンラムは、北米、オーストラリア、ニュージーランド等に産する主にメリノ種のヒツジの毛皮。毛を一定の長さに剪毛し、染色して衣料等に用いられる。裏面をスエード*仕上げにしたリバーシブルの衣料もある。比較的安価であるため、コートやトリミング用にも広く使用される。

ラムスキン　Lamb skin
　12か月齢までの子ヒツジの皮。6か月齢までのものはベビーラムスキンという。毛皮*として古くから利用されてきた。種類が極めて多い。毛の種類、カールのサイズによって多くの等級に分かれている。
　☞シープスキン

ランドセル　Randsel, Randoseru
　学童用背負い鞄。明治天皇が学習院入学時、陸軍の背嚢*を改良して作っ

た形を一般化したもの。現在も学習院式が主流。

☞鞄

ランドリー　Laundry

商業的に行う水洗いの方式。温水、洗剤及び必要に応じてアルカリ剤、漂白剤等を併用し、洗たく機によって洗浄する。水溶性汚れがよく落ちるが、水に溶けにくい汚れに対しても、洗剤、アルカリ、漂白剤、熱、機械的作用の効果で落とすことができる。ワイシャツ、シーツ、ユニフォーム等の水に対する耐性が強いものに使用される。現在のところ革製品には適用することは少ない。

☞ウェットクリーニング、クリーニング

ランニングステッチ　Running stitch

等間隔に開けられた穴にレースを表から裏、裏から表へかがることによって表から見るとレースの縫目が一目飛ばしになる縫い手法。手縫いの並縫いと同じ手法である。

☞革ひもかがり

り

リグロイン　Ligroin

主成分はヘプタン、オクタン。沸点75～120℃の石油留分。革の仕上げ塗装膜に対する溶解力は弱く、揮発性も低いため、革製品の製造中に付着したゴム糊等の汚れを除去するために用いられる。

りけいざい　離型剤　Mold release agent

成形品又は積層品が金型、金属鏡面板に粘着することを防止し、表面を滑らかに美しく仕上げるために塗布する薬剤。シリコン樹脂、ステアリン酸塩類、テトラフルオロエチレン樹脂、ワックス*類等が用いられる。

リーチ　REACH：Registration、Evaluation、Authorization and Restriction of Chemicals

化学物質の登録、評価、認可、制限に関する規則。欧州連合（EU）における人の健康と環境の保護、及びEU市場内での物質の自由な流通により、競争力と技術革新を強化することを目的として、欧州化学物質庁（ECHA）がREACHの運用を行っている。生産者、輸入者は、既存品及び新規物質にかかわらず生産品、輸入品の全化学物質（年間1トン以上）の、人類、地球環境への影響についての調査、欧州化学物質庁への申請、登録が義務付けられている。さらに、使用を制限されるべき物質（欧州化学物質庁より部分的に公示済み）については、ECHAの承認が必要になる。

りつもうきん　立毛筋　Erector pili muscle

皮膚表面と鈍角をなす毛包*の下部より皮膚表面へ斜行している平滑筋。この筋肉の収縮により毛が逆立つ。豚皮では、太い剛毛*のため立毛筋も太く長い。通常は準備工程、特に脱毛石灰漬け、ベーチング工程で分解されるが、不完全な場合には鳥肌様のざらつきが見られ品質的には劣るものとなる。

☞皮

リバフ　Re-buffing
　一度バフィング*を行った革を加工後、再度バフィングを行うこと。

リブマーク　Ribby, Ribbiness
　肋骨上部の革が盛り上がって特有の縞模様を形成した状態をいう。羊革（特に、毛用種であるメリノ種）のように毛を採取するために品種改良した場合に顕著に現れる。クリーニング後に模様が現れる場合が多い。これは加工段階で革に張力を掛けながら乾燥するために、模様が引き延ばされて見えなくなるが、クリーニングを行うことによって元の状態に戻るためである。

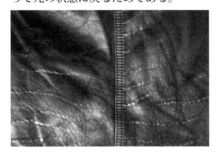

りゅうかすいそ　硫化水素　Hydrogen sulfide
　化学式はH_2S。腐卵臭のある無色の気体。水に溶けて硫化水素水となり、弱酸性を呈する。種々の金属に作用し、硫化物を作る。化学分析等では還元剤として用いられる。毒性が強く、目、鼻、のどの粘膜を刺激し、高濃度のガスを吸入すると意識不明になり、更には死に至る。鞣製工場で行われる準備工程の一つである脱灰、ベーチング*工程では、溶液中に残存する又は皮に含まれる硫化ナトリウムがpHの低下に伴って高濃度の硫化水素を発生するため、作業終了時のドラムの蓋を開けるとき等には細心の注意が必要である。また、工場内の排水路においても脱毛排液とピックリング又は鞣し排液等の酸性排液が混合しないようにし、硫化水素の発生防止対策が必要である。

りゅうかすいそナトリウム　硫化水素ナトリウム　Sodium hydrogen sulfide
　化学式はNaSH。水硫化ナトリウム（sodium hydrosulfide）ともいう。無色潮解性結晶。硫化水素臭がある。性質、用途は、硫化ナトリウムに類似しており、製革工程における脱毛促進剤として、硫化ナトリウムと共に使用されることが多い。
　☞硫化ナトリウム

りゅうかせんりょう　硫化染料　Sulfur dye
　分子内にイオウ原子をもつ不溶性染料で、硫化ナトリウム等の強アルカリ性還元剤で還元すると無色のロイコ体として溶解し、繊維に吸収された後、空気酸化により発色し不溶性に戻る。建染染料*と似ている。油鞣し革の染色に使用される。強アルカリを必要とするため一般的な革の染色には適さないが、この染料の改良品として分子中に水溶性基を導入した水溶性硫化染料は、通常の酸性染料と同様に酸性浴での革の染色に利用できる。水溶性硫化染料で染色した革は、耐光性、耐クリーニング性に優れているが、染色摩擦堅ろう性にはやや劣る。またその充填性のため風合いに影響を及ぼすことがある。

りゅうかナトリウム　硫化ナトリウム

Sodium sulfide

化学式はNa_2S。無色又は桃色の潮解性結晶。水溶液は加水分解して、強アルカリ性を呈する。酸で分解され硫化水素*を発生する。非常に酸化しやすいので、容器は気密を要する。腐食性も強い。製革工程における脱毛促進剤として多くの製革工場で使用されている。脱毛時は水酸化カルシウム*の過飽和溶液と同浴中で使用されるために硫化水素ガスの発生は抑えられている。しかし、その後の脱灰、ベーチング工程では水酸化カルシウムが除去されるにしたがって急激に硫化水素ガスが発生する場合がある。このような作業上の危険性を回避するため、更に毛をできるだけ分解せずに固形物として回収することにより、排液の汚濁負荷を少なくし回収、循環利用する省硫化又は非硫化脱毛法の研究や実用化が進められている。

りゅうこつ　竜骨　Keel

鱗板*上に見られる突起をいう。背鱗板側のいくつかの縦列にある大型の側鱗板に見られることがあり、これらの竜骨の違いを観察することによって、生息地が異なる個体の識別、又は同一種であっても、亜種を識別することができる。例えば、イリエワニ*では最も外側の鱗板3縦列には、竜骨の弱い発達が見られ、ニューギニアワニ*の最も外側の鱗板4縦列にある大形の鱗板上には竜骨が見られる。

りゅうさん　硫酸　Sulfuric acid

化学式はH_2SO_4。通常の濃硫酸は90％以上の濃度のもの。これに三酸化イオウを溶かし込んだものを発煙硫酸、低い濃度のものを希硫酸と呼ぶ。水和の際多量の熱を発生し、突沸、飛散が起こるため、濃硫酸を希釈する場合には、水の中に撹拌しながら徐々に濃硫酸を加える等の安全対策が必要である。製革工程のピックリング工程でよく使用される。また脱水剤、酸化剤、触媒、肥料そのほかの工業原料として重要である。

りゅうさんアンモニウム　硫酸アンモニウム　Ammonium sulfate

化学式は$(NH_4)_2SO_4$。硫安と呼ばれる。硫酸にアンモニアガスを吸収させて製造する。無色〜白色。水溶性。水溶液はほぼ中性であるが、煮沸するとアンモニアを失い酸性になる。製革工程における脱灰剤*として使用される。ほかに窒素肥料として大量に用いられる。

りゅうさんかぜんかいぶん　硫酸化全灰分　Sulphated total ash

JIS K 6558-3、ISO 4047に規定されている。試料を炭化した後に、硫酸を加え硫酸化した試料を800℃で灰化して得られる残留物をいう。革では、JIS K 6550及びJIS K 6558-3で定義されている全灰分*とほぼ同等である。

☞灰分

りゅうさんかふようせいかいぶん　硫酸化不溶性灰分　Sulphated water-insoluble ash

JIS K 6558-3、ISO 4047に規定されている。JIS K 6550における不溶性灰分に相当する。あらかじめ水溶性物質を抽出した革を炭化し、硫酸を加えて硫酸化した試料を800℃で灰化して得られる残留物をいう。

☞不溶性灰分

りゅうさんかゆ　硫酸化油　Sulfated oil
　代表的な陰イオン性加脂剤である。二重結合をもつ動植物油脂等の脂肪鎖に硫酸を反応させ、未反応の硫酸を洗い出した後、硫酸エステル基を水酸化ナトリウムで中和して乳化したもの。作業工程の間に、酸化、重合、加水分解等の複雑な副反応が起こり、未反応の油脂、脂肪酸石けんを含む種々の副産物を含んでいる。放置すると徐々に加水分解して酸性が増す。この加脂剤の乳化物は電解質にやや不安定で、一般に表面加脂となりやすい。湿潤性に優れた柔軟な革が得られる。

りゅうさんだいいちてつ　硫酸第一鉄　Ferrous sulfate
　化学式は$FeSO_4$。無水物は淡緑色結晶。7水和物が最も一般的であり緑礬(りょくばん)ということもある。還元剤として重要。媒染、浄水用に用いられる。熱分解すると酸化鉄（ベンガラ）が生じ、顔料、陶磁器の釉薬(ゆうやく)（上薬）に利用される。

りゅうさんナトリウム　硫酸ナトリウム　Sodium sulfate
　化学式はNa_2SO_4。10水和物が最も一般的であり、比重1.464の無色の結晶であり、芒硝(ぼうしょう)又はグラウバー塩ともいう。水に可溶で水溶液は中性を呈す。ピックリング*の塩、クロム錯体*調節剤、植物タンニン鞣し*の前処理に用いる。そのほか医薬品、寒剤、脱水剤、パルプ、ガラス工業等の原料として広い用途がある。製造工程で水洗が不十分な場合、革中に残留してスピュー*の原因になる場合がある。

りゅうさんマグネシウム　硫酸マグネシウム　Magnesium sulfate
　化学式は$MgSO_4$。7水和物が最も一般的である。無色の結晶。媒染剤、医薬品、紙の充填剤として用いられる。

リュックサック　Ruck sack
　☞鞄

りょうびき　両引き　Leather strap
　革製時計バンドの一般的なタイプで、二つに分けて時計に取り付ける。片方は尾錠*（バックル）が付き、通常時計の12時側に取り付ける。もう一方はバックル用の小穴が付いており時計の6時側に取り付けて使用する。

りょこうかばん　旅行鞄　Traveling bag (Suit case)
　☞鞄

リングシール　Ring seal
　☞ワモンアザラシ

リングマークトカゲ　Water monitor
　☞ミズオオトカゲ

リンさんかせんりょう　リン酸化染料　Phosphonated dye
　リン酸基を分子中にもつ染料の総称。リン酸化染料は、架橋に関与せず繊維表面で結合した状態で存在するクロム、ジルコニウム鞣剤等と強く結合するために、反応性染料に匹敵する堅ろうな染色が可能である。一般的な酸性染料と同様の染色方法（50℃、弱酸性浴）で染色が可能で、濃色染めも可能である。反応性染料の染色の場合と同様に、弱く吸着したリン酸化染料を除くため

にソーピングが必要である。染色排液中に残留するリン酸化染料は、鉄、アルミニウムイオン、カルシウムのような金属イオンを添加することによって容易に沈殿し、排液から除くことができる。染料の製造コストが高いのが難点である。

リンさんかゆ　リン酸化油　Phospho-nated oil
界面活性剤*成分として高純度の直鎖モノアルキルリン酸エステルを含む自己乳化性油。ソフト用クロム革に用いられ、クロム革とリン酸基を介して強く結合するため、透湿性－防水革の高機能性革を可能にし、同時に絹のような滑らかな感触と膨らみのあるソフトな革が得られる。
☞加脂剤、加脂、防水加工

リンドボックス　Rind box
ボックス仕上げ*を施した牛革。ドイツボックスともいう。
☞ボックスカーフ

りんばん　鱗板　Scute
は虫類の鱗が連なり板状になったもので、角質板ともいう。カメの甲羅の表面をおおっているのが鱗板である。ワニは、後頭部にあたるところの後頭鱗板、頸部（頭と胴体とをつないでいる部分）にある特徴的な隆起のある頸鱗板、背の部分にある背鱗板がある。革業界では、頸鱗板をクラウンと呼んでいる。写真は付録参照。

る

ルイヒール　Louis heel
☞ヒール

ルーズグレイン　Loose grain
☞銀浮き

ルーズネイル　Loose nail
表底の踵部を中底に固定する釘で、踵下止め釘のこと。グッドイヤーウエルト式製法*で表底を縫い付けた後に用いる。

ルレット　Roulette
☞手縫い

れ

レア　Common rhea
商業名はアメリカダチョウ。ダチョウ目レア科に分類される。南アメリカの草原に生息している。ダチョウに似ているがダチョウより小さく、頭高約1.3 m、くちばしは扁平で幅広い。全体に灰褐色で、足指は3本、首は細長く、翼は退化して小さく飛べない。革はハンドバッグ等服飾品の素材として使用される。写真は付録参照。

レイヤー　Layer
底革*の代表的な鞣し方法の一工程。底革の鞣しは、ロッカー*、レイヤー、ハンドラー*、ホットピット*等の工程に分けられる。レイヤーではロッカーより移された皮を更に濃度の高いタンニン液中に1枚ずつ皮を水平に拡げ、

皮と皮との間に粉砕したワットルバークなどを散布するのが特徴である。沢庵漬けともいわれる。

レインシューズ　Rain shoes
　雨用の靴。合成ゴム、塩化ビニル樹脂、合成皮革*等防水性の素材を用いたブーツタイプが主であり、レインブーツといわれるものが多い。最近では、ファッション的なものが多くなり、パンプス等様々な形状がある。

レーキしきそ　レーキ色素　Lake pigment
　水溶性染料を不溶化した色素。これを粉末化すると顔料として使用できる。染色した革中の染料を固着するためアルミニウム塩、クロム塩等のレーキ形成塩で処理することがある。

レザークラフト　Leather craft
　☞カービング法、シェリダン

レザーファイバーボード　Leather fiber board
　皮・革屑粉砕物やバフ粉を樹脂でシート状に固めたシート。いわゆる再生革*、レザーボード*、ボンデッドレザーファイバーともいう。HSコード*では、コンポジションレザーという。EN 15987では、革を機械的、化学的な作用によって、小片化、解繊又は粉砕し、バインダーの使用の有無に関わらずシート状に成形したものと定義している。また、レザーファイバーボードと称するには、乾燥重量で50％以上の皮・革成分を含む必要がある。同様に、レザーボード、リサイクルドレザー（再生革）は、それぞれレザーファイバーボード、リサイクルドレザーファイバーと呼ぶ。中底等に使用する。

レザーマーク　Leather mark
　天然皮革の品質に対する信頼を高め、皮革製品の販売促進を目的として国際タンナーズ協会が定めたマーク。丸革の姿を図案化したもので、国際規定ではその図形を損なわないような利用をすることになっている。（一社）日本タンナーズ協会ではこのマークの普及のため1981年以来、広報宣伝活動に使っている。マークの中心部に天然皮革の文字を入れている。皮革製品6分野（靴、鞄、衣料、手袋、ベルト、ハンドバッグ）では国際レザーマークを基本としたマークを1987年より使うこととなった。

レザーワーキンググループ　Leather Working Group (LWG)
　世界的にサプライチェーンにおける環境への配慮の必要性が高まっている状況の中で、BLC及び大手ブランド主導で2005年に発足したグループ。製革工場の環境へのインパクトの大きさが問題となり、エネルギー、廃棄物、水消費、環境マネジメント、原皮のトレーサビリティ等様々な観点から、監査システムを作成した。それに基づき、製革工場の監査を行い、ゴールド、シルバー、ブロンズに格付けを行っている。

レーシングポニー　Lacing pony
　木製の手縫い作業のときに使われる革をはさみこむ道具。木ばさみ、ステッチングツリーともいう。メリットは革を汚したり傷めたりすることなく効率よく、きれいに縫うことができ、使

う人の体格に合わせて座面又は作業台の高さを調節することで楽な姿勢で手縫い作業ができることである。

レース Lace
革紐又は革紐を使った編み物。主として牛革が使用されるが、様々な革も使われる。どのレースもかがることはできるが特に2 mm、3 mm幅にはかがり用として断面の両端がやや丸くなっているものもある。そのほかにも断面の形状が丸型、角型、三つ折りがあり、それらをいろいろな方法で編むことによりウォレットロープ、ストラップ、アクセサリーパーツと幅広く使われる。
☞レース針

レースウェイ Race-way
塩蔵皮*の仕立てに用いるブラインキュア*の設備。競馬場形の塩水路。幅2.4 m、深さ1.5 mのものが一般的で、塩水路の両端に設置されている撹拌用羽根が回転して、飽和食塩水と皮をゆっくり動かし、皮内への食塩の浸透を促す。レースウェイ中には飽和塩化ナトリウム溶液が満たされ、撹拌しながら18～24時間処理する。また、浴中に殺菌剤を添加することもある。

レースばり　レース針 Hook and eye needle、Two prong needle
革レースをかがるときに使用する針。2 mm幅用、3 mm幅用があり、針の後部が二股になっており、そこに先端を斜めに切ったレースをはさみこみ固定させて使う。レースのはさみ方の違いで2種類ある。さらに、針が筒状になっており、先端を斜めに切ったレースをねじるようにして固定させるものもある。

レースレザー Lace leather
牛皮をアルミニウム鞣し、クロム鞣し、又はコンビネーション鞣しを行った柔軟でかつ強靭な革。駆動ベルトをつなぎ合わせる紐革、鞭、本の綴紐等に使われている。

レタン Retanning, Retannage
☞再鞣

レッグスキン Leg skin
ダチョウ等鳥類の脚部の皮。鱗状の模様が特徴になっている。皮が小さいので名刺入れ、小銭入れやキーホルダー等の小物に多く使われている。写真は付録参照。
☞オーストリッチ

レッド Reds
植物タンニンによる槽鞣しで、縮合型タンニン*の水溶液より生ずる赤色又は褐色の沈澱。加水分解型タンニン*から生ずるブルーム*に対応する。

レッドパイソン Red python, Short-tailed python
☞ヒイロニシキヘビ

レッドヒート Red heat
塩蔵皮の肉面に耐塩性、又は好塩性

で、赤、橙、黄等の色素を産生する微生物が増殖し、斑点を示すものをいう。これらの斑点は石灰漬けで除去される。しかし、この状態は塩蔵＊の管理不十分を示し、微生物による皮の劣化も考えられる。

レリーフほう　レリーフ法　Relief
☞浮き彫り法

れんぞくかたおし　連続型押し　Endless embossing machine
☞ロータリーアイロン

ろ

ろう　ロウ　Wax
☞ワックス

ろうけつぞめ　﨟（蝋）纈染め　Batik
ろう、パラフィンワックスで被染物を部分的に覆って防染＊することにより、模様を染め表す方法、及び染色品。ろう染めのことで古くは﨟纈といった。革のろうけつ染めは、染色しない部分を防染剤で覆い、全面に染料液を塗り、その後防染剤をはがして模様を出す。この模様は多種多様で、ろうの亀裂によって独特な模様が入ることも特徴である。

ロウハイド　Raw hide
アメリカで作られた名称で、脱毛後乾燥した半透明の外観をもつ未鞣し皮の総称。加脂やほかの工程処理を施すこともあり、また毛が付いたままのものもある。ここでいうロウハイドは原料皮の生皮のことではない。一般工業用、紡績用、武道具等の用途がある。

ろうびきワックス　ろう引きワックス
革工芸において、麻糸を手縫いに使用する場合、縫う前にあらかじめ糸をろう引きしておくこと。麻糸を必要な長さに切り、糸をろうに当て指で押さえながら5、6回しっかりとしごくことにより糸にろう（蜜ろうを主成分とし、白ろう、カルナバろうが含まれている）を付着させる。これによって、糸がすべりやすく、糸の通りがスムースになる効果、及び一目ずつ糸を引き締めたときに、革にしっかりとからみつきゆるまない効果があり、美しく丈夫な糸目ができる。

ろうふで　ろう筆
ろうけつ染め＊で溶かしたろうを含ませる筆。毛が多く、ろうの流れが滑らかになるような毛先が丈夫な筆。

ローションタイプクリーナー　Lotion type cleaner
液状のクリーナー。ワックス、有機溶剤、乳化剤、水を主成分とする乳液のものが多い。一般的には、汚れ落とし効果と艶出しを兼ね、幅広い用途がある。さらに、柔軟剤、加脂剤、かび止め剤等が配合されたものもある。少量で良く伸びるので使い易い。靴、鞄、ハンドバッグ、衣料、家具等の革素材の汚れ落としに適している。

ローズしれい　RoHS指令　RoHS Directive
危険物質に関する制限（Rrestriction of Hazardous Substances）の頭文字。欧

州連合（EU）における電子、電気機器に対する特定有害物質の使用制限についての指令。鉛、水銀、カドミウム、6価クロム、ポリ臭化ビフェニル、ポリ臭化ジフェニルエーテルが対象物質。

ロスもの　ロス物　Los Angeles hide

アメリカ西海岸、特にロサンゼルス地域産の成牛皮。日本が買い付けるアメリカ産原皮には、主としてテキサス物、ロス物、リバーポイント物等がある。パックキュア*が多く、原形を保って歩留まりと品質がよいことから、ほかのものと区別されている。

ロータリーアイロン　Through feed ironing machine

乾燥革の仕上げ工程で革を高温で加圧する機械の一つ。ロールアイロンともいう。銀面の平滑化、艶出し、仕上げ剤の固定のために用いられる。送りコンベヤ上で塗装面を上にして置かれた革を、回転する大円筒の金属熱面に押し当て肉面（裏）からフェルトコンベヤを介しての回転する支持ローラーで加圧する。温度、圧力、送り速度の調節によりその効果を加減する。平滑ロールの代わりに彫刻ロールを用い、連続型押し作業も可能で作業性がよい。欠点として型の金額が高い。そのため、多数注文の場合は採算がとれるが、注文数が少ないと型代の回収ができない。型の深さが非常に浅く0.1 mm単位のものしかできないため毛しぼの浅い型のみとなる。

☞プレスアイロン

ロッカー　Rocker

サスペンダーともいう。底革等の植物タンニン鞣し方法の一つ。皮を吊した枠を槽（ピット*）に漬け、その一方を槽の淵に掛け、皮と皮が密着しない様にしながら枠をゆっくり上下に動かして鞣す方法。この皮を動かす機構をロッカーと呼ぶことから、ロッカーと呼ばれる。

ろっかクロム　6価クロム　Hexavalent chromium

工業的に重要なクロム化合物は3価と6価である。毒性の強いのは6価クロム化合物であり、公的な環境基準で有害物質とされている。皮の鞣しに使用されているのは3価クロム*で、6価クロムは使用されていない。また6価クロムはpHが低くなるほど不安定で酸化力が大きい。6価クロムがもし革中に存在した場合、ほとんどの革製品のpHは3～4の酸性状態にあるため6価クロムは不安定で、かつ吸着水の存在で3価クロムへの還元が促進され、6価クロムは検出されなくなる。3価クロムを含む廃棄物を燃焼するとき、6価クロム生成量は燃焼温度に影響され、約300℃から6価クロムが生成し、約600℃で最大値となり、それ以上の高温では減少する。革及び革製品に関する規制はないが、日本エコレザー基準では、溶出6価クロムが検出されないことと定めている。また、EUでは6価クロムが検出される革製品は販売できなくなった。

ローファーシューズ　Loafer shoes

スリッポン*のモカシン*タイプの靴。甲部にサドルストラップを付け、左右で留め縫いして、ストラップの中心に横長の切り込みがある。この部分に硬

貨をはさむこともあるので、ペニーローファー、コインローファーともいわれる。紐を結ばずに気楽に履けることからこの名が付けられた。

ローラーコーター Roller coater, Roller coating machine
ベルトコンベアー上に革を乗せ、溝を彫ったメッシュローラー、又は模様を彫ったパターンローラーと送りローラーの間を通すことで、革の表面に塗料を塗布する機械。ロールコーターともいう。ベルトコンベアーの進行方向に対し、メッシュローラーを逆方向に回転するものを塗り込み機と呼び、パターンローラーを同じ向きに送りローラーと等速で回転させるものをプリンティングマシンとも呼ぶ。革の厚さを均一にする必要があるが、スプレーと違い革以外に塗料が失われることがないため、経済的な塗装方法として広く用いられている。塗布量は掘られた溝の深さと面積によって決まるようにドクターブレードによって制御される。一度に大量の塗料を塗布することができる。

ロールアイロン Roll ironing machine
☞ロータリーアイロン、プレスアイロン

ロールがけ　ロール掛け Rolling
底革等の植物タンニン革の仕上げで行われる工程。乾燥させた革に味入れ＊した後、ペンジュラムローラー＊（ローリングマシン）の真鍮等でできたロールで革を締め付けて圧縮する。この作業は、しわを伸ばし、銀面を平滑にすることが目的である。

ロールセッター Roll setting machine
☞セッティングマシン

ロールようかく　ロール用革 Roller leather
エプロン革＊と同様に紡績機用の工業用革の一つ。筒状で、上部ローラーの被いやサック用に使用された。シープスキン、カーフスキンが用いられた。日本国内においては、昭和12年頃に生産がピークであった。第二次世界大戦開戦後、紡績機の材料転換とともに需要が減り、その後生産中止となった。

ロングトリム Long trim
☞トリミング

わ

ワイじドラム　Y字ドラム Y-shape drum, Y-drum
浴槽となる外層の停止ドラム＊の内部に、Y字型に三つの個室に区画したステンレス製の回転網ドラムを設置した二重式ドラム。区画された個室は、ドラム内で革の転落運動を少なくし、同時に革に与える機械的摩擦を少なくする。小動物革の場合、通常のドラム

よりも一回の処理量が多い。完全なプログラム操作により時間、温度、水量、薬品量を同一の条件で自動的に反復させることができ、鞣し、再鞣、染色、加脂等の工程に使用できる。

わく　枠　Frame
☞フレーム

わこう　わにかわ　和膠
皮とその屑等から熱水で抽出して得られる精製度の低いゼラチン。写真用ゼラチンや食用ゼラチンに比べて不純物が多く、ゼラチンの分子量分布が広いものと考えられている。原料を大釜に入れて焚きだしゼラチン質を涌出する。これをフネと呼ぶ箱に汲み出し、北向きに設けた格子窓から外の冷気を入れて冷やし固める。固まった膠を用途に応じた道具を用いてかき取り、簾に並べ天日干し、乾燥した膠を袋詰めして出荷する。

涌出の方法も墨用は釜で沸騰させない温度、三千本は原料段階から石灰を入れて洗浄し、抽出後も過酸化水素を添加して漂白する。名称も地域によって若干異なる。播州では、幅広の大上がマッチ用、その半分の広さの京上が墨用、一番細い三千本が接着用、日本画に使われる岩絵具用に用いられる。奈良では墨用を晒と呼び、大阪では汎用性の接着用を晒膠と呼んでいた。マッチ用膠は混ざり気の少ない最上品が要求され上透なる膠が作られるようになった。

ワシントンじょうやく　ワシントン条約　CITES: Convention on International Trade in Endangered Species of Wild Fauna and Flora
正式名称は、絶滅のおそれのある野生動植物の種の国際取引に関する条約。通常、CITES（サイテス）と呼ばれている。1973年にアメリカのワシントンで、野生動植物保護条約を結んだことがCITESの始まりであることから、日本では通常ワシントン条約と呼ばれている。この条約締約国は、日本を含め180か国である（2014年5月現在）。

わたげ　綿毛　Under fur
綿毛は刺毛*（上毛）の下にはえている短く細い毛。下毛ともいう。綿毛は刺毛に比べ、密生しており、動物の体温の発散を防ぎ、防寒の役目を果たしている。

ワックス　Wax
ろうともいう。ワックスの明確な定義はない。狭義のワックスは、高級脂肪酸と一価又は二価の高級アルコールとのエステル*をいう。ワックスエステルは融点の高い油脂状の物質で、広義には、これとよく似た性状を示す中性脂肪*、高級脂肪酸、炭化水素等も含む。多くの場合、室温ではワックス状固体で、水の沸点より低い融点をもつ。ワックスエステルは、一般的に中性脂肪よりも比重が小さく、化学的に安定している。製革工程用としての利用は、仕上げ剤に使用され、銀面の手触りの改良や光沢を出すために使用される。また、革製品の手入れ剤にも使用される。

ワックスしあげ　ワックス仕上げ

Wax finish
　多量のワックスを革中に含浸させる仕上げ方法。激しい使用に耐え、耐摩耗性、耐水性を必要とする靴の甲革に使用することが多い。

ワッシャーあらい　ワッシャー洗い
Washing in machine
　専用のドライクリーニング機（ワッシャー）で洗うこと。ドライクリーニング機と同様の円筒回転式洗浄機であるが、溶剤洗浄能力が強力なことが特徴。革製品では、銀付革とスエード、色相、色の濃淡、汚れの程度等の区分に分けて洗いの条件を変え、溶剤や乾燥方法も適切に選択することが必要とされる。

ワットル　Wattle
　ミモサ＊ともいう。オーストラリア原産のアカシアの樹皮から抽出される植物タンニン。アカシア属は非常に種類が多く、その分布も広いが、特に樹皮のタンニン分の多いブラック、シルバー、ゴールドのワットルから抽出される。現在は、南アフリカ、ブラジルでのプランテーションが進み、安定した収穫が得られている。縮合型タンニン＊に属し、世界で使用されている植物タンニン＊の過半数を占めている。

ワニ　Crocodilian
　爬虫綱有鱗目ワニ目（Crocodilians）に分類され、唯一の現存亜目である正鰐亜目に属し、アリゲーター科、クロコダイル科、ガビアル科の3科に分けられることが多い。形態形質の詳細な比較と再評価から、ガビアルはクロコダイルと近縁、又はクロコダイル科に含まれるとする説もある。現生の動物群の中で鳥類とは進化系統上最も近縁の関係である。長い吻と扁平な長い尾を持ち、背面は角質化した丈夫な鱗で覆われている。眼と鼻孔のみが水面上に露出するような配置になっている。現生種は熱帯から亜熱帯にかけて23種が分布し、淡水域（河川、湖沼）及び一部の海域（海岸を主とする海）に生息する。

ワーブル　Warble damage
　☞グラブ

ワモンアザラシ　Ringed Seal
　鰭脚目アザラシ科に分類され、北極海全域に生息している。体長は約1.4 mである。タテゴトアザラシ＊より小さく、毛の色は銀灰色から暗灰色、背側は黒く背面から体側部に白色のリング模様が散在していることからリングシールと呼ばれている。タテゴトアザラシと同様、主に毛皮に利用される。

ワラチ　Huarache
　メキシコの民族的なサンダル。革を編んだ甲部と、低いヒールの付いた革底からなる。

ワラビー　Wallaby
　哺乳綱有袋目カンガルー科ワラビー属に含まれる動物の総称。主にオーストラリアやその周辺に生息している。オーストラリアに分布する小型のカン

ガルー。大きさは種類によって異なるが、頭胴長は 50 〜 100 cm に達する。

ワラビー Wallaby
　ハイキング等で使用されるモカシンタイプの靴で短靴形式とブーツ式がある。甲にはベロア等を用い、爪先の型はオブリックトウで、底にはクレープソールが付けられている。

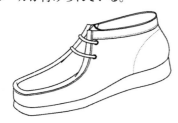

付録目次

1. 皮革製造用脊椎動物の分類
2. 原皮の取引規格
3. 原皮の重量と面積及び動物体重に占める皮の割合
4. 牛及び豚の利用形態
5. 皮の断面模式図
6. 皮・革の裁断と名称
7. 製革工程の概要
8. 各種動物革の銀面及び断面写真
9. 各種起毛革の表面及び断面写真
10. 仕上げが異なる成牛革の断面写真
11. 部位が異なる成牛革の銀面及び断面写真
12. 部位が異なる豚革の銀面及び断面写真
13. エキゾチックレザーの銀面写真
14. 靴の構造
15. 靴爪先(トウ)の形状
16. ヒールの形状
17. 紳士靴の代表的なスタイルとデザイン
18. 婦人靴の代表的なスタイルとデザイン
19. 靴の製造工程図(グッドイヤーウエルト式)
20. 鞄の種類
21. ハンドバッグの種類
22. 鞄・ハンドバッグの工法(まち、仕立て)
23. 革衣料の基礎知識
24. 革手袋の種類と縫製方法
25. ベルト
26. 革小物
27. 革製品に使用される革の標準使用量
28. 革の試験方法(JIS)
29. 世界と日本の革試験方法及び規格の対応表
30. 日本エコレザー
31. 革工芸に使用する工具及び金具類

1. 皮革製造用脊椎動物の分類

鋼	目	科	例
哺乳類	偶蹄目	イノシシ科	ブタ
		ペッカリー科	ペッカリー
		シカ科	シカ
		ウシ科	ウシ、スイギュウ、ヤギ、ヒツジ
	奇蹄目	ウマ科	ウマ
	有袋目	カンガルー科	カンガルー、ワラビー
	齧歯目	カピパラ科	カピパラ（カルピンチョ）
鳥類	ダチョウ目		アフリカダチョウ
	レア目		アメリカダチョウ
は虫類	カメ目	ウミガメ科	ウミガメ
	有鱗目 トカゲ亜目	オオトカゲ科	オオトカゲ
		ティーイッド科	テグー
	有鱗目 ヘビ亜目	ボア科	アメミニシキヘビ、インドニシキヘビ
		ウミヘビ科	ウミヘビ、エラブウミヘビ
		ヘビ科	ミズヘビ
	有鱗目 ワニ目	クロコダイル科	ニューギニアワニ
		アリゲーター科	ミシシッピーワニ、カイマン

2. 原皮の取引規格

(1) 牛生原皮
①生原皮の広さ（面積、重量）区分

名称	広さ（面積デシ）	正味重量（kg）
普通版（一毛、ホルス）	450 以上	30 以上
軽判（一毛、ホルス）	350 以上 450 未満	20 以上 30 未満
中判（一毛、ホルス）	200 以上 350 未満	10 以上 20 未満
小判（小牛）	200 未満	5 以上 10 未満

（注）塩生原皮も上記基準を適用する。

②品質等級

項目	品質等級			
	1級	2級	3級	規格外
形	長さ、幅、全体の形の良いもの	1級に同じ	全体の形、やや劣り、難があるもの	以上の等級に該当しないもの
質	皮の厚さは適度に厚く、柔軟で、きめ細かく、しまりのあるもの	皮の厚さは、やや薄く、柔軟できめ細かく、しまりのあるもの	皮の厚さは薄く、やや堅く、あらく締まりの良くないもの	
損傷	主要部表面、内面に傷等のないもの	主要部表面に傷等がなく、内面に深いアイカギ（カマキズ）3個、5cm未満の穴1個以内のもの	損傷があるもの、内面にアイカギが多く、10cm未満の穴2個、1/4使用不適なもの	

適用条件
1. 広さは背線の尾根部から後頭部までの長さ、幅はへそ部の長さとする。
2. 損傷とは表面に皮膚病（ダニ、イボを含む）、虫食い等の跡、ガリ、スレ、カキ傷、焼印跡、カット穴、アイカギ（カマキズ）、病気等による充血等をいう。
3. 生原皮重量は、尾・付着脂肪を除き、水分量10％を差し引いた重量を基準とする。

(2) 豚原皮
①生原皮の広さ（面積、重量）区分

名称	広さ(面積デシ)	重量（kg）
大かん（繁殖供用雌）	140 デシ	20 以上 ＊8 以上 12 未満
普通版	120 以上 140 未満	7 以上 20 未満 ＊4 以上 5 未満

（注）1. 塩生原皮も上記基準を適用する。
　　　2. 塩生原皮の重量は、＊とする。

②品質等級

項目	1級	2級	規格外
形	厚さ、長さ、幅、全体の形がよく、釣り合いのよいもの	1級に同じ	以上の等級に該当しないもの 著しく汚染しているもの
質	柔軟で、きめ細かく、しまりのあるもの	1級に同じ	
損傷	主要部、表面、内面に傷等のないもの。 尾のつけ根に切り口のないもの。	主要部、表面に傷等がなく、内面に深いアイカギ3個、5cm未満の穴2個以内のもの。 尾のつけ根に切り口のないもの。	

適用条件
1. 面積は背線の尾根部から後頭部までの長さ、幅はへそ部の長さとする。
2. 損傷とは表面の皮膚病虫食い等の跡、ガリ、スレ、カキ傷、カット穴、アイカギ（カマキズ）、病気等による充血等を言う。
3. 生皮重量は、頭皮、尾を除いた重量とする。
4. 種牡豚及び皮さけ生皮は廃棄とする。

7. 製革工程の概要

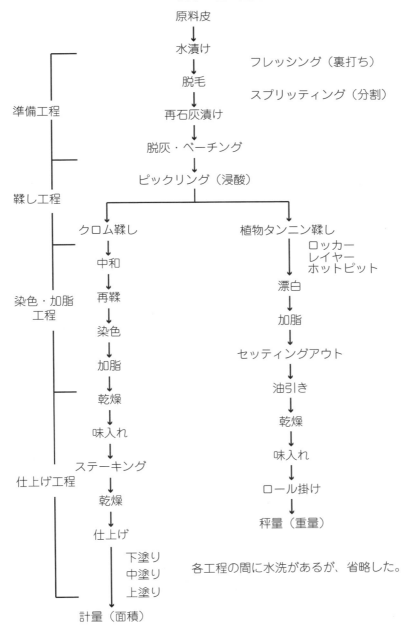

各工程の間に水洗があるが、省略した。

8. 各種動物革の銀面及び断面写真

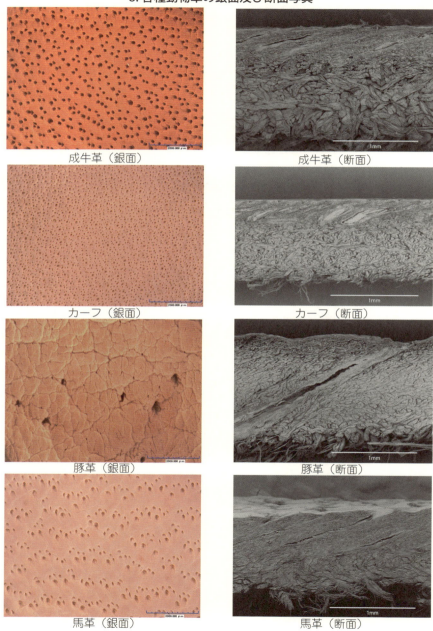

成牛革（銀面）　　成牛革（断面）

カーフ（銀面）　　カーフ（断面）

豚革（銀面）　　豚革（断面）

馬革（銀面）　　馬革（断面）

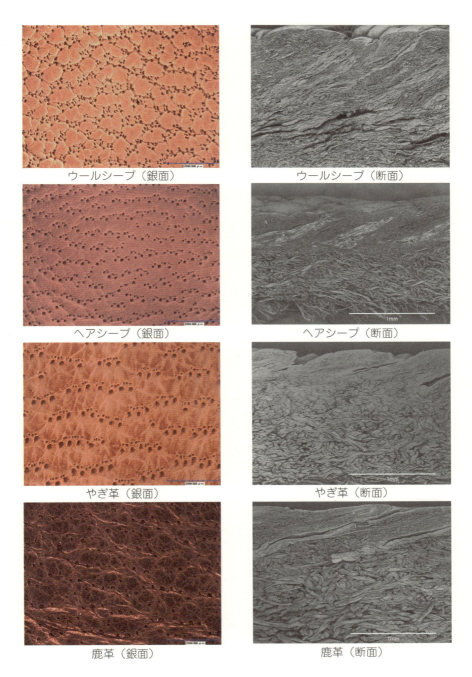

ウールシープ（銀面）　ウールシープ（断面）

ヘアシープ（銀面）　ヘアシープ（断面）

やぎ革（銀面）　やぎ革（断面）

鹿革（銀面）　鹿革（断面）

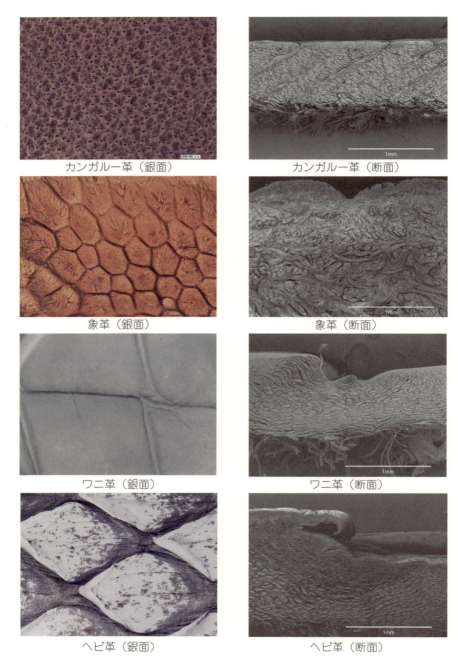

9. 各種起毛革の表面及び断面写真

成牛ヌバック（表面）

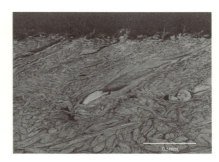

成牛ヌバック（断面）

成牛ベロア（表面）

成牛ベロア（断面）

カーフスエード（表面）

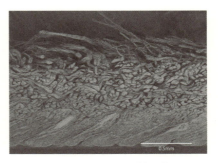

カーフスエード（断面）

シープスエード（表面）

シープスエード（断面）

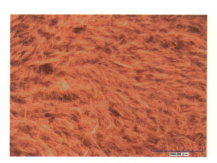
豚ヌバック（表面）

豚ヌバック（断面）

豚スエード（表面）

豚スエード（断面）

10. 仕上げが異なる成牛革の断面写真

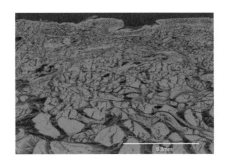

成牛革　未仕上げ

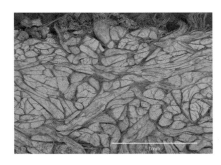

成牛床革　未仕上げ

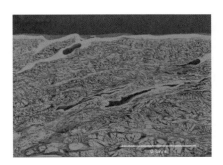

成牛革　ラッカー仕上げ

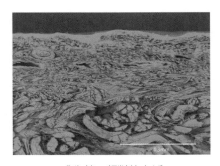

成牛革　顔料仕上げ

成牛革　ウレタン仕上げ

成牛革　エナメル

11. 部位が異なる成牛革の銀面及び断面写真

成牛革ショルダー（銀面）

成牛革ショルダー（断面）

成牛革ベリー（銀面）

成牛革ベリー（断面）

成牛革バット（銀面）

成牛革バット（断面）

12. 部位が異なる豚革の銀面及び断面写真

豚革ショルダー（銀面）

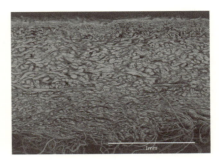

豚革ショルダー（断面）

豚革ベリー（銀面）

豚革ベリー（断面）

豚革バット（銀面）

豚革バット（断面）

13. エキゾチックレザーの銀面写真

ミナミアフリカオットセイ

ミナミアフリカオットセイ　毛皮

オーストリッチ

レア

オーストリッチ　レッグ

アリゲーター

イリエワニ

シャムワニ

ナイルワニ

ニューギニアワニ

パナマメガネカイマン

イリエワニの背(頸鱗板、背鱗板)

テグー

ナイルオオトカゲ
斑紋脱色、ベリーカット

カイマントカゲ

ミズオオトカゲ

アミメニシキヘビ　バックカット

アミメニシキヘビ　ベリーカット

ヤスリミズヘビ（カロング）

ヒイロニシキヘビ　バックカット

ビルマニシキヘビ　バックカット

ビルマニシキヘビ　ベリーカット

ヨシキリザメ

エイ　スティングレイ

14. 靴の構造

革を甲用材料とした一般歩行用の革靴について、その製造方法は、主として底付け方法の違いからグッドイヤーウエルト式製法、シルウエルト式製法、ステッチダウン式製法、マッケイ式製法、セメント式製法、カリフォルニア式製法、直接加硫圧着式製法、射出成型式製法の8方法が規定されている。ここに、代表的な靴の構造を示す。

番号	名称
1	つま革（爪革）
2	敷革
3	腰革
4	べろ
5	一枚甲
6	バックステー
7	先裏
8	腰裏
9	すべり止
10	しゃこ止
11	テープ
12	はとめ
13	靴ひも
14	表底
15	中底
16	中底リブ
17	先しん
18	月形しん
19	ウエルト
20	踏まずしん
21	中物
22	かかと
23	かかとしん
24	台革
25	積上
26	ヒール止めねじくぎ
27	ヒール止めらせんくぎ
28	ルーズネイル
29	ヒール
30	ヒール巻革
31	化粧
32	中敷
33	甲縫糸
34	すくい縫糸
35	出縫糸
36	底縫糸
37	プラットフォーム巻革
38	プラットフォーム巻革縫糸
39	プラットフォーム
40	ウエッジ
41	クッション
42	尾錠
43	かかと釣り込みくぎ
44	積み上げくぎ

1) グッドイヤーウエルト式製法

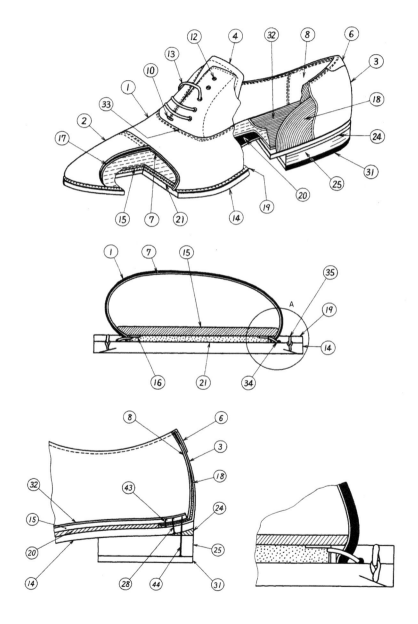

2) カリフォルニア式製法

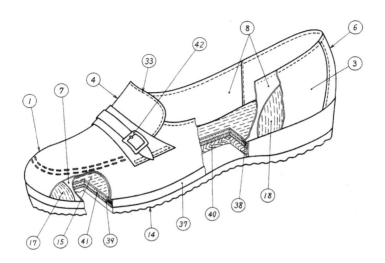

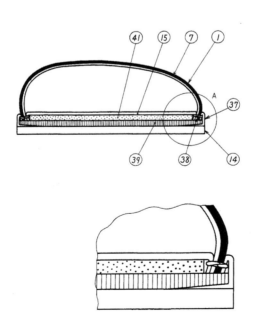

3) セメント式製法

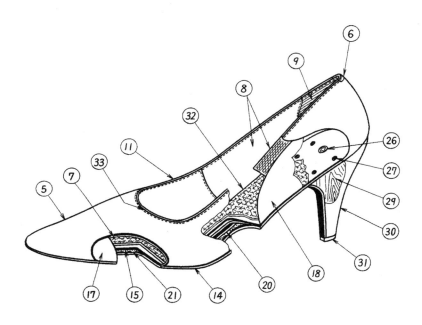

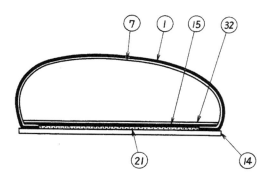

4) インジェクション式製法

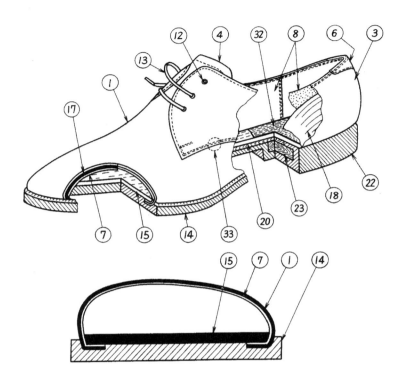

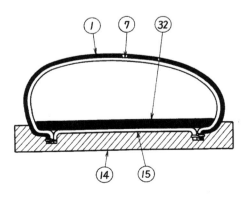

15. 靴爪先（トウ）の形状

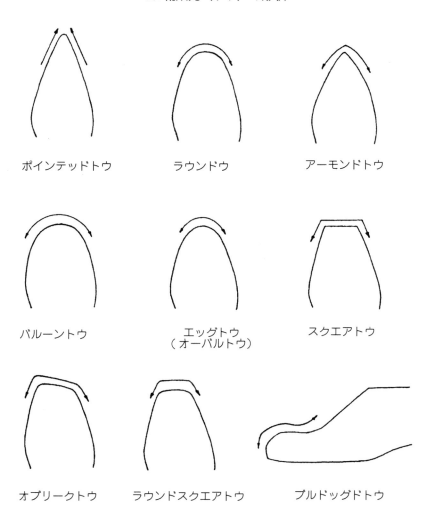

ポインテッドトウ　　ラウンドウ　　アーモンドトウ

バルーントウ　　エッグトウ（オーバルトウ）　　スクエアトウ

オブリークトウ　　ラウンドスクエアトウ　　ブルドッグドトウ

16. ヒールの形状

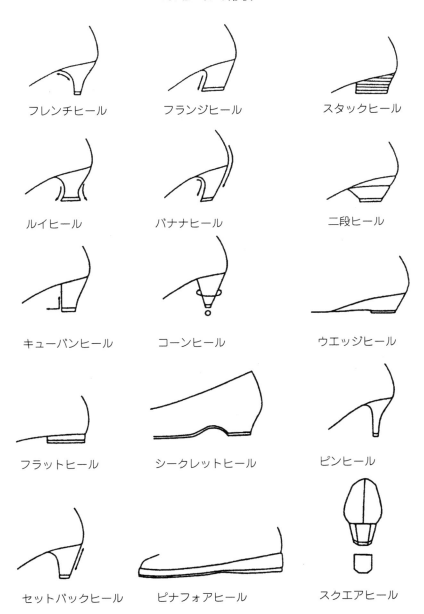

17. 紳士靴の代表的なスタイルとデザイン

サドルシューズ

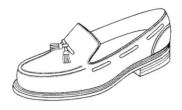
タッセルスリッポン

デッキシューズ

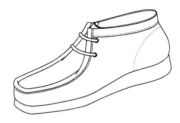
ワラビー

サンダル

ドレスブーツ

カウボーイブーツ

18. 婦人靴の代表的なスタイルとデザイン

19. 靴の製造工程図（グッドイヤーウエルト式）

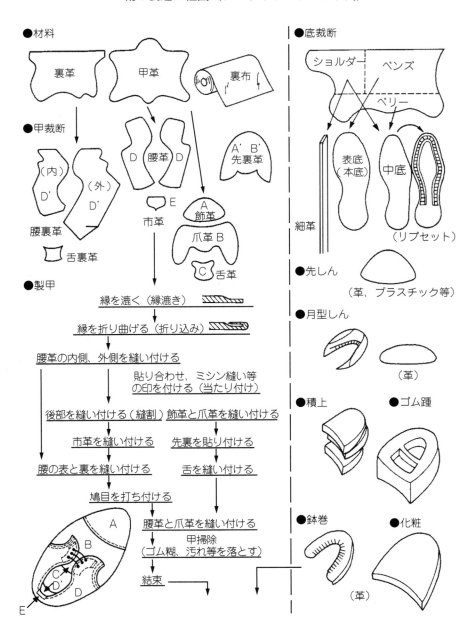

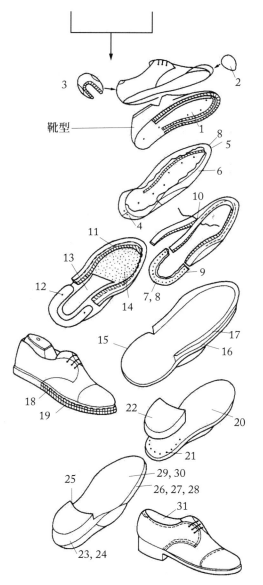

1. 中底仮止め
2. 先しん入れ
3. 月型しん入れ
4. 踵釘止め
5. 爪先部釣込み
6. 横釣込み
7. 踵釣込み
8. 爪先、踵の整形
9. 中底釘取り
10. すくい縫い
11. インシームトリミング
12. 鉢巻止め
13. ふまずしん入れ
14. 中物入れ
15. 表底貼り付け
16. 切裁
17. 溝起こし
18. 出縫い
19. 溝伏せ
20. 底型直し
21. ルーズネイル
22. 踵付け
    積上打ち
    化粧打ち
    化粧釘打ち
23. 踵削り
24. 踵ペーパー
25. あご切り
26. こば削り
27. こば踵インク塗り
28. こば踵磨き
29. 底ペーパー掛け
30. 底磨き
31. 靴型抜き

20. 鞄の種類

旅行用鞄

トランク（Trunk）	長期旅行用又は整理用鞄。大きな箱型で、軽量で強度が要求される
スーツケース（Suitcase, Suit Case）	箱型旅行用衣服入れ。キャスター付が多い
グラッドストンバッグ（Gladstone bag）	スーツケースの一種で、柔らかに仕立てた高級品。別名、大割鞄
オープンケース（Open case）	玉べりにピアノ線を入れ、ファスナーで全開できるスーツケースの一種
カーケース（Car case）	ハンガー付のスーツケースの一種で、洋服を入れて持ち運べるもの。1着入れから4~5着入れのサイズまであり、ガーメントケース、ツーリストケース、テーラバッグとも呼ばれる
ボストンバッグ（Boston bag）	旅行用に限らず多目的用途のある鞄。ファスナー式と口金式に大別される。手さげと肩がけの2ウエイタイプが多く、大型のものにはキャスターを取り付けたキャスターバッグと呼ばれるものもある
エレガントケース（Elegant case）	小旅行用、出張用鞄で、横型で角が丸く、上部と底部にファスナーを付け、横に広げられる伸縮性があるもの
オーバーナイトケース（Overnight case）	小旅行に用いられる鞄の名称
キャリーバッグ（Carry bag）	2本手、三方開きのソフトタイプのスーツケース
ポケッタブルバッグ（Pocketable bag）	小さくたたんでポケット内部や別の小袋に本体を折り込むことができる携帯用バッグ

学生用鞄

ランドセル（Randoseru, Randsel）	小学生の通学用鞄
学生手さげ鞄（School bag）	中・高校生の通学用鞄
キャンバスバッグ（Campus bag）	手付きクラッチ式バッグやリュックサックタイプの学生用鞄

ビジネス用鞄

アタッシュケース（Attache case）	書類やファイル等をセットできる硬質のビジネス用ケース。まち幅の薄手のものはエグゼクティブケースと呼ばれる
ブリーフケース（Brief case）	本、書類やその他の携行品を入れるビジネス用鞄
ポートフォリオ（Portfolio）	ファスナーで三方に開ける比較的薄手の書類入れ
パイロットケース（Pilot case）	箱型長方形で上部開閉式手さげ鞄。比較的大量の書類や資料を入れるのに適する
フライトケース（Flight case）	航空機内持込み用の肩かけ鞄。縦、横、高さの合計が110 cm以内に製作される
ハンデイケース（Handy case）	一般的にはサイズが30 cm以下のクラッチタイプの鞄。別名スピードケース
販売員用ベルトポーチ	デパートや専門店の販売員が業務時にペン、ハサミやメジャー等を入れるベルトポーチ
メッセンジャーバッグ	自転車を利用して企業等から依頼された書類等を入れる大型のカブセショルダーバッグ

スポーツ・レジャー用鞄

スポーツバッグ（Sports bag）	スポーツ用具や携行品を入れるバッグの総称
リュックサック（Ruck sack）	両肩で背負えるバッグ。デイパック（Day pack）と呼ばれるものもある
チョークバッグ	フリークライミングの時に滑り止めを入れるポーチバッグ
ワンストラップボディバッグ	体に斜めにワンストラップベルトで斜め掛けするバッグで体のラインにフィットするようなデザインになっている
ナップサック（Knap sack）	リュックサックを小型化、シンプル化したもの
キャデイバッグ（Caddie bag）	ゴルフのクラブやボールを入れるバッグ。フルセット用、ハーフセット用、練習用（3本）等がある
レジャーバッグ（Leisure bag）	旅行や行楽、スポーツその他に用いるファッショナブルなバッグ
ボンザック（Bon sack）	上部が巾着式の円筒形縦長のバッグ
ギャゼットバッグ（Gazette bag）	カメラやフィルムを入れる写真用バッグ

その他の鞄

エコバッグ	製品を使用後廃棄する時に環境に負担を掛けない材料で製作されているバック及びレジ袋軽減になる買物用バッグ
ショッピングバッグ（Shopping bag）	ショッピング用に作られたが、鞄とハンドバッグの中間的な感覚から、女性の通勤、レジャー用にも用いられる
タウンバッグ（Town bag）	ハンドバッグよりサイズの大きい外出用バッグで、小旅行にも用いられる
化粧ケース（Toilet set case）	携帯用洗面道具入れ
ベルトバッグ（Belt bag）	ベルトに通して携行する小型バッグ。ベルトと一体化したものはウエストポーチと呼ばれる
メンズバッグ（Men's bag）	男性用小型バッグ。ハンディーケース（スピードケース）や小型ショルダーバッグが多い
クラフトバッグ（Craft bag）	手作りバッグの総称

旅行用鞄

ビジネス用鞄

ワンストラップショルダー

メッセンジャーバッグ

その他の鞄

ベルトバッグ

ウエストポーチ
(ウエストバッグ)

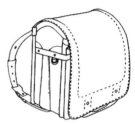
ランドセル

ショッピングバッグ

メンズバッグ

化粧ケース

21. ハンドバッグの種類

　ハンドバッグは大まかに、一本手タイプ、二本手タイプ、ショルダータイプ、ベルト付きタイプ、抱えタイプの5種類がある。

名称	特徴
口金付バッグ	開閉機構をもつ主に金属製のフレームを、袋の上部等に取り付けたバッグ
あおり式バッグ	袋が三つに仕切られて、中央に大型の袋、両サイドにまち幅の狭い袋（あおり）が付いたバッグ
クラッチバッグ（セカンドバッグ）	手でつかみ携行する持ち手の無いバッグ
巾着バッグ	二本の紐（ひも）を提げ手とするものの呼称だったが現在では広義に呼ばれている
フォーマルバッグ	冠婚葬祭、パーティー等に使用されるバッグ
ショルダーバッグ	主に肩に掛けて使用する長いストラップを備えたバッグ
ポシェットバッグ	主に肩に斜め掛けして使用する小型のショルダーバッグ
バックパック	二本のベルトで背負うバッグ
かぶせ付バッグ	袋の口元にフラップの付いたバッグ。かぶせは業界では冠の文字を当てて使用することもある
トートバッグ	大型の二本手バッグ。書類等を入れ持ち運びに便利で、手提げ及びショルダーとしても使用できる
ウェストバッグ（ベルトバッグ）	ウェスト部分でベルトと関係して使用する小型バッグ
ワンショルバッグ	肩に斜め掛けして使用するベルトを備えたバッグ。本体部とベルトは使用に応じ、角度のついているものが多い
ボストン型バッグ	二本手付で大型のバッグの総称
ポーチ	主に化粧道具等を入れて使用するバッグ
バッグインバッグ	収納品を整理し、使い勝手を改善する工夫がなされ、バッグに入れて使用する一回り小型のバッグ

口金付バッグ

あおり式バッグ

クラッチバッグ

巾着バッグ

フォーマルバッグ

ショルダーバッグ

バックパック

ポシェットバッグ

かぶせ付バッグ

トートバッグ

ウエストバッグ

ワンショルバッグ

ボストン型バッグ

ポーチ

バッグインバッグ

22. 鞄・ハンドバッグの工法（まち、仕立て）

1）まちの種類

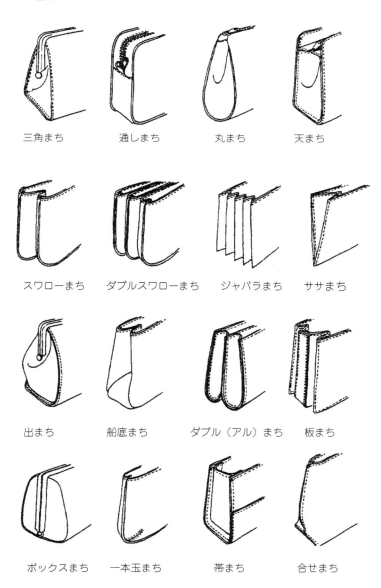

2）仕立ての種類

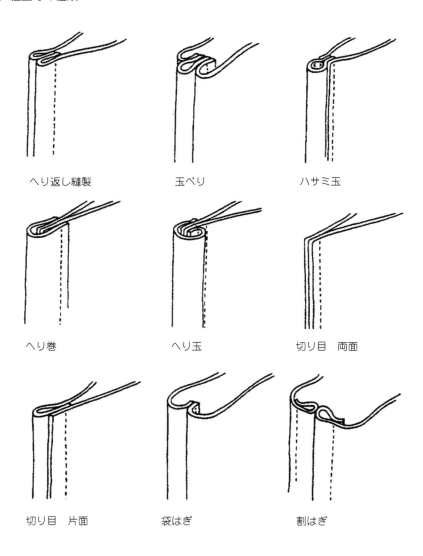

23. 革衣料の基礎知識

(1) 衣料用革素材の種類
牛革、羊革、豚革、鹿革、やぎ革、馬革等が使用されている。

(2) 二次加工の適正

	銀付革	スエード	ヌバック	型押し	プリント	パンチング
成牛革	○	×	×	○	○	△
キップ	○	○	○	×	×	×
カーフ	○	○	○	×	×	×
羊革	○	○	○	○	○	○
豚革	△	○	×	○	○	○
鹿革	○	○	○	×	×	×
馬革	○	△	×	○	○	○

(3) 製品別革の所要量(標準的な仕様製品の目安)

種類	紳士	婦人
ハーフコート	400デシ	320デシ
ジャケット	300デシ	280デシ
パンツ	280デシ	250デシ

※スカート類は丈やシルエットにより大きく変化する。
※いずれもデザインによって所要量は変化する。

(4) 革衣料の縫製加工
①型紙
a) 縫い代つきのパターンを作成。縫い割、片倒し、ダブルステッチ仕様等の指示によって異なるが、縫い代は通常1～1.2cmほどが良いとされる。ダブルステッチの場合は縫い代が広くなる。

b) 薄い革(0.5～0.6mm)の場合は問題ないが、厚い革(0.8～1.2mm)の場合は縫い詰まりが発生するおそれがあるため、あらかじめパターン作成時にその分を調整しておく。調整しない場合、スカートでは通常でもウエストが1～2cm小さく仕上がってしまう。厚い革の場合は2～3cmも小さくなる場合がある。

②裁断
a) 1枚1枚、厚み、硬さ、形、表面感の微妙に違う素材の中から1着の製品としてまとまりがつくように色合わせをしながら素材を選別する。革の表面にはたたみし

わ等があるため、あらかじめアイロン等で平らにする。羊革の場合、ジャケット1着あたり約5枚必要となる。1枚あたりの大きさが違うので、あくまで目安である。

b) 上記に十分注意し、天然素材特有のきずを避けながら裁断をする。
　カッターナイフ、ロータリーカッターを使用の場合は机等の平らな台に、硬質ビニール又は薄いゴム板等をあらかじめ設置する。その上に素材を乗せ縫い代を加えた厚紙を革の表面にあて、型紙がずれないように切断面を手で押さえながら注意深く裁断を進めていく。

c) 1着だけを作成する場合は、平らな台に素材を乗せ、その上に縫い代つきの型紙を重ねる。文鎮等の押さえをした上で、更に接着テープ等も使用し、ずれないよう固定する。素材に型紙の正確な形を銀ペンやチャコ等で書き写し、はさみを使って裁断していく。

d) 革は場所によって厚みが違うので製品にする場合、革のどの部分を製品のどのパーツに使用するかを考える。表に使えない革は見返しに使い要尺を下げる。革は1枚1枚違った形をしているので、革衣料として全体のバランスが取れるよう注意を払う。

③縫製
a) 糸／針
　革素材の場合ミシン送りが悪いので、ミシンの上押さえと下の送りにテフロンを使用している場合が多い。ミシン針は皮革用の11番、14番を革の厚さ、糸の太さなどにあわせて最適なものを組み合わせて使用することになる。使用する糸は、通常ポリエステルで20番か30番が革に一番多用される番手といえるが、ステッチ糸を強調する場合は8番、0番等の太い糸を使用する場合もある。ボタン付けは穴針を使用し三角針で取り付ける。

b) 縫い代処理
　革の縫い代部分は厚みがあるため、縫い代部分を両開きにしたらゴムのりをつけ、木槌でたたき本体に固定させる。この場合ゴムのりは倒す内側の上下につけ、のりが乾いてから木槌でたたく。

c) 伸び
　革素材は生産工程で張る作業(引っ張る工程)があるため、反動で縮む傾向がある。また、時間とともに重さで伸びることがある。
　縫製前に、伸びを防ぐ処理を施す必要がある。伸びやすい部分及び伸びてはいけない部分に、接着芯又は伸び止めテープを貼り付けアイロンで固定する。この際に、両面テープ等接着の強いものを使用すると革の表面にアタリが出るおそれがあるの

で使用してはいけない。

d) 縫目（ステッチ）

　縫目のピッチ幅は3 cmの間に7針から9針が目安である。ダブルステッチ、こばステッチ、片倒しステッチ等を応用する。縫い直しは見栄えが悪くなるだけでなく、革が弱くなり、そこから裂ける場合もあるので注意が必要である。縫い止まりは、縫い返しをしないで裏に糸を引き出して結んだほうが綺麗に仕上がる。仕様上、何枚も革が重なる場合はゆっくり一目ずつ時間をかけて縫う。糸切り、糸止めは確実に施すことで後々の問題を防ぐことができる。

e) 仕上げ

　縫製が仕上がるとほとんどの部分は糸の張り等でしわがでる。表革の場合は製品の上に布(キュプラ、綿)を乗せ、その上から中アイロンで仕上げる。スエードの場合は毛並みを一定方向にした上で、裏地側に布を被せ低温でアイロンをかけて仕上げる。革の伸びを最小限にするため、アイロンはできるだけ上から押さえるだけにし、むやみに横滑りさせないように注意する。蒸気を使用すると革を硬化させるおそれがあり、元の柔らかさに戻らなくなる危険性があるため、蒸気アイロンは使用してはいけない。

24. 革手袋の種類と縫製方法

(1) 革手袋の種類
　①服飾用手袋
　　紳士用　羊革、やぎ革、豚革、牛革を中心に鹿革、ペッカリー革等も使われる。
　　婦人用　子羊革、羊革を中心に子やぎ革、牛革、豚革、ペッカリー革も使われる。

　②スポーツ用手袋
　　ゴルフ手袋　エチオピア、インドネシア産のヘアーシープが多く使われる。
　　バッティング手袋　主に羊革で、牛革、やぎ革も使われる。
　　オートバイ手袋　主に牛革、やぎ革で鹿革も使われる。
　　スキー手袋　主に牛革で、羊革、やぎ革も使われる。
　　アウトドアー手袋　主に牛革で、やぎ革、豚革、鹿革も使われる。
　　その他　ドライブ、自転車、釣り、乗馬等多くのスポーツに革手袋が使われる。
　　特殊作業用手袋
　　パイロット用手袋　羊革を中心に使われる。
　　レスキュー用手袋　羊革、牛革、やぎ革を中心に使われる。

(2) 革服飾用手袋の基本パターン
　図1～図4に基本パターンを示す。
　図1　口丸　　　手袋の挿入口が円筒状の手袋
　図2　横開き　　側面にスリットがある手袋
　図3　背開き　　甲側の裾にスリットがある手袋
　図4　前開き　　掌側の裾にスリットがある手袋

(3) 革手袋縫製の基本パターン
　図5～図9に基本パターンを示す。
　図5　松井縫い　針が水平に動く松井縫いミシンを使い、部材をつきあわせて纏うように縫う。
　図6　ピケ縫い　本縫いミシンを使い、基本的には甲側に縫い目を出し、掌側は縫い目が見えない縫い方。
　図7　フルピケ縫い　専用ミシンを使い、甲側も掌側も総て縫い目が見える縫い方。
　図8　全内縫い（袋縫い）　甲側も掌側も縫い目が見えない縫い方。
　図9　全外縫い（ゲージ縫い）　本縫いミシンを使い、部材をつきあわせて縫い、甲側も掌側も縫い目が見える縫い方。

革服飾用手袋の基本パターン

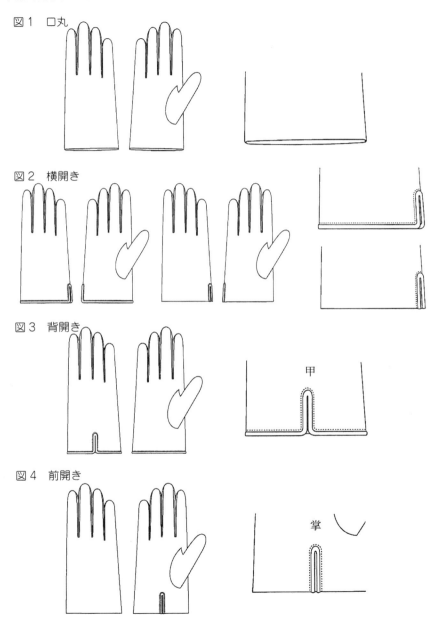

図1　口丸

図2　横開き

図3　背開き

図4　前開き

革手袋縫製の基本パターン

図5 松井縫い

図6 ピケ縫い

図7 フルピケ縫い

図8 全内縫い（袋縫い）

図9 全外縫い（ゲージ縫い）

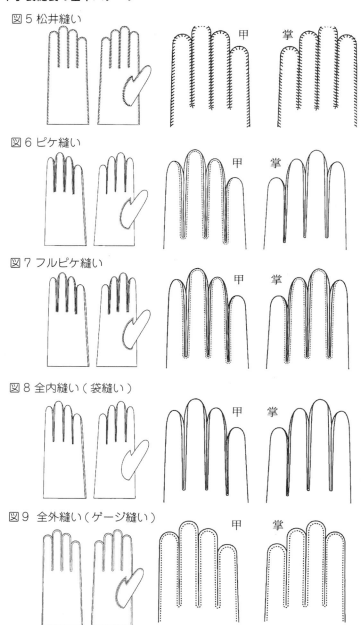

25. ベルト

ベルトの構造

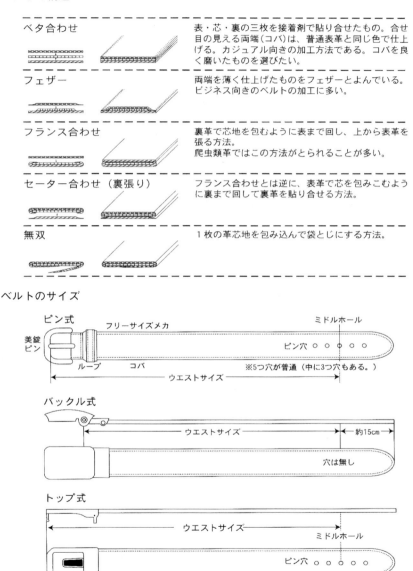

ベタ合わせ	表・芯・裏の三枚を接着剤で貼り合せたもの。合せ目の見える両端（コバ）は、普通表革と同じ色で仕上げる。カジュアル向きの加工方法である。コバを良く磨いたものを選びたい。
フェザー	両端を薄く仕上げたものをフェザーとよんでいる。ビジネス向きのベルトの加工に多い。
フランス合わせ	裏革で芯地を包むように表まで回し、上から表革を張る方法。爬虫類革ではこの方法がとられることが多い。
セーター合わせ（裏張り）	フランス合わせとは逆に、表革で芯を包みこむように裏まで回して裏革を貼り合せる方法。
無双	1枚の革芯地を包み込んで袋とじにする方法。

ベルトのサイズ

ピン式
美錠ピン　フリーサイズメカ　ミドルホール
ループ　コバ　ウエストサイズ　ピン穴　※5つ穴が普通（中に3つ穴もある。）

バックル式
ウエストサイズ　約15cm　穴は無し

トップ式
ウエストサイズ　ミドルホール　ピン穴

26. 革小物

札束入れ、名刺入れ、がま口、小銭入れ等革製品の総称。

名称	特徴
札入れ（billfold）	紙幣を入れて二つ又は三つに折ることができるもの。小銭入れが付いているものもある
束入れ（wallet）	紙幣を入れて二つ又は三つに折ることができるもの。小銭入れが付いているものもある
サードバッグ（third bag）	女性用札入れで、中にフレームの金具がついている。ファーストバッグ（ハンドバッグ）、セカンドバッグに準じて名付けられた、ガマ束、口金付束入れともいう
がま札（french purse）	フレーム状の金具がついている二つ折り札入れ。主に婦人用。口金札入れともいう
がま口（purse）	開閉部に口金の付いている小銭を入れる袋。婦人用が多い
小銭入れ（coin purse）	硬貨を入れるもの。ファスナー付き、フレーム付き、かぶせ付き等種類が多い
パスケース（pass case）	表に透明な窓のある定期券、身分証明書等の証書入れ
カードケース（card case）	名刺入れ（business card case）やクレジットカード等の各種カードケースがある
小物入れ（pouch）	こまごまとしたものを入れる袋。ポーチともいう
革製手帳 （leather pocket notebook）	革張りした手帳。ポケットやバインダー金具を付ける等多様化している
その他の革製ケース	たばこケース（cigarette case）、眼鏡ケース（eyeglass case）、ペンケース（pen case）、キーケース（key case）等がある

27. 革製品に使用される革の標準使用量

品目	種類	標準使用量
靴	紳士靴	25 デシ／足
	婦人靴	15 デシ／足
	子供靴	12 デシ／足
鞄	ランドセル	60 デシ／個
	学生鞄	75 デシ／個
ハンドバッグ		20～65 デシ／個
衣料		300～350 デシ／着
財布・小物		10 デシ／個
手袋	服飾用	20 デシ／双
	工業用	25 デシ／双
野球用グローブ		50 デシ／個
服装ベルト	紳士	8 デシ／本（4 デシ及び 8 デシ）
	婦人	6 デシ／本
時計ベルト		1 デシ／本
カーシート		1400 デシ／台
革張り家具		400～500 デシ／セット 20 kg 製品当たり 50 デシ

28. 革の試験方法 (JIS)

番号	名称
K 6503	にかわ及びゼラチン
K 6504	植物タンニンエキスの分析方法
K 6505	靴甲用人工皮革試験方法
K 6506	クロムなめし剤分析方法
K 6542	革の耐寒性試験方法
K 6543	靴用革の耐乾熱性試験方法
K 6544	革の吸湿度試験方法
K 6545	革の耐屈曲性試験方法
K 6546	革の半球状可塑性試験方法
K 6547	革の染色摩擦堅ろう度試験方法
K 6548	革の銀面割れ試験方法
K 6549	革の透湿度試験方法
K 6550	革試験方法（廃止予定）
K 6551	くつ用革
K 6552	衣料用革試験方法
K 6553	衣料用革
K 6555	革の仕上膜のはく離強さ試験方法
K 6556-1	試料採取部位
K 6556-2	試料調製及び状態調節
K 6556-3	大口試料のアイテム枚数
K 6557-1	厚さの測定
K 6557-2	引張強さ及び伸びの測定
K 6557-3	シングルエッジ法による引裂荷重の測定
K 6557-4	ダブルエッジ法による引裂荷重の測定
K 6557-5	耐水圧の測定
K 6557-6	静的吸水度の測定
K 6557-7	液中熱収縮温度の測定
K 6558-1	化学試験用試料の調製
K 6558-2	揮発性物質の測定
K 6558-3	硫酸化全灰分，硫酸化不溶性灰分及び全灰分の測定
K 6558-4	ジクロロメタン又はヘキサン可溶性物質の測定
K 6558-5	水溶性物質，水溶性無機物及び水溶性有機物の測定
K 6558-6	窒素含有量及び皮質分の測定－滴定法
K 6558-7	なめし度の測定
K 6558-8-1	酸化クロム含有量の測定－滴定法
K 6558-8-2	酸化クロム含有量の測定－比色法
K 6558-8-3	酸化クロム含有量の測定－原子吸光分析法
K 6558-8-4	酸化クロム含有量の測定－ICP 発光分光分析（ICP-OES）
K 6558-9	pH の測定
K 6601	靴甲用人工皮革

JIS K 6550 の改正と新規 JIS 群

平成 28 年 3 月に JIS K 6550 が改正され、新規に JIS K 6556（革試験方法　試料採取及び調製）、JIS K 6557（革試験方法　物理試験）、JIS K 6558（革試験方法　化学試験）の規格群が制定された。今回の改正では、ISO との整合性を図ることを主目的として行われた。別表に JIS K 6550 と新規制定 JIS 群、及び対応する ISO 規格との一覧表を示す。

JIS K 6550:1994 の名称	新規 JIS 群	ISO 規格名称
試料の採取方法（4.）	JIS K 6556-1　試料採取及び調製―第 1 部：試料採取部位	ISO 2418:2002, Leather ― Chemical, physical and mechanical and fastness tests ― Sampling location（MOD）
状態調節（3.2）	JIS K 6556-2　試料採取及び調製―第 2 部：試料調製及び状態調節	ISO 2419:2012, Leather ― Physical and mechanical tests ― Sample preparation and conditioning（IDT）
該当なし	JIS K 6556-3　試料採取及び調製―第 3 部：大口試料のアイテム枚数	ISO 2588:2014, Leather ― Sampling ― Number of items for a gross sample（IDT）
厚さ（5.1）	JIS K 6557-1　物理試験―第 1 部：厚さの測定	ISO 2589:2002, Leather ― Physical and mechanical tests ― Determination of thickness（MOD）
引張強さ及び伸び（5.2）	JIS K 6557-2　物理試験―第 2 部：物理試験―引張強さ及び伸びの測定	ISO 3376:2011, Leather ― Physical and mechanical tests ― Determination of tensile strength and percentage extension（MOD）
引裂強さ（5.3）	JIS K 6557-3　物理試験―第 3 部：シングルエッジ法による引裂荷重の測定	ISO 3377-1:2011, Leather ― Physical and mechanical tests ― Determination of tear load ― Part 1: Single edge tear（MOD）
該当なし	JIS K 6557-4　物理試験―第 4 部：ダブルエッジ法による引裂荷重の測定	ISO 3377-2:2002, Leather ― Physical and mechanical tests ― Determination of tear load ― Part 2: Double edge tear（MOD）

JIS K 6550:1994 の名称	新規 JIS 群	ISO 規格名称
耐水度（5.4）	JIS K 6557-5　物理試験－第 5 部：耐水圧の測定	ISO 17230:2006, Leather － Physical and mechanical tests － Determination of water penetration pressure（MOD）
吸水度（5.5）	JIS K 6557-6　物理試験－第 6 部：静的吸水度の測定	ISO 2417:2002, Leather － Physical and mechanical tests － Determination of the static absorption of water（MOD）
液中熱収縮温度（5.6）	JIS K 6557-7　物理試験－第 7 部：液中熱収縮温度の測定	ISO 3380:2002, Leather － Physical and mechanical tests － Determination of shrinkage temperature up to 100 ℃（MOD）
分析用試料の調製（6.1）	JIS K 6558-1　化学試験－第 1 部：化学試験用試料の調製	ISO 4044:2008, Leather － Chemical tests － Preparation of chemical test samples（MOD）
水分（6.2）	JIS K 6558-2　化学試験－第 2 部：揮発性物質の測定	ISO 4684:2005, Leather － Chemical tests － Determination of volatile matter（MOD）
全灰分（6.3）不溶性灰分（6.8 注）	JIS K 6558-3　化学試験－第 3 部：硫酸化全灰分，硫酸化不溶性灰分及び全灰分の測定	ISO 4047:1977, Leather － Determination of sulphated total ash and sulphated water-insoluble ash（MOD）
脂肪分（6.4）	JIS K 6558-4　化学試験－第 4 部：ジクロロメタン又はヘキサン可溶性物質の測定	ISO 4048:2008, Leather － Chemical tests － Determination of matter soluble in dichloromethane and free fatty acid content（MOD）
可溶性成分（6.5）可溶性灰分（6.6）	JIS K 6558-5　化学試験－第 5 部：水溶性物質，水溶性無機物及び水溶性有機物の測定	ISO 4098:2006, Leather － Chemical tests － Determination of water-soluble matter, water-soluble inorganic matter and water-soluble organic matter（MOD）
皮質分（6.7）	JIS K 6558-6　化学試験－第 6 部：窒素含有量及び皮質分の測定－滴定法	ISO 5397:1984, Leather － Determination of nitrogen content and "hide substance" － Titrimetric method（MOD）

JIS K 6550:1994 の名称	新規 JIS 群	ISO 規格名称
なめし度（6.8）	JIS K 6558-7　化学試験－第7部：なめし度の測定	該当なし
クロム含有量 (6.9)	JIS K 6558-8-1　化学試験－第8-1部：酸化クロム含有量の測定－滴定法	ISO 5398-1:2007, Leather － Chemical determination of chromic oxide content － Part 1: Quantification by titration (MOD)
	JIS K 6558-8-2　化学試験－第8-2部：酸化クロム含有量の測定－比色法	ISO 5398-2:2009, Leather － Chemical determination of chromic oxide content － Part 2: Quantification by colorimetric determination（MOD）
	JIS K 6558-8-3　化学試験－第8-3部：酸化クロム含有量の測定－原子吸光分析法	ISO 5398-3:2007, Leather － Chemical determination of chromic oxide content － Part 3: Quantification by atomic absorption spectrometry（MOD）
	JIS K 6558-8-4　化学試験－第8-4部：酸化クロム含有量の測定－ICP発光分光分析（ICP-OES）	ISO 5398-4:2007, Leather － Chemical determination of chromic oxide content － Part 4: Quantification by inductively coupled plasma － optical emission spectrometer (ICP-OES)(MOD)
pH (6.10)	IS K 6558-9　化学試験－第9部：pHの測定	ISO 4045:2008, Leather － Chemical tests － Determination of pH (MOD)

29. 世界と日本の革試験方法及び規格の対応表

(1) 原料皮

名称	JIS	IU	ISO
牛及び馬の原皮－トリム方法	-	-	2820
牛及び馬の原皮－塩蔵方法	-	-	2821
牛原皮　損傷の説明	-	-	2822-1
羊原皮　損傷の説明	-	-	4683-1
羊原皮　名称及び表示	-	-	4683-2
ウェットブルー　ゴートスキン　特性	-	-	5431
ウェットブルー　シープスキン　特性	-	-	5432
ウェットブルー　牛　特性	-	-	5433
やぎ皮　損傷の説明	-	-	7482-1
やぎ皮　質量及び大きさに基づく等級分け指針	-	-	7482-2
やぎ皮　損傷に基づく等級分け指針	-	-	7482-3
ワニ皮　表示、損傷の説明、損傷、大きさ（長さ）及び原産地に基づく等級分け	-	-	11396
オーストリッチ皮　損傷の説明、表示の指針及び損傷に基づく等級分け	-	-	11398
バッファロー皮　損傷の説明	-	-	28499-1
バッファロー皮　質量及び大きさに基づく等級分け	-	-	28499-2
バッファロー皮　損傷に基づく等級分け	-	-	28499-3

(2) 化学試験

試験名	JIS	IUC	ISO
一般的注意	K 6550	1	-
試料の採取部位	K 6550, K 6556-1	2	2418
化学分析試料の調製	K 6550, K 6558-1	3	4044
ジクロロメタン可溶性物質（脂肪分）	K 6550, K 6558-4	4	2048
揮発性物質（水分）	K 6550, K 6558-2	5	4684
水溶性物質，水溶性無機物及び水溶性有機物	K 6550, K 6558-5	6	4098
硫酸化全灰分，硫酸化不溶性灰分	K 6550, K 6558-3	7	4047
酸化クロム含有量 -1　滴定法	K 6550, K 6558-8-1	8-1	5398-2
酸化クロム含有量 -2　比色法	K 6558-8-2	8-2	5398-2
酸化クロム含有量 -3　原子吸光分析法	K 6558-8-3	8-3	5398-3
酸化クロム含有量 -4　ＩＣＰ発光分光分析法	K 6558-8-4	8-4	5398-4
水溶性マグネシウム塩	-	9	-
窒素分、皮質分	K 6550	10	5397
pH	K 6550	11	4045
ジルコニウム	-	13	-
リン	-	15	-
アルミニウム	-	16	-
コラーゲン中のヒドロキシプロリン	-	17	-
6 価クロム	-	18	17075
遊離ホルムアルデヒド -1　比色法	-	19-1	17226-1
遊離ホルムアルデヒド -2　HPLC 法	-	19-2	17226-2
ホルムアルデヒド飛散量	-	19-3	-
染色革中のアゾ化合物 -1　芳香族アミン	-	20-1	17234-1
染色革中のアゾ化合物 -2　4- アミノベンゼン	-	20-2	17234-2
染料中のアゾ化合物の検出	-	21	-
アルミニウム鞣剤中の酸化アルミニウム	-	22	-
アルミニウム鞣剤の塩基度	-	24	-
ペンタクロロフェノール含有量	-	25	17070
製革工程の遊離ホルムアルデヒド	-	26	27587
金属含有量 -1　抽出金属	-	27-1	17072-1
金属含有量 -2　全金属含有量	-	27-2	17072-2
遊離エトキシレート、ノニルフェノール	-	28	13364
革の防腐剤（TCMTB, OPP, CMK, OIT）	-	29	13365
塩素化炭化水素	-	30	13382
有機スズ化合物	-	31	-
鞣剤の定量	-	32	14088

(3) 物理試験

名称	JIS	IUP	ISO
一般的注意	K 6550	1	2419
試料採取部位	K 6550, K 6556-1	2	2418
試料の調製	K 6550, K 6556-2	3	2419
厚さ	K 6550, K 6557-1	4	2589
見掛密度	-	5	2420
引張強さ及び伸び	K 6550, K 6557-2	6	3376
静的吸水度	K 6550, K 6557-6	7	2417
引裂荷重　ダブルエッジ	K 6557-4	8	3377-2
銀面割れ高さ及び強度　ボールバースト	K 6548	9	3379
動的耐水度（ペネトロメータ法）	-	10-1	5403-1
動的耐水度（メーサ法）	-	10-2	5403-2
厚物革の耐水度	-	11	5404
銀面割れ及び銀面割れ指標	-	12	3378
二次元の伸び	-	13	-
手袋用革の防水性	-	14	-
透湿度	K 6549	15	14268
液中熱収縮温度	K 6550, K 6557-7	16	3380
中底革の耐乾熱性試験	-	17	-
裏革の耐乾熱性試験	-	18	-
甲革の耐乾熱性試験	-	19	-
耐屈曲性（フレクソメータ法）	K 6545	20	5402-1
半球状可塑性試験	K 6546	21	-
観察箱による耐衝撃性の損傷の評価	-	22	-
衝撃による表面損傷	-	23	-
沸騰水における表面収縮	-	24	-
底革の耐摩耗性	-	26	-
厚物革の曲げ抵抗性	-	28	-
表面塗装の低温クラック温度	-	29	17233
吸湿性及び放湿性	-	30	-
面積の測定	-	32	11646
二次元安定性	-	35	17227
柔軟性	-	36	17235
衣料用革のはっ水性	-	37	17231
エナメル革の熱抵抗性	-	38	17232

名称	JIS	IUP	ISO
耐屈曲性（バンプ屈曲法）	-	39	5402-2
引裂荷重　シングルエッジ	K 6550, K 6557-3	40	3377-1
表面塗装膜の厚さ	-	41	17186
吸湿度	K 6544	42	17229
伸長セット	-	43	17236
縫目の引裂強さ	-	44	23910
耐水圧	K 6550, K 6557-5	45	17230
フォギング	-	46	17071
炎の水平伝播性	-	47	17074
耐摩耗性　テーバー法	-	48-1	17076-1
耐摩耗性　マーチンディールボールプレート法	-	48-2	17076-2
たるみ	-	49	-
表面摩耗	-	51	-
圧縮性	-	52	-
汚れ -1　マーチンディール法	-	53-1	26082-1
汚れ -2　タンブリング法	-	453-2	26082-2
屈曲特性	-	54	14087
寸法変化	-	55	17130
顕微鏡による革の同定	-	56	17131
毛細管現象による吸水率	-	57	19074
表面積	-	58	19076

(4) 染色堅ろう度試験方法

名称	JIS	IUC	ISO
堅ろう度試験のナンバリング	-	105	-
大口試料のアイテム枚数	K 6556-3	110	2588
試験方法の一般通則	L 0801	120	105-A01
変退色用グレースケール	L 0804	131	105-A02
汚染用グレースケール	L 0805	132	105-A03
染色用貯蔵可能な標準クロム銀付き革の調製	-	151	-
革用染料の溶解度の測定	-	201	-
染料溶液の酸に対する堅ろう度	-	202	-
染料溶液の酸に対する安定性	-	203	-
染料溶液の香水に対する安定性	-	205	-
光に対する革の染色堅ろう度：日光	L 0841	401	105-B01
光に対する革の染色堅ろう度：キセノンランプ	L 0843	402	105-B02
加速エージングによる変色	-	412	17228
水滴に対する染色堅ろう度	L 0853	420	15700
水に対する革の染色堅ろう度	L 0846	421	11642
マイルドな洗濯に対する革の染色堅ろう度	-	423	15703
汗に対する革の染色堅ろう度	L 0848	426	11641
唾液に対する革の染色堅ろう度	-	427	20701
小片の溶媒に対する染色堅ろう度	-	434	11643
機械洗濯に対する染色堅ろう度	-	435	15702
生クレープゴム汚染に対する革の染色堅ろう度	-	441	-
ポリ塩化ビニル汚染に対する革の染色堅ろう度	-	442	15701
往復摩擦による染色堅ろう度	-	450	11640
クロックメータによる染色堅ろう度	K 6547	452	20433
染色革のバフィングに対する堅ろう度	-	454	-
アイロンがけに対する染色堅ろう度	-	458	-
仕上げ膜の接着強さ	K 6555	470	11644
表面反射率の測定	-	472	15702
グレースケール判定の計器による評価	-	-	105-A04
人工光に対する堅ろう度と老化：キセノン	-	-	105-A05
はつ油性	-	-	14419

30. 日本エコレザー

　天然皮革であることが第一条件。日本エコレザー基準(JES)に適合し、「製品の製造、輸送、販売、再利用」まで一連のライフサイクルの中で、環境負荷の低減に配慮し、環境面への影響が少ないと認められる革材料のことを指す。

(1) 日本エコレザーの対象となる革
　食用となる家畜動物の革（ウシ、ブタ、ヒツジ、ヤギ、ウマ）
　床革
　野生動物の革（取引証明書のある野生動物や養殖動物）

(2) 日本エコレザーの対象とならないもの
　塗装膜の厚さが 0.15 mm を超える革
　全層の 30％以上が革以外のもの
　革屑を再利用したもの
　合成皮革や人工皮革など革を模倣したもの

(3) 主な認定条件
　天然皮革であること
　排水、廃棄物が適正に管理された工場で製造された革であること
　製革工程で使用する薬品リストを提出すること
　使用する薬品の化学物質安全性データシート（MSDS）を提出すること
　革の臭気が基準値以下であること
　別表にある有害化学物質等が基準値以下であること
　発がん性染料を使用していないこと
　染色摩擦堅ろう度が基準値以上であること

(4) 申請及び認定機関
　一般社団法人日本皮革産業連合会

(5) 日本エコレザー基準

日本エコレザー基準（JES）は下表のとおりである。

日本エコレザー基準（JES）

項目	エキストラ [*1]	成人　皮膚接触	成人　皮膚非接触
臭気	3級以下		
ホルムアルデヒド	16 mg/kg 以下	75 mg/kg 以下	300 mg/kg 以下
抽出重金属　鉛	0.8 mg/kg 以下		
カドミウム	0.1 mg/kg 以下		
水銀	0.02 mg/kg 以下		
ニッケル	1.0 mg/kg 以下	4.0 mg/kg 以下	
コバルト	1.0 mg/kg 以下	4.0 mg/kg 以下	
6価クロム	検出せず [*2]		
総クロム	50 mg/kg 以下	200 mg/kg 以下	
ペンタクロロフェノール	0.05 mg/kg 以下	0.5 mg/kg 以下	
発がん性芳香族アミン	検出せず [*3]		
染料（発がん性染料）	使用せず		

染色摩擦堅ろう度	顔料仕上げ	ナチュラル仕上げ（淡色）	ナチュラル仕上げ（濃色）
乾燥汚染（等級）	3－4級以上	3－4級以上	2－3級以上
湿潤汚染（等級）	2－3級以上	2－3級以上	2級以上

[*1]：エキストラとは乳幼児基準（36か月未満）に該当するが任意表示
[*2]：検出限界　3.0 mg/kg
[*3]：検出限界　30 mg/kg

31. 革工芸に使用する工具及び金具類

刻印の種類

名称	特徴
ストップ（stop）	茎や葉の線の最後を止める刻印
バックグラウンド（background）	模様を引き立てるために背景に打つ刻印
シーダー（seeder）	花芯や渦の中心に打つシーダーは先端が細く、強く打つと革を貫通するので注意が必要である
ペアシェーダー（pearshader）	弁等に窪（くぼ）みで陰影を付け、ふくらみを表現する。ほかの刻印で打っていない箇所に打つが、カモフラージュと重ねて使う場合もある
カモフラージュ（camouflage）	花弁、葉脈、ペダル等にテクスチャーをつける刻印。打つときの力加減や革に当てる角度で表現される模様が異なる
ベンナー、ベイナー（veiner）	全形は三日月のような形で模様やサイズの種類がある。葉脈、花弁、ストップ等に使用する場合は刻印を傾け、刻印の幅の半分ほどを使って打つ
ベベラ（beveler）	革にスーベルカッターで入れたカット線に沿って斜角を付け模様を浮き上がらせる刻印。プレーン、メッシュ、ストライプ等の模様がある
ミュールフット（mule foot）	ラバの足といわれる。ストップを打った後に連続して打つ刻印。強く打つと革を貫通するので注意が必要である

カービング法で使用する様々な刻印

左から
　ストップ、バックグラウンド、シーダー、ペアシェーダー、カモフラージュ
　ベンナー、ベベラ

穴あけ用工具

モウル

木槌タイコ

ローラー（圧着用）

菱目パンチ

〔特装版〕皮革用語辞典
2016年6月30日　　第1刷発行

編　者　　特定非営利活動法人　日本皮革技術協会
　　　　　〒670-0964　兵庫県姫路市豊沢町129 あさひビル4階
　　　　　TEL/FAX 079(284)5899
　　　　　E-mail nihonhikakugijyutsukyoukai@ybb.ne.jp
発　行　　樹芸書房
　　　　　〒186-0015　東京都国立市矢川3-3-12
　　　　　TEL/FAX 042(577)2738
　　　　　E-mail jugei@dream.ocn.ne.jp
　　　　　郵便振替口座　00160-1-91038
印刷・製本　明誠企画株式会社

法律で認められている場合を除き，本書の内容の一部または全部を無断で複写複製（コピー）することは著作権法違反となりますからご注意ください。

ISBN978-4-915245-66-4
ⓒJapanese Association of Leather Technology
Printed in Japan

皮革用語辞典

欧文索引

A

Aberdeen angus 12
Abrasion resistance 159
Acceptance inspection 28
Acetone 9
Acid dye 109
Acid tanning 110
Acid value 107
Acidity 109
Acid-processed gelatin 109
Acrylic (resin) adhesive 8
Acrylic (resin) paint 8
Acrylic resin 8
Activated sludge process 54
Active oxygen 54
Adding paint 242
Adhesive 147
Adjustable "V" gouge 222
Advantique finish 10
Afghan karakul 12
African elephant 13, 39
African python 13
AFTA: ASEAN Free Trade Area 12
Aging 32, 124
AICLST: Asian International Conference on Leather Science and Technology 9
Air permeability 171
Albuminoid 95
Alcohol 16
Alcohol soluble dye 16
Aldehyde tannage 16
Aldehyde tanning 16
Alkali 15
Alkali soluble collagen 15
Alkali-treated gelatin 15
Alkyd resin paint 16
Alkyl benzene sulfonic acid 16
Alligator 14
Alum dressing 252
Alum tannage 252
Aluminium tannage 17
Aluminium tanning 17
American Alligator 249
Amine 14
Amino acid 14
Ammonia water 18
Ammonium chloride 39
Ammonium sulfate 268
Anaconda 11
Anaerobic digestion 90
Angus 17
Aniline dye 11
Aniline dyed leather 11
Aniline dyeing 11
Aniline finish 11
Aniline finished leather 11
Animal by-products 168
Animal glue 192
Animal health certificate 180
Animals designated as dangerous by Japanese law 181
Anionic 11, 23
Anionic dye 11, 24
Anionic dyeing 11, 24
Anionic fatliquoring agent ... 11, 24
Anionic surface active agent ... 11, 23
Anionic surfactant 11, 23
Ankle strap 17
Antelope 18
Antelope leather 18
Anti fungal agent 239, 240
Anti-drape stiffness 208
Anti-flaming 239
Antique dyeing 18
Antique finish 17
Antique leather 17
Antiseptic agent 241

1

Apparent density	249
Apparent specific gravity	249
Apron leather	37
Aqueous finishing	133
Arch support	10
Archer's left-wrist protector	184
Armor	263
Artificial casing	130
Artificial leather	130
Ash	201
Ash content	47
Asian elephant	9
Association of South-East Asian Nations	12
ASTM: American Society for Testing and Materials Standards	33
Astringency	123
Auction	149
Autolysis	115
Automotive leather	117
Autoxidation	116
Auxiliary synthetic tannin	242

B

B/L: Bill of Lading	212, 226
Back cut	203
Back seam	204
Back stay	20, 204
Bacteria	103
Bag	56, 224
Bagged edge	236
Ball-bursting tester	245
Balmoral	29
Band knife machine	209
Banion	206
Bar tacking	119
Barkometer	202

Barring	119
Base coat	234
Base coating	116
Base-ball ball	259
Base-ball glove	258
Basement membrane	70
Basic chromium salt	40
Basic dye	40
Basicity	40
Bathochromic effect	131
Batik	273
Bating	91, 234
Bating agent	234
Baum marten	211
Baume	244
Beaded bag	215
Beading	164, 217
Beading leather	164
Beam	57
Beamhouse	218
Beamhouse operation	125
Beamhouse process	125
Beaming	7
Beating	217
Beaver lamb	218
Beef cattle	192
Bees' wax	251
Belly	236
Belt	236
Belt leather	45, 128, 237
Belting leather	45, 128, 237
Bend	238
Bending resistance	96
Benzene	238
Benzidine	237
Benzine	238
Bid	216
Billfold	106
Binder	201

Biochemical oxygen demand	145
Black caiman	83
Bleaching	219, 228
Bleeding of color	23
Blending	231
Blocking	52
Bloom	229
Bloom gelometer	229
Blucher	153
Blue	229
Blue shark	229, 263
Boa constrictor	239
Boarding	118, 243
Boarding finish	257
BOD: Biochemical oxygen demand	212
Body fat	157
Bolognese process	246
Bonded leather fiber	246
Bone	243
Bone fat	99
Bone marrow meal	248
Bone meal	98, 246
Bone oil	99
Book binding leather	146, 226
Boots	226
Boots jack	226
Bottom filler	188
Bottom leather	243
Bottoming	152, 243
Bovine hide	73
Bovine leather	72
Bovine skin	73
Boving hair	74
Box calf	242
Box finish	243
Box toe	105, 243
BPB: Bromophenol Blue	218, 232
Brahman	228
Brain tannage	199
Brand	228, 258
Break	118
Bridging agent	49
Bridle leather	227
Brief case	128
Brine cure	227
Brine curing	227
Brining	227
Bristle	96
Brittle temperature	144
Broad-snouted caiman	46
Bronzing	232
Brougue	231
Browning	55
Brush dyeing	202
Brushing	227
Brushing machine	228
Brush-off finish	227
BS: British Standard	32
BSE: Bovine Spongiform Encephalopathy	28, 211
Buckle	215
Buckskin	204
Buff hide	207
Buffalo	205
Buffed leather	71, 207
Buffed leather cleaner	135
Buffer action	66
Buffer solution	66
Buffing	207
Buffing dust	207
Buffing machine	207
Buffing paper	110
Build-up property	221
Built heel	136
Bull hide	229
Bundling	210
Burnt finish	96
Bursting strength test	209

Butcher cut	226
Butt	205
Butyl alcohol	226

C

C&F: Cost and freight	111
CAB Lacquer	111
Cabretta leather	71
Caging	14
Caiman	47, 207
Calcium chloride	39
Calcium hydroxide	132
Calf skin	57, 93
California process	60
Canvas shoes	71
Cape seal	88, 251
Capybara	56
Car seat leather	117
Carbohydrate	166
Carbon dioxide deliming	165
Carcinogenic aromatic amines	181
Carcinogenic dyestuff	203
Carpincho	61
Carving	56
Case hardening	88
Case leather	197
Casein	52
Casein finish	52
Casing	87, 224
Cast coat finish	71
Castor oil	218
Casual shoes	51
Cat gut	55
Catalyst	126
Catechol tannin	55
Cationic	54, 261
Cationic dye	54, 261
Cationic surfaceactive agent	54, 261
Cationic surfactant	54, 261
Cattle	28
Cattle hair	74
Cattle hide	71, 144
Caustic soda	132
Cement process	149
CEN: European Committee for Standardization	42
Census of manufactures by commodity	92
Center seam	151
Central american caiman	206
Certificate of origin	90
Chalk	170
Chamois leather	121, 148
Characteristic diagram	181
Charged system	169
Cheeking	168
Cheeking machine	168
Chelate compound	75
Chemical bond	48
Chemical Oxygen Demand	49
Chemical shoes	89
Chesterfield	167
Chestnut	167
Chicago market	113
Chondroitin sulfate	103
Chrome (tanned) leather	84
Chrome recycling	85
Chrome tannage	86
Chrome tanning	86
Chrome tanning agent	85
Chromic oxide	108
Chromic oxide content	108
Chromium complex	85
Chromium content	85
Chromium removal	161
CIE Standard colorimetric system	110
CIE standard source	219

CIF: Cost Insurance and Freight 110
Circle edge slicker 236
Circulator 105
CITES: Convention on International Trade in Endangered Species of Wild Fauna and Flora 104, 276
Citric acid 77
Clasp 184
Classic finish 80
Cleaner 81
Cleaning 81
Cleaning resistance 156
Clog 84
Clothing leather 22
CMC: Carboxymethyl Cellulose 112
CMC: Critical Micelle Concentration ... 112
Coagulating sedimentation process 74
Coating 99
Coating finish 183
Coating machine 182
Cobra Snake 75
Cockle 98
Coconut oil 259
Cod liver oil 165
COD: Chemical oxygen demand ... 43, 113
Coin purse 98
Collagen 101
Collagen casing 101
Collagen fiber 102
Collagen film 102
Collagen gel 101
Collagen hydrolysate 102
Collagen membrane 102
Collagen peptide 102
Collagen yarn 101
Collagenase 100
Collagenous fiber 92
Collar 80
Colloid 102

Color change and fading 238
Color chart 114
Color chip 114
Color correction by spray 140
Color difference 114
Color fastness 150
Color fastness of leather to ironing 6
Color index 58
Color matching 23, 60
Color paste 60
Color repairing 242
Colorado steer 103
Colour fastness to water spotting 133
Combination chamois leather 103
Combination tannage 103, 224
Combination tanning 103, 224
Combined sulfuric acid 88
Combined tannin 88
Comfort shoes 103
Comfortable feeling for wearing 69
Commercial slaughter 100
Commodity by Country 194
Common rhea 14, 270
Compact binder 103
Company standard 120
Compatibility of dye 152
Complementary color 242
Composition leather 103
Composition sole 94
Condensed tannin 123
Conditioner 102
Conditioning 9
Connective tissue 88
Contact dermatitis 147
Control chart 67
Conventional pack curing 203
Conveyor dryer 187
Cooker 78
Coordinate bond 200

Cordovan	99
Corium	102, 132
Corrected grain	76
Corrected grain leather	59
Cortex	256
COTANCE: Confederation of National Associations of Tanners and Dressers of European	98
Counter	171
Country hide	67
Covalent bond	74
Covering finish	56
Covering power	25
Cow hide	48
Craft	80
Crashed bone	80
Crepe sole	83
Crimping	82
Crisp touch	121
Crock meter	23, 84
Crocodile	84
Crocodilian	277
Crop	84
Cross bud stitch	84
Cross loop stitch	84
Crossbreed	92
Cross-linking agent	49
Croupon	82
Crown	80
Crust inspection	60
Crust leather	80
Cuban heal	74
Curing	41, 71, 116
Curtain coating machine	55
Cushion	79
Custom duties	66
Customs clearance	171
Customs statistics	171
Customs tariff schedules of Japan	116
Cut edge	74
Cuticle	256
Cutter shoes	54
Cutting	104
Cutting knife	160
CWT: Hundred weight	116

D

Dairy cattle	195
Damage of leather	154
Damage of raw stock	90
Dapple	119
Deck shoes	175
Decoloration	162
Deer leather	113
Deformation	53
Degras	175
Degreasing	161
Degree of water absorption	73
Degree of water resistance	158
Deliming	161
Deliming agent	161
Depickling	161
Depilation	162
Dermal bone	214
Dermatan sulfate	177
Dermis	132
Detannage	162
Detanning	162
Diamond perforation	214
Diamond python	160
Dimensional stability	144
Dimethyl amine	119
Dimethyl fumarate	227
DIN Standard	179
Dip dyeing	131
Direct dye	171

Direct vulcanizing process	170
Discolor	23
Dissolved oxygen	262
Dissolved solid matter	261
Disulfide linkage	115
Divi-divi	173
DO: Dissolved oxygen	173
Doeskin	182
Dog tail	183
Domestic hide and skin	117
Double face	164
Double loop stitch	164
Doubler	163
Drape	186
Drawn grain	186
Dressing leather	186
Dried hide (skin)	67
Drum	156, 184
Drum dyeing	185
Drum liming	185
Dry cleaning	184
Dry cleaning solvent	184
Dry salted hide (skin)	39
Drying oil	66
DS: Square decimeter	175
Dye	152
Dyeing	150
Dyeing auxiliary	151
Dyeing cream	150
Dyeing speed	154
Dyestuff	152
Dynamic water resistance	180
Dynavac	159

E

E.I. tanned leather	18
East India tanned leather	18
ECO-TOX label	34
Edge	99
Edge cutter	236
Edible casing	51
Eel skin	29
Elastic fiber	166
Elastic limit	166
Elasticity	166
Elastin	38
Electrostatic charge ability	158
Electrostatic interaction	145
Electrostatic painting	145
Elephant	152
Elk leather	39
Ellagic tannin	38
Elongation	200
EMAS: Eco-Management and Audit Scheme	21
Embossing	42, 53
Embossing leather	53
Embossing press	53
Emulsified fat-liquoring	194
Emulsified shoe cream	195
Emulsion	38, 194
Emulsion type cream	38
EN: European Norm	42
Enamel finishing	36
Enamelled leather	36
Enamelling	36
Endless embossing machine	273
Engraving	170
Environmental label	65
Environmental pollution	91
Enzymatic unhairing	95
Enzyme	94
Enzyme-solubilized collagen	95
EPA: Economic Partnership Agreement	21
Epidermis	219

Epithelial tissue	125
Epoxy (resin) paint	37
Epoxy resin adhesive	37
Equivalent	180
Eraser type cleaner	100
Erector pili muscle	266
Ester	35
Ester bond	35
Ethanol amine	35
Ether	36
Ethoxyethanol	36
Ethyl acetate	106
Ethyl alcohol	35
Ethyl cellosolve	36
Ethyl ether	36
Ethylene glycol	36
Ethylene glycol monoethyl ether	36
EU eco-label	21
EU footwear label	22
European Chemical Agency	42
Evening shoes	21
Exchange rate	63
Exotic leather (skin)	34
Extra cellular matrix	105
Extractable heavy metals	262
Eyelet	205

F

Faced edge	48
Fade	23
Fancy leather	222
FAO: Food and Agriculture Organization of the United Nations	37
Fat	118
Fat contents	118
Fat stain	12
Fatliquoring	50, 194
Fatliquoring agent	50
Feather line	223
Feathering	223
Feedlot	222
Feel	175
Feeling	223
Fellmongering	223
Fermentation	204
Ferrous sulfate	269
Fiber	222
Fiber bundle	222
Fibril	223
Figure carving	222
Filigree	135
Filler	223
Finishing	110, 223
Finishing process	111
First filial generation	37
FIS: Federal Inspected Slaughter	36
Fitting	222
Fixing	98, 173
Fixing of dye	23
Flame-resistance	191
Flame-retardant	191, 239
Flammability test	198
Flank	160
Flanke	228
Flap	57, 228
Flaxseed oil	13
Flaying	201
Flaying machine	201
Flesh side	192
Fleshed hide	230
Fleshing	30, 150, 230
Fleshing knife	151
Fleshing machine	30, 230
Flexibility	56
Flexibility with soft feeling	117
Flexing endurance test	156

Flint	228
Flint hide	228
Float	263
Flocking pile	178
Florentine stitch	232
Fluffing	19
Flying	202
Flying machine	202
FMD	95
Foam finish	205
FOB: Free On Board	37
Fogging test	223
Follicle mouth	86
Food gelatin	127
Foot gage	226
Foot-and-mouth disease	95
Formal shoes	224
Formaldehyde	245
Formic acid	69
Forming	144
Forward trade	105
Frame	231, 276
Frat base (price)	228
Free formaldehyde	260
French cord binding	177
French seam	224
Freshwater crocodile	195, 264
Frigorifico hide	228
Front cut	232
FTA: Free Trade Agreement	37
Full chrome leather	229
Full grain	229
Full grain leather	76
Fullness	122, 229
Fullness and softness	224
Fungi	56
Furniture leather	49
Fuzzing	88

G

Gambier	67
Garment	58
Garment finisher	58
Garment leather	22
Gas meter diaphragm leather	254
Gasoline	52
GATT: General Agreement on Tariffs and Trade	54
GB standard	117
Gel	89
Gel strength	149
Gelatin	149, 192
Genuine leather	246
GERIC: Grouping of European Leather Technology Centres	263
Ghillie	74
Gilded leather	75
Gilding	76, 77
Gillie	74
Glace kid	82
Glazed pigskin	14
Glazing	83, 173
Glazing finish	83
Glazing machine	83
GLCC: Global Leather Coordinating Committee	97
Globular protein	73
Glove	84, 177
Glove leather	84, 177
Glue stock	193
Glutaraldehyde	82
Glyceride	81, 169
Glycerin	81
Glycerol	81
Goat	110, 258
Goat skin	99, 258
Gold foil	77

Gold leaf 77
Gold tooling 76
Goodyear welt process 79
Gore shoes 91
Gouge 93
Gradation dyeing 241
Grain 77, 82
Grain correct 75, 77
Grain cracking 77
Grain cracking test 77
Grain pattern 70, 82
Grain split 82
Grained leather 246
Grain-impregnation 158
Grain-tightening 158
Gray scale 83
Grease 81
Grease stain 12
Green hide (skin) 82, 169, 189
Green weight 189
Grey scale for assessing change
 in color 238
Grey scale for assessing staining 44
Grub 80
Guard hair 106
Gusset 247

H

Haematein 236
Hagfish 196
Hair 86
Hair follicle 256
Hair root 255
Hair saving process 233
Hair seal 233
Hair sheep 233
Hair slip 233
Hair up 233
Half length sock 209
Hallux valgus 47
Hand buffing 210
Hand sewing 176
Hand stake 177
Hand stuffing 176
Handbag 209
Handle 223
Handler 210
Hang drying 60
Hard water 93
Harness leather 160, 202
Harp seal 163, 207
Haspel 202
Heat conductivity 198
Heat resistance 159
Heat retaining property 241
Heat set 217
Heavy leather 10
Heavy metal 122
Heavy rolling machine 235
Heel 220
Heel attachment strength 221
Heel cover leather 221
Heel elevation 221
Heel fatigue resistance test 221
Heel grip 141
Heel lifts 173
Heel lifts nail 173
Heel pin holding strength 221
Heel resistance to lateral impact 220
Heel seat tacks 49
Heifer 235
Hematein 236
Hemp yarn 8
Hereford 237
Hexavalent chromium 274
Hide 61, 200, 212

Hide powder 218
Hide processor 200
Hide puller 200, 201
Hide substance 214
Hiding power 25
High frequency dryer 93
High frequency heating 93
High frequency induction heating 93
High heel 201
Highly unsaturated oil 95
Himeji black leather 84
Himeji white leather 129, 209, 218
Hippopotamus 56
HLB value: Hydrophile Lipophile
　Balance value 33
Hog cholera 225
Holstein 245
Holstein hide 245
Holstering 19
Hook and eye needle 272
Horse 29
Horse leather 30
Horse up 30
Hot pit 243
Hot-melt adhesive 243
Household goods quality labelling law ... 55
HS Code: Harmonized Commodity
　Description and Coding System 33
Huarache 277
Hydrochloric acid 40
Hydrogen bond 133
Hydrogen peroxide 50
Hydrogen sulfide 267
Hydrolysable tannin 51
Hydrolysis 51
Hydrophobic bond 153
Hydroxyl radical 217
Hydroxyproline 217
Hygienic property 242

I

ICHSLTA: International Council of
　Hide and Skin and Leather Trader
　Associations 5
ICT: International Council of Tanners 5
Iguana lizard 19
Ikeda white leather 19
Imitation leather 21, 68
Immunization 255
Impact test 125
Import usance 260
In bond system 242
Inden 25
Inden leather 25
Indoor shoes 116
Industrial belt 237
Industrial effluent 93
Industrial gasoline 91
Industrial leather 92
Industrial statistic 92
Industrial waste 109
Industrial waste water 93
Industrial water 92
Injection mo(u)lding process 24, 120
Ink jet printer 24
Inlay 63
Inner sole 114, 188
Inseam sewing 135
Insole 25, 188
Insole rib 188
Instant adhesives 125
Instep 25
International Council of Hides, Skin and
　Leather Traders (ICHSLTA) 97
Invert soap 71
Inverted carving 71
Invoice 25, 44
Ionic bond 18

IQ: Import quota 5, 260
Iron ion 175
Iron stain 176
Iron tannage 176
Iron tanning 176
Ironing 6, 173
Ironing finish 6, 99
Ironing press 229
Irregular pattern 22
ISO: International Organization for Standardization 5, 97
Isocyanate 19
Isoelectric point 180
Isopropyl alcohol 20
IUC 5
IUE: International Union of Environment 5
IUF 5
IULTCS official methods of analysis for leather 5
IULTCS: International Union of Leather Technologists and Chemists Societies 5
IUP 6

J

Jacuruxy lizard 48, 119
Japan Exports & Imports 194
Japan wax 256
Japanese black 83
Japanese black hide 217
Japanese black leather 84
Japanese brown 7
Japanese drum head 157
Japanese native cattle hide 217
Japanese native cow hide 217
Japanese PAGI method 201, 211
Japanese polled 252

Japanese shorthorn 193
Japanese white leather 129, 201, 209
Japanned leather 120
Japanning 120
JAS: Japanese Agricultural Standard 194
Jelly strength 149
Jersey 120
JES: Japan Eco-leather Standard 193
JETRO: Japan External Trade Organization 111, 194
JIS: Japanese Industrial Standard ... 115, 193
Jojoba oil 243
Joule 124
Jungle test 121

K

K/S value 87
Kangaroo leather 65
Karakul lamb 59
Karung Snake 61, 259
Kauri- butanol value 48
Keel 268
Kemari 89
Keratin 89
Kerosene 89, 180
Kerosine 89
KES system 87
Kid 70
Kid skin 70, 110
Kiltie tongue 75
Kip skin 70
Kjeldahl method 89
Klompen 86
Knife cut 187
Kosher hide 93
Koshi 97

L

L/C: Letter of credit 39, 132
Lace 272
Lace leather 218, 272
Lace-up boots 13
Lace-up shoes 13
Lacing pony 271
Lacquer 264
Lacquer finish 264
Lactic acid 195
Lake pigment 271
Lamb 265
Lamb skin 265
Laminate finish 265
Lanolin 264
Lanyard 248
Lap-ironing machine 264
Lard 186, 264
Last 79, 264
Lasting 173
Laundry 266
Layer 160, 270
LDC: Least Developed Countries 96
Leather 49, 61, 246
Leather area measuring machine 172
Leather braid 62
Leather care 62, 174
Leather craft 62, 63, 80, 271
Leather cutting knife 65
Leather fiber board 271
Leather lace 64
Leather mark 271
Leather measuring machine 62
Leather oil 241
Leather strap 269
Leather string 64
Leather strop 64
Leather substitute 68
Leather wear 62
Leather Working Group (LWG) 271
Leather-soled sandals 147
Leg skin 272
Level dyeing agent 76
LIA: Leather Industries of America 38
Light fastness 157, 192
Light leather 29
Light resistance 157
Ligroin 266
Lime pelt 147
Lime pit 146
Lime splitting 264
Lime stains 147
Lime-blast 147
Liming 146
Linen thread 8
Lining 264
Lining leather 30, 264
Lining material 30
Linseed oil 13
Lipid 115
Liquid ammonia 18
Liquid polish 34
Live stock statistics 168
Lizard 180
Loafer shoes 274
Long trim 275
Loop 107, 259
Loose grain 75, 270
Loose nail 270
Los Angeles hide 274
Lotion type cleaner 273
Louis heel 270
Lustering 173

M

Magnesium sulfate 269
Maillard reaction 253
Man made leather 131
Mange 248
Mangrove 248
Man-made upper material of shoes 79
Manure 247
Marbling 248
Masking agent 246
Mass balance 226
Matt finish 247
Matter soluble in dichloromethane 114
Matter soluble in hexane 234
Mckay process 247
Measurement law 87
Medallion 254
Medulla 256
MEK: Methyl ethyl ketone 254
Mesh bag 255
Mesh braiding 255
Mesh leather 255
Messenger bag 255
Metal complex dye 65, 76
Metal finish 254
Metal frame 78
Metal mesh bag 254
Metallic finish 254
Meter leather 254
Methyl alcohol 254
Methyl cellosolve 254
Mexican crocodile 254
Mica dyeing 74
Micelle 251
Migration 19
Milling 59
Mimosa 251
Mineral oil 251

Mineral tannage 96, 253
Mineral tannage agent 253
Mineral tanning 96, 253
Mink oil 252
Mitt 251
Mitten 251
Mixer 249
Mixer drum 249
Mixing colors 170
Moccasin 256
Modeler 257
Modeling 27, 257
Moellon degras 255
Moisture content 134
Mol concentration 257
Molarity 257
Mold 56
Mold release agent 266
Molding 144
Molurus python 221, 257
Monk 257
Mordant 200
Mordanting 200
Morelet's crocodile 77, 257
Morocco leather 257
Mosaic 257
Mouton 253
Mucopolysaccharide 253
Mule 252
Mullen type bursting strength tester 252
Mulling 248
Mutton tallow 261
Myrobalan 251

N

NAFTA: North American Free Trade
 Agreement 189

Nap	189
Nap finish	189
Nappa (leather)	189
Nappalan	189
Native hide	197
Natural dyestuff	178
Neat's-foot oil	192
Neatsfoot oil	72
Neck	197
Neutral detergent	169
Neutral oil	170
Neutralization	170
New York trim	196
Nile crocodile	187
Nile monitor	13, 187
Nitrocellulose finish	192
Nitrocellulose lacquer	192
Nonionic surfactant	199, 211
Non-tannin	215
Nonyl phenol	199
NTB: Non-Tariff Barrier	36
Nubuck	197
Nucleic acid	49
Nude size	9
Nurse shoes	188
Nutria	197

O

Oak bark	44
Oblique toe	46
Odor	121, 191
Odor index	122
OECD: Organization for Economic Cooperation and Development	42
Oeko-Tex standard	34
Offal	45
Offensive odor control law	7
Offer	45
OIE: International Epizootic Office	97
Oil burnt	13
Oil finish	42
Oil leather	42
Oil tannage	12
Oiling	12, 50
Oiling off	13, 176, 213
Olation	47
OMA: Orderly Marketing Agreement	43, 115
Opanka	45
Open shoes	46
Open toe	46
Open-handling	46, 220
Opening-up	45
Opera pumps	46
Oriental rat snake	191
Ornament	45
Ornamental border	224
Orthopedic shoes	44
Osmotic pressure	131
Ossein	44
Ostrich	44, 160
Out sole	6
Outside quarter	98
Outsole	46
Outsole stitching	160
Over dyeing	154
Over heating damage	45
Over shoes	45
Overo	46
Oxalic acid	122
Oxford	45
Oxidation	107
Oxidation dye	108
Oxidative unhairing	108
Oxidizer	108

P

Packer hide 203
Packing leather 203
Pad 209
Padding 176
Paddle 206
Paddle liming 206
Paint 186
Paint liming 146
Painting 146
Palm oil 207
Pancreatin 209
Panetone color swatches 210
Papain 207
Papillary layer 195
Paraguay caiman 208
Parchment 202
Parchment-dressed 203
Paste drying 59
Pasted leather 59
Pasting 59
Pasting dryer 59
Patch-work 204
Patent leather 36, 205
Patten 206
Pattern 53
Pattern cutting 53
PCP: Pentachlorophenol 238
Pearlized leather 208
Peccary 234
Peel adhesion strength 202
Peel bond strength 202
Peeling 220
Peg 164
Pelt 236, 265
Pelt weight 265
Pendulum roller 237
Penetrated dyeing 131

Pepsin 235
Peptide 235
Peptide bond 235
Peptide linkage 235
Perforation 253
Persian lamb 236
Perspiration fastness 155
Perspiration resistance 155
Petroleum solvent 146
pH 211
Phenol formaldehyde adhesive 223
Phenol (resin) adhesive 223
Phosphonated dye 269
Phosphonated oil 270
Photo catalyst 213
Photocatalysis 213
Photographic gelatin 120
Picker 215
Pickle 215
Pickled skin (hide) 216
Pickling 109, 131, 215
Pig 225
Pig hair 187
Pig skin 215, 225
Pigment 68, 214
Pigment finish 68, 183, 186
Pinking 69
Pit 216
Plain toe 231
Plasticity 52, 153
Plasticizer 52
Platform 228
Plating finish 231
Plumpness 224
Pocky hide 163
Pointed toe 239
Polishing 245
Polishing machine 245
Pollution load 44

Polyurethane	244
Polyurethane (resin) adhesive	31
Polyurethane (resin) paint	31
Polyurethane adhesive	245
Polyurethane finish	31
Polyurethane sole	31
Polyvinyl acetate (resin) adhesive	106
Polyvinyl alcohol	245
Porosity	69, 160
Potassium dichromate	122
Potassium permanganate	58
Pot-life	51
Pouch	242
Powder tannage	232
Powder tanning	232
Preliminary fatliquoring	263
Preservative	241
Pre-spotting	230
Press ironing machine	229
Pressing	53, 54
Pressure sensitive adhesive	65
Pretannage	230, 246
Pretanning	230, 246
Preventive guideline against specific domestic animal infectious disease	181
Pre-welt process	229
Printed finish	229
Printing	188
Process	196
Product in-spection	145
Product Liability Act	145
Propylene glycol	231
Protective footwear	17
Protective leather gloves for welders	262
Protein	167
Proteoglycan	231
Pulling over	173
Pull-up finish	229
Pulpiness	209
Pulpy butt	209
Pulpy hide	209
Pumps	211
Purse	57
Putrefaction	227
Pyrogallol tannin	222

Q

Quality standard indication	222
Quarter	98
Quarter lining	98
Quebracho	88
Quick setting adhesive	125

R

Rabbit	28, 265
Race-way	272
Rain shoes	271
Rand	155
Randoseru	265
Randsel	265
Rapeseed oil	189
Raw hide (skin)	14, 273
Raw hide and skin	90
Raw oil	189
Raw stock	90
REACH: Registration, Evaluation, Authorization and Restriction of Chemicals	266
Reactive dye	210
Real leather	246
Re-buffing	267
Recovered protein	47
Recycled leather fiber	104
Red heat	272

Red python	211, 272
Reds	272
Reducer	66
Reducing agent	66
Reduction	65
Redyeing	154
Relief	28, 273
Reliming	104
Removal of chromium	161
Rendering plant	51
Replacement synthetic tannin	168
Reptile leather	203
Resin impregnation	124
Resin tannage	124
Resin tanning	124
Resin tanning agent	124
Resist printing	240
Retannage	104, 272
Retanning	104, 272
Reticular layer	255
Reticulate python	14
Ribbiness	267
Ribby	267
Rice-bran tanning (tannage)	196
Rind box	270
Ring seal	269
Ringed seal	277
Rocker	274
RoHS Directive	273
Roll ironing machine	275
Roll setting machine	275
Roller coater	275
Roller coating machine	275
Roller leather	275
Rolling	152, 275
Roughing	265
Roulette	270
Round toe	264
Rub fastness tester	23
Rubbed grain	76
Rubber based adhesive	100
Rubber sole	100
Ruck sack	269
Running stitch	266

S

Sabot	107
Saddle	80
Saddle finish	106
Saddle leather	106, 202
Saddle shoes	106
Saddlery leather	106
Safekeeping of the leather goods	241
Safety shoes	17, 106
Safety steel cap	92
Salt cured hide (skin)	41, 42
Salt curing	203
Salt shrinking	40
Salt soluble protein	39
Salt stain	41, 113
Salting out	41
Saltwater crocodile	22, 142
Samisen skin	120
Sammying	250
Sammying machine	250
Sand blast	110
Sand paper	110
Sandal	109
Sandwich dyeing	110
Sanitary finishing	32
Saw dust drumming	43
Saw dusting	44
Scale	222
Score	136
Scotch grain	136
Scouring	136

Screloprotein	95	Shaving	30, 111, 135
Screw nail	221	Shaving dust	112
Scrooping feeling	70	Shaving machine	112
Scudding	7	Shearling	111
Scudding machine	7	Sheep	216
Scuffed grain	76	Sheep skin	117, 255, 262
Scute	270	Shell	113
Sea snake	38	Shell cordovan	99
Sealer	128	Sheridan style carring	112
Seam puckering	119	Shipping documents	226
Seam strength	196	Shoe cream	79
Seasoning	115	Shoe keeper	123
Sebaceous gland	116, 214	Shoe size	79
Sebum	214	Shoe stretcher	138
Second bag	146	Shoe tree	124
Selected base (price)	149	Shoe-fitter	124
Self-basifying chrome tanning agent	115	Shoes	78, 124
Self-reduction	113	Shoes keeper	123
Semi aniline finish	148	Short bath	253
Semi chrome tanned leather	148	Short bath tanning	184
Semi-tanned leather	148, 210	Short pickling	127
Sensory analysis	67	Short trim	127
Sensory test	67	Shorthorn	128
Serpent	235	Short-tailed python	211, 272
Setback heel	148	Shoulder	128
Setting edge	99	Shrink leather	124
Setting out	41, 148, 199	Shrinkage	123
Setting out machine	148, 199	Shrinkage temperature	34, 198
Sewability	57	SI units	35
Sewing a miter joint	44	Siam crocodile	121
Sewing ability	57	Siamese crocodile	121
Sewing in the bottom	100	Side	104, 209
Sewing thread	196	Side leather	105
SG label	35	Silhouwelt process	128
Shamisen skin	120	Silica gel	128
Shank	121, 227	Silica tannage	128
Shark	107, 119	Silica tanning	128
Shark skin	107	Silicone (resin) paint	128
Shaved weight	112	Singe	131

Single bath process	21
Single loop stitch	130
Size of belt	237
Skin	61, 135
Skin and leather	212
Skin and leather wastes	212
Skinning	201
Skinning machine	201
Skiver	135
Skiving	63
Slaked lime	125
Slaughter house	183
Slicker	142
Slime eel	196
Sling back	143
Slip-lasted process	60
Slip-on	143
Slipper	143
Sludge	45, 142
Slunk	142
Smell	191
Smoke tannage	86
Smoke tanning	86
Smoked leather	224
Smoking	86
Smooth	142
Smoothness	197, 233
Snake	235
Sneaker	139
Snuffing	139
Soaking	250
Soap	147
Sock lining	150, 188
Sodium bicarbonate	123
Sodium carbonate	165
Sodium chloride	39
Sodium hydrogen carbonate	165
Sodium hydrogen sulfide	267
Sodium hydrogen sulfite	15
Sodium hydroxide	132
Sodium sulfate	239, 269
Sodium sulfide	268
Sodium thiosulfate	167
Soft feeling	153
Soft leather	154
Soft sole	154
Soft water	190
Softness	123
Softness tester	154
Sole bond peeling strength	47
Sole leather	152
Sole stitching	153
Sole stitching thread	153
Solid type adhesive	98
Solubility	261
Solubilized collagen	58
Solubilized sulfur dye	135
Soluble ash	58
Soluble collagen	58
Soluble matter	58
Solvent paste shoe polish	260
Solvent resistance	160
Solvent-based shoe polish	261
Soxhlet method	153
Spats	139
Specific gravity	215
Specific heat	217
Speckles	211
Spectacled caiman	254
Sperm oil	139
Spew	139
Spiral bud stitch	139
Split	140, 182
Splitting	30, 135, 140, 232
Splitting machine	30, 140
Sports ball	142
Sports goods leather	32, 142
Sports leather	32, 142

Spot trade	90
Spray booth	183
Spray coating	141
Spray dyeing	141
Spray gun	140
Spray unit	141
Spring heel	140
Springness	97
Spue	139
Square feet	136
Square toe	136
Square trim	136
Squaring	136
S-S linkage	115
SS: Suspended Solid	35
Stacked heel	136
Stacker	136
Stain removal	119
Staking	137, 136
Staking machine	137
Stamp	96, 137
Stamping	96, 137
Standard illuminant	218
Static absorption of water	145
Steamed bone meal	125
Steel cap	92
Steer	137
Steer hide	137
Stencil dyeing	53
Step-in	138
Stiffener	137, 171
Stiffness	96
Stingray	7, 32, 137
Stitch	49, 64
Stitch down process	138
Stitch tear resistance	196
Stitching groover	137
Stitching horse	70
Stitching thread	196
Stock farm products distribution statistics	168
Stone scudding	19
Stone wash	139
Storm welt	138
Straight tip	20, 139
Strap	138, 173, 174, 176
Strap pumps	138
Stretch boots	138
Stretching	208
Stucco	137
Stuffing	137
Stuffing drum	137
Subcutaneous fat	213
Subcutaneous tissue	213
Substrate specificity	69
Suede	135
Suede brush	135
Suede cleaner	71
Suede split	182
Sugar	179
Sulfated oil	269
Sulfited oil	15
Sulfonated oil	143
Sulfur dye	267
Sulfur-containing amino acid	68
Sulfuric acid	268
Sulphated total ash	268
Sulphated water-insoluble ash	268
Sumac	142
Suntanned	23
Surface active agent	48
Surfactant	48
Surficial fatliquoring	219
Suspended solid (SS)	90, 227
Suspender	106
Swaber	178
Sweat gland	66
Sweating process	203

Swelling 239
Swirl moccasin 143
Swivel cutter 141
Swivel cutting knife 141
Syntan 131
Synthetic fatliquoring agent 93
Synthetic leather 94
Synthetic tannin 94
Synthetic tanning agent 94

T

Tabacco pouch 163
Tacking nailing 20
Tag 160
Taint 224
Take off 201
Talc 165
Tallow 72, 165
Tannage 190
Tanner 166
Tannin 117, 166
Tanning 190
Tanning agent 122, 190
Tanning degree 190
Tanning process 190
Tap shoes 162
Tape 177
Tara tannin 165
Tariff 66
Tassel 162
Tear 259
Tear strength 213
Tegu 174, 175
Telegraphic transfer rate (TTrate) 178
Tempering 118
Tenpyo leather 178
Tensile load at break 217

Tensile strength 217
Test for adhesion of finish to leather ... 111
Test method 114
Test methods for heel 220
Testing method for cold resistance 155
Testing method for color fastness
 to rubbing 151
Testing method for heat resistance of
 air dry leather 155
Testing method for set in lasting with
 dome plasticity apparatus 209
Testing method for vapor absorption 72
Testing method for water vapor
 permeability 179
Texas steer 174
Textile printing 188
Texture 223
Thermal conductivity 198
Thermal insulation property 241
Thermoplastic resin 197
Thermosetting resin 198
Thickness 10
Thin leather with gold patterns 75
Thinner 132
Third bag 106
Thong 64
Three-strand mystery braiding 246
Through feed ironing machine 274
Through-feed type 143
Tick 169
Tiger shark 20, 155
Tight coat (impregnation) 158
Timing belt 170
Tinga 178
Tip 50
Titanium oxide 108
Titanium tannage 169
Toe cap 50
Toe finish 105

Toe puff	105, 180
Toe spring	172, 180
Toggle	182
Toggling	14, 182, 198
Toggling dryer	198
Toluene	186
Tongue	116, 237
Top coat	183
Top coating	32, 183
Top lift	87, 184
Top pad	184
Top piece	87
Top-line	184
Topping	183
Total ash	150
Touch	175
Toxicity	181
TPP: Trans-Pacific Partnership	67, 173
TQ: Tariff Quota system	66, 173
Trade Agreement	189
Trade statistics of Japan	194
Transfer foil finish	178
Traveling bag (Suit case)	269
Trekking shoes	186
Trick braid	246
Trimming	41, 185
Trimming scrap	185
True tannin	166
Trypsin	185
T-strap	173
Tsubo	172
TT: Telegraphic transfer	173
TTS: Telegraphic transfers selling rate	173
Tunnel dryer	187
Turned edge	196
Turning yellow	43
Turpentine	247
Turpentine oil	177
Two bath	196
Two prong needle	272

U

Unborn calf	208
Under fur	276
Unfinished leather	132
Unhairing	162
Unhairing machine	162
UNIDO: United Nations of Industrial Development Organization	260
Unsaponifiable matter	224
Upholstery leather	19
Upper	10, 144
Upper (leather) cutting	91
Upper leather	91
Upper material	92
Upper sewing thread	96
Urea resin adhesive	196
Urea-formaldehyde resin adhesive	196
U-tip	260

V

Vacuum dryer	130
Vacuum drying	129
Valonia	209
Valve leather	209
Vamp	172
Vamp lining	105
Vat	205
Vat dye	163
Vat dyeing	163, 205
Veal	220
Vegetable dye	126
Vegetable dyeing	78
Vegetable tannage	118, 127, 166

Vegetable tanned leather 127, 166, 197
Vegetable tannin 126
Vegetable tanning 127
Veininess 168
Velour 237
Velour split 182
Vibration staking machine 201
Vinyl chloride resin coating 39
Vinyl leather 217
Volatile matter 70
Volatile organic contents 70

W

Walking shoes 27
Wallaby 277, 278
Warble damage 277
Washable leather 27
Washer for dry cleaning 184
Washing in machine 277
Water absorption 73
Water activity 134
Water buffalo hide 132
Water content 134
Water monitor 250, 269
Water penetration pressure 157
Water pollution control law 133
Water proofing 240
Water proofing agent 240
Water repellency 204
Water repellent finish 204
Water resistance 158, 240
Water spot 27
Water vapor absorption 72
Water vapor permeability 179
Waterproof 158
Waterproof finish 239
Waterproofing 239

Water-soluble inorganic matter 134
Water-soluble matter 134
Water-soluble organic matter 135
Wattle 277
Wax 273, 276
Wax finish 277
Weather meter 26
Weather resistance 157
Weatherproof 157
Wedding shoes 27
Wedge 26
Welt 27, 242
Welt stitching 135
Welting thread 136
Wet blue 6, 26
Wet blue inspection 6
Wet blue split 6
Wet cleaning 26
Wet salted hide (skin) 41
Wet white 27
Wetting machine 9
Wetting-back 250
Whip snake 26
Whip stitch 246
White leather 128, 129
White pelt inspection 265
White wax 202
White weight 265
Whitening 246
Whole cut 20
Whole hide 248
Whole length sock 150
Whole skin 248
Width 25
Willow calf 26
Wing tip 26
Wooden shoes 68
Wool 262
Wool grease 31, 263

Wool sheep 31
Wool skin 31
Wrinkle 129, 184
WTO: World Trade Organization 164

Y

Y-drum 275
Yearbook of textiles and consumer
   goods statistics 150
Yellow cattle 91
Yellowing 43
Y-shape drum 275

Z

Zirconium tannage 129
Zirconium tanning 129